"十四五"时期国家重点出版物出版专项规划项目

智能建造理论·技术与管理丛书

中国机械工业教育协  规划教材

智能建造理论与实践

杨　琳　吴贤国　编著

机械工业出版社

本书详细介绍了智能建造相关基础知识、智能建造技术及其工程应用案例，兼具理论性和实践性，有利于促进智能建造专业人才培养、智能建造理论与技术的实践应用。全书共 6 章，主要内容包括：智能建造概述、BIM 与智能建造、智能建造平台体系、智能建造技术与应用、智能建造多场景实例和智慧城市。

本书配有免费教学课件、二维码视频素材、教学辅助网址等资源，可作为智能建造专业、土木工程专业、工程管理专业等相关专业学生的教材，也可作为建筑行业工程技术人员的参考书。

图书在版编目（CIP）数据

智能建造理论与实践/杨琳，吴贤国编著. —北京：机械工业出版社，2023.7（2025.1 重印）
（智能建造理论·技术与管理丛书）
"十四五"时期国家重点出版物出版专项规划项目
ISBN 978-7-111-73172-6

Ⅰ.①智…　Ⅱ.①杨…　②吴…　Ⅲ.①智能技术-应用-建筑工程　Ⅳ.①TU-39

中国国家版本馆 CIP 数据核字（2023）第 084027 号

机械工业出版社（北京市百万庄大街 22 号　邮政编码 100037）
策划编辑：林　辉　　　　　　　责任编辑：林　辉　舒　宜
责任校对：潘　蕊　张　薇　　　封面设计：张　静
责任印制：张　博
北京建宏印刷有限公司印刷
2025 年 1 月第 1 版第 2 次印刷
184mm×260mm·21.25 印张·594 千字
标准书号：ISBN 978-7-111-73172-6
定价：69.00 元

电话服务　　　　　　　　　　　网络服务
客服电话：010-88361066　　　　机　工　官　网：www.cmpbook.com
　　　　　010-88379833　　　　机　工　官　博：weibo.com/cmp1952
　　　　　010-68326294　　　　金　书　网：www.golden-book.com
封底无防伪标均为盗版　　　　机工教育服务网：www.cmpedu.com

序

如同蒸汽时代的蒸汽机、电气时代的发电机，以及信息时代的互联网，在今天，智能产业正在成为引领人们迈向新时代的决定性力量。从机器翻译到知识问答，从语音识别到自动驾驶，各类智能技术已经渗透到人类生活的方方面面，给现代人的工作和生活带来了极大的便利。

近年来，数字智能技术的蓬勃发展，在推动经济发展转型和社会文明进步等方面展示出了强大力量，智能建造正是在此大背景下应运而生，成为工程建设与管理创新的重要驱动力，拥有巨大潜能和优势。BIM 技术、大数据技术、云计算和物联网技术等各类技术的创新研发和应用，极大促进了工程建造效率和效益的提升、工程建设组织的扁平化和治理及过程的透明化；人工智能技术通过数据整合、快速分析、精准匹配等功能，可以有效化解信息纵向传递中出现的信息损失以及横向传递中的信息截流问题，有利于提高智能运维阶段管理的精细化……智能建造领域的技术方兴未艾，正在对经济发展、社会进步、全球治理等方面产生重大而深远的影响。智能建造的发展可以极大地推动建造科技跨越发展、建筑业优化升级、建造实力整体跃升，促进建筑业实现高质量发展。

本书从智能建造的背景、意义、面临的挑战和发展入手，将 BIM 与智能建造、智能建造的 9 大平台和 9 种前沿技术层层铺开，娓娓道来；详细而深入地解读了 5 类智能建造的多场景实例，并由此进阶到智慧城市的广阔应用场景。全书系统地介绍了智能建造的过去、现在和未来，并对具体的智能建造技术做了详细阐述，为智能建造相关专业的本科生、研究生及科研工作者提供了有价值的参考。

未来的城市大脑将覆盖城市基础设施建设、公共交通、卫生健康、基层治理等数个应用场景。各地加速布局 5G 网络，加大新型基础设施建设投资，提速智能建造，测试数字孪生，建设智慧城市——新的"超级建造"加速走来，智能建造有着更广阔的发展前景。

王广斌

同济大学　教授

中国建筑学会 BIM 技术学术委员会　副主任

中国建设教育协会　副理事长

前　言

　　《荀子·正名篇》中有："所以知之在人者谓之知，知有所合谓之智。所以能之在人者谓之能，能有所合谓之能。"上述"智""能"指的是智慧加能力。"智能建造"这种新型生产方式，则旨在令建筑产品和制造过程体现出人的智慧、学习和解决问题的能力，最终提供以人为本的服务。

　　世界正进入数字经济快速发展的时期，5G、人工智能、智慧城市等新技术、新业态、新平台蓬勃兴起，深刻影响全球科技创新、产业结构调整、经济社会发展。近年来，我国积极推进数字产业化、产业数字化，推动数字技术同经济社会发展深度融合。智能建造可以促进区块链、数字孪生、物联网、人工智能、元宇宙、3D打印、无人机等一系列信息技术与建筑业融合发展，在全球范围内推动建筑业的协同合作和优化升级，提升新型基础设施建设产业链的现代化水平。作为建筑业发展的主攻方向，智能建造的发展水平对于加快发展建筑业体系，巩固壮大实体经济根基，构建新发展格局，建设数字中国具有重要意义。

　　随着信息化时代建造活动同信息技术之间的依赖程度逐渐加深，建筑人员之间的信息共享要求也与日俱增，这就需要我们针对传统建造的痛点和难点，将高速发展的新一代信息技术作为解决方法。气候变暖持续影响全球发展，净零碳排放已经成为各国治理全球气候变暖的重要目标，而传统建造方式和大量拆除建筑的高能耗、高污染已成为我国建筑业的重大挑战。目前，智能建造技术及其工程应用已成为我国建筑业的热点，然而对于其理论与实践的研究尚未形成健全的体系。因此，我们需要把握发展新方向，变革传统建造，实现经济、高效、安全、环保的智能建造。

　　本书图文并茂，并提供了二维码视频、新闻网站、案例分析等内容，配有课后思考题和课件，可以作为高校学生的教材。

　　本书共6章，系统介绍了智能建造平台体系、技术体系和多场景案例。

　　杨琳收集了大量文献资料，构思并撰写了第1~4章、第6章；吴贤国与杨琳共同编写第5章。感谢研究生胡昕冉、吕筱玥、邵礼佳、周炬诺、廖肇乾提供文字、公式、图表和视频等素材，研究生吕筱玥、符钰华完成图表索引和格式整理。此外，本书撰写时参考借鉴了相关专家、学者等的公开资料（包括微信公众号、视频、新闻网页、书籍著作、期刊论文等），书中已逐一标注以示尊重。中国建筑学会BIM技术学术委员会副主任王广斌教授为本书作序，在此表示诚挚的谢意！

　　本书编著者虽已查阅大量文献资料，博采众长予以编撰，但鉴于水平有限，疏失之处在所难免，敬请广大读者批评指正，不胜感激。

杨　琳

目　录

第 1 章

智能建造概述

内容摘要

本章从建筑业增加值及增速、就业及新型城镇化建设、国际竞争力和行业政策发展历程等方面,介绍了建筑业绿色转型和数字化转型的经济变革背景,总结了智能建造发展的强大信息技术背景,给出了智能建造的定义、内涵及其特征,并梳理了智能建造面临的挑战和发展趋势。

学习目标

了解智能建造在经济发展、行业转型和信息革新方面的时代背景,理解智能建造的定义、内涵和特征,了解智能建造面临的挑战和发展趋势。

■ 1.1 智能建造的背景

1.1.1 经济发展的变革

建筑业包括房地产、基础设施和工业结构,其发展与国民经济息息相关,是经济增长的"稳压器"。据国家统计局发布的 2020 年国民经济数据,2020 年国民经济稳定恢复,主要目标完成好于预期。图 1-1 所示为 2011 年—2020 年国内生产总值、建筑业增加值及增长速度。2020 年全年国内生产总值为 102 万亿元,比上年增长 2.3%,突破 100 万亿元大关。全年全社会建筑业实现增加值为 7.3 万亿元,比上年增长 3.5%,增速高于国内生产总值 1.2 个百分点。

2011 年—2020 年建筑业增加值占国内生产总值的比例(图 1-2)始终保持在 6.8% 以上,在 2015 年、2016 年连续两年下降后,2017 年—2020 年连续 4 年保持增长,2020 年再创历史新高,达到了 7.18%。由此可见,建筑业作为国民经济支柱产业的地位稳固。同时,建筑业欣欣向荣也能惠及民生。2020 年,建筑业为全社会提供了超过 5000 万个就业岗位,城乡建设取得历史性成就:我国常住人口城镇化率达 63.89%,城市数量达 687 个,城市建成区面积达 6.1 万 km²⊖。"中国建造"展现了我国强大的综合国力,为经济社会发展和民生改善做出了重要贡献。

建筑业发展是解决民生问题的有效途径,是名副其实的"就业"大户。图 1-3 所示为 2020 年各地区建筑业从业人数及其增长情况。2020 年,全国(不含港澳台)建筑业从业人数超过百万的地区共 15 个,与 2019 年持平。江苏省从业人数位居首位,达到 855 万人。浙江省、福建省、四川省、广

⊖ 引自观察者网. 住建部:2020 年,建筑业为全社会提供了超过 5000 万个就业岗位. https://view. inews. qq. com/a/20210831A07T4R00,2021-8-31/2022-1-22。

东省、河南省、湖南省、山东省、湖北省、重庆市和安徽省等 10 个地区从业人数均超过 200 万人。

图 1-1　2011 年—2020 年国内生产总值、建筑业增加值及增长速度

图 1-2　2011 年—2020 年建筑业增加值占国内生产总值的比例

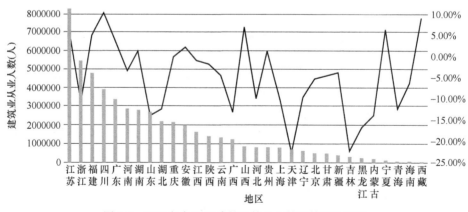

图 1-3　2020 年各地区建筑业从业人数及其增长情况

新型城镇化建设加快推进，民生福祉不断改善。2020 年，国务院政府工作报告中提出，重点支持"两新一重"建设，即加强新型基础设施建设，加强新型城镇化建设，加强交通、水利等重大工程建设⊖。这标志着我国经济正在向着以新型基础设施建设（简称新基建）为战略基础、以

⊖　引自中国政府网. 2020 年政府工作报告. http://www.gov.cn/guowuyuan/zfgzbg.htm, 2021-3-5/2022-4-20.

数据为生产要素、以产业互联网为赋能载体的数字新时代迈进。如图 1-4 所示,人均住宅面积增量
与城镇化率增量关联度极高。预计到 2030 年,我国城镇人口将达到 9.79 亿人,城镇人均住宅建筑
面积将升至 47.1 m²,城镇住宅建筑面积达到 461.38 亿 m²。

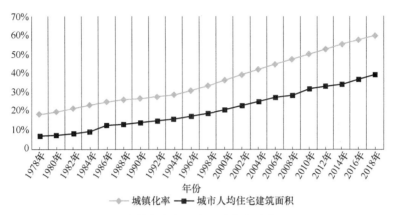

图 1-4　城镇化率与城市人均住宅需求相匹配

据中华人民共和国商务部统计,2010 年—2020 年我国对外承包工程业务情况如图 1-5 所示。
2020 年我国企业在"一带一路"沿线 61 个国家对外承包工程新签合同额 2555.4 亿美元,完成营
业额 1559.4 亿美元。由此可见,我国建筑业的国际竞争力与日俱增,且全力带动国内资金、技术、
管理等与国际接轨。

图 1-5　2010 年—2020 年我国对外承包工程业务情况⊖

党的二十大报告指出,推动战略性新兴产业融合集群发展,构建新一代信息技术、人工智能、生
物技术、新能源、新材料、高端装备、绿色环保等一批新的增长引擎。对于我国建筑业来说,其规模
快速扩张带来的发展,正在成为过去时,传统的建筑业面临着前所未有的机遇和挑战,新常态下建筑
业改革发展任务艰巨,任重而道远。建筑业政策背景如图 1-6 所示。自 2017 年起,我国通过发布相关

⊖　编著者于 2022 年 1 月 22 日在中华人民共和国商务部网站上收集我国对外承包工程业务简明统计的数据整理而成。
　　中华人民共和国商务部. http://search. mofcom. gov. cn/swb/swb_search/searchList_main. jsp。

政策文件和召集重要会议，先后推动智能建造和新型基础设施建设。智能建造和新型基础设施建设，以信息化和智能化为特色，面对建筑业转型升级的国家战略需求，打造节约高效、经济适用、智能绿色、安全可靠的现代化基础设施体系。面对突发公共应急事件以及经济社会的诸多不确定性，推动智能建造和布局新基建成为行业企业应对挑战的突破口、着眼企业高质量发展的关键之举。

建筑业企业应当看到经济持续稳定恢复的大好形势，更应该明白：立足新发展阶段、贯彻新发展理念、构建新发展格局、推动高质量发展，是国家对建筑业发展的要求，也是建筑业实现持续发展的内在要求。一要围绕"双碳"目标路径，做好绿色化、工业化转型；二要以新技术为引领，推动信息化、数字化、智能化升级，摆脱路径依赖，向创新要动力，摒弃传统模式，向高质量发展要效益[一]。

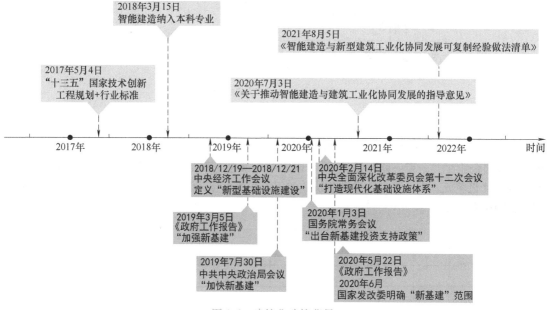

图 1-6　建筑业政策背景

1.1.2　建筑业的转型

1. 绿色转型

目前，我国建筑业的规模仍然维持增长态势，尤其是随着城镇化的深入发展，自 2011 年以来平均每年新增建筑面积约为 25 亿 m²，总存量增加 17%。然而，我国每年不断拆除大量的既有建筑，间接造成了建筑部门耗能、碳排放的增加。一方面，频繁大拆大建导致建筑的平均寿命只有 25～30 年，远低于大多数发达国家建筑的平均寿命（通常超过 50 年）；另一方面，以 2018 年为例，建筑业碳排放量为 22.1 亿 t（不含建材生产运输阶段碳排放 27.2 亿 t），为全国碳排放的 22.9%。其中，建筑运行阶段碳排放占建筑部门碳排放的 95%，达到 21.1 亿 t。可见，传统建造方式不仅生产效率低、工作环境恶劣、生产安全事故多发、交付质量参差不齐，而且能耗高、污染大。因此，在"碳达峰、碳中和"背景下，我国建筑业应从建筑施工、建筑拆除及建筑运行三个方面，通过需求减量、能效提高和能源零碳化三个途径实现绿色转型（图 1-7）。

（1）科学控制建筑总规模　目前，我国人均住宅面积已经达到欧盟等发达国家水平，应通过科学的城市规划统筹交通、生活、土地等，减少建设不必要的建筑，力争到 2050 年将建筑总规模

⊖ 引自谈建. 从经济数据看建筑业发展态势. 中国建设新闻网. http://www.chinajsb.cn/html/202108/11/22314.html，2021-08-11/2022-04-20。

控制在 740 亿 m^2 以内，并通过城市生态圈建设实现城市建筑、交通等协同减排。不断提升建筑质量，防止为搞形象工程而"大拆大建"；以城市更新为契机，利用"结构加固+精细修缮"模式对已有建筑功能提供改造，通过安装隔热屋顶、改善墙面保温、安装节能窗户、提高门框密封性等措施，对已有建筑进行节能改造，优化建筑物能效指标，同时延长建筑使用寿命；发展混凝土寿命预测和延寿技术等精细修缮模式所需要的技术，提高已有建筑物修缮能力。

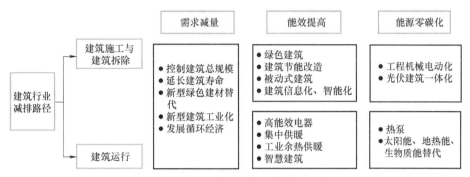

图 1-7 我国建筑业节能减排技术路线

（2）大力发展全生命周期绿色建筑 推广绿色建筑，首先以"五位一体"的新发展理念为指导开展城市建设，城市建设规划充分体现节地、节水、节能、节材以及环境保护的导向；其次深入实施绿色建筑标识管理制度，以绿色建筑标识进一步引领绿色建筑发展；再次加强绿色金融与绿色建筑的协调发展，发挥绿色金融资金支持、产业引领等方面的作用，促进以绿色建筑为核心的绿色城市建设；最后不断提高建筑节能设计标准，鼓励发展新型低碳结构体系，如木结构、钢结构，减少对高碳排放建材的需求。

（3）新型绿色建材 加速绿色建材替代进程，加强新型绿色建筑材料研发，促进零碳水泥、零碳钢铁、环保涂料对现有钢铁、水泥等高碳排放建材替代；使用中空或低辐射（Low-E）节能建筑玻璃削减建筑能耗，以石膏板等轻质隔墙材料替代传统的水泥墙、砖墙，减少水泥、建筑砖烧制和运输。另外，发展建筑垃圾循环经济，提高资源回收利用率，在减少建筑垃圾处理的同时降低建筑对建材生产的需求。

（4）推动新型建筑工业化深化发展 优化构件和部品部件设计生产，统一主要构件尺寸，建立集成化、模块化建筑部品相关标准图集以及工厂化生产，形成标准化、系列化的建筑部品部件供应体系，扩大标准化构件和部品部件使用规模、范围，降低建筑建造过程的碳排放及建材浪费。推动装配式建筑等项目率先采用绿色建材，逐步提高城镇新建建筑中绿色建材的应用比例；大力发展钢结构建筑，推广装配式混凝土建筑，鼓励医院、学校等公共建筑优先采用钢结构，积极推进钢结构住宅和钢结构农房建设。加快信息技术与建筑的融合发展，推进建筑信息模型（Building Information Modeling，BIM）技术、大数据技术和物联网技术的应用，提高建筑生产效率。

（5）建筑电气化改造，促进制冷和供暖脱碳 推广高能效设备和电器，如电热泵、节能空调、节能冰箱等，降低能源消耗和碳排放；改良电器制冷工质，采用不含氟化气体的工质，发展二氧化碳、氨天然工质，降低制冷系统中的温室气体。发展智慧建筑，鼓励安装自动化系统，实现楼宇智能运维，如自适应恒温器联网后，用户可以利用动态传感器自动调节室温，甚至可以将照明亮度调整为自然光线，以提升建筑物的能效水平。以多元化供暖降低碳排放，推广片区集中供暖，供暖源头采用电气化、碳捕捉等技术实现片区采暖脱碳；因地制宜地利用地热能、生物质能、不产生额外碳排放的工业余热以及太阳能热等能源供暖，减少化石能源使用；提升公众对电炊具的接受度，促进居民炊事电气化。

（6）发展负碳技术，打造新型建筑　在绿色建筑的基础上，通过绿色建筑认证评级等措施，鼓励发展被动式建筑。通过自然采光、太阳能辐射等被动式节能措施，与建筑外围护结构保温隔热节能技术相结合，不使用主动的空调系统和供暖，可大幅降低楼宇运营能耗。鼓励发展光伏建筑一体化（Building Integrated Photovoltaic，BIPV），应用"光、储、直、柔"技术将每个建筑变成一部"发电机"。例如，发展光伏屋顶，利用地热能、空气热能等可再生能源，不仅能够实现建筑物自身零排放，而且通过新能源、储能、柔性网络和微网等分布式能源技术，依托能源市场交易体系，还能够实现建筑物能源与外界能源的网络开放共享。

2. 数字化转型

目前，我国建筑业数字化转型面临着以下四个方面的挑战[1]。

1）监管不到位：行业监管方式带有计划经济色彩，重审批、轻监管，监管信息化水平不高，工程担保、工程保险、诚信管理等市场配套机制建设进展缓慢，市场机制在行业准入制度、优胜劣汰方面作用不足，影响建筑业发展活力和资源配置效率。

2）市场不规范：市场壁垒、竞相压价、挂靠串标、层层转包、拖欠工程款等市场不规范的问题一直存在，风清气正、统一开放、体系完备、竞争有序的建筑业市场在我国还需健全。

3）企业效率低：业内企业专业化、规模化程度低，技术创新能力不足，同质化竞争过度，大多仍沿袭传统的组织结构和项目管理模式，粗放经营、以包代管，现场生产组织手段落后，资源调配效率低下，使得企业价值创造和管理效益长期处于较低水平。

4）信用不到位：市场主体信用意识和契约精神缺乏，各方主体地位不平等，行业内信用体系建设的方式方法效用不足，信用体系建设滞后于建筑业发展需要，亟待进一步完善。

无论是外部宏观环境发展、行业内部高质量要求，还是企业市场竞争压力，都证明传统发展模式已无法满足行业高质量发展的需求，建筑业亟须寻求新的模式，实现转型升级发展："智能建造"成为必然。建筑业要走高质量发展之路，必须做到"四个转变"：从"数量取胜"转向"质量取胜"；从"粗放式经营"转向"精细化管理"；从"经济效益优先"转向"绿色发展优先"；从"要素驱动"转向"创新驱动"。要实现这些转变，智能建造是重要手段⊖。

1）工程品质要提升。进入新时代，工程品质提升是公众的重要需求。工程品质的"品"是人们对审美的需求；"质"是工艺性、功能性以及环境性的大质量要求。推进智能建造是加速工程品质提升的重要方法。

2）作业形态要改变。建筑业属于劳动密集产业，现场需要大量人工，如何坚持"以人为本"的发展理念，改善作业条件，减轻劳动强度，尽可能多地利用建筑机器人取代人工作业，已经成为建筑业寻求发展的共识。

3）工作效率要提升。目前，建筑业劳动生产率不高，主因是缺少建造全过程、全专业、全参与方和全要素协同实时管控的智能建造平台的高效管控，缺少便捷、实用和高效作业的机器人施工。

4）管控项目要"零距离"。推进智能建造充分发挥信息共享优势，借助互联网和物联网等信息化手段，建造相关方可以便捷使用的工程项目建造管控平台，实现零距离、全过程、实时地管控工程项目。

到2035年，我国智能建造与建筑工业化协同发展将取得显著进展，企业创新能力大幅提升，产业整体优势明显增强，"中国建造"核心竞争力世界领先，建筑工业化全面实现，迈入智能建造世界强国行列⊜。在此背景下，智能建造不仅成为一个新兴行业，更将从产品形态、建造方式、经

⊖ 引自肖绪文. 智能建造务求实效. https://m.thepaper.cn/baijiahao_12078043，2021-04-06/2022-04-20。

⊜ 引自住房和城乡建设部网站.《关于推动智能建造与建筑工业化协同发展的指导意见》解读. http://www.gov.cn/zhengce/2020-08/17/content_5535307.htm，2020-08-17/2022-04-20。

营理念、市场形态以及行业管理等方面引发建筑业的变革。

1.1.3 信息技术的助力

自消费互联时代以来，我国互联网经历了前所未有的大发展，互联网相关产业空前繁荣。当前，我国经济发展进入新常态，新旧动能转换需求迫切，而多数企业当前重点仍聚焦于传统竞争层面。党的二十大报告提出，加快发展数字经济，促进数字经济和实体经济深度融合，打造具有国际竞争力的数字产业集群。可见智能建造处于新阶段。

图 1-8 所示为前瞻产业研究院根据《"十四五"规划和 2035 年远景目标纲要》整理的信息技术产业发展重点。我国新一代信息技术产业持续向"数字产业化、产业数字化"的方向发展。一方面，培育壮大人工智能、大数据、区块链、云计算、网络安全等新兴数字产业；另一方面，传统产业将深入实施数字化改造升级，如传统建筑走向智能建造。

云计算	• 加快云操作系统迭代升级，推动超大规模分布式存储、弹性计算、数据虚拟隔离等技术创新 • 以混合云为重点培育云服务产业
大数据	• 推动大数据采集、清洗、存储、挖掘、分析、可视化算法等技术创新 • 培育数据采集、标注、存储、传输、管理、应用等全生命周期产业体系
物联网	• 推动传感器、网络切片、高精度定位等技术创新 • 协同发展云服务与边缘计算服务 • 培育车联网、医疗物联网、家居物联网产业
工业互联网	• 打造自主可控的标识解析体系、标准体系、安全管理体系 • 推进"工业互联网+智能制造"产业生态建设
区块链	• 推动智能合约、共识算法、加密算法、分布式系统等技术创新 • 重点发展区块链服务平台和金融科技、供应链管理、政务服务等领域应用方案
人工智能	• 建设重点行业人工智能数据集，发展算法推理训练场景 • 推进智能医疗装备、智能运载工具、智能识别系统等智能产品设计与制造 • 推动通用化和行业性人工智能开放平台建设
VR、AR	• 推动三维图形生成、动态环境建模、实时动作捕捉、快速渲染处理等技术创新 • 发展虚拟现实整机、感知交互、内容采集制作等设备、软件、行业解决方案

图 1-8 "十四五"时期我国新一代信息技术产业发展重点⊖

智能建造的技术背景是新一代信息技术（图 1-9），主要是指物联网、大数据和人工智能技术，以及由此产生的云计算、边缘计算、区块链、数字孪生以及工业大脑等。2019 年，新一代信息技术产业增加值增速为 9.5%，高于战略性新兴产业增速。这些信息技术的发展为推进智能建造奠定了强大的基础，具体表现在以下三方面：第一，虚拟现实、人工智能、增强现实已经慢慢深入人

⊖ 引自郑晨."十四五"中国新一代信息技术产业发展前瞻助力十大产业数字化转型升级. https://www.qianzhan.com/analyst/detail/220/210329-b20c1a72.html，2021-03-29/2022-04-20。

们的生活，互联网与通信技术的高度发展为人们生活带来了很多便利，也进一步加速了科技的发展。第二，越来越多功能强大、自主的微型计算机（嵌入式系统）实现了与其他微型计算机、传感器设备的互联互通。第三，物理世界和虚拟世界（网络空间）以信息物理系统（Cyber Physical System，CPS）（类似数字孪生，比数字孪生更广）的形式实现了全方位的融合。

图 1-9　我国新一代信息技术产业的范围[○]

■ 1.2　智能建造的定义、内涵和特征

1.2.1　定义

智能建造是建筑业发展的必然趋势，业界和学术界都在不断思考一个核心问题：智能建造是什么？国内外诸多学者和机构定义了智能建造的相关概念（表 1-1）。

表 1-1　智能建造的定义

作者	定义
丁烈云[1]	智能建造利用以数字化、网络化、智能化（"三化"）和算据、算法、算力（"三算"）为特征的新一代信息技术，以建造要素数字化为基础，以规范化建模、网络化交互、可视化认知、高性能计算、智能化决策为支撑，实现基于数字链的工程决策、设计、施工、运维各阶段的集成和协同，以实现工程建设价值链的拓展、产业形态和产业结构的改造、交付以人为本和环保可持续的智能化的土木工程产品和服务的目的，是土木工程建造与新一代信息技术相结合的工程建设新模式

○　引自郑晨．"十四五"中国新一代信息技术产业发展前瞻助力十大产业数字化转型升级. https://www.qianzhan.com/analyst/detail/220/210329-b20c1a72.html，2021-03-29/2022-04-20.

（续）

作者	定义
肖绪文[2]	智能建造是面向工程产品全生命周期，实现泛在感知条件下建造生产水平提升和现场作业赋能的高级阶段，是工程立项策划、设计和施工技术与管理的信息感知、传输、积累和系统化过程，是构建基于互联网的工程项目信息化管控平台，在既定的时空范围内通过功能互补的机器人完成各种工艺操作，实现人工智能与建造要求深度融合的一种建造方式
钱七虎[3]	智能建造首先是全面透彻的感知系统，通过传感器等信息化设备对建设工程进行全面感知；其次是物联网、互联网等通信系统，进行感知信息的高速和实时传输；第三是智慧平台的建设，技术人员通过智慧平台对数据进行分析、处理、模拟等，从而辅助决策
毛志兵[4]	智慧建造是在设计和施工建造过程中，采用现代先进技术手段，通过人机交互、感知、决策、执行和反馈提高品质和效率的工程活动
李久林[5]	智慧建造以 BIM、地理信息系统（Geographic Information System，GIS）、物联网、云计算等信息技术为基础形成工程信息化建造平台，融合了信息技术和传统建造技术，其应用包括工程设计、工程仿真、工厂加工、精密测控、安装的自动化、动态监测、管理的信息化等方面
王要武[6]	智能建造是一种新的管理理念和模式，其手段为 BIM、物联网等先进技术，其目的在于满足工程项目的功能性需求和使用者的个性化需求，通过构建智能化的项目建造和运行环境，以技术和管理的创新对工程项目全生命周期的所有过程进行有效改进和管理
马智亮[7]	智能建造是将智能、智慧应用于工程项目中，将智能及相关技术充分应用于建造过程中，通过智能化系统的建立和应用提高建造过程的智能化水平，减少对人的依赖，提高建造过程的安全性和建筑的质量和性价比，以实现少人、经济、安全、优质的建造过程为目的，以智能及相关技术为手段，以智能化系统为表现形式。智能建造以智能及相关技术的应用为前提，涉及感知、传输、分析、记忆等相关技术
樊启祥[8]	智能建造集成了传感技术、通信技术、数据技术、建造技术、项目管理知识等，对建造物及建造活动进行感知、分析、控制、优化，从而使建造过程安全、优质、绿色、高效
郭红领[9]	狭义上的智能建造是以 BIM、物联网、人工智能、云计算、大数据等技术为基础，可以实时自适应于变化需求的高度集成与协同的建造系统
刘占省[10]	智能建造结合了全生命周期和精益建造理念，以信息技术和建造技术为基础，对建造全过程进行技术和管理创新，实现建设过程数字化、自动化向集成化、智慧化的变革，进而实现优质、高效、低碳、安全的工程建造模式和管理模式
Andrew DeWit[11]	智能建造旨在通过机器人革命来改造建筑业，以削减项目成本，提高精度，减少浪费，提高弹性和可持续性
Sunil Pimplikar⊖	智能建造以微型计算机和互联网技术、信息通信技术为基础，集成建筑结构、空间、服务和信息等独立系统，优化建筑性能，最终以有效的方式响应业主不断变化的需求，实现能源、建筑和环境在共生关系中的相互关联
Derrick Anderson⊖	智能建造是一个宽泛的术语，但通常是指开发和使用改进施工规划和项目管理的流程和应用程序（从而简化施工成本）

⊖ 引自 Dr Sunil Pimplikar，Professor & Head-Civil Department MIT-Pune. Green And Intelligent Construction. https://www.nbmcw.com/article-report/infrastructure-construction/highrise-construction/green-and-intelligent-construction.html，2012-04/2022-04。

⊖ 引自 Derrick Anderson. Smart Construction and the Future of the Construction Industry. https://www.jdsupra.com/legalnews/smart-construction-and-the-future-of-9477779/，2021-09/2022-04。

（续）

作者	定义
Construction Leadership Council⊖	智能建造是指在建筑设计、施工和运营阶段，通过协作的伙伴关系充分利用数字技术和工业化制造技术，以提高生产力，尽量减少成本，提高可持续性，并最大限度地提高用户利益
Infrastructure and Projects Authority⊜	智能建造是现代建筑方法（Modern Methods of Construction，MMC）的代名词，它提供了传统建造到制造的转型机会，通过标准、可重复的施工过程和装配式建造技术提升效率，以数字化设计和工程为基础，提高场外生产水平和标准化水平

  智能建造是一种融合传统工程建造与现代信息技术的新型生产方式。智能建造覆盖了设计、生产、物流、施工四个领域，以材料、机械、设备、人员为智能化目标，旨在解决行业生产效率低、污染高、能耗高等问题，并为用户提供以人为本的智能化产品与服务。智能建造的有效工具是各种先进的信息技术，通过应用建筑信息模型、物联网、人工智能、云计算、大数据等技术，发展智能建造新装备，搭建自动化、数字化、网络化的智能建造平台。目前，智能建造的研究和应用不拘泥于单一领域，主要包括智能设计、智能生产、智能施工和智能运维4个模块（图1-10）。

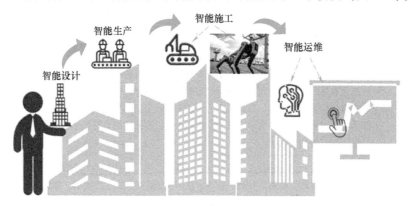

图1-10 智能建造发展模块

1. 智能设计

  智能设计是实现设计方式与流程的智能化，既可以有效评估设计的功能性以及设计对智能生产和智能施工的支撑性，又可以对设计变更、供应变化、工厂或工地环境变化做出快速响应⊜。目前，智能设计的主流方式是采用BIM技术，通过建立数字模型来描绘建筑物的物理和功能特征。虚拟设计和施工（Virtual Design and Construction，VDC）也是一种集成方法，用于管理项目中多个专业生成的建筑信息模型。VDC法可以帮助使用者在模型中查看拟建建筑物的任何部分，其他模型信息包括调度、成本、维护、能源状况等⊗。项目利益相关者可以同步更新项目信息实现高效的协同合作，从而缩短设计时间。

———————————

⊖ 引自 Construction Leadership Council. Smart Construction：A Guide for Housing Clients. https：//www. constructionleadership-council. co. uk/wp-content/uploads/2018/10/181010-CLC-Smart-Construction-Guide. pdf，2018-10/2022-04。

⊜ 引自 Infrastructure and Projects Authority. Smart Construction. https：//www. designingbuildings. co. uk/wiki/Smart_construction，2020-09/2022-04。

⊜ 引自 BIM 建模助手. 什么是智能建造？如何实现智能建造？ https：//zhuanlan. zhihu. com/p/421346615，2021-10/2022-04。

⊗ 引自 Shalini John. How Smart Buildings Will Affect Architectural Design. https：//www. xscad. com/articles/how-smart-build-ings-will-affect-architectural-design/，2022-02/2022-04。

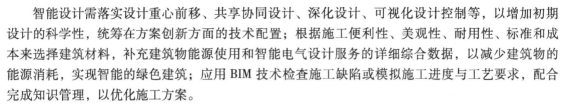

智能设计需落实设计重心前移、共享协同设计、深化设计、可视化设计控制等，以增加初期设计的科学性，统筹在方案创新方面的技术配置；根据施工便利性、美观性、耐用性、标准和成本来选择建筑材料，补充建筑物能源使用和智能电气设计服务的详细综合数据，以减少建筑物的能源消耗，实现智能的绿色建筑；应用 BIM 技术检查施工缺陷或模拟施工进度与工艺要求，配合完成知识管理，以优化施工方案。

2. 智能生产

智能生产是需求驱动的生产管理，建筑构件的生产方式由人工生产转向自动化生产，以数控生产线、3D 打印、机械臂的人机协同的工作方式实现全自动化的工厂生产线，并且能够根据用户需求，对产品和工艺信息进行分析规划[12]。目前，装配式生产方式逐渐受到行业青睐，成为智能生产的有效途径。

《关于推动智能建造与建筑工业化协同发展的指导意见》中明确指出，大力发展装配式建筑，加快建筑工业化升级。发展装配式建筑是建造方式的重大变革，有利于促进建筑业与信息化、工业化深度融合。近年来，我国装配式建筑发展态势良好，在促进建筑业转型升级、推动高质量发展等方面发挥了重要作用，但仍存在标准化、信息化、智能化水平偏低等问题，与先进建造方式相比还有很大差距。为此，要大力发展装配式建筑，推动建立以标准部品为基础的专业化、规模化、信息化生产体系。

目前，发展智能生产是大势所趋，国家层面有相关政策支持，企业层面有专门的预制工厂（智能化生产车间）以及高效的流水线生产模式（智能生产线）等，日趋成熟的装配式建造技术都为智能生产提供了有力保障。

3. 智能施工

智能施工是综合应用基于数字化施工和工程物联网产生的大数据、数字孪生、人工智能、智能感知、工业互联网等技术，在数字化施工各个环节融入智能化算力、算法，赋予相关技术、装备和设备设施智能化属性，以进行工程建造的过程[13]。数字化施工是智能化施工的基础，智能化施工是数字化施工发展的必然趋势，二者紧密相连，密不可分。发展智能化施工的关键是以建筑工业化为载体，以数字化、智能化升级为动力，突破技术瓶颈，加大智能化技术在工程建设施工环节的应用，形成涵盖科研、施工装配等全产业链、融合一体的智能施工产业体系。

智能施工的具体实施重点：

1）开发针对工程实体建造过程中所涉及的人员、机械、环境、材料、方法等关键要素的专项智能化技术和装备。我国智能建造技术研究和应用目前仍处于初期阶段，部分核心技术依赖从国外引进，可编程逻辑控制器（Programmable Logic Controller，PLC）、电子控制单元（Electronic Control Unit，ECU）、控制器局域网络（Controller Area Network，CAN）等技术均落后于发达国家。但是，在政策与市场的支持下，一大批优秀的智能建造装备企业应时而生，分别将智能建造技术应用于结构健康检测、结构智能安装和项目全生命周期管理等方面。人与机器的协同建造，作为技术发展中的重要环节，在一定程度上推动了智能建造的产业化升级。

2）开发智能建造专项平台和集成平台。通过提供用户可视化操作软件来接入平台中的各个模块。主要模块涵盖材料模块、物资申领与工时模块、施工人员管理模块、BIM 协同模块等内容。例如，从平台设计系统得到的设计模型直接导入成本预算系统，其结果再导入施工项目综合管理系统，以便进行项目管理，且有效提高施工管理人员和作业人员的工作效率，基本消除信息孤岛。

3）从项目级、企业级、行业级多个层面研究面向网络化协同、个性化定制、智能化生产等不同场景的智能化施工模式。

4. 智能运维

智能运维（Artificial Intelligence for IT Operations，AIO）是指以大数据平台和机器学习（算法平台）为核心，自动地从海量运维数据中学习并总结规则，并做出决策的运维方式[14]。智能运维能够基于 BIM、IoT 和 GIS 等大数据技术的时空信息创新应用平台，通过对楼宇、园区等建筑空间的 3D 精细建模和物联感知，实现大数据的集成、挖掘、协同和共享，进而智能化实现系统自动控制与调节、运行状态监测、运行参数监测，以及物业服务、人员出入、车辆出入和网络服务等功能[15]。

智能运维主要是从建筑的点—线—面尺度进行智能化升级，包含智能家居和智慧物业。其中，智能家居系统是随着科技的进步，为了适应现代家庭生活而产生的家庭集成网络。在全屋智能阶段，将所有与信息相关的通信设备、智能电器、家庭保安装置等联合成为统一的整体，集中监视、控制、管理家庭事务。智能物业通过统一的大数据云平台将物业各个单位紧密连接起来，建立高效的联动机制。智慧物业主要应用场景包括安防管理、能耗管理、应急疏散管理、建筑维护管理等[12]。

1.2.2 内涵

智能建造不仅是工程建造技术的变革创新，更将从产品形态、建造方式、经营理念、市场形态以及行业管理等方面重塑建筑业。

1. "实物+数字"产品

传统建筑以二维设计图为施工依据，不可避免地存在"错、漏、碰、缺"等建筑品质缺陷和资源浪费。未来的建筑产品将从单一实物产品发展为"实物产品+数字产品"，甚至是"实物产品+智能产品"。借助"数字孪生"技术，人们在计算机虚拟空间里对建筑性能、施工过程等进行模拟、仿真、优化和反复试错，通过"先试后建"获得高品质的建筑产品。通过实物产品与数字产品有机融合，形成"实物+数字"复合产品形态。通过与人、环境形成动态交互和自适应调整，实现以人为本、绿色可持续的目标。数字产品与实物产品还可以是"一对多"的关系，即数字建筑产品形成的数字资源可复制应用到其他建筑产品，实现数据资源的增值服务。

2. "制造+建造"生产方式

传统建造是个性化的，施工工地和建筑产品各不相同，属于单个产品定制生产，在生产效率、资源利用和节能环保等方面都存在明显瓶颈。实行建筑工业化的关键是要在工业化大批量、规模化生产条件下，提供满足市场需求的个性化建筑产品。以装配式建筑为例，建筑部品部件将在工厂化条件下批量化生产，不仅可以有效降低成本，还可以提高质量。构件运送到施工现场再拼装成不同功能的建筑产品，以满足市场对建筑产品个性化的要求。这种建造方式与定制化的传统建筑施工有很大不同，从建筑模块化体系、建筑构件柔性生产线到构件装配，都不再是单纯的施工过程，而是制造与建造相结合，实现一体化、自动化、智能化的"制造+建造"。

3. 从产品建造到服务建造

产业边界的融合催生出新的业态和服务内容。一方面，以数字技术为支撑，建设企业将单一的生产性建造活动拓展为更多的增值服务，类似于制造业里的制造服务化以及软件行业所推行的"软件即服务"（Software-as-a-Service，SaaS）模式。另一方面，工程建造中技术、知识型服务的价值增加，推动工程建造向服务化方向转型。建设企业不仅需要提供安全、绿色、智能的实物产品，还应当着眼于面向未来的运营和使用，提供各种各样的服务，保证建设目标的实现和用户的舒适体验，从而拓展建设企业的经营模式和范围。智能建筑、绿色建筑和智能家居等都是典型的应用场景，如医养结合的智能住宅可以通过优化建筑功能设计、增加智能传感设备，满足人们对健康生活和家庭养老的需求。

4. 从产品交易到平台经济

世界经济发展的趋势是从产品经济走向平台经济，实现资源的共享和增值。美国苹果公司、谷歌公司、微软公司，我国腾讯公司、阿里巴巴公司、小米公司都是平台经济下催生的典型企业。建筑业也已经出现工程信息资源平台、工程外包项目聚合平台、综合众包服务平台等各类工程资源组织与配置服务平台。智能建造将不断拓展、丰富工程建造价值链，将工程建造参与主体通过信息网络连接起来。在以"麦特卡夫定律"为特征的网络效应驱使下，工程建造价值链将不断重构、优化，催生出工程建造平台经济形态，大幅降低市场交易成本，改变工程建造市场资源配置方式，丰富工程建造的产业生态，实现工程建造的持续增值。

5. 从管理到治理

在信息时代条件下，建筑业的管理模式也将从"管理"转向"治理"。智能建造将以开放的工程大数据平台为核心，推动工程行业管理理念从"单向监管"向"共生治理"转变，管理体系从"封闭碎片化"向"开放整体性"发展，管理机制从"事件驱动"向"主动服务"升级，治理能力从以"经验决策"为主向以"数据驱动"为主提升。2019年政府工作报告中明确提出着力优化营商环境。实现这一目标的重要支撑就是互联网平台，把后台的串联式的项目审批变成平台式的协同审批，实现"让信息多跑路，让群众少跑腿"。从管理到治理，行业管理从指导思想、技术手段和实施模式等方面都将产生深刻的改变。

1.2.3　特征

智能建造的特征结合了建造过程、建造方式、建造设备和材料等建造行业的特殊性，以及人工智能、物联网、BIM等信息技术的特殊性，对于智能建造理论和方法体系具有重要的意义。

1. 万物互联

智能建造的核心是连接，即把施工现场、工程机械设备、生产线、构件工厂、供应商、建筑产品、客户紧密连接在一起。智能建造适应了万物互联的发展趋势，将传感器、嵌入式终端系统、智能控制系统、通信设施等通过信息物理系统（Cyber-Physical Systems，CPS）形成一个智能网络，使得产品与施工场地、工程设备之间、不同的生产设备之间以及数字世界和物理世界之间能够互联，使得工作部件、系统以及人类能够通过网络持续地保持数字信息的交流。智能建造主要包括虚拟和现实的互联，施工现场、生产设备的互联，设备和建筑构件的互联等。

2. 全面感知

通过各种传感器、智能设备、智能终端等收集有关建造物和建造过程的各种信息和数据，通过物联网、互联网等将信息和数据进行传输和存储。智能建造技术将建造物、建造活动、建造设备、工程管理人员、相关服务等进行在线连接，使工程管理人员和工程管理系统可以实时获取相关数据。

3. 数据化

工程互联网和智慧工地的推广、智能装备和终端的普及以及各种各样传感器的使用，将会带来泛在感知和泛连接。所有的工程机械装备、人、物料感知设备、联网终端，包括建造者本身都在源源不断地产生数据。这些数据将会渗透到建筑施工项目管理、企业运营、价值链乃至建筑工程的整个生命周期，在智能建造的背景下将呈现爆炸式增长态势。项目管理、施工现场、数字工厂的数据、建筑构件的数据、建造过程产生的数据，都将对企业的运营、价值链的优化和产品全生命周期的优化起到重要支撑作用。

4. 真实分析

真实分析是指利用人工智能、大数据分析等信息技术对相关数据进行分析和处理，利用有限元计算、虚拟仿真技术等对工程状态进行仿真分析，给出自动控制所需的结果或辅助管理人员决策的信息。

5. 实时控制

实时控制是指通过智能设备、智能软件、智能终端等，依据分析得到的结果和相关规则（如标准规范等），对建造过程、建造工艺、建造流程等进行控制，确保实现设计所预定的目标，包括通过自动控制技术对施工设备、建筑机械等进行智能化控制，通过相关人员对施工工艺、施工方法等进行控制以及对人员的控制，最终达到对整个施工过程的全面控制。

1.3 智能建造面临的挑战和发展趋势

1.3.1 面临的挑战

近年来，我国智能建造技术及其产业化发展迅速并取得了较显著的成效。然而，国外发达国家依旧处于引领地位，我国智能建造技术仍存在突出的矛盾和问题，表1-2所示为国内外智能建造技术发展对比。

表1-2 国内外智能建造技术发展对比○

技术发展	国内	国外
基础理论和技术体系	基础研究能力不足，对引进技术的消化吸收力度不够，技术体系不完整，缺乏原始创新能力	拥有扎实的理论基础和完整的技术体系，控制系统软件等关键技术，在先进材料和重点前沿领域发展领先
中长期发展战略	发布了相关技术规划，但总体发展战略尚待明确，技术路线不够清晰，国家层面对智能建造发展的管理待完善	金融危机后，众多发达工业国家将包括智能建造在内的先进制造业发展上升为国家战略
智能建造装备	对引进的先进设备依赖度高，50%以上的智能建造装备需要进口	拥有精密测量技术、智能控制技术、智能化嵌入式软件等先进技术
关键智能建造技术	高端装备的核心控制技术严重依赖进口	拥有实现建造过程智能化的重要基础技术和关键零部件
软、硬件	重硬件、轻软件现象突出，缺少智能化高端软件产品	软件和硬件双向发展，"两化"程度高
人才储备	智能产业人才短缺，质量较弱	全球顶尖学府的高级复合型研究人才

面对国内建筑业转型升级的需求，对照全球发达国家智能建造的发展势态，我国智能建造的发展仍然面临诸多困境。

（1）在市场环境方面　建筑企业已习惯使用国外相关产品，产生了数据依存，相关产品替换难度较大；国产产品用户基数少，缺少市场意见反馈，加大了与国外同类产品在功能和性能等方面的差距。

（2）在企业部署方面　国内厂商战略部署不清晰，未形成与上下游的深度沟通，不利于产品布局的纵深发展；国内厂商起步晚，生态基础薄弱，资源分散严重，不少国产产品在细分市场仍处于整体价值链的中低端位置；国内厂商的自主创新能力与意识仍然较弱，国际领先的创新成果相对较少。

○ 引自 https://www.askci.com/news/chanye/。

14

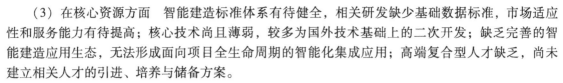

（3）在核心资源方面 智能建造标准体系有待健全，相关研发缺少基础数据标准，市场适应性和服务能力有待提高；核心技术尚且薄弱，较多为国外技术基础上的二次开发；缺乏完善的智能建造应用生态，无法形成面向项目全生命周期的智能化集成应用；高端复合型人才缺乏，尚未建立相关人才的引进、培养与储备方案。

为推动我国迈入智能建造世界强国行列，应坚持推进自主化发展，遵循"典型引路、梯度推进"原则，通过补短板、显特色、促升级、强优势，研发智能建造关键领域技术。

1）工程软件加强"补短板"，解决软件集成问题。具体措施有：明确国内外工程软件差距，大力支持工程软件技术研发和产品化，集中攻关"卡脖子"痛点，提升三维图形引擎的自主可控水平；面向房屋建筑、基础设施等工程建造项目的实际需求，加强国产工程软件创新应用，逐步实现工程软件的国产替代；加快制定工程软件标准体系，完善测评机制，形成以自主可控 BIM 软件为核心的全产业链一体化软件生态。

2）工程物联网积极"显特色"，力争跻身全球领先。具体措施有：将工程物联网纳入工业互联网建设范围，面向不同的应用场景，确立工程物联网技术应用标准和规范化技术指导；突破全要素感知柔性自适应组网、多模态异构数据智能融合等技术；充分利用我国工程建造市场的规模优势，开展基于工程物联网的智能工地示范，强化工程物联网的应用价值。

3）工程机械大力"促升级"，提升"智能化、绿色化、人性化"水平。具体措施有：建立健全智能化工程机械标准体系，增强市场适应性；打破核心零部件技术和原材料的壁垒，提高产品的可靠性；摒弃单一的纯销售模式，重视后市场服务，创新多样化综合服务模式。

4）工程大数据及时"强优势"，为持续创新奠定数据基础。具体措施有：完善工程大数据基础理论，创新数据采集、储存和挖掘等关键共性技术，满足实际工程应用需求；建立工程大数据政策法规、管理评估、企业制度等管理体系，实现数据的有效管理与利用；建立完整的工程大数据产业体系，增强大数据应用和服务能力，带动关联产业发展和催生建造服务新业态。

1.3.2 发展趋势

智能建造是以现代通用的信息技术为基础，建造领域的数字化技术为支撑，实现建造过程一体化和协同化，并推动工程建造工业化、服务化和平台化变革，最终提供以人为本、智能化的绿色可持续的工程产品与服务[7]。具体来讲，智能建造旨在实现三个目标，一是以用户为本，通过智能化服务使用户的生活环境更美好、工作环境更高效；二是提升建筑对环境的适应性，实现节能减排、再生循环；三是促进人与自然和谐。因此，智能建造发展是一项系统性、战略性、长期性的任务，受到政策环境、市场环境、研发部署等诸多因素的影响，涉及多个行业、多个建设主体；需对工程供应链不同环节、生产体系与组织方式、企业与产业间合作等进行全方位赋能。

1. 智能建造市场化

智能建造市场潜力大，发展前景广阔。根据波士顿咨询公司推测，到 2030 年，非住宅建造项目将因全面数据化在全球范围节省 0.7 万亿~1.2 万亿美元的工程施工费用和 3 千亿~5 千亿美元的运营费用。因此，智能建造的市场竞争力日益增加，推动该市场发展的必要条件包括以下三方面：

1）建立规范有序的市场环境，构建公平竞争的商业市场体系，完善相关法律法规，加大知识产权的宣传和保护力度；发挥行业协会在行业自律和规范市场秩序中的积极作用，协助加强反垄断、反倾销工作，制止不正当竞争，加强知识产权的宣传和保护力度。

2）紧扣市场需求，深化市场调研并积极布局，围绕 BIM 与数字设计、智能工地、无人施工系统、工程大数据平台等具体方向，坚持以应用为主导开展技术研发，着力解决行业痛点、难点问题；完善市场反馈机制，不断升级产品功能、性能与基础服务，打造符合市场需求、面向行业未来的优质产品与服务，逐步积累并壮大客户群体。

3）加大研发投入，建立差异化发展模式；强化研发设备、人员等生产要素管理，确保资源集中归档，提高产品质量；中小型厂商宜专注于细分领域的专项技术，做专、做深，切忌追求"大而全"；大型厂商可提出为各细分行业提供智能建造的整体解决方案，完善企业之间互联协同的综合解决方案，实现与中小型厂商的错位发展、共同成长。

2. 智能建造产业化

建造产业化是把建造活动向前端的产品开发、向下游的建筑材料、建筑部品部件延伸，通过产业链优化配置资源，产业链要充分体现专业化分工和社会化协作，以"系统性"克服"碎片化"引起的弊端 ⊖。因此，智能建造产业化通过上、下游间的资源共享和信息共享，利用人工智能等新一代信息技术高效整合相关产业资源，从建造流程的分散性模式向全产业链模式转型，纵向集成一系列的经济活动，进而实现价值增值。此外，智能建造产业化的实现依赖于以下四个方面：

1）加快成立一批建造产业创新基地，尤其是人工智能技术与建造产业深度融合的创新基地，打造"基础研究—技术创新—产业化"链条的科技产业协同发展机制。构建国家、行业、企业完善的产业创新基地，引领和示范建造产业的科技创新，充分发挥科研机构的辐射和带动作用，有助于建造产业关键核心技术的突破和转化应用，能够促进建造产业创新的集聚发展，为推动我国建造转型升级和高质量发展提供支撑、引领作用。

2）建立智能建造标准体系和技术评估机制。重点围绕各类工程数据在项目全生命周期的应用，研制相关标准及技术框架，依托现有的国家和社会检测认证资源，对智能建造关键技术发展与应用水平进行客观评估。阶段性开展国内外发展比对分析，对不足之处进行科学指引和及时调整。

3）拓宽建造产业创新支持渠道，加大资源支持规模。鼓励各级政府加大财政扶持力度，建立稳定支持和竞争性支持相结合的资金投入机制，着力支持建造产业关键技术研发与成果产业化。建立以政府扶持为引导、企业投入为主体、多元社会资金参与的创新投入机制，提升资源配置效率，推动孵化新技术、新产品。

4）技术应用单位应与技术研发单位（如硬件厂商、工业自动化厂商等）开展产业链协同合作，建立智能建造合作生态。发挥骨干研发单位的技术优势、应用单位的需求牵引效应，以实际应用驱动技术落地。通过深度合作，形成资源互补、价值共创局面，搭建面向工程全生命周期的整体解决方案及协作流程，提升体系化发展能力。

3. 智能建造专业化

智能建造时代的发展离不开专业人才的培养，人才培养的质量既依赖于深厚的理论基础，又依托于充足的实践经验。智能建造师应当是以土木工程专业知识为基础，融合计算机应用技术、工程管理、机械自动化等发展而成的"工程建造+数字化、智能化、信息化"的新型高度融合型人才，是智能建筑、智能交通、智慧工地、智慧城市、智慧消防等智能建设项目的建设者和实施者，是新型建筑工业化背景下的新时代工匠 ⊖。

我国智能建造专业尚处于发展初期，主要原因可归结于：课程内容创新度低、师资力量及教学能力滞后于专业内容、理论教学与实践指导的融合度低[16]。因此，高校及科研机构应从以下三

⊖ 引自杨虞波罗，赵竹青. 智能建造师：新基建背景下的新时代工匠. 中国网. http://scitech.people.com.cn/GB/n1/2020/1106/c1007-31920924.html，2020-11-06/2022-01-22。
⊖ 引自叶浩文，李丛笑. 绿色建造引领城乡建设转型升级. 建筑工业化装配式建筑网. https://mp.weixin.qq.com/s/r5EavB7aFJ08WyXg-3Ktfg，2021-11-16/2022-01-22。

方面明确培养任务，有力推动智能建造的人才培育：

1）合理设置教学内容，积极探索校企协同育人模式。有效结合基础课程和专业课程，培养一批既懂传统工程建造技术和项目管理知识，又懂 BIM 技术、装配式建筑技术、绿色建筑技术、建筑大数据等新建筑技术的高度融合型、复合型专业技术人才。充分发挥办学特长，结合院校优势学科，通过高校科研基地、院企培养计划、新兴学科培养等举措，重点加强智能建造专业等新工科专业建设，实施建筑土木工程类专业的教学改革，培养精通工程管理、工程技术、信息技术的复合型人才。

2）充实师资力量，切实提升教学能力。高校应当合理设置专业课程，做好教学引导工作，一方面注重教师队伍建设，引进高层次人才充实师资力量；通过教学能力比赛、公开课等方式，搭建教学能力提升的舞台；同时，积极邀请行业专家、企业高级技术人员主持智能建造专业的高水平讲座和培训，提升教学质量。另一方面，尊重学生意愿，结合学习需求和课程内容实行专业性培养。

3）大力支持科技人才开展独立性、原创性研究。发挥高校、科研院所在基础研究方面的优势，注重科研成果的创新性、系列性、系统性和完整性，坚持科研工作源于工程、服务工程、指导工程、引领工程；聚焦工程软件、工程物联网、工程机械、工程大数据等底层技术问题，逐步实现技术突破。培养一批面向未来国家建设需要，适应未来社会发展需求，基础理论扎实、专业知识宽广、实践能力突出、科学与人文素养深厚、掌握智能建造的相关原理和基本方法、获得工程师基本训练、具有创新能力和领导意识的社会栋梁与专业精英。

思 考 题

1. 传统建造为何走向智能建造？
2. 智能建造的定义、内涵和特征分别是什么？
3. 智能建造的发展存在哪些挑战？如何有效应对这些挑战？
4. 如何加强智能建造市场化和产业化？
5. 讨论：以你的角度谈谈如何发展智能建造专业。
6. 分组讨论并汇报：工业 4.0 时代以来，国内外智能建造包括哪些研究方向？任意选择 4 个方向简要概括它们的研究现状。

第 2 章

BIM与智能建造

内容摘要

本章着重分析了传统建筑业在设计管理、成本管理、进度管理、运维管理、造价管理和信息管理等方面所面临的瓶颈，概述了 BIM 的应用现状、相关技术、平台、软件、标准与规范、局限性和发展过程，阐述了 BIM 技术推动项目全生命周期内智能建造的方式。

学习目标

了解 BIM 技术产生的背景、起源及早期应用概况，掌握 BIM 技术各类平台产品及技术规范，理解 BIM 技术到智能建造体系的发展过程，掌握 BIM 技术在全过程智能建造中的各类应用场景与优势。

2.1 BIM 技术诞生的背景

20 世纪末，随着建筑业的蓬勃发展，信息技术已经渗透到设计、施工、运营建筑全生命周期的各个不同阶段。但是，由于信息来自多个参与方，造成分散的多个数据源，使得大量的工程数据信息传递工作量大，无法直接交流。同时，各参与方之间的信息交流手段落后，如建筑设计通过二维图样表达，施工进度通过横道图表达，在施工和管理过程中的数据由人工编制报表。这将造成不同阶段数据信息传输和共享困难。可见，建筑业传统的生产和运作方式已无法满足快速发展的市场经济的需求。如何高效地运用现代技术，加快建筑业信息化和智能化发展，提高生产效率是建筑业面临的一大挑战。在这种背景下，BIM 技术应运而生，它为工程项目从设计到运营全生命周期提供连贯一致的信息，不仅缩短了建筑工程所需的时间、节约资源成本，还帮助所有工程参与者提高了决策效率和设计质量。

2.1.1 传统建筑业面临的挑战

建筑业作为我国国民经济的支柱产业取得了令人瞩目的成就，产业规模逐年增长，建造能力大幅提升。但我国的建筑业仍然是一个劳动密集型、建造方式相对落后的传统产业。施工过程中产生的资源消耗量大，标准化程度低，工期、安全、质量难以控制等问题，使得传统建筑业弊端凸显，亟须向标准化、信息化等方向转型升级。本节结合工程项目全生命周期各阶段中存在的问题及弊端，对传统建筑业面临的挑战进行分析。

1. 设计管理的挑战

建筑设计作为建筑施工的根本依据，在建筑质量的保障中起到重要的作用。加强设计的管理，提高设计的质量，是保证建筑质量的基础条件。然而传统工程项目的设计环节仍存在二维设计图无法直观表达建筑物整体形象、设计人员协同效率低和设计时间长等问题，难以适应如今高强度、高节奏的工程周期要求，给施工质量提高造成了阻碍，甚至遗留下严重的质量隐患。具体挑战如下：

（1）无法真实直观地表现设计对象　传统的二维设计只是示意性地表现设计对象，如墙体用宽度一定的平行线表示，无法真实直观地表现设计对象[17]。在二维平台设计图例如图2-1所示。

（2）信息流失　二维的设计模式难以表达更多的数字化信息，后续阶段设计时不能百分之百地继承前一阶段的信息，只能在继承的部分信息的基础之上重新进行挖掘与创建，因此前后信息存在差别，容易造成信息流失，更是无法表达构件的空间拓扑关系[18]。

（3）割裂的专业结构　建筑工程设计涉及多个专业，如建筑、结构、水道、暖通、电气、概预算、数据、通信、安全、节能等。虽然各个专业之间分工明确，但彼此之间却缺乏沟通，导致各专业的图样合在一起时会存在内容冲突等问题[19]。

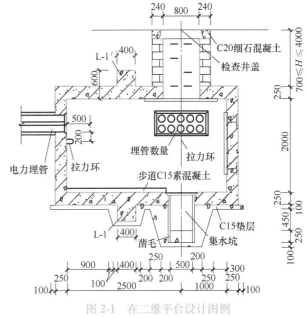

图2-1　在二维平台设计图例

（4）多方案优化设计成本过高　每一个方案的设计需要花费设计人员大量的时间及精力，多方案设计、优化及对比分析致使设计周期变长，生产效率降低且导致设计成本过高，因此每个项目通常只有合理的设计方案，而该方案并非最优[20]。

（5）图元之间相互独立，设计效率与质量低下　二维设计对象通常以线、面、块来抽象表达，设计对象的属性信息通常以文字的形式标注在旁边，设计过程中随意性较强，所表达的信息有时不是固定的，可从多方面解释，容易产生错误的理解；此外，对一个设计对象的修改（如线形加粗、改变颜色）等不会影响到另一个对象，如当需要对全场景的图元做整体修改时，需要对图元进行逐一修改，导致烦琐和巨大的工作量[21]。

（6）难以完成成本预算、施工进度安排、风水管道流量等工程计算　二维设计对象的图元与数据相互对立，对于上述计算需要相关专业人员运用不同的软件独立计算，计算速度慢、效率低，且容易出错[22]。

2. 成本管理的挑战

传统建设项目成本管理以对建筑实体的计量和计价为基础。在招标投标阶段，造价工程师类比同类工程并采用算量软件辅助计算工程量，结合市场和公司情况等要素编制投标书；中标后，承包商成立项目部并初步制订成本计划。在施工阶段，成本管理再跟随施工进度不断深入，此阶段实行"量价分离"的控制方法，"量"主要是针对资源消耗量和工程量，"价"则注重采购与合同价格；随着工程进展对成本数据进行统计分析，主要是会计核算、业务核算和统计核算，通过核算得到成本基础数据，利用网络图对成本、工期、资源优化，通过数据实施成本动态管理。在项目竣工结算后，根据成本目标完成情况对相关责任人进行成本考核并实施奖惩[23]。在传统的施工阶段，成本管理工作主要面临以下问题：

（1）管理方式具有一定的被动性　在传统的成本管理中，大多先完成项目设计，再进行成本控制，从而预算和结算的过程相距较远，这使整个成本管理过程是被动、不连贯的，从而导致对成本的预算和控制有限，在结算时容易产生矛盾[24]，此外，目前，我国采用宏观调控的经济政策，在管理模式上实行动静相结合的方式。但是我国市场经济发展速度较快，其管理模式的更新已经不能满足时代发展的需求。这种情况在施工材料的采购上表现突出，材料采购由于受材料产地的影响，其具体时间往往根据施工现场的具体情况而定。但是，在实际的操作的过程中，由于施工单位无法及时掌握材料市场变化信息，而且缺乏相应的市场调研，导致对工程造价进行错误的估算，严重影响了工程造价管理工作的顺利进行[25]。

工程造价不能实行全过程控制是目前我国建筑业工程造价管理水平一直无法提升的关键因素。主要原因在于工程造价管理体系不够完善，没有一个健全的管理体系作为支撑[26]；工程建造商对整个建筑工程缺乏全局管控意识，各相关单位包括建设单位、设计单位、施工单位以及监理单位之间缺乏有效沟通，使得整个工程造价管理处于无序状态。

（2）传统的信息管理实时性较弱　在传统的成本管理中，许多信息的获取速度较慢，在成本管理中缺乏及时的数据依据，容易出现造价不准确等问题，特别是当出现施工过程中的设计变更等情况时，不能快速实时地修正数据，从而不利于管理人员对整体施工工程的成本管理和掌控[27]。

（3）成本管理协调方式不完善　造价管理是一项复杂的工作，需要设计、施工、运营等部门配合完成，需要把各部门的相关数据都联系起来。目前的管理方式是由统一部门管理，统一部门根据工程进展各阶段划分造价管理人员的任务，须深入到基层开展工作。建设工程各个项目的建设内容不同，但是由于管理人员不了解施工内容，在资源共享的过程中，会因为时间、空间上的差异而使资源出现偏差，工作开展时会浪费大量时间，各部门负责人由于缺少制度约束而不能高效地完成工作任务[28]。

（4）成本确定方法静态滞后　工程概预算是基于工程项目提供的工程图样计算出工程材料使用量，并结合人、材、机等价格确定的；施工周期、雇工费用以及设备使用情况也是结合工程图样计算的。工程图样理论性很强、造价管理依靠静态方法、大型工程项目施工工期长等因素导致静态方法并不能全部考虑施工过程中可能遇到的环境问题，不具备很好的风险抵御能力。定额管理在小规模建筑工程中能够产生良好效果，对施工各个环节都能起到约束作用，但大规模工程则需要结合使用静态与动态方法，制订出具有长期发展潜质的造价管理方案[29]。

（5）成本模型建立不便捷　目前，虽然较为先进的造价软件均提供识别CAD图进行建模的功能，但是仍然需要造价人员导入二维CAD设计图，进行翻模，在这个过程中，常常由于图层设置、构件参数设置等问题导致模型识别不了或者识别错误，还需要造价人员进行检查和修改，甚至重新建模[30]。

（6）工程信息缺乏统一标准　当前，我国的工程造价管理机构相对较多，但缺乏统一管理。每一个管理机构有自己的一套造价管理标准体系。除此以外，各个不同机构之间又缺乏有效沟通，在进行一些技术和数据方面的共享时会因为理解误差而产生时间以及精力的浪费。部门与部门之间在进行成本数据之间的交流以及共享时会产生很大的阻碍。因此，必须对信息进行二次加工，但是这有可能会使得信息数据出现错误，最终影响整个工程项目数据的真实性以及可靠性[31]。

3. 进度管理的挑战

工程进度管理主要包含进度计划与进度监控两方面内容。进度计划的职责是工作结构的分解，进度计划编制与改善。进度监控的主要职责是依照进度计划具体落实、控制计划的执行，按时、按量完成计划任务，最终达成目标任务。传统进度管理模式流程（图2-2），依照计划制订、优化与控制三大步骤有序展开，不过传统进度管理模式明显存在较大的弊端，还需要进一步优化与完善。

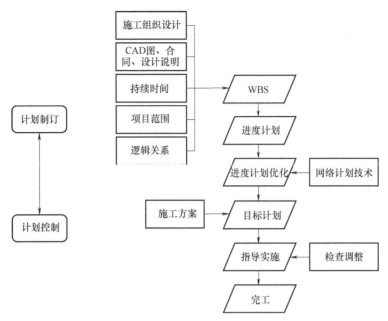

图 2-2　传统进度管理模式流程

(1) 无法实现精细化管理　影响项目进度管理的因素众多，如水文气候、地理位置、地形地貌、施工环境、施工工艺、施工措施、图样缺陷、设计变更、资源供应等，而管理人员的精力和能力有限，无法充分考虑各种因素对进度的影响程度，无法做到精细化管理，使得进度计划中存在缺陷往往到施工进展中才暴露出来，直接增大了工期延后的风险[32]。

(2) 进度计划缺乏灵活性，优化调整困难　利用横道图、网络计划图、关键路径法等配合P6、Project 等软件编制的项目进度计划，在执行过程中不可避免地会因设计变更、施工条件改变等情况的出现而调整。以传统进度管理方法进行进度计划调整，工作量较大、优化调整困难，常致使实际进度与计划进度脱节[33]。

(3) 组织协调困难　项目的顺利实施需要项目各参与方进行不断沟通、协调，但在现阶段的工程项目管理模式下，项目各方参与者并不能实现无障碍合作。例如，由于进度偏差的表现形式很多、偏差信息的传递途径同样很多，这就会出现某个单位独自获得了进度偏差信息及纠偏措施而没有同步知会其他参与单位的现象[34]。

(4) 工程进度、成本及质量之间难以达到平衡状态　进度、成本、质量三者之间相互制约、相互联系，赶工会提高成本，并可能降低质量。传统进度管理缺乏切实有效的技术和方法，难以使三者同时达到最优状态。特别是当工期滞后时，易陷入花费高成本赶工但质量不合格而再次返工，致使进度再次滞后的恶性循环[35]。

(5) 建筑设计缺陷带来的进度管理问题　首先，设计阶段的主要内容是完成施工所需图样的设计工作，通常一个项目的整套图样所包含的数据庞大，设计者和审图者的精力有限，存在错误是不可避免的。其次，项目各专业的设计工作是独立完成的，这就导致各专业的二维图样所表现的内容在空间上很容易出现碰撞和矛盾。如果上述问题到施工阶段才被发现，就势必会对工程项目的进度产生影响[36]。

(6) 施工进度计划编制不合理造成的进度管理问题　网络计划图是项目进度管理的主要工具之一，但因其自身的缺陷和局限性，使得工程项目的进度管理仍然存在问题。首先，网络计划图计算复杂，理解困难，只适合于专业内部使用，不利于与外界沟通和交流。其次，网络计划图表达抽象，不能直观地展示项目的计划进度过程，也不方便进行项目实际进度的跟踪。再次，网络计划图要求项目工作分解细致，逻辑关系准确。工程项目进度计划的编制很大程度上依赖于项目管理者的经验，虽然有施工合同、进度目标、施工方案等客观条件做支撑，但是项目的唯一性和个人经验的主观性难免会使进度计划出现不合理的地方，并且现行的编制方法和工具相对比较抽象，不易对进度计划进行检查。一旦计划出了问题，那么按照计划所进行的施工过程必然也不会顺利[37]。

4. 运维管理的挑战

工程项目运维管理是指运用现代化的管理方法、管理手段和先进的维修技术，由专门机构和专业人员在项目的运行维护期内对人员活动的环境和空间进行规划、维护、维修、应急等多功能、多层次的管理，其目的是为使用人员提供周到的服务，创造安全、舒适、宁静的工作和生活环境，以维护和提高运维管理的价值，努力实现质量、安全、费用三大目标。但在传统的运维管理模式下，因具体项目决策、设计、施工阶段的数据资源很难完整地向运维阶段有效地传递，造成建筑物的运维阶段和前期工作脱节，从而使得运维管理效率受到较大影响[38]，主要体现在以下几个方面：

（1）各阶段工作脱节　各阶段工作的信息传递缺乏连续性、一致性。在传统的项目管理方式下，运维阶段与前期决策、设计、施工阶段是分时段开展的，前期工作的设备资料、建筑物基础数据总是无法完整准确地传递给运维阶段，使得运维阶段基础资料缺乏，基础资料与前期资料不一致，导致运维工作展开困难[39]。

（2）信息不能集成共享　传统的设施管理大部分采用手写记录单，既浪费时间，又容易造成错误，而且纸质记录单容易丢失和损坏。同时，在设备基本信息查询、维修方案和检测计划的确定，以及对紧急事件的应急处理时，往往需要从大量纸质的图样和文档中寻找所需的信息，无法快速地获取有关该设备的信息，从而达不到设施管理的目的；传统的设施管理往往采用纸质档案，纸质档案都是采用手工方式来整理的，这对处理设施信息是非常低效率的；设施资料往往以一种特定的形式固定下来，这样难以满足不同用户对资料进行自由组合分类的需求，虽然一些设施管理采用了电子档案，但由于这些电子文件生成于不同的软件系统，其存储方式处于不同格式，使得绝大部分电子文件之间不能兼容，从而无法相互采集、收集和利用；同时由于这些简易电子档案没有很好地归档，在设施发生故障时，不能快速找到该设备的相关信息，达不到设施管理的要求[40]。

（3）信息传递效率低下　传统运维管理的信息传递大都采用点对点的模式，也就是参与方之间两两进行信息沟通，如图 2-3 所示。这种信息传递模式不能保证多个参与方同时进行沟通和协调，设施管理方要与业主、设计方、施工方、总包方和分包方等各个参与方分别进行沟通来获得想要的信息，既浪费时间，又不能保证信息的准确性，不利于设施的有效管理。

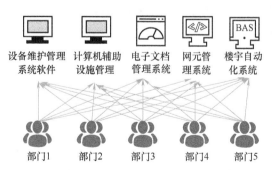

图 2-3　传统运维管理的信息传递模式

（4）缺乏专业性管理人才　运维阶段管理工作内容繁杂，工作人员不但包括网络维护人员、系统维护人员、第三方代维人员，还包括机电设备、设施的运营、维护，结构的健康监控，建筑环境的监测管理人员等，这些人员都要求具有一定的工作经验和较高的专业素质，然而现阶段市场上缺乏专业性、综合性的管理人才。

（5）能源利用率低　传统运维管理手段落后，在资源能耗方面存在巨大的局限性，满足不了现代建筑的智能、绿色、可持续发展等要求。例如，建筑物内部发生火灾时，传统的运维管理往往不能及时处理灾情，避免不了财务、资源的损失。

（6）运维与设施管理成本高　设施管理中很大一部分内容是设备的管理。设备管理的成本在设施管理成本中占有很大的比重。设备管理的过程包括设备的购买、使用、维修、改造、更新、报废等。设备管理成本主要包括购置费用、维修费用、改造费用以及设备管理的人工成本等。由于当前的设备管理技术落后，往往需要大量的人员来进行设备的巡视和操作，而且只能在设备发生故障后进行设备维修，不能进行设备的预警工作，这就大大增加了设备管理的费用[41]。

5. 信息管理的弊端

在缺乏信息技术的条件下，建筑业中还有不少人遵循传统的工作方式和惯例，以纸质媒介为基础进行管理，用传统的档案管理方式来管理设计文件、施工文件和其他工程文件。这些手工作业缓慢而烦琐，还不时会出现一些纰漏，给工程带来损失。尽管设计过程是使用计算机进行的，但是由于设计成果是以纸质图样的形式而不是以电子文件的方式提供，因此，更多的设计后续工作如概预算、招标投标、项目管理等都是以纸质图样上的信息为依据，需要工作人员重新进行输入电子媒介，才能进行下一步工作[42]。

在整个建设工程项目周期中，项目的信息量是随着时间增长而不断增长的。实际上，在目前的建设工程中，项目各个阶段的信息并不能很好地衔接，从而出现了信息丢失的现象[43]。作为设计信息流向的下游，如概预算、施工等阶段就无法从上游获取在设计阶段已经输入电子媒体的信息，还需要人工阅读图样才能应用计算机软件进行概预算和组织施工，其中各种管理模式在项目不同阶段对项目信息量的影响如图2-4所示。虽然参与工程建设各方之间基于纸介质转换信息的机制是一种在建筑业中应用了多年的做法，但随着信息技术的应用，设计和施工过程中都会在数字媒介上产生更为丰富的信息。因此，当信息从数字媒介转换为纸质媒介时，会导致许多数字化的信息丢失[44]。造成这种信息丢失现象的原因有很多，其中一个重要原因就是在建设工程项目中没有建立起科学的、能够支持建设工程全生命周期的建筑信息管理环境[45]。

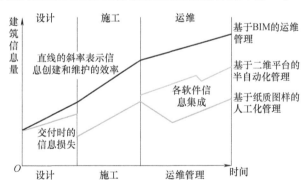

图2-4　各种管理模式在项目不同阶段对项目信息量的影响

2.1.2　信息技术的飞速发展

作为国民经济的主要支柱产业之一，传统的建筑业不断受到信息化的冲击和影响。在全球建筑业的范围内，利用信息技术所带来的巨大冲击对工程管理的思想、组织、方法和手段进行持续的改进、变革和创新已成为提高业主满意度、增强企业核心竞争力的主要手段。20世纪80—90年代是建筑信息技术从探索走向广泛应用并得到蓬勃发展的年代。随着计算机网络通信技术的飞速发展，因特网开始进入各行各业和普通人们的生活，给建筑信息技术带来了新的发展，也为BIM的诞生提供了硬件基础。

1. 学术界有关建筑信息建模的研究不断走向深入

自从伊士曼教授发表了建筑描述系统（Building Description System，BDS）以来，学术界十分关注建筑信息建模的研究并发表了大量有关的研究成果，特别是 20 世纪 90 年代后，这方面的研究成果大量增加。1988 年，由美国斯坦福大学教授保罗特乔尔兹（Paul Teicholz）博士建立的设施集成工程中心（CIFE）是 BIM 研究发展进程的一个重要标志。CIFE 在 1996 年提出了 4D 工程管理的理论，将时间属性也纳入进建筑模型中。4D 项目管理信息系统将建筑物结构构件的 3D 模型与施工进度计划的各种工作相对应，建立各构件之间的继承关系及相关性，最后可以动态地模拟这些构件的变化过程。这样就能有效地整合整个工程项目的信息并加以集成，实现施工管理和控制的信息化、集成化、可视化和智能化。2001 年，CIFE 又提出了建设领域的虚拟设计与施工（VDC）的理论与方法，在工程建设过程中通过应用多学科、多专业的集成化信息技术模型，准确反映和控制项目建设的过程，以帮助实现项目建设目标。目前，4D 工程管理理论与 VDC 理论都是 BIM 的重要组成部分[46]。

2. 制造业在产品信息建模方面的成功给予建筑业启示

20 世纪 70 年代，在制造业 CAD 的应用中也开始了产品信息建模（Product Information Modeling，PIM）研究。产品信息建模的研究对象是制造系统中产品的整个生命周期，目的是为实现产品设计制造的自动化提供充分和完备的信息。研究人员很快注意到，除几何模型外，工程上其他信息如精度、装配关系、属性等，也应该扩充到产品信息模型中，因此要扩展产品信息建模能力。制造业对产品信息模型的研究，也经历了由简到繁、由几何模型到集成化产品信息模型的发展历程，其先后提出的产品信息模型有以下几种：面向几何的产品信息模型、面向特征的产品信息模型、基于知识的产品信息模型和集成的产品信息模型。产品模型数据交换标准（Standard for The Exchange of Product Model Data，STEP）标准发布后，对集成的产品信息模型的研究起了积极的推动作用，使 BIM 技术研究得到飞速发展。

3. 软件开发商的不断努力实践

20 世纪 80 年代，出现了一批不错的建筑软件。英国 ARC 公司研制的 BDS 和 GDS 系统，通过应用数据库把建筑师、结构工程师和其他专业工程师的工作集成在一起，大大提高了不同工种间的协调水平。日本的清水建设公司和大林组公司也分别研制出了 STEP 和 TADD 系统，这两个系统实现了不同专业的数据共享，基本能够支持建筑设计的每一个阶段。英国 GMW 公司开发的RUCAPS（Really Universal Computer Aided Production System，意思为真正的通用计算机辅助生产系统）软件系统采用 3D 构件来构建建筑模型，系统中有一个可以储存模型中所有构件的关系数据库，还包含有多用户系统，可满足多人同时在同一模型上工作。

随着对信息建模研究的不断深入，软件开发商也逐渐建立起信息化的建筑模型。最早应用BIM 技术的是匈牙利的 Graphisoft 公司，它在 1987 年提出虚拟建筑（Virtual Building，VB）的概念，并把这一概念应用在 ArchiCAD 3.0 的开发中。Graphisoft 公司声称，虚拟建筑就是设计项目的一体化 3D 计算机模型，包含所有的建筑信息，并且可视、可编辑和可定义。运用虚拟建筑不但可以实现对建筑信息的控制，而且可以从同一个文件中生成施工图、渲染图和工程量清单，甚至虚拟实境的场景。虚拟建筑概念可运用在建筑工程的各个阶段：设计阶段、出图阶段、与客户的交流阶段和建筑师之间的合作阶段。自此，ArchiCAD 就成为运行在个人计算机上最先进的建筑设计软件。VB 其实就是 BIM，只不过当时还没有 BIM 这个术语。随后，美国 Bentley 公司提出了一体化项目模型（Integrated Project Models，IPM）的概念，并在 2001 年发布的 MicroStation V8 中应用了这个新概念。

1987 年，美国 Revit 技术公司成立，研发出建筑设计软件 Revit。该软件采用了参数化数据建模技术，实现了数据的关联显示、智能互动，代表着新一代建筑设计软件的发展方向。美国

Autodesk 公司在 2002 年收购了 Revit 技术公司，后者的软件 Revit 也就成了 Autodesk 旗下的产品。在推广 Revit 的过程中，Autodesk 公司首次提出建筑信息模型（BIM）的概念。至此，BIM 这个技术术语正式提出[47]。

2.1.3 BIM 的早期应用概况

CAD 技术的普及和推广使建筑师、工程师们从传统的手工绘图、设计和计算中解放出来，是工程设计领域的第一次数字革命。建筑信息模型（BIM）的出现引发了整个工程建设领域的第二次数字革命。BIM 不仅带来现有技术的进步和更新换代，也间接影响了生产组织模式和管理方式，并将更长远地影响人们思维模式的转变。

BIM 技术的核心是通过在计算机中建立虚拟的建筑工程三维模型，同时利用数字化技术为这个模型提供完整的、与实际情况一致的建筑工程信息库。该信息库不仅包含描述建筑物构件的几何信息、专业属性及状态信息，还包含了非构件对象（如空间、运动行为）的信息。借助这个富含建筑工程信息的三维模型，建筑工程的信息集成化程度被大大提高，从而为建筑工程项目的相关利益方提供了一个工程信息交换和共享的平台。随着 BIM 技术的产生与发展，特别是近年来在国内工程建筑业高速发展的背景下，BIM 技术已经在工程项目各个阶段中得到积极应用。

1. 设计阶段

（1）展示建筑三维信息与空间信息　在建筑设计中应用 BIM 技术后可将二维设计图转变成三维模型，因此设计人员与建设者能够直观地观察设计方案的最终效果（图 2-5）。在此过程中，相关人员可以与设计人员直接交流与沟通，从而正确指导设计人员的设计过程，并通过有效的改进形成科学化、合理化、可行性的设计方案。在应用 BIM 技术时，展示建筑三维信息与空间信息是此技术的主要功能，如果设计人员想要对设计进行更改，可直接输入某方面的参数，计算机在接收到设计人员的修改指令之后能够进行大数据处理，显著提升设计效率，进一步控制了成本的投入，实现收益最大化。

图 2-5　使用 BIM 模型绘制的设计图

（2）提升施工图的可行性与可操作性　在以往建筑建设过程中，当设计人员、施工人员针对设计方案与图样内容进行探讨时，需要考虑较多因素，如施工材料、施工结构、施工设备等，还要全面考虑可能会发生的各种突发性因素，并将其融入施工方案与设计图中。由于需要考虑的内容过多，而设计人员的设计时间不足，导致设计图的可行性未得到有效改进。在实际建设中，如果存在"不可行"的施工过程，不仅会影响工程后期的建设效果，还会对设计单位的名誉产生不利影响。在设计工作中引入 BIM 技术可以有效地调整短期内存在的各种问题。设计师可以根据实际施工需要将项目划分为不同的模块、创建不同的管理系统，以有效调整空间问题、有效连接各个模块，避免错误产生，还可以利用计算机的大数据处理功能，确保设计方案的科学性和可行性。

（3）展现复杂建筑形体设计　在未引入 BIM 技术之前，复杂形体的建筑设计工作会因较为复杂而影响设计的科学性与可行性。在引入 BIM 技术后，无论建筑的形体多么复杂，设计人员只需要通过输入信息数据，就可以利用 BIM 技术的三维模型展示功能，清晰、直观地观察设计效果（图 2-6）。BIM 技术能够实现这一效果，主要原因是其能够整合并验证数据信息，根据掌握的数据信息创建出立体化模型，从而全方位地将建筑设计的最终效果展示在设计人员面前，设计人员只需要修改参数，即可对存在的不足进行改善[48]。

图 2-6　BIM 清晰展现较为复杂的建筑形体设计

（4）各专业实施协同设计过程　在运用 BIM 技术实施建筑设计时，各环节专业人员都能够积极参与到整个建筑设计流程中，能够促进设计效果达到科学性、合理性、可操作性。在传统设计时，建筑设计人员需要全面规划建筑建设中的各个方面，包括结构设计、给水排水设计、电气设计、暖通设计等。由于涉及专业较多且设计人员可能存在专业能力不足等问题，往往导致设计效果会存在较多的不足，故在设计方案完成后，需要各专业人员审核设计图以挖掘出设计中存在的问题。此过程会耗费较多的时间，会对建设工期产生较大影响。在引入 BIM 技术后，各专业人员可以共同观察三维模型，发现问题后，设计人员只需要调整参数即可完善设计方案，显著减少了以往设计方案的审核时间，在提高设计效率的同时进一步提升了整体建设的效率。

2. 施工阶段

传统的建筑工程管理主要是从安全、质量、进度、成本和现场五个方面展开工作。由于管理方法较为落后，使得建筑工程施工管理的效率不高，不能有效地协同这五方面的管理工作，经常会出现顾此失彼的情况。应用 BIM 技术进行施工管理，以一种整体、系统的方法开展管理工作，可以同时保证这五个项目管理目标的顺利实现，实现建筑工程项目的效益最大化。

（1）安全管理　BIM 技术可以通过三维模型将建筑工程的所有信息直观地反映出来，这样就可以将施工中的危险源详细地暴露出来。同时其动态演示施工功能还能模拟施工过程，让人们意识到危险性较大的分部分项工程可能存在的安全问题，安全管理人员结合这些信息可以提前制订安全管理计划，做好事前控制，消除危险源，加强对危险性较大作业的管理，尽量消除危险因素带来的事故，保证施工安全。此外，应用 BIM 技术可以实时监控现场施工，保证施工安全。BIM 技术可以模拟现场施工，结合监控技术可以实时对现场的高危作业进行监管，这样一方面可以规范现场施工人员的施工过程，避免不当操作引发的事故；另一方面可以实时地将施工过程展示给安全管理人员，便于其及时掌握施工进展，可以提前布置好下一步的安全管理工作，提高安全管理效率[49]。

（2）质量管理　质量管理工作也是建筑工程施工中较为重要的管理内容，通过合理应用 BIM 技术可以显著提升质量管理效率。BIM 技术的三维立体模型和动态演示功能，可以提前发现施工中的重点和难点，并且及时发现设计方案中存在的矛盾，这样可以提前采取应对措施，避免因工程施工后才发现问题而导致工程返工。

（3）进度管理　在建筑工程施工管理中，进度管理是保证工程在合同约定时间内顺利完成的首要条件。将 BIM 技术融入进度管理，有利于各项工作的顺利进行。BIM 技术为施工进度管理提供了可靠的数据资源。通过建立 BIM 建筑模型，能够充分了解建筑施工的全过程。管理人员结合各种信息资料，根据施工组织设计的内容，利用项目软件编制施工进度计划。此外，运用 BIM 软件可对劳动消费的具体情况进行分析；结合进度计划内容和三维模型，采用广联达算量软件可对工程量进行精确计算；根据劳动消耗曲线，可对过度劳动消耗进行分析。这些都可以有效控制进度管理中的风险因素。

（4）成本管理　基于 BIM 技术的建筑工程计价软件除了能够建立起建筑工程的三维模型，还能够建立起建筑工程项目的 5D 模型。5D 模型有效地融合了建筑工程的成本与时间要素，能够为建筑工程的相关管理人员提供施工成本管理的所有数据信息，帮助其完成对建筑成本的优化控制。例如，建筑工程项目的 5D 模型能够为工程管理人员提供不同时间段的工程成本，提升了建筑工程的成本管理水平，让管理人员能够更加合理地制订资源的分配计划。同时，BIM 技术的使用还能实现对建筑工程项目成本的动态管理，结合三维模型的建设和分析，可以得出工程每一阶段的现金流，可以实现动态的工程成本管理，可以有效降低项目资金风险[50]。

（5）现场管理　BIM 技术在建筑工程中的应用主要体现在现场施工质量管理和现场施工进度管理两个方面。一方面，在施工质量管理中，确保施工质量是项目施工的基本准则。但在实际施工过程中，不可避免地会由于材料等多因素造成工程质量问题。使用 BIM 技术可在施工现场管理相关文件中有效输入现场管理多项信息，也可借助于该技术的数据库对施工所涉及技术内容进行查询，做到对建筑施工所使用的模型及时地进行质量纠正。另一方面，使用 BIM 技术进行现场施工进度管理。传统使用制作施工图的方法来管理施工进度会存在部分问题，且通过图表无法直接显示施工进度。BIM 技术在建筑工地管理中的应用可以通过 5D 软件实现，根据项目区域划分流段，并准备网络计划以对施工进度进行建模，然后在模型中添加相应的时间维度，从而可以进行虚拟施工工作并将其与实际施工进行比较，有效避免施工延误，并保证施工现场的管理效果。

3. 运维阶段

（1）数据集成与共享　建筑信息模型（BIM）集成了从设计、建设施工、运维直至使用周期终结的全生命周期内各种相关信息，包含勘察设计信息、规划条件信息、招标投标和采购信息、建筑物几何信息、结构尺寸和受力信息、管道布置信息、建筑材料与构造等信息[36]。将规划、设计、施工、运维等各阶段包含项目信息、模型信息和构件参数信息的数据，全部集中于 BIM 数据库中，为常用运维管理系统提供信息数据，使得信息相互独立的各个系统达到资源共享和业务协同，如图 2-7 所示。

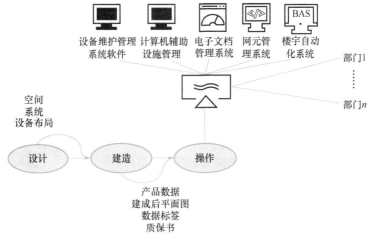

图 2-7　信息集成与共享

（2）运维管理可视化　在调试、预防和故障检修时，运维管理人员经常需要定位建筑构件（包括设备、材料和装饰等）在空间中的位置，并同时查询到检修所需要的相关信息。一般来说，现场运维管理人员依据纸质蓝图或者其实践经验、直觉和辨别力来确定空调系统、电力、煤气以及水管等建筑设备的位置。这些设备一般在吊顶之上、墙壁里面或者地板下面等看不到的位置。从维修工程师和设备管理者的角度来看，设备的定位工作是重复、耗费时间和劳动力、低效的任务。在紧急情况下，或在外包运维管理公司接手运维管理时，或在没有运维人员在场并替换或删除设备时，定位工作变得尤为重要。运用竣工三维建筑信息模型则可以确定机电、暖通、给水排水和强弱电等建筑设施设备在建筑物中的位置，使得运维现场定位管理成为可能，同时能够传送或显示运维管理的相关内容。

（3）应急管理决策与模拟　应急管理所需要的数据都是具有空间性质的，它存储于BIM中，并且可从其中搜索到。通过BIM提供实时的数据访问，在没有获取足够信息的情况下，同样可以做出应急响应的决策。建筑信息模型可以协助应急响应人员定位和识别潜在的突发事件，并且通过图形界面准确确定危险发生的位置。此外，BIM中的空间信息也可以用于识别疏散线路和环境危险之间的隐藏关系，从而降低应急决策制定的不确定性。根据BIM在运维管理中的应用，BIM可以在应急人员到达之前，向其提供详细的信息。在应急响应方面，BIM不仅可以用来培养紧急情况下运维管理人员的应急响应能力，也可以作为一个模拟工具，来评估突发事件导致的损失，并且对响应计划进行讨论和测试。

■ 2.2　BIM平台产品与技术规范

2.2.1　BIM技术概述

BIM是指在建设工程及设施全生命周期内，对其物理和功能特性进行数字化表达，并依此设计、施工、运营的过程和结果的总称。前期定义为"Building Information Model"，之后将BIM中的"Model"替换为"Modeling"，即"Building Information Modeling"，前者指的是静态的"模型"，后者指的是动态的"过程"，可以直译为"建筑信息建模""建筑信息模型方法"或"建筑信息模型过程"。目前国内业界仍然称之为"建筑信息模型"[51]。

1. BIM技术的特点

BIM技术并不是简单的建筑绘图软件，也不是单纯的3D建模程序，BIM技术是一个以BIM软件为平台，实现建筑构件数据化或智能数字化的技术，是通过软件的智能化展现其在建筑上的特点的技术，如建模、算量、施工模拟、碰撞检查、能耗分析等。BIM技术常见的特点主要包括以下6种。

（1）可视化　可视化是BIM技术最显著的特点之一。BIM可视化能够在构件之间形成互动性和反馈性，整个建模过程都是可视化的，结果可以用效果图展示及生成报表。更重要的是，项目设计、建造和运营过程中的沟通、讨论、决策都可在可视化的状态下进行，如建筑设计、碰撞检查、施工模拟、避灾路线分析等基于建筑全生命周期的操作。BIM技术可视化的优势十分显著（图2-8）。设计可视化，即在设计阶段建筑及构件以三维方式直观呈现出来。设计师

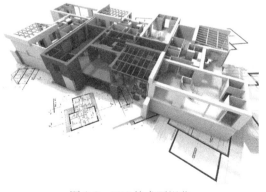

图2-8　BIM技术可视化

能够运用三维思考方式有效地完成建筑设计，同时使业主真正摆脱了技术壁垒限制，随时可直接获取项目信息，大大减小了业主与设计师之间的交流障碍。施工可视化包括三维可视化与时间维度，即进行虚拟施工。随时随地、直观、快速地将施工计划与实际施工进度进行对比，同时进行有效协同，施工方、监理方、客户方都可以对工程项目的各种问题和情况了如指掌。结合施工方案、施工模拟和现场视频监测，大大减少建筑质量问题、安全问题，减少返工和整改。同时，BIM可以实现三维渲染动画，给人以真实感和直接的视觉冲击。建好的建筑信息模型可以作为二次渲染开发的模型基础，大大提高了三维渲染效果的精度与效率，给业主更为直观的介绍。

（2）参数化 BIM的基础是参数化建筑建模，它使用参数（数字或特征）来判断一个图形实体的行为，并定义模型组件之间的关系。参数化建筑建模对于BIM至关重要，它实现协调、可靠、高质量、内部一致的可计算建筑信息。参数化建筑建模可以毫不费力地协调所有图形和非图形数据，包括视图、图样等，因为它们是底层数据库的所有视图。同时，使用BIM平台可进行数据的储存，建立标准数据库，对工程项目的设计、施工等涉及的数据都存储到BIM平台。后期可以通过对数据进行定义、分析，确定项目的最优方案。当建筑信息模型定义数据时，可以进行一些规则的定义，可以根据标注判别出新输入的数据是否违反了对象的可行性，如尺寸、规格、可制造性等。设定了相关的尺寸，如出现尺寸不符，会立即提示。保证了项目中数据的一致性，为数据分析提供了基础。BIM参数化是工程项目数据化的一种表现形式，可对项目数据进行存储、定义、实时更新，保证了数据的一致性，也为工程项目提供了很好的数据分析环境。让项目实施更精准、更快捷，提高了项目的技术水准、安全性。

（3）一体化 一体化指的是BIM技术可进行从设计到施工再到运营贯穿了工程项目的全生命周期的一体化管理。BIM技术的核心是一个由计算机三维模型所形成的数据库，不仅包含了建筑师的设计信息，而且可以容纳从设计到建成使用，甚至是使用期终结的全过程信息。BIM可以持续提供项目设计范围、进度以及成本信息，这些信息完整可靠并且完全协调。BIM能在综合数字环境中保持信息不断更新并可提供访问，使建筑师、工程师、施工人员以及业主可以清楚、全面地了解项目。这些信息在建筑设计、施工和管理的过程中能使项目质量提高，收益增加。BIM在整个建筑业从上游到下游的各个企业间不断完善，从而实现项目全生命周期的信息化管理，最大化地实现BIM的意义。

（4）协调性 协调是建筑业中的重点内容，在建筑业参与方的相关工作中，协调无处不在。BIM实现多参与方协调（图2-9）。建设工作的协调程度往往关系到工程项目的成功与否。通过BIM建筑信息模型可在建筑物建造前期对各专业的碰撞问题进行协调，生成并提供协调数据息，大大减小了业主与设计师间的交流障碍。协调性体现在以下两个方面：

1）在数据之间创建实时的、一致性的关联，对数据库中数据的任何更改，都可以马上在其他关联的地方反映出来。

2）在各构件实体之间实现关联显示、智能互动。例如：设计协调是指应用BIM三维可视化控件及程序自动检测，可对建筑物内机电管线和设备进行直观地布置，并可模拟安装、检查是否碰撞，找出问题所在及冲突矛盾之处，还可调

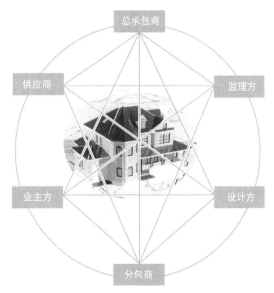

图2-9 基于BIM技术的各方协调

整楼层净高、墙柱尺寸等；施工协调是指应用 BIM 技术合理地安排施工计划，保证整个施工阶段衔接紧密、合理，使施工能够高效地进行，同时根据经验和知识进行调整，这样可以极大地缩短施工前期的技术准备时间，并帮助各类各级人员对设计意图和施工方案获得更高层次的理解。以前施工进度通常是由技术人员或管理层敲定的，容易出现下级人员信息断层的情况。如今，BIM 技术的应用使得施工方案更高效、更完美。

（5）仿真性　BIM 技术拥有仿真性的特点，能够进行性能分析仿真、施工仿真、运维仿真。具体来说有以下几点：

1）性能分析仿真。基于 BIM 技术，在设计过程中建筑师先赋予所创建的虚拟建筑模型大量建筑信息（几何信息、材料性能、构件属性等），然后将建筑信息模型导入相关性能分析软件得到相应分析结果。性能分析主要包括能耗分析、光照分析、设备分析、绿色分析等。

2）施工仿真包括模拟施工方案、消除施工工艺冲突，以及施工进度的模拟，通过将 BIM 与施工进度计划相链接，把空间信息与时间信息整合在一个可视的 4D 模型中，直观、精确地反映整个施工过程。

3）运维仿真是在建筑信息模型中，通过对设备信息集成的前提下，运用计算机对建筑信息模型中的设备进行操作，可以快速查询设备的所有信息，如生产厂商、使用寿命、联系方式、运行维护情况以及设备所在位置等。通过对设备运行周期的预警管理，可以有效地防止事故发生，利用终端设备和二维码、射频识别（Radio Frequency Identification，RFID）技术，迅速对发生故障的设备进行检修。

（6）优化性　工程项目设计、施工、运营的过程是一个不断优化的过程，受信息、复杂程度和时间的制约，没有准确的信息就得不到合理的优化结果。当复杂度达到一定程度后，参与人员无法掌握所有的信息，必须借助一定的科学技术和设备的帮助。现代建筑物的复杂程度大多超过参与人员本身的能力极限。建筑信息模型提供了建筑物实际存在的信息，包括几何信息、物理信息、规则信息，以及建筑物变化以后的实际情况。BIM 及与其配套的各种优化工具使优化复杂项目成为可能。

2. BIM 技术专业术语

（1）模型精度细度 LOD　模型精度细度表示发展精细度等级，通常称作"精度等级"（Level of Development，LOD），最早由美国建筑师学会于 2008 年在 "E202-2008，*Building Information Modeling Protocol Exhibit*" 中提出，属于 BIM 领域的一个专业术语。某种程度上 LOD 相当于 BIM 领域的"度量衡"单位。模型精度细度 LOD 是网络游戏里的一种技术，根据物体模型的节点在显示环境中所处的位置和重要度，决定物体渲染的资源分配，降低非重要物体的面数和细节度。在 BIM 中，LOD 可以翻译为模型的发展程度或细致程度（Level of Detail），它主要用来描述一个建筑信息模型构件单元从最低级的近似概念化的程度发展到最高级的演示级精度的步骤。不同等级的 LOD 模型细节不一样，LOD 等级越高，模型精细程度越高。

（2）数据交换与 IFC　建设工程的建筑模型的建立、结构分析、施工模拟等工作一般是在不同的软件里完成的，不同软件之间的数据导入与导出，即"数据交换"。行业基础类（Industry Foundation Class，IFC），用于建筑和设施管理行业中的数据共享。在数据交换的过程中，将模型导出为一种所有软件都通用、都支持的中间格式，即 IFC 格式。IFC 是一个包含各种建设项目设计、施工、运营各个阶段所需要的全部信息的一种基于对象的、公开的标准文件交换格式。

（3）信息交付手册 IDM　信息交付手册（Information Delivery Manual，IDM），是对某个指定项目以及项目阶段、某个特定项目成员、某个特定业务流程所需要交换的信息以及由该流程产生的信息的定义。每个项目成员通过信息交换得到完成工作所需要的信息，同时把某一项目成员在工作中收集或更新的信息通过信息交换给其他需要的项目成员使用。

（4）成熟度等级 Level　Level 表示 BIM 等级从不同阶段到完全合作被认可的里程碑阶段的过程，是 BIM 成熟度的划分。这个过程被分为 0~3 共 4 个阶段，目前对于每个阶段的定义还有争论，最广为认可的定义如下：

1）Level 0：没有合作，只有二维的 CAD 图样，通过纸张和电子文本输出结果。

2）Level 1：含有一点三维 CAD 图的概念设计工作，法定批准文件和生产信息都是二维图输出。不同学科之间没有合作，每个参与者只拥有自己的数据。

3）Level 2：合作性工作，所有参与方都使用自己的三维 CAD 模型，设计信息共享是通过普通文件格式（Common File Format）。各个组织都能将共享数据和自己的数据结合，从而发现矛盾。因此各方使用的 CAD 软件必须能够以普通文件格式输出。

4）Level 3：所有学科整合性合作，使用一个在公共数据平台（Common Data Environment，CDE）中的共享项目模型。各参与方都可以访问和修改同一个模型，解决了最后一层信息冲突的风险。

（5）全生命周期评估 LCA　全生命周期评估或全生命周期分析（Life Cycle Assessment 或 Life Cycle Analysis，LCA），是对建筑资产从建成到退出使用整个过程中对环境影响的评估，主要是对能量和材料消耗、废物和废气排放的评估。

（6）施工运营建筑信息交换 COBie　施工运营建筑信息交换（Construction Operations Building Information Exchange，COBie），是一种以电子表单呈现的用于交付的数据形式，为了调频交接包含在建筑模型中的一部分信息（除了图形数据）。COBie 包含了资产设备所应具备的操作、维护信息，分别来自设计方、施工者、安装者和制造商。设计方建立建筑信息模型作为 COBie 信息储存的平台，提供了设备的所在楼层、空间与置放位置等信息，施工者则输入包含设备抽验、送验信息，安装者确定设备被安装，制造商则提供了操作与维护信息，安装者提供设备的编号与标签，品保人员提供测试与验证报告，最后是提供给资产管理方使用。

（7）BIM 实施计划 BEP　BIM 实施计划（BIM Execution Plan，BEP）分为"合同前"BEP 及"合作运作期"BEP。"合同前"BEP 主要负责管理雇主的信息要求，即在设计和建设中纳入承包商的建议，"合作运作期"BEP 主要负责管理合同交付细节。

（8）公共数据环境平台 CDE　公共数据环境（CDE）是一个中心信息库，所有项目相关者都可以访问。所有对 CDE 中的数据访问都是随时的，所有权仍旧由创始者持有。BIM 的 CDE 的主要作用是维护建筑信息模型的一致性和完整性。

3. BIM 技术在我国的发展

（1）政策指导　2010 年，住房和城乡建设部发布的《关于做好〈建筑业 10 项新技术（2010）推广应用〉的通知》中，提出要推广使用 BIM 技术辅助施工管理。

2011 年，住房和城乡建设部发布的《2011—2015 年建筑业信息化发展纲要》中明确指出：在施工阶段开展 BIM 技术的研究与应用，推进 BIM 技术从设计阶段向施工阶段的应用延伸，降低信息传递过程中的衰减。研究基于 BIM 技术的 4D 项目管理信息系统在大型复杂工程施工过程中的应用，实现对建筑工程有效的可视化管理。BIM 技术在我国应用的序幕拉开了。

2012 年，住房和城乡建设部发布《关于印发 2012 年工程建设标准规范制订修订计划的通知》宣告了中国 BIM 标准制定工作的正式启动，其中包含五项 BIM 相关标准：《建筑工程信息模型应用统一标准》《建筑工程信息模型存储标准》《建筑工程设计信息模型交付标准》《建筑工程设计信息模型分类和编码标准》《制造工业工程设计信息模型应用标准》。其中，《建筑工程信息模型应用统一标准》的编制采取"千人千标准"的模式，邀请行业内相关软件厂商、设计院、施工单位、科研院所等近百家单位参与标准研究项目、课题、子课题的研究。至此，工程建设行业的 BIM 热度日益高涨。

2013 年，《关于征求关于推进 BIM 技术在建筑领域应用的指导意见（征求意见稿）意见的函》

首次提出了工程项目全生命周期质量安全和工作效率的思想，并要求确保工程建设安全、优质、经济、环保，确立了近期（至 2016 年）和中长期（至 2020 年）的目标，明确指出，2016 年以前政府投资的 2 万 m^2 以上大型公共建筑以及申报绿色建筑项目的设计、施工采用 BIM 技术；截至 2020 年，完善 BIM 技术应用标准、实施指南，形成 BIM 技术应用标准和政策体系。

2014 年，《关于推进建筑业发展和改革的若干意见》中提到推进建筑信息模型在设计、施工和运维中的全过程应用，探索开展白图代替蓝图、数字化审图等工作；再次强调了 BIM 技术在工程设计、施工和运行维护等全过程应用重要性。各地方政府关于 BIM 的讨论与关注更加活跃，上海市、北京市、广东省、山东省、陕西省等地区相继出台了各类具体的政策推动和指导 BIM 的应用与发展。

2015 年，《关于印发推进建筑信息模型应用指导意见的通知》中特别指出，2020 年末实现 BIM 与企业管理系统和其他信息技术的一体化集成应用、新立项项目集成应用 BIM 的项目比例达 90%，该项目目标在后期成为地方政策的参照目标；保障措施方面添加了市场化应用 BIM 费用标准，搭建公共建筑构件资源数据中心及服务平台以及 BIM 应用水平考核评价机制，使得 BIM 技术的应用更加规范化，做到有据可依。

2016 年，《2016—2020 年建筑业信息化发展纲要》发布，相比于"十二五"纲要，引入了"互联网+"概念，以 BIM 技术与建筑业发展深度融合，塑造建筑业新业态为指导思想，实现企业信息化、行业监管与服务信息化、专项信息技术应用及信息化标准体系的建立，达到基于"互联网+"的建筑业信息化水平升级。BIM 成为"十三五"建筑业重点推广的五大信息技术之首。

2017 年，《建筑业 10 项新技术（2017 版）》将 BIM 列为信息技术之首。国务院办公厅于 2 月发布《关于促进建筑业持续健康发展的意见》，提到加快推进建筑信息模型（BIM）技术在规划、勘察、设计、施工和运营维护全过程的集成应用。住房和城乡建设部于 3 月发布《"十三五"装配式建筑行动方案》《装配式建筑示范城市管理办法》和《装配式建筑产业基地管理办法》；于 5 月发布《建设项目工程总承包管理规范》，提到采用 BIM 技术或者装配式技术的，招标文件中应当有明确要求：建设单位对承诺采用 BIM 技术或装配式技术的投标人应当适当设置加分条件；《建筑信息模型施工应用标准》从深化设计、施工模拟、预制加工、进度管理、预算与成本管理、质量与安全管理、施工监理、竣工验收等方面，提出建筑信息模型的创建、使用和管理要求。交通运输部于 2 月发布《推进智慧交通发展行动计划（2017—2020 年）》，提出到 2020 年在基础设施智能化方面，推进建筑信息模型（BIM）技术在重大交通基础设施项目规划、设计、建设、施工、运营、检测维护管理全生命周期的应用；3 月发布《关于推进公路水运工程应用 BIM 技术的指导意见（征求意见函）》，提到推动 BIM 在公路水运工程等基础设施领域的应用。

2018 年，各地纷纷出台了对应的落地政策，BIM 类政策呈现出了非常明显的地域和行业扩散、应用方向明确、应用支撑体系健全的发展特点。政策发布主体从部分发达省份向中西部省份扩散，目前全国已经有接近 80% 的省、市、自治区发布了省级 BIM 专项政策。大多数地方政策会制定明确的应用范围、应用内容等，有助于更好地约束 BIM 的应用方向，评价 BIM 的应用效果。同时更多的地区明确了 BIM 应用的相关标准及收费政策，有效地支撑了整体市场。

2019 年，关于 BIM 政策的发文更加频繁，上半年共发布相关文件 6 次：2 月 15 日，《关于印发〈住房和城乡建设部工程质量安全监管司 2019 年工作要点〉的通知》发布，指出推进 BIM 技术集成应用，支持推动 BIM 自主知识产权底层平台软件的研发，组织开展 BIM 工程应用评价指标体系和评价方法研究，进一步推进 BIM 技术在设计、施工和运营维护全过程的集成应用。3 月 7 日，住房和城乡建设部发布《关于印发 2019 年部机关及直属单位培训计划的通知》，将 BIM 技术列入面向从领导干部到设计院、施工单位人员、监理等不同人员的培训内容。3 月 15 日国家发展和改革委员会与住房和城乡建设部联合发布《关于推进全过程工程咨询服务发展的指导意见》，指出建立具有自身特色的全过程工程咨询服务管理体系及标准。大力开发和利用建筑信息模型（BIM）、大数据、物联网等现代信息技术和资源，努力提高信息化管理与应用水平，为开展全过程工程咨询业务提供保障。3月27日，住房和城乡建设部发布《装配式内装修技术标准（征求意见稿）》，指出装配式内装修工程宜依托建筑信息模型（BIM）技术，实现全过程的信息化管理和专业协同，保证工程信息传递的准确性与质量可追溯性。4月1日，人力资源和社会保障部正式发布BIM新职业：建筑信息模型技术员。4月8日、9日，住房和城乡建设部发布行业标准《建筑工程设计信息模型制图标准》、国家标准《建筑信息模型设计交付标准》，进一步深化和明晰BIM交付体系、方法和要求，为BIM产品成为合法交付物提供了标准依据。

2020年，住房和城乡建设部联合国家发展和改革委员会、科学技术部、工业和信息化部、人力资源和社会保障部、生态环境部、交通运输部、水利部等十三个部门联合印发《关于推动智能建造与建筑工业化协同发展的指导意见》，提出加快推动新一代信息技术与建筑工业化技术协同发展，在建造全过程加大建筑信息模型（BIM）、互联网、物联网、大数据、云计算、移动通信、人工智能、区块链等新技术的集成与创新应用。8月28日，住房和城乡建设部、教育部、科学技术部、工业和信息化部等九部门联合印发《关于加快新型建筑工业化发展的若干意见》，提出大力推广建筑信息模型（BIM）技术。加快推进BIM技术在新型建筑工业化全寿命期的一体化集成应用。充分利用社会资源，共同建立、维护基于BIM技术的标准化部品部件库，实现设计、采购、生产、建造、交付、运行维护等阶段的信息互联互通和交互共享。试点推进BIM报建审批和施工图BIM审图模式，推进与城市信息模型（City Information Modeling，CIM）平台的融通联动，提高信息化监管能力，提高建筑业全产业链资源配置效率。

总体来说，国家政策逐步深化、细化，从普及概念到工程项目全过程的深度应用再到相关标准体系的建立完善，由点到面，逐渐完成BIM技术应用的推广工作，硬性要求应用比例以及和其他信息技术的一体化集成应用，同时开始上升到管理层面，开发集成、协同工作系统及云平台，提出BIM的深层次应用价值，如与绿色建筑、装配式及物联网的结合，BIM+时代到来，使BIM技术得以深入到建筑业的各个方面。

（2）行业发展

1）概念引入阶段。2004年，Autodesk公司实施"长城计划"，在我国首次系统介绍BIM技术，引起国内学术界的广泛关注。

2008年，我国的BIM门户网站（www.chinaBIM.con）成立了。该网站以"推动发展以BIM为核心的中国土木建筑工程信息化事业"为宗旨，是一个为建筑信息模型（BIM）应用者提供信息资讯、专业资料、技术软件以及交流沟通的平台。

2009年，我国首届"BIM建筑设计大赛"在北京举行，这次设计大赛吸引了来自建设单位、设计单位、施工单位、高等院校的大量科研、技术人员参与。同年，清华大学成立课题组，开展我国BIM标准的应用研究，并于2011年结题，出版专著《设计企业BIM实施标准指南》和《中国建筑信息模型标准框架研究》。

2010年，清华大学提出了中国建筑信息模型标准框架（Chinese Building Information Modeling Standard，CBIMS），创造性地将该标准框架分为面向IT的技术标准与面向用户的实施标准。此外，从2010年开始，中国房地产业协会商业地产专业委员会每年组织科研人员编制和发布《中国商业地产BIM应用研究报告》，以促进BIM在商业地产领域的推广和应用。

2）建设与应用阶段。在这一阶段，BIM技术在我国迎来了快速发展期。2011年，我国出现第一个BIM研究中心，位于华中科技大学。2012年，我国成立了BIM开发联盟，以加强我国BIM软件的开发、技术研究和标准制定。BIM行业出现了一批以广联达为代表的我国本土软件厂商。此间BIM人才渐起、翻模员岗位剧增，我国的巨大建筑市场一时间成为全球最大的BIM服务市场；

出现第一个 BIM 本科专业；政府扶持力度巨大，融合了当代特色的中国式 BIM 逐渐形成。BIM 技术在我国的发展历程如图 2-10 所示。

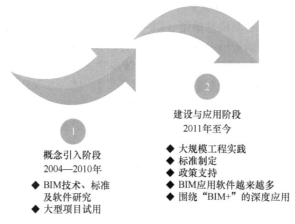

概念引入阶段
2004—2010年
◆ BIM技术、标准及软件研究
◆ 大型项目试用

建设与应用阶段
2011年至今
◆ 大规模工程实践
◆ 标准制定
◆ 政策支持
◆ BIM应用软件越来越多
◆ 围绕"BIM+"的深度应用

图 2-10　BIM 技术在我国的发展历程

2.2.2　BIM 技术平台介绍

1. 国外 BIM 平台

随着 BIM 技术的成熟及知名度的扩大，BIM 软件的数量也越来越庞大。目前国内外从事 BIM 软件开发的平台公司种类较多，相较于国内平台公司开发的 BIM 软件产品，国外的 BIM 软件技术起步较早、软件功能较成熟、产品较多而且规模较大、优势突出、系统性好，可实现的 BIM 功能强（建模功能、信息集成功能、信息共享功能、可视化功能等）。国外主流 BIM 平台软件总共有四个平台，具体如下：

（1）Autodesk 平台　Autodesk 平台，国内 BIM 用户习惯称其为"A 平台"。Autodesk 公司借助 AutoCAD 的天然优势，相较于其他 BIM 平台公司，最先进入我国 BIM 市场，Revit 建筑等系列软件产品在民用建筑市场有着较大的市场份额，旗下产品包括我们熟知的 Architecture、Structure、MEP、Naviswork、QuantityTakeoff、Robot Structural Analysis、Ecotect Analysis 等，它的特点是：Autodesk 公司只做平台，工具软件开发几乎外包，软件授权易于获取，软件产品齐全，但其旗下软件输出文件数据格式多样，共享效率低。

（2）Bentley 平台　Bentley 平台，国内 BIM 用户习惯称其为"B 平台"。Bentley 公司旗下的软件产品在工厂智能化设计和基础设施（道路、桥梁、市政、水利等）领域有着不错的表现，软件产品包括 Microstation、Project Wise、Mechanical Systems、Building Electrical System、Context Capture 系列软件等，它的特点是：Bentley 公司既做平台，又开发工具软件产品，软件授权不易获取，但其图形处理能力强大，支持参数化建模，旗下软件输出文件格式统一（DGN 格式），共享效率高。

（3）Nemetschek 平台　2007 年 Nemetschek 收购 Graphisoft 后，ArchiCAD、AIIPLAN、VectorWork 三个产品合为一家，公司旗下软件产品 VectorWork 主要针对美国市场，AIIPLAN 主要针对德语市场，ArchiCAD 是 BIM 市场最早的一款核心建模软件（仅限建筑专业），但因其跨专业功能配套不友好，在我国 BIM 行业中应用较少。它的特点是：软件产品细分市场的不合理，国内用户较少。

（4）Dassault 平台　Dassault 平台，国内 BIM 用户习惯称其为"D 平台"。Dassault 公司开发的产品在工程领域超大规模建筑和复杂形体的建模能力、表现能力、信息管理能力较其他三个平台公司的产品有明显的优势，在 CATIA 基础上开发的多款产品均有二次开发插口开放，输出文件格式可实现批量化转化，数据交互能力强。

2. 国内 BIM 平台

随着 BIM 技术成功应用的案例越来越多，国内众多企业对于 BIM 技术的应用也越发纯熟，对于 BIM 平台以及 BIM 系统的应用也越来越流畅。BIM 平台有助于建筑、工程和营造专业人员更精确地控制项目结果，让团队在施工或翻新之前，更妥善地协调各领域、解决冲突及规划项目。目前国内 BIM 平台种类和数量较多，以下简单介绍几种 BIM 平台：

（1）大象云 BIM 平台 大象云具有强大、安全的三维可视化引擎，支持移动操控超大三维模型，支持快速嵌入各种网站，支持和各种软件对接，支持和用户数据库双向驱动，不缓存，不下载，安全高效。大象开放平台的特点是基于大象云超级模型引擎让三维信息模型展示、分享、协同。支持计算机、移动端使用，与各种系统无缝对接，轻松实现应用创建。大象云超级模型引擎将云计算、3D、移动互联网、大数据有机地结合在一起，在该领域处于世界领先水平，解决了超大模型产生、浏览、分享、协同的难题。同时，它具有极高的安全性和对移动终端的支持⊖。

（2）EBIM 云平台 EBIM 云平台是多终端集成应用的 BIM 云平台，在保障应用高效、安全的同时，为行业用户提供多端口的协同应用（已上线针对 Revit 软件、IOS 系统、安卓系统和网页的 EBIM 云平台），多专业协作（如工作空间、文档、任务、动态、移动终端等），用户管理中心（如用户管理、账户管理、权限管理等）。

EBIM 云平台采用云+端的模式，所有数据（建筑信息模型、现场采集的数据、协同的数据等）均存储于云平台，各应用端可调用数据。EBIM 云平台分移动端、PC 端、Web 端，其中移动端通过手机、平板计算机等设备进行现场建筑信息模型应用及数据收集，PC 端作为管理端口进行模型和现场数据的集中展示及分析，Web 端作为平台权限设置及数据展示。

（3）BimViz 平台 BimViz 专注于 BIM 可视化技术，旨在以极低的成本投入，让系统达到超预期的可视化体验。多个文件自动合并成场景后，BimViz 可以按照文件进行动态加载内存，可以根据使用者情况动态加载场景中的部分模型文件。可以在初始化时设置，也可以在使用过程中动态控制。目前为止，它是国内外唯一实现按文件动态控制加载内存的 BIM 平台。

（4）鲁班 BIM 平台 鲁班企业级基建 BIM 系统是一个专注于基建行业，依托强大的 BIM 技术积累的工程基础数据管理平台。它创新性地将前沿的 BIM 技术应用到基建行业的项目管理全过程中。系统可对创建完成的建筑信息模型及地理信息模型进行自动解析，同时将海量的数据进行分类和整理，形成一个包含三维结构和地理模型的多维度、多层次数据库，有针对性地解决了基建工程面临的几大难题。鲁班企业级基建 BIM 系统以用户权限与客户端的形式实现对基建建筑信息模型数据的创建、修改与应用，满足企业内各岗位人员需求，最大限度地提高项目管理效率。基建 BIM 系统应用客户端包括 Luban Explorer（Civil）、Luban Govern、Luban Boss、Luban Works、Luban View、Luban Inspector、Luban Plan 等，其中 Luban View 与移动应用紧密结合，充分适应了工程行业移动办公特性强的特点。Luban Inspector 创新性地将公路工程质检评定以及计量支付工作与 BIM 相结合，实现了全过程线上做资料、线上审批、资料与模型互查等功能，大幅提升了资料管理工作的效率。

（5）葛兰岱尔（Glendale）BIM 平台 与其他 BIM 平台所不同的是，葛兰岱尔是一家能够提供源代码和私有云部署和打包的 WebGL（Web Graphics Library、Web 图形库、3D 绘图协议）轻量化 BIM 平台，符合中国市场以及定制化、个性化、行业化的需求。葛兰岱尔 WebGL 轻量化 GIS 与 BIM 融合平台实现了 GIS 数据、无人机倾斜摄影、激光点云模型、大体量建筑信息模型的轻量化无缝融合应用，并且满足常规建筑信息模型应用各类场景需求。

（6）圭土云 BIM 协同云平台 圭土云作为基于 BIM 的可视化项目协同云平台，融合了云计

⊖ 引自 http://www.chinarevit.com/revit-54959-1-1.html。

算、云存储、云渲染等全新一代互联网技术，通过模型在线展示、视点标记、一键装配、任务管理、文件版本管理、在线沟通等功能，让项目各参与方能够消除设备硬件、软件、地域壁垒，随时随地向项目成员展示或者分享设计成果，进行项目管理和协同，这将大幅度降低项目参与方数字化建设投入（如 BIM），提升项目协同效率与质量，并逐步实现项目全生命周期的可视化管理。

（7）广联达 BIM5D 平台　BIM5D 作为广联达的一款核心产品，通过三维模型数据接口集成土建、安装、装饰装修等多专业模型，并以各专业模型为载体，将施工过程中的质量、进度、成本、安全、合同、材料、劳动力等信息集成到同一平台上，利用建筑信息模型对整个施工过程进行计算分析，提取重要节点数据，为整个施工项目所服务⊖。运用 BIM5D 管理平台，可以实现项目有效决策和精细管理，从而达到减少施工变更、缩短工期、控制成本、提升质量的目的。

（8）斯维尔 BIM 平台　斯维尔科技股份有限公司由深圳清华大学研究院发起组建，该公司旗下的 BIM 平台包括 BIM5D 平台以及智慧运维平台等。BIM5D 平台采用两端一云的模式（包括 Web 端、手机端、云协同及云存储），利用建筑信息模型的数据集成能力，集成项目全过程资料、进度、质量、安全、设计、成本、物资等信息，并发挥 BIM、信息化、云技术的优势，实现项目的可视化、过程化、精细化、规范化、档案化管理，从而达到缩短工期、控制成本、减少设计变更、提升工程质量、预防生产安全事故、打造项目数字资产的目的。智慧运维平台以建筑信息模型为载体，集成自动化、智能化物联网设备等，实现楼宇的资产、能源、安防、租赁、运营等的管理，提高管理效率，降低经营成本，增加投资收益，达到运维阶段全方位、全过程、多维度、可视化的综合管理⊜。

（9）品茗 BIM 平台　品茗 BIM 云平台通过抓取项目现场及建筑信息模型数据，对安全、进度、质量等多维度数据进行汇总分析，形成"项目看板"和"企业看板"，旨在直观展示当前企业所有项目的整体运行情况，确保企业管理人员对整体项目的全面把控，为企业决策提供数据支撑。品茗 CCBIM 是轻量化看图、看模和工程项目文件管理云平台，解决 BIM 成果汇报、展示、传递的难题。该平台具有加载快，效率高，不用安装 BIM 软件，手机、计算机、平板计算机三端同步，快速开模型和图样等特点，并且可以一键快速分享到微信，在微信中查看模型图样。平台可以与品茗专业软件结合，通过"云+端"的组合方式，提高 BIM 成果的传递效率和使用效率⊜。

2.2.3　BIM 技术软件介绍

随着 BIM 技术的发展，BIM 技术软件越来越多，而且日趋成熟。目前，BIM 技术软件被广泛用于工程建设的各个阶段，包括规划设计阶段、施工阶段以及运营阶段等。现有的 BIM 技术软件都是侧重于某一阶段，而几乎没有 BIM 技术软件涉及项目的全生命周期。因此，参考了国内外专家学者对 BIM 技术软件的分类后，本书按照 BIM 技术软件的主要功能将其分为 BIM 建模类软件、BIM 模拟类软件、BIM 分析类软件以及 BIM 管理类软件四类。此外，BIM 建模类软件为 BIM 技术的核心，相关软件在数量方面明显多于其他种类软件，其应用也相对成熟。

1. BIM 建模类软件

（1）Autodesk Revit 系列软件　Autodesk Revit 是 Autodesk 公司一套系列软件的名称。Autodesk Revit 系列软件是专为建筑信息模型构建的，可帮助建筑设计师设计、建造和维护质量更好、能效更高的建筑。Autodesk Revit 作为一种应用程序，结合了 Autodesk Revit Architecture、Autodesk Revit Structure 和 Autodesk Revit MEP 软件的功能。

⊖　引自 http://www.tuituisoft.com/bim/13081.html。

⊜　引自 https://www.soft78.com/company/ff80808136a63d950136c8b4d0571734.html。

⊜　引自 http://www.bim.vip/。

1）Autodesk Revit Architecture 软件。Autodesk Revit Architecture 建筑设计软件可以开发更高质量、更加精确的建筑设计。专为建筑信息模型而设计的 Autodesk Revit Architecture，能够帮助设计师捕捉和分析早期设计构思，并能够从设计、文档到施工的整个流程中更精确地保持设计理念。它利用包括丰富信息的模型来支持可持续性设计、施工规划与构造设计，从而做出更加明智的决策。Autodesk Revit Architecture 有以下 5 个特点：

① 完整的项目，单一的环境。它可以自由绘制草图，快速创建三维形状，交互式地处理各种形状；可以利用内置的工具构思并表现复杂的形状，准备用于预制和施工环节的模型；可以将从概念模型直至施工文档等所有设计工作在同一个直观的环境中完成。

② 迅速制定权威决策。软件支持在设计前期对建筑形状进行分析，以便尽早做出更明智的决策。借助这一功能，可以明确建筑的面积和体积，进行日照和能耗分析，深入了解建造可行性，初步提取施工材料用量。

③ 保证一致、精确的设计信息。它能够从单一基础数据库提供所有明细表、图样、二维视图与三维视图，并能够随着项目的推进自动与设计变更保持一致。所有模型信息存储在一个协同数据库中，任何一处变更，所有相关位置随之变更。

④ 基于任务的用户界面。用户界面提供了整齐有序的桌面和宽大的绘图窗口，可以帮助用户迅速找到所需工具和命令。

⑤ 可持续发展设计。软件可以将材质和房间容积等建筑信息导出为绿色建筑扩展性标志语言（Green Building Extensible Markup Language，gbXML）。用户可以使用 Autodesk Green Building Studio Web 服务进行更深入的能源分析，或使用 Autodesk Ecotect Analysis 软件研究建筑性能。

2）Autodesk Revit Structure 软件。Autodesk Revit Structure 软件改善了结构工程师和绘图人员的工作方式，可以从最大限度上减少重复性的建模和绘图工作，以及结构工程师、建筑师和绘图人员之间的手动协调所导致的错误。该软件有助于减少创建最终施工图所需的时间，同时提高文档的精确度，全面改善交付给客户的项目质量，软件界面图如图 2-11 所示。Autodesk Revit Structure 有以下 3 个特点：

图 2-11 Autodesk Revit 软件界面

① 提供备选设计方案。借助 Autodesk Revit Structure，工程师可以专心于结构设计，探索设计变更，开发和研究多个设计方案，为制定关键的设计决策提供支持，并能够向客户展示多套设计方案。每个方案均可在模型中进行可视化和工程量计算，帮助团队成员和客户做出决策。

② 分析与设计相集成。使用 Autodesk Revit Structure 创建的分析模型包含荷载、荷载组合、构件尺寸和约束条件等信息。分析模型可以是整个建筑模型、建筑物的一个配楼，甚至一个结构框架。用户可以使用带结构边界条件的选择过滤器，将子结构（如框架、楼板或附楼）发送给它们的分析软件，而无须发送整个模型。分析模型使用工程准则创建而成，旨在生成一致的物理结构

分析图像。工程师可以在连接结构分析程序之前替换原来的分析设置，并编辑分析模型。Autodesk Revit Structure 可以利用用户定义的规则，将分析模型调整到相接或相邻结构构件分析投影面的位置，还可以在对模型进行结构分析之前，自动检查缺少支撑、全局不稳定性和框架异常等分析冲突。分析程序会返回设计信息，并动态更新物理模型和工程图，从而尽量减少烦琐的重复性任务。

③ 增强的结构建模和分析功能。Autodesk Revit Structure 软件的标准建模对象包括墙、梁系统、柱、板和地基等，不论工程师需要设计钢、现浇混凝土、预制混凝土、砖石还是木结构，都能用软件解决。其他结构对象都可被创建为参数化构件。例如，托梁系统、梁、空腹托梁、桁架和智能墙族，无须编程语言即可使用参数化构件（也称族）。族编辑器包含所有数据，能以二维和三维图形等表示一个组件。

3）Autodesk Revit MEP 软件。Autodesk Revit MEP 软件专门面向给水排水、暖通电气系统（MEP）设计师与工程师，采用整体设计理念，从整座建筑物的角度来处理信息，将给水排水、暖通和电气系统与建筑模型关联起来。借助它，工程师可以优化建筑设备及管道系统的设计，更好地进行建筑性能分析，充分发挥 BIM 的竞争优势。Autodesk Revit MEP 软件通过单一、完全一致的参数化模型加强了各团队之间的协作，让用户能够避开基于图样的技术中固有的问题，获得集成的解决方案。Autodesk Revit MEP 有以下 3 个特点：

① 布局工具功能强大。Autodesk Revit MEP 可让电力线槽、数据线槽和穿线管的建模工作更加轻松，借助真实环境下的穿线管和电缆槽组合布局，协调性更为出色，并能创建精确的建筑施工图；新的明细表类型可报告电缆槽和穿线管的布设总长度，以确定所需材料的用量。

② 内置规范与多功能计算器。借助 Autodesk Revit MEP 软件中内置的计算器，工程设计人员可根据工业标准和规范［包括美国采暖、制冷和空调工程师协会（American Society of Heating, Refrigerating & Airconditioning Engineers，ASHRAE）］提供的管件损失数据库进行尺寸确定和压力损失计算。系统确定尺寸工具可即时更新风道及管道构件的尺寸和设计参数，无须交换文件或第三方应用软件。使用风道和管道定尺寸工具在设计图中为管网和管道系统选定一种动态的定尺寸方法，包括适用于确定风道尺寸的摩擦法、速度法、静压复得法和等摩擦法，以及适用于确定管道尺寸的速度法或摩擦法。

③ 拥有温度、湿度、空气清净度以及空气循环的控制系统（Heating，Ventilation，Air-conditioning and Cooling，HVAC）系统和电力系统。工程师可创建具有机械功能的 HVAC 系统，并为通风管网和管道布设提供三维建模，还可通过色彩方案清晰显示出该系统中的设计气流、实际气流、机械区等重要内容，为电力负荷、分地区照明等创建电子色彩方案。

（2）Bentley 系列软件 Bentley 是全球领先的多行业集成的全信息模型解决方案厂商，产品主要面向全球领先的建筑设计与建造企业。Bentley 系列软件使得项目参与者和业主运营商能够跨越不同行业与机构，一体化地开展工作。对所有专业人员来说，跨行业的专业应用软件可以同时工作并实现信息同步。在项目的每个阶段做出明智决策能够极大地节省时间与成本，提高工作质量，同时显著提升项目收益、增强竞争力。

MicroStation 是 Bentley 软件厂商主要发展的应用软件与技术平台（图 2-12），并针对各领域提供各类子系统，软件内建的 MVBA 程序语言与 Microsoft Visual Basic 程序语言兼容，并支持 Visual Basic 程序语言控制图形对象，具备信息与档案整合能力，适用领域广泛，包括建筑、公路、铁路、桥梁、电信网络及管渠工程等，并提供动画制作、日照分析、预算报表制

图 2-12 Bentley 系列软件平台

作及碰撞检查等功能。主要 BIM 软件为 Bentley Architecture、Bentley Structural、Bentley Building Mechanical Systems 与 Bentley Building Electrical Systems。

1）Bentley Architecture。它针对建筑物建构 3D 模型，可进行 2D 视图与 3D 视图快速切换，以支持建筑师进行结构配置、结构分析、碰撞检查与数量计算等作业，并利用直觉式沟通，减少建筑作业的复杂度与沟通障碍。

2）Bentley Structural。它针对建筑物结构系统分析与设计的 BIM 软件，可支持的结构系统包含钢筋混凝土、钢结构、木结构、铝制结构及石材等，适用于细部结构设计与分析。

3）Bentley Building Mechanical Systems。它适用于建筑机械系统的 BIM 软件，可借由 3D 模型协助机械工程师进行通风系统、管道系统与机械厂房建置的设计、分析、成本预测及碰撞检查等作业。

4）Bentley Building Electrical Systems。它适用于建筑电子系统的 BIM 软件，可借由 3D 模型协助电子工程师进行电力、照明及消防警报等系统的建置、分析、成本预测与碰撞检查等作业。

（3）CATIA 系列软件　CATIA 是英文 Computer Aided Tri-dimensional Interface Application 的缩写，是法国 Dassault Systemes 公司的 CAD/CAM/CAE/PDM 一体化软件。在 20 世纪 70 年代 CATIA 应运而生。从 1982 年到 1988 年，CATIA 相继发布了 V1、V2、V3 版本，并于 1993 年发布了功能强大的 V4 版本，现在的 CATIA 软件分为 V4 版本、V5 版本 V6 版本 3 个系列。V4 版本应用于 UNIX 平台，V5 版本、V6 版本应用于 UNIX 和 Windows 两种平台。较新的 V5-6R2020 版本（图 2-13）、V5-6R2021 版本已经投放市场。

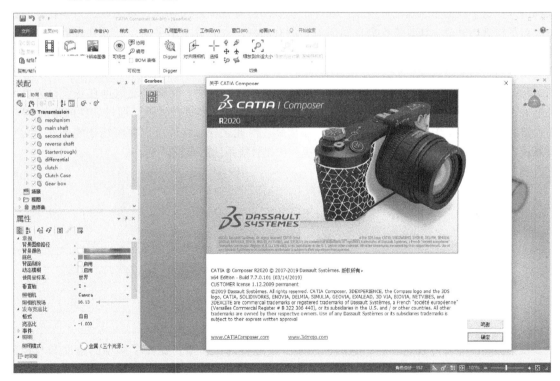

图 2-13　CATIA 软件界面

CATIA 作为协同解决方案的一个重要组成部分，支持从项目前阶段、具体的设计、分析、模拟、组装到维护在内的全部工业设计流程。模块化的 CATIA 系列产品提供产品的风格和外形设计、机械设计、设备与系统工程、管理数字样机、机械加工、分析和模拟。

Digital Project 则是在 CATIA 基础上开发的一个专门面向工程建设行业的应用软件（即二次开发软件）。Digital Project 可细分为 Designer、Manager 与 Extensions 等 3 部分，软件功能偏重建筑工程的设计及施工作业，具备整合大型且复杂项目的能力。可借由自由曲面建模（Free-style Surface

Modeling）功能建构复杂的 3D 建筑模型，并借由模型中参数化对象，协助建筑师进行建筑设计、冲突检测、视觉仿真、施工时程管控及结构配置等作业。

（4）ArchiCAD 软件　ArchiCAD 软件是基于 GDL（Geometric Description Language）语言的三维仿真软件（图 2-14）。ArchiCAD 软件含有多种三维设计工具，可以为各专业设计人员提供技术支持。同时软件还有丰富的参数化图库部件，可以完成多种构件的绘制。GDL 是 1982 年被开发出的一种参数化程序设计语言。作为驱动 ArchiCAD 软件进行智能化参数设计的基础，GDL 的出现使得 ArchiCAD 进行信息化构件设计成为可能。ArchiCAD 软件的主要特点如下：

1）实现多专业的组织协同。ArchiCAD 不同于原始的二维平台及其他三维建模软件，其中最重要的一点就是能够利用 ArchiCAD 虚拟建筑设计平台创建的虚拟建筑信息模型进行高级解析与分析，如绿色建筑的能量分析、热量分析、管道冲突检验、安全分析等。ArchiCAD 完善的团队协作功能为大型项目的多组织、多成员协同设计提供高效的工具；同时 ArchiCAD 创建的三维模型，通过 IFC 标准平台的信息交互，可以为后续的结构、暖通、景观、室内、施工等专业，以及建筑力学、物理分析等提供强大的基础模型，为多专业协同设计提供有效的保障。

2）确保施工文档完整可靠。使用 ArchiCAD 建立的三维立体模型本身就是一个中央数据库，模型内所有构件的设计信息都储存在这个数据库中，施工所需的任意平面图、剖面图和详图等图样都可以在这个数据库的基础上生成。软件中模型的所有视图之间存在逻辑关联，只要在任意视图里对图样进行修改，修改信息会自动同步到所有的视图中，避免了平面设计软件容易出现的平面图与剖面图、立面图内容不对应的情况。ArchiCAD 自始至终的 BIM 工作流程，使得模型可以一直使用到项目结束。

3）实现多功能的设计协同。ArchiCAD 具有非常好的兼容性，能够实现数据在各设计方之间的准确交换和共享。软件可以对已有的二维设计图中的设计内容进行转换，通过软件内置的 DWG 转换器，将二维图样中的设计内容转换成三维实体。除此之外，软件可以在可视化的条件下对管道系统进行碰撞检验，查找管线综合布设问题，优化管线系统的布设。

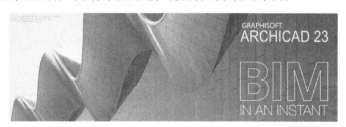

图 2-14　ArchiCAD 23 版软件界面

2. BIM 模拟类软件

模拟类软件即为可视化软件，它的应用减少了建模的工作量；提高了模型的精度和与设计（实物）的吻合度；可以在项目的不同阶段以及各种变化情况下快速产生可视化效果。常用的可视化软件包括 3ds Max、Lightscape、Artlantis 和 AccuRender 等。

（1）3ds Max　3ds Max 是 Autodesk 公司开发的基于专业建模、动画和图像制作的软件，它提供了基于 Windows 平台的实时三维建模、渲染和动画设计等功能，被广泛应用于建筑设计、广告、影视、动画、工业设计、游戏设计、多媒体制作、辅助教学以及工程可视化等领域。在建筑表现和游戏模型制作方面，3ds Max 占有优势，目前大部分的建筑效果图、建筑动画以及游戏场景都是由 3ds Max 这一功能完备的软件完成的。3ds Max 开创了基于 Windows 操作系统的面向对象操作技术，它具有直观、友好、方便的交互式界面，而且能够自由灵活地操作对象。3ds Max 的操作界面与 Windows 的界面风格一样，使广大用户可以快速熟悉和掌握软件功能的操作。在实际操作中，用户还可以根据自己的习惯设计个人喜欢的用户界面，以方便工作需要。

（2）Lightscape　Lightscape 是一种先进的光照模拟和可视化设计系统，用于对三维模型进行精确的光照模拟和灵活方便的可视化设计。Lightscape 是世界上唯一同时拥有光影跟踪技术、光能传递技术和全息技术的渲染软件，它能精确模拟漫反射光线在环境中的传递，获得直接和间接的漫反射光线，使用者不需要积累丰富的实际经验就能得到真实自然的设计效果。Lightscape 可轻松使用一系列交互工具进行光能传递处理、光影跟踪和结果处理。Lightscape3.2 是 Lightscape 公司被 Autodesk 公司收购之后推出的第一个更新版本。

（3）Artlantis　Artlantis 是法国 Abvent 公司的渲染软件，也是 SketchUp 的一个渲染伴侣软件，Artlantis 与 SketchUp、3ds Max、ArchiCAD 等建筑建模软件可以无缝连接，渲染后所有的绘图与动画影像呈现让人印象深刻。

3. BIM 分析类软件

（1）BIM 可持续（绿色）分析软件　可持续或者绿色分析软件可以使用建筑信息模型的信息对项目进行日照、风环境、热工、景观可视度、噪声等方面的分析，主要软件有国外的 Ecotect、IES、Green Building Studio 以及国内的 PKPM 等。

（2）BIM 机电分析软件　水暖电等设备和电气分析软件国内产品有鸿业、博超等，国外产品有 Design Master、IES Virtual Environment、Trane Trace 等。

（3）BIM 结构分析软件　目前结构分析软件和 BIM 核心建模软件基本上可以实现双向信息交换，即结构分析软件可以使用 BIM 模型信息进行结构分析，分析结果对结构的调整又可以及时反馈到 BIM 核心建模软件中，自动更新建筑信息模型。ETABS、STAAD、Robot 等国外软件以及 PKPM 等国内软件都可以与 BIM 核心建模软件配合使用。

（4）BIM 深化设计软件　Tekla Structure（Xsteel）可以使用 BIM 核心建模软件的数据，对钢结构进行面向加工、安装的详细设计，生成钢结构施工图（加工图、深化图、详图）材料表和数控机床加工代码等。

（5）建筑信息模型综合碰撞检查软件　模型综合碰撞检查软件的基本功能包括集成各种三维软件创建的模型，进行 3D 协调、4D 计划、可视化、动态模拟等，属于项目评估、审核软件的一种。常见的模型综合碰撞检查软件有 Autodesk Navisworks，Bentley Projectwise Navigator 和 Solibri Model Checker 等。

4. BIM 管理类软件

（1）BIM 造价管理软件　造价管理软件利用建筑信息模型提供的信息进行工程量统计和造价分析，由于建筑信息模型结构化数据的支持，基于 BIM 技术的造价管理软件可以根据工程施工计划动态提供造价管理需要的数据，即 BIM 技术的 5D 应用。国外的 BIM 造价管理有 Innovaya 和 Solibri，鲁班软件和广联达软件是国内 BIM 造价管理软件的代表。

（2）BIM 运营管理软件　建筑信息模型应用的重要目标之一是为建筑物的运营管理阶段服务，美国运营管理软件 Archibus 是最有市场影响的软件之一，而 FacilityONE 也能提供有关帮助。此外，这些软件属于全生命周期控制软件，可以供工程管理人员学习。

2.2.4　BIM 标准与规范

BIM 标准是推动我国 BIM 技术落地、快速推广的重要手段，对建筑企业的信息化实施具有积极的促进作用，推动建筑业管理由粗放型转向精细化管理。BIM 标准对推动 BIM 技术发展的意义分为以下两个方面：

1）指导和引导意义，BIM 标准把建筑业已经形成的一些标准成果提炼出来，形成条文来指导行业工作。与其他行业相比，建筑业的生产通常由多个平行的利益相关方在较长的时间段协作完

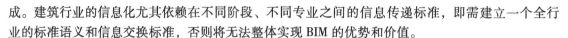
成。建筑行业的信息化尤其依赖在不同阶段、不同专业之间的信息传递标准，即需建立一个全行业的标准语义和信息交换标准，否则将无法整体实现 BIM 的优势和价值。

2）评估监督作用。BIM 标准可规范工程建筑业的工作，虽然不能百分百对工作质量进行评判，但能提供一个基准来评判工作是否合格。

目前，BIM 标准的种类很多，其中，有 3 个基础标准国内外都认同，分别是 IFC：工业基础类（Industry Foundation Class，ISO 16739）对应 IT 信息部分；IDM：信息交付手册（Information Delivery Manual，ISO 29481）对应使用者交付协同；IFD：国际字典框架（International Framework for Dictionaries，ISO 12006-3）语言。这 3 个标准构成了整个 BIM 标准体系的基本框架。

1. 国外 BIM 标准

BIM 技术最先从美国发展起来，随着全球建筑信息化的发展，BIM 技术已经迅速发展到了欧洲、亚洲的各个国家。在美洲，美国和加拿大是目前 BIM 技术发展最迅速、应用最广泛的国家；在欧洲，英国、芬兰、挪威等国家的 BIM 技术实用性则更胜一筹；与此同时，日本、韩国、新加坡则是目前亚洲范围内 BIM 技术发展较快的国家，其研究应用也达到了一定水平。

（1）美国 BIM 标准 美国于 2004 年编制了基于 IFC 的美国国家 BIM 标准（National BIM Standard，NBIMS），并于 2007 年颁布在美国国家 BIM 标准第 1 版的第 1 部分"概览、原则和方法"中，确立了如何制定公开通用的 BIM 标准的方法。美国国家 BIM 标准第 2 版 NBIMS-US 2.0 于 2012 年 5 月发布。这是第一部公开的并基于多方共识的 BIM 标准。第 2 版内容包含了 BIM 参考标准、信息交换标准与指南和应用三大部分。其中参考标准主要是经 ISO 认证的 IFC、XML、Omniclass、IFD 等技术标准；信息交换标准包含 COBie、空间规划复核、能耗分析、工程量和成本分析等；指南和应用是指 BIM 实施工具和流程、BIM 项目实施规划与内容指南等。颁布 NBIMS-US 2.0 的目的是进一步鼓励建筑师、工程师、承包商、业主、营运团队的所有成员都能真正在工程项目的全生命周期中进行生产实践，让各专业人员皆能在开放、共享、标准的环境下工作。2015 年 7 月，美国发布第 3 版美国国家 BIM 标准（NBIMS 3）。NBIMS 3 是一个完整的 BIM 指导性和规范性的标准，它规定了基于 IFC 数据格式的建筑信息模型在不同行业之间信息交互的要求，达到信息化促进商业进程的目的。从场地规划和建筑设计，再到建造过程和使用经营，NBIMS 3 覆盖了建筑工程的整个生命周期。为了更有效地落实 BIM 技术的应用，NBIMS 3 在原有版本的基础上增加了模块内容，还引入了二维 CAD 美国国家标准。引入二维图样是因为 BIM 不仅意味着三维甚至更高的维度，还具有结合二维、三维等更高数据格式维度的功能，二维图样在 BIM 技术实际运用过程中仍起着不可替代的作用。

（2）英国 BIM 标准 在英国，政府强制要求使用 BIM 技术成为促进 BIM 发展的一项重要因素。英国建筑业 BIM 标准委员会（Architectural Engineering and Construction Industry，AEC）在 IFC 标准、NBIMS 标准的基础上，于 2009 年颁布了英国建筑业 BIM 标准。多家设计、施工企业联合成立了 AEC（UK）BIM Standard 项目委员会，并于 2009 年正式发布了"AEC（UK）BIM Standard"作为推荐性的行业标准。项目成果中包含一份通用型（与软件产品无关的）标准、一份专门面向 Autodesk Revit 软件的版本和一份专门面向 Bentley Building 软件的版本。"AEC（UK）BIM Standard"系列标准的结构类似，主要由 5 个部分组成，分别是：项目执行标准、协同工作标准、模型标准、二维出图标准和参考。"AEC（UK）BIM Standard"系列标准的不足是它们仅面向设计企业，而非业主或施工方，因此只讨论在设计环节的 BIM 应用，而不包括上下游。"AEC（UK）BIM Standard"制定委员会除了特别邀请来自各个行业、经验丰富的用户和 BIM 应用顾问参与进来外，还吸纳了多名曾经制定"AEC（UK）CAD Standard"标准的成员，希望"AEC（UK）BIM Standard"能够成为一部理论与实践达成广泛共识的标准，该标准制参考了多项标准规范，如 2000 年 AEC（UK）CAD Standard、2001 年 AEC（UK）CAD Standard Basic LayerCode、2002 年 AEC（UK）CAD Standard Advanced Layer Code。

（3）日本 BIM 标准　日本最早提出信息化的概念，并于 1995 年开始大力推动建筑业信息化。在此之后日本便发布了建筑信息化标准（Continuous Acquisition and Lifecycle Support/Electronic Commerce，CALS/EC）。日本政府对于建筑业信息化管理的要求非常高，日本政府要求基于工程项目的全生命周期的所有信息都要实现电子化、管理过程信息化；所有参与公共项目建设的建筑企业不仅要求满足所需的信息化程度，还要符合一定的标准化要求。如此强制性的规定加速了日本建筑企业科技创新的步伐。在 BIM 进入日本之前，日本国内在施工的工序、工程管理、品质管理、财务管理等方面的信息技术就已经比较成熟，以至于 2006 年 BIM 技术进入日本业界，并未对日本业界产生较大影响。BIM 技术进入日本业界的第 3 年，情况发生了变化。2009 年，权威建筑杂志《建筑与都市》在 2009 年 8 月出版了临时增刊，标题为"BIM 元年，建筑设计的可能性"，分析了 BIM 设计、加工、模拟的案例，总结了 BIM 在日本的应用情况，同时展望未来。从 2009 年开始，日本的 BIM 应用开始像雨后春笋般迅速发展起来。2011 年，日本企业 FUKUI COMPUTER 推出了 BIM 平台软件 Gloobe，实现了 BIM 软件平台的完全自主生产。

2012 年 7 月，由日本建筑学会（Japanese Institute of Architects，JIA）正式发布了"JIA BIM Guideline"，明确了 BIM 组织机构以及人员职责要求，调整原来的设计流程。该指南以设计者的观点制定而成，将设计和施工分开考虑，提出希望通过指南推广日本 BIM 应用，利用 BIM 技术进一步扩大设计业务、减少成本、缩短工期和提高竞争力。指南虽然讨论了 BIM 费用承担的问题，但是对于收益分配原则及归属并未做明确的规定。值得注意的是，日本以 BIM 技术为指导的工程合同一般为固定总价合同，期间的风险由分包商承担，恰恰与美国应用 BIM 技术为业主带来收益的目的相反。

"JIA BIM Guideline"涵盖了技术标准、业务标准和管理标准 3 个模块。该指南对于希望引入 BIM 技术的事务所和企业具有较好的指导意义，对企业的组织机构、人员配置、BIM 应用技术、质量把控、模型规则、各专业的应用和交付标准等做了详细指导。标准的构架条理清楚，借鉴和吸取了其他标准的长处。"JIA BIM Guideline"将设计项目分为设计规划和施工规划两方面，并探讨了 BIM 对设计规划和施工规划的应用。但由于该标准的编写是从设计的角度出发的，所以"JIA BIM Guideline"更适合面向设计企业，而非业主或施工方。

2. 国内 BIM 标准

相对于欧美、日本等发达国家，我国的 BIM 应用与发展相对比较滞后，BIM 标准的研究还处于起步阶段。因此，在与我国已有规范与标准保持一致的基础上，构建 BIM 的中国标准成为紧迫与重要的工作，同时，我国的 BIM 标准如何与国际的使用标准（如美国的 NBIMS）有效对接、政府与企业如何推动我国 BIM 标准的应用，将成为今后工作的挑战。所以，当前需要积极推动 BIM 标准的建立，为建筑业可持续发展奠定基础。

（1）《工业化建筑评价标准》　2015 年 8 月 27 日，住房和城乡建设部发布《工业化建筑评价标准》（GB/T 51129—2015），自 2016 年 5 月 1 日起实施。该标准是总结建筑业现代化实践经验和研究成果，借鉴国际先进经验制定的我国第一部工业化建筑评价标准，也是针对我国民用建筑工业化程度、工业化水平的评价标准，对规范我国工业化建筑评价，推进建筑工业化发展，促进传统建造方式向现代工业化建造方式转变，具有重要的引导和规范作用，也是推动建筑业现代化持续健康发展的重要基础。该标准已被《装配式建筑评价标准》（GB/T 51129—2017）代替并废止。

（2）《建筑信息模型应用统一标准》　2016 年 12 月 2 日，住房和城乡建设部发布《建筑信息模型应用统一标准》（GB/T 51212—2016），自 2017 年 7 月 1 日起实施。该标准是我国第一部建筑信息模型应用的工程建设标准，提出了建筑信息模型应用的基本要求，是建筑信息模型应用的基础标准，可作为我国建筑信息模型应用及相关标准研究和编制的依据。

（3）《建筑信息模型分类和编码标准》　2017 年 10 月 25 日，住房和城乡建设部发布《建筑信息模型分类和编码标准》（GB/T 51269—2017），自 2018 年 5 月 1 日起实施。该标准规定了在施工阶段 BIM 具体的应用内容、工作方式等。该标准与 IFD 关联，面向建筑工程领域，规定了各类信息的分类方式和编码办法，这些信息包括建设资源、建设行为和建设成果。对于信息的整理、关系的建立、信息的使用都起到了关键性作用。

（4）《建筑信息模型施工应用标准》 2017 年 5 月 4 日，住房和城乡建设部发布《建筑信息模型施工应用标准》（GB/T 51235—2017），自 2018 年 1 月 1 日起实施。该标准是我国第一部施工领域建筑信息模型应用的工程建设标准，提出了建筑工程施工信息模型应用的基本要求，可作为我国施工领域建筑信息模型应用及相关标准研究和编制的依据。

（5）《建筑信息模型设计交付标准》 2018 年 12 月 26 日，住房和城乡建设部发布《建筑信息模型设计交付标准》（GB/T 51301—2018），自 2019 年 6 月 1 日实施。该标准含有 IDM 的部分概念，也包括设计应用方法，规定了交付准备、交付物、交付协同三方面内容，包括建筑信息模型的基本架构（单元化）模型精细度（LOD）、几何表达精度、信息深度、交付物、表达方法、协同要求等。另外，该标准指明了"设计 BIM"的本质，就是建筑物自身的数字化描述，从而在 BIM 数据流转方面发挥了标准引领作用。

（6）《建筑信息模型存储标准》 2021 年 9 月 8 日，住房和城乡建设部发布《建筑信息模型存储标准》（GB/T 51447—2021），自 2022 年 2 月 1 日起实施。该标准基于 IFC，针对建筑工程对象的数据描述架构做出规定，以便信息化系统能够准确、高效地完成数字化工作，并以一定的数据格式进行存储。

（7）《建筑工程设计信息模型制图标准》 2018 年 12 月 6 日，住房和城乡建设部发布《建筑工程设计信息模型制图标准》（JGJ/T 448—2018），自 2019 年 6 月 1 日起实施。该标准提供一个具有可操作性的，兼容性强的统一基准，以指导基于建筑信息模型的建筑工程设计过程中，各阶段数据的建立、传递和解读，特别是各专业之间的协同，工程设计参与各方的协作，以及质量管理体系中的管控等过程。

（8）《制造工业工程设计信息模型应用标准》 2019 年 5 月 24 日，住房和城乡建设部发布《制造工业工程设计信息模型应用标准》（GB/T 51362—2019），自 2019 年 10 月 1 日起实施。该标准为制造工业工程设计领域第一部信息模型应用标准，主要参照国际 IDM 标准，面向制造业工厂，规定了在设计、施工运维等各阶段 BIM 具体的应用，内容包括这一领域的 BIM 设计标准、模型命名规则、数据交换方法、各阶段单元模型拆分规则、模型简化方法、项目交付方式及模型精细度要求等。

2.3 从 BIM 走向智能建造

2.3.1 传统 BIM 技术的局限性

随着 BIM 技术的深入发展，传统 BIM 技术的应用也随之出现了瓶颈问题，BIM 技术的局限性在以下两个方面逐渐显现出来。

1. 参与方角度的局限性

（1）设计方的局限性 BIM 的最终成果是全息模型，即一套完整的施工指导图。如果业主方频繁地更改设计需求，那么 BIM 的优点就会变为缺点，优势也会变为劣势，因为 BIM 没有传统的二维设计图容易修改。因此，国内的设计单位都是在传统的设计流程后增加翻模的工作，用来检查之前的设计是否合理，然后添加一些光照能耗以及展示性的优化。这样的 BIM 完全只是用于展示和优化传统设计的一个工具，所做的工作也是很有限的。另外，国内的设计师是由设计面积分

专业计价的。BIM 促使设计师协同作业，这样设计师的绩效就不容易区分。

（2）施工方的局限性

1）软件层面的局限。施工单位的软件使用主要还是 Revit 和 Navisworks（铁路建设工程和少量建筑工程可能会用到 Civil 3D 之类的软件），而施工企业对于插件的运用整体偏少，现阶段也不会进行相关的应用程序编程接口（Application Programming Interface，API）开发，这种情况就会导致施工单位除了碰撞检查和造价算量之外，就很难再去实现其他功能，如施工安全模拟、当日耗料信息反馈、场地布局规划优化等。

2）模型深度的限制。大部分施工企业的建筑信息模型很难做到精确到每一根钢筋的排布，其侧重点还是碰撞检查和造价算量。但是，如果模型深度达不到，则深度设计上的很多问题往往很难发现。

3）BIM 人员的不足。BIM 人员的不足有两个层面：建模人员的不足与 BIM 技术深化的缺乏。如果建模分包，那么施工单位的 BIM 就应该做得更深化，将模型与现场情况结合起来，如具体的施工过程精确到钢筋，但由于施工单位现在的 BIM 培训体制往往针对的是软件的操作学习，而且参加培训的大多是缺少工作经验的年轻员工，所以也很难做到这一点。

4）缺少可视化的技术和设备。以 AR 技术和全息投影技术（Holograph）技术为例，当图样过于复杂时，即使是施工企业的人看了模型调出来的样子，也不一定能准确地与工人描述出来。如果现场配有移动设备，再运用 AR 或者 Holograph 技术，那么施工效率其实是可以大大提高的。当然，可视化技术不仅包含 AR 和 Holograph，但不管怎么应用，目的都应该是提高施工现场的沟通效率。

2. 信息技术角度的局限性

（1）大数据导致信息存储的局限性　目前，应用较广泛的 BIM 软件如 Revit、Navisworks 等的安装和运行对计算机的配置要求都较高，因此，企业在培养 BIM 人才的过程中必须配备较好的硬件设施，使得培养的成本迅速上升。另外，大多数的工程项目资料少则几个 GB，多则上千个 GB 的容量，并且随着工程项目的进一步开展，工程信息数据更加复杂和多样，处理起来也有相当大的难度。

（2）局部使用 BIM 技术的局限性　BIM 技术作为工程项目信息化的集成，在项目精细化管理的过程中主要体现在项目不同参与方之间的协同工作，而协同最重要的就是实现资源的共享。然而，目前的 BIM 数据信息大多存放于单个计算机或企业内部的平台上，项目各参与方仅在各自的模型上进行修改，导致模型中的数据信息传递过程不同步，出现碎片化、信息缺失等问题。局部使用 BIM 技术阻碍了企业不同参与方之间的共同交流和应用，不能较好地发挥 BIM 技术的协同作用。

（3）BIM 技术应用的数据安全问题　BIM 技术在应用过程中，产生大量数据，在海量数据积累的过程中，其安全性不容忽视。传统 BIM 技术应用方式存在项目信息泄露风险，导致其应用受阻。现阶段，信息数据安全性已受到各国重视，如美国将 BIM 技术应用的最高级别定义为"国土安全"，在政府项目 BIM 技术应用中，首先审查应用的 BIM 软件及项目信息管理系统，通过政府审查后允许应用在"互联网+"环境下。建设工程全部信息均在建筑信息模型中，如果出现信息泄露，后果十分严重[52]。

2.3.2　BIM 技术的发展过程

1. BIM 技术逐步成熟

一方面，BIM 技术的应用范围将逐渐拓展。BIM 技术目前已经在建筑工程项目的多个方面得到广泛的应用（图 2-15）。其实图 2-15 并未完全反映 BIM 技术在建筑工程实践中的应用范围。美国宾夕法尼亚州立大学的计算机集成化施工研究组（The Computer Integrated Construction Research

Program of the Pennsylvania State University）发表的《BIM 项目实施计划指南》（第二版）（*BIM Project Execution Planning Guide*）中，总结了 BIM 技术在美国建筑市场上常见的 25 种应用。这 25 种应用跨越了建筑项目全生命周期的 4 个阶段，即规划阶段（项目前期策划阶段）、设计阶段、施工阶段、运营阶段。迄今为止，还没有哪一项技术像 BIM 技术那样可以覆盖建筑项目全生命周期。

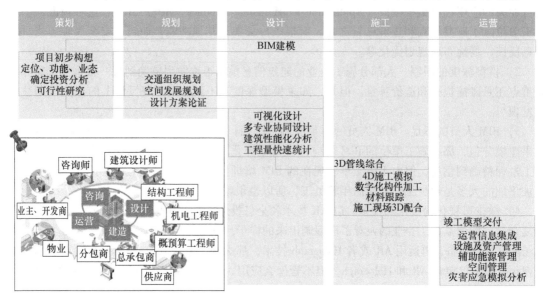

图 2-15　BIM 技术在建筑工程项目多个方面的应用

BIM 技术应用的广度体现在除了房屋建筑、各类基础设施建设项目外，越来越多的其他泛土木工程类项目也在应用 BIM 技术。例如，桥梁工程、水利工程、铁路交通、机场建设、市政工程、风景园林等都有 BIM 技术应用的范例，以及不断扩大应用的趋势。

BIM 技术应用的广度还包括应用 BIM 技术的人群相当广泛。不仅各类基础设施建设的从业人员是 BIM 技术的直接使用者，而且建筑业以外的人员也需要应用到 BIM 技术。除了业主、设计师、工程师、承包商、分包商这些和工程项目有着直接关系的人员，还有房地产经纪人、房地产估价师、银行、律师等服务类的人员，还有法规执行检查、环保、安全与职业健康等政府机构的人员，以及废物处理回收商、抢险救援人员等其他行业相关的人员。由此可以看出，BIM 技术的应用面可以变得很宽、很广。可以说，在未来建设项目的全生命周期中，BIM 技术将会无处不在，无人不用。

此外，BIM 技术的应用将深入发展。除了上面所反映 BIM 技术应用的广度之外，BIM 技术应用的深度将日渐被建筑业内的从业人员所了解。在 BIM 技术的早期应用中，人们对它了解得最多的是 BIM 技术的 3D 应用，即 BIM 的可视化应用。但随着应用的深入发展，人们发现 BIM 技术的能力远远超出 3D 的范围。可以用 BIM 技术实现 4D（3D+时间）、5D（4D+成本），甚至 nD（5D+各个方面的分析）。图 2-16 所示为 BIM 技术的"nD"动态应用过程。

BIM-3D 具有可视化功能，能够展示 3D 立体建筑模型。能够更为清晰地展现建筑物的所有特点，更加形象直观，提高项目的观赏度及阅读能力，增加建筑整体的真实性及体验感。模型中储存建筑物的物理信息、功能信息和性能信息。项目的各参与方可以利用计算机模型进行修改，便于对模型中数据信息进行分析与计算。可以将二维信息在三维模型上进行展示，并在施工前通过其直观地改正图样上出现的错误。

BIM-4D 在三维的基础上增加了时间维度，可以进行时间方面的管理。可以用来提前规划施工计划和各层级的工作顺序，以期实现时间上无缝衔接，缩短施工周期。

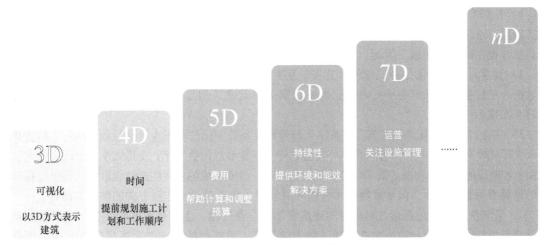

图 2-16 BIM 技术的"nD"动态应用过程

BIM-5D 的基础上增加了成本的维度，涉及估算和建筑成本信息，便于人们进行成本控制。将模型与费用基础计算结合，建筑模型中的每个元素都有与之相关的成本。这允许对预算进行详细的分析，避免烦琐的人工计算产生的误差，有效地提高了准确率并降低了人工成本，使交付团队对完成建设目标的工作量和工期做出准确的估计。

BIM-6D 有助于进行能耗的分析，能够对建筑性能进行优化。它涵盖建筑可持续发展目标信息，如能耗控制、可再生材料利用，并从管理的角度来理解和领导"能源与环境设计（Leadership in Engery and Environment design，LEED）"项目的跟踪和执行。利用 BIM-6D 技术可以在设计过程的早期产生更完整和准确的能量估算。它还允许在建筑物占用期间进行测量和验证，以及改进在高性能设施中收集经验教训的过程。

BIM-7D 由管理人员在整个生命周期内运行和维护。BIM 的第 7 个维度允许参与者提取和跟踪相关的资产数据，例如组件状态，规格，维护操作手册、保修数据等。BIM-7D 技术的使用可以更容易，更快地更换零件，优化合规性和随着时间的推移简化资产生命周期管理。BIM-7D 提供了在整个设施生命周期中管理分包商、供应商数据和设施组件的流程。

在未来，工程项目管理所有涉及的因素都可以加入 BIM 之中，形成所谓的 n 维模型，以便更好地进行项目管理工作。由于维度的增加，建筑信息模型不断附上每个维度包含的信息，使 BIM 数据在规模和复杂程度上都急剧增长，BIM 的数据储存和管理已经很难用传统的数据解决方案来实施，因此很多研究集中于如何利用云计算技术来对 BIM 数据进行有效的管理。

2. BIM 技术打通建造过程全周期数据

随着 BIM 从 BIM-3D 逐渐发展到"BIM-nD"，BIM 技术将打通建造过程全周期数据。BIM 技术作为数据载体，可以更好地与数字化技术结合，打通建造过程全周期数据。从概念到规划设计，到招标投标到施工运维，建筑信息模型数据可不断进行补充、完善并始终保持模型的一致性。这些建造过程数据可在建筑信息模型上集中呈现，通过统一的数据接口可以与其他流程系统进行有效的集成，实现数据共享，为工程项目带来更大的价值。

3. BIM 技术将与新一代信息技术集成应用

BIM 作为工程领域数字化转型升级的核心技术，已经得到越来越多行业从业人员的认可。BIM 技术与其他数字技术集成应用，如物联网、云计算、大数据、区块链和人工智能等新一代信息技术，实现建造阶段的数据整合。

对于建筑业企业而言，实现工程项目的数字化主要需要考虑四个方面，即建筑实体数字化、要素对象数字化、作业过程数字化、管理决策数字化。

1) 建筑实体数字化核心是多专业建筑实体的模型化,即建立精细化项目建筑信息模型。在项目实施前,可以通过建筑信息模型先将整个项目的建造过程进行计算机模拟、优化,再进行工程项目的建设,减少后期返工问题。

2) 要素对象数字化是将工程项目上实时发生的情况,如"人、机、料、法、环"等要素的实时数据,通过智能感知设备进行收集,再将数据关联到建筑信息模型,让数字世界与工程现场的实时交互成为可能。

3) 作业过程数字化是在建筑实体数字化和要素对象数字化的基础上,从计划、执行、检查到优化改进形成效率闭环。项目进度、成本、质量、安全等管理过程数字化,将传统管理过程中散落在各个角色和阶段的工作内容通过数字化的手段进行提升,形成一线的实际生产过程数据。整个过程以建筑信息模型为数据载体,以要素数据为依据开展管理,实现对传统作业方式的替代与提升。

4) 管理决策数字化是通过对项目的建筑实体、作业过程、生产要素的数字化,可以形成基于建筑信息模型的工程项目数据中心,通过数据的共享、可视化的协作带来项目作业方式和项目管理方式的变革,提升项目各参与方之间的效率。

2.3.3 从 BIM 到智能建造

随着 BIM 技术应用的逐步成熟,信息网络、智能设备与 BIM 技术的融合应用成为工程项目建设的主流方式,而单一的 BIM 应用不能满足工程项目的需要。结合 BIM 技术,以物联网、大数据、云计算、区块链和人工智能为代表的新一代信息技术正在逐步应用到建筑施工行业。各新兴信息技术间既相互独立又相互联系——BIM 技术是工程建造信息最佳的传递载体,物联网通过感知获得丰富的数据源,云计算提供便捷的访问共享资源池计算模式,5G 移动互联网提供实时交换信息途径,大数据分析处理工程建造过程产生的海量数据。在未来,各项技术的交叉融合可真正实现建造过程由数字化、自动化向集成化、智慧化的变革。

通过与新一代信息技术的结合,BIM 所具备的可视化、协调性、模拟性等优势终于得以发挥,建筑业的发展方向正从 BIM 逐步走向智能建造。智能建造的技术体系是以 BIM 技术为核心,建立在物联网、云计算、大数据以及面向服务架构等技术的基础上,形成一个高度集成的信息物理系统。智能建造的技术体系如图 2-17 所示。物联网通过各类传感器感知物理建造过程,经过接入网关向云计算平台传送实时采集的监控数据。云计算平台为大数据的存储与应用、基于 BIM 的实时建造模型以及各项软件服务提供了灵活且可扩展的信息空间,支持不同专业的项目管理人员在统一的平台上共享信息并协同工作。在信息空间中经过分析、处理与优化后形成的决策控制信息再通过物联网反馈至物理建造资源,实现对施工设备的远程控制以及对施工人员的远程协助。

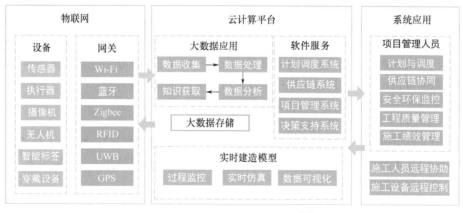

图 2-17　智能建造的技术体系[53]

2.4 BIM 技术助力实现全过程智能建造

随着 BIM 技术相关理论、政策、规范与软件的成熟，BIM 技术应用落地便水到渠成。有 BIM 技术加成的建筑业将向着模型可视化、信息集成化、人员协同化的方向飞速发展，实现高质量发展指日可待。但是，BIM 发展的最终阶段不是智能建造的全貌，正如前一节所论述的，从 BIM 走向智能建造不是简单的量变到质变的积累，而是需要新一代信息技术的加盟以促成智能建造的实现。同时，BIM 技术在建筑工程中是信息化技术应用的代表，其数据处理能力与分析能力是比较优秀的，因此要想快速实现智能建造，也要科学地运用 BIM 技术。

在本节中将进一步为读者解答三个问题：第一，建筑业 BIM 的现阶段应用状态是怎样的？第二，BIM 为智能建造提供了怎样的技术支撑和数据支撑？第三，在工程全阶段中 BIM 如何与新一代信息技术融合进而实现智能建造？

2.4.1 规划设计阶段

1. BIM 在规划设计阶段中的应用现状

我们先用麦克利米曲线图来说明项目前期策划阶段的重要性和运用 BIM 对整个项目的正向影响（图 2-18）。BIM 技术在项目的前期策划阶段应用包括现状建模、场地分析、成本核算、阶段分析、规划编制等⊖。

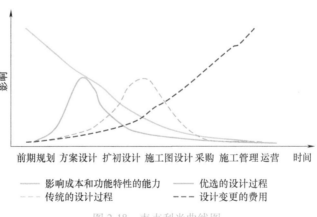

图 2-18　麦克利米曲线图

（1）现状建模　现状建模是根据现有的资料把现状图样、现状的测量勘察资料导入基于 BIM 技术的软件，创建出道路、建筑、河流、绿化以及高程的变化起伏，根据规划条件创建出本地块的用地红线及道路红线，并生成经济技术指标，接着在现状模型的基础上根据一系列指标创建主体模型框架，为之后的造价和方案比选做准备。

（2）场地分析　完成现状建模后，接下来要进行场地分析，如气象条件模拟等（图 2-19）。根据项目的地理坐标，借助相关的软件采集当地的日照和气候数据，并基于建筑信息模型数据利用相关的分析软件进行气候分析，对方案进行环境影响评估，包括风环境影响、声环境影响、热环境影响、日照环境影响等方面评估。

（3）成本核算　在前期项目策划阶段不可或缺的工作就是投资估算。应用 BIM 技术强大的信

⊖ 引自 https://mp.weixin.qq.com/s/xtA5vDlivhzeN7r6-XBAqg。

息统计功能，在方案阶段可运用数据指标等方法获得较为准确的土建工程量及土建造价，同时可用于不同方案的对比，可以快速得出成本的变动情况，比较不同方案的造价情况，为项目决策提供重要而准确的依据。BIM 技术可运用计算机强大的数据处理能力进行投资估算，这大大减轻了造价工程师的计算工作量，造价工程师可节省时间从事更有价值的工作，如确定施工方案、评估风险等，进一步能细致考虑施工中许多节约成本等专业问题，从而编制出精确的成本预算。

（4）阶段分析与规划编制　策划阶段的最后就是阶段性实施规划与设计任务书编制。设计任务书应当体现应用 BIM 技术的设计成果，如含有工程信息的主体模型、基于 IFC 标准等通用模型、渲染图集、漫游动画、综合管线碰撞检查报告、工程量清单等。

以市政专业设计为例，BIM 技术可以利用原始钻孔数据、场地平面图、地形图建立场地的三维场地模型（图 2-20），同时可将现状管线模型加入建筑信息模型中，建立基础工作环境。

图 2-19　气象条件模拟　　　　　　　　图 2-20　利用 BIM 建立三维场地模型

此外，基于 BIM 可以做地形模型与土方计算，以及实现土方平衡（图 2-21）。同时，在实景模型的基础上进行建筑信息模型设计，结合真实地形，展现出项目建成后的状况⊖。

图 2-21　土方计算与土方平衡

2. BIM 在规划设计阶段中的智能化发展

在工程勘察阶段，以 BIM 为基础进行数值模拟、空间分析、可视化表达；以物联网技术为支撑，汇集多种采集方式和异构数据的工程勘察信息；融合构建工程勘察信息数据库，实现信息的有效共享和传递。在工程策划、规划阶段，BIM、物联网及 GIS 等的集成应用，实现对一些结果和方案进行可视化模拟，直观快速地进行分析展示。BIM 在结合了 GIS 之后，可以用于场地分析、规划审批等。

（1）BIM+GIS 助力完成场地分析　场地分析是研究影响建筑物定位的主要因素，是确定建筑物的空间方位和外观、建立建筑物与周围景观的联系的过程。在规划阶段，场地的地貌、植被、气候条件都是影响设计决策的重要因素，往往需要通过场地分析来对景观规划、环境现状、施工

⊖　引自 https://mp.weixin.qq.com/s/tE79hypys_EOB3dqIzssbA。

配套及建成后交通流量等各种影响因素进行评价及分析。传统的场地分析存在诸如定量分析不足、主观因素过重、无法处理大量数据信息等弊端，通过 BIM 结合地理信息系统（GIS），对场地及拟建的建筑物空间数据进行建模，通过 BIM 及 GIS 软件的强大功能，迅速得出令人信服的分析结果，帮助项目在规划阶段评估场地的使用条件和特点，从而做出新建项目最理想的场地规划、交通流线组织关系、建筑布局等关键决策。

（2）BIM+VR/MR 助力规划审批　BIM 技术在建筑工程设计领域的逐步普及和大规模应用，使得在建筑审批管理阶段运用 BIM 技术建立精细而准确的三维模型进行管控审批成为可能，BIM 技术辅助规划审批已成趋势。报审人员及审批人员在"BIM+ VR/MR 规划报审平台"中完成建筑信息模型的提交及审批，通过平台的数据自动提取及分析功能，自动完成指标核验、生成报表，同时通过丰富的模型交互工具及 VR、MR 场景自动生成功能，辅助审批人员更好地完成审批工作。

2.4.2　方案设计阶段

1. BIM 在方案设计阶段中的应用现状

BIM 技术在方案设计阶段的应用包括参数化辅助设计、建筑环境分析、建筑性能分析、方案论证比选、可视化设计、功能空间优化以及协同设计等。

（1）参数化辅助设计　随着科技的进步，人们能够从数据中发现变量之间的相互关系，实现通过改变变量来改变整个数据的整体。而在 BIM 建筑设计中，BIM 参数化设计则是将设计的全部要素都变为某个函数的变量，人们可以通过改变其中的 BIM 参数获得一个新的设计方案，这能让建筑师控制以前无法实现的复杂形式，更重要的是它能提高已有建筑设计的效率。

（2）建筑环境分析　利用 BIM 技术对建筑周围环境及建筑空间进行模拟分析，得出合理的场地规划、交通物流、建筑物及大型设备布局等方案。通过日照、通风、噪声等分析与仿真工具，可有效优化与控制噪声、光、水等污染源。

（3）建筑性能分析　有了三维建筑信息模型，利用各种建筑性能计算软件，可对建筑的各种性能进行模拟，主要应用有：室外风环境模拟；室内自然风模拟；室外热环境模拟分析；建筑环境噪声模拟分析；室外绿化环境分析；建筑照明分析；日照分析；日光分析；节能设计。目前，建筑系统分析是一种常用的分析方法，它是对照业主使用需求及设计规定来衡量建筑物性能的过程，包括机械系统如何操作和建筑物能耗分析、内外部气流模拟、照明分析、人流分析等涉及建筑物性能的评估。BIM 结合专业的建筑物系统分析软件避免了重复建立模型和采集系统参数。通过 BIM 可以验证建筑物是否按照特定的设计规定和可持续标准建造，通过这些分析模拟，最终确定、修改系统参数甚至系统改造计划，以提高整个建筑的性能。

（4）方案比选　对建筑物进行环境和性能分析后，就需要对设计方案进行优化，并比选出最优方案，BIM 为设计方案的比选带来便利。3D 模型所展示的设计效果十分方便评审人员、业主和用户对方案进行评估，必要时可以进行施工可行性模拟。

（5）可视化设计　可视化是 BIM 最直观的优势。在设计阶段，运用 BIM 技术建造的都是三维实体模型，可见（建）即可得，能直观地观察建筑外观，分析建筑结构的功能布局，能对建筑结构进行动态演示。BIM 的可视化特点大大提高了传统的工作效率，可视化还改善了双方的沟通环境，可随时观察整体或局部、室内或室外的效果，尤其是在室内以人的视点体验空间，可将设计者的关注点更多地拉回空间体验方面，从而更好地把控设计效果，把抽象、需要大脑思维判断的事物变得更直观，让设计方与甲方或者施工方，能够在统一的环境下进行沟通，而不用在二维图样的基础上想象三维模型⊖。设计变更直接影响造价，施工中反复变更图样易导致工期和成本增

⊖ 引自 https://mp.weixin.qq.com/s/4fq-YU_0JeyujydG3bTVbg。

加。应用 BIM 技术可提前避免图样中的错误，三维可视化模型能准确再现各专业系统的空间布局及管线走向，如图 2-22 所示。设计师利用三维设计可更容易地发现错误，增加设计深度，减少"错、碰、漏、缺"现象，从而减少后期的设计变更，节约成本。

（6）功能空间优化　有效的空间管理不仅优化了空间和相关资产的实际利用率，而且对在这些空间工作的人员的生产力产生了积极影响。通过规划和分析空间，BIM 可以合理整合现有空间，有效提高工作场所的利用率。BIM 技术在功能空间优化中的应用具有以下优点：

1）提高空间利用率并降低成本。有效利用空间可以降低空间使用成本，进而提高组织的盈利能力。通过数据库和可视化图形的集成来跟踪建筑物的空间使用情况，可以灵活、快

图 2-22　三维可视化模型示意图

速地收集空间使用信息，以满足生成不同详细报告的需要。如果进一步使用空间预留管理模块，则可以调度共享空间资源的使用，从而最大限度地提高空间资源的利用率。

2）分析报告要求。准确、详细的空间面积使用信息可以满足生成各种报告的需要。如果组织由第三方提供资金，某些评估数据与实际数据之间的差异可能导致大量现金流损失。但是，通过信息系统中的空间分配功能，可以详细列出组织内各部门的空间使用明细表，以满足不同情况的需要。

3）对空间规划的支持。空间管理系统中包括各种工具以支持空间规划，如添加和重新分配空间。提前整合空间区域需求要素，如人员变动和功能需求，以帮助部门了解对空间使用的影响。生成指定的详细报告以支持空间规划。同时，报告可以转换为 Office Word、Excel 和 Adobe PDF 文档格式，并通过网络终端传送给本组织的其他相关部门。

（7）协同设计　传统设计一般是二维设计，存在着较多问题：首先，由于施工图数量多，不便管理，同时设计周期较长，需要按照先后顺序，依次完成建筑设计、结构、设备等模型的搭建，设计耗时长；其次，设计过程中协同困难，当设计变动了，相关设计人员的施工图都得修改，容易漏改、错改；再次，设计质量难以控制，如果施工图忘记修改，施工就会受到影响。

使用 BIM 技术，可以有效实现协同设计：通过多专业协同设计，可以减少专业之间的"错、漏、碰、缺"现象，提高设计效率，提高设计品质，降低工程成本。通过 n 维可视化，便于设计院、施工单位、监理与业主等多方进行方案讨论，同时用于指导施工，极大提高工作效率。借助BIM，参与方可在整个过程中使用协调一致的信息设计出新项目，可以更准确地查看并模拟项目在现实世界中的外观、性能和成本，创建出更准确的施工图。

2. BIM 在规划设计阶段中的智能化发展

（1）BIM+AI 技术有效减少返工　借助 BIM+AI 技术，可以增进各专业技术人员对各种建筑信息的理解和认识，并由此做出高效应对，也为各方建设主体提供了协同工作的基础，在模型中解决了"错、漏、碰、缺"问题，减少各专业之间出现的沟通障碍问题，其科学性也得到了最大限度的体现，极大限度地避免了施工过程中的拆改和返工带来的材料和脑力的浪费，在提高工程质量、生产效率，节约成本，缩短工期方面发挥了重要作用。

（2）BIM+云平台实现协同设计　协同设计是 BIM 技术在设计阶段的最高级管理模式，使用协同设计模式可以实现项目由单独处理提升至团队化工作⊖。不同的专业可在 BIM 协同平台平行设

⊖　引自 https://mp.weixin.qq.com/s/M8MJj4jMrBcpdivKjZxeLA。

计，同时进行建筑、结构、设备等模型的设计，大大缩减设计周期（图2-23）。在BIM的设计过程中，建筑、结构和机电专业设计工程师可以在同一平台上建模，利用云平台后，甚至可以实现云端办公，随时在云端调取模型，BIM设计师可以通过更新模型实时检查设计冲突，不必在设计结尾时再协调解决存在的问题。

（3）BIM+实景三维技术助力规划设计　实景三维技术可实现在三维空间对自然资源资产的精细化管理，并构建空间全要素真实BIM模型。应用实景三维技术，快速准确获取可量测、高精度的三维地图。

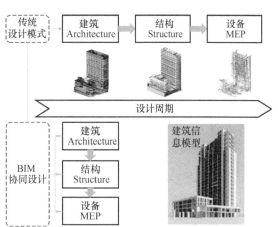

图 2-23 BIM 协同设计

1）规划底图制作。采用航空摄影测量方式，使用多种型号的无人机搭载五镜头相机，获取倾斜摄影数据；再通过内业配置的高性能集群建模工作站进行三维建模，成果作为规划底图，可应用于地形图制作、村庄调研、规划方案设计等多个方面。

2）规划成果展示。通过三维可视化平台，将实景三维模型与规划设计相叠加，通过规划区域前后对比、规划方案位置立体标注、地块信息实时查询等方式动态展示规划成果，增强规划方案的可读性。

3）决策管理。通过对现实场景的线上再现和全要素信息的定制化分类统计分析和预测，更好地辅助政府决策，参与社会管理和治理。

2.4.3 施工图设计阶段

在施工图设计阶段，基于BIM的协同设计解决了传统基于CAD二维协同设计的数据交换不充分及可视化共享程度低等问题，但也面临一个新的问题：基于BIM的设计协同所传递的建筑信息模型是设计阶段的整体模型，信息的复杂化使得各参与方难以快速捕获其中对自身有用的设计信息。

1. BIM在施工图设计阶段中的应用现状

（1）碰撞检查　建筑碰撞检查是建筑图样设计中最重要的环节（图2-24）。施工图设计阶段，建筑师需要分析项目中的多个环节，并优化建筑物的各个关键部分。建筑物碰撞的形成可分为软碰撞和硬碰撞。其中，软碰撞主要是指建筑物的实体之间不直接接触，但不满足空间和间隔的要求和标准。硬碰撞通常意味着某些碰撞会在建筑实体之间发生，并相互占用空间。BIM技术可用于解决施工和设计中的这些碰撞问题，如使用BIM技术可检查建筑模型中的3D管道的碰撞情况，并消除碰撞。

在施工图设计阶段，碰撞检查可以及时消除隐患，使建筑结构更合理，并发现建筑工程设计中的不合理之处，减少后期施工中出现的各类碰撞问题，从而有效优化施工流程。利用BIM技术的可视化碰撞检查功能，在三维模型中模拟碰撞过程，根据碰撞检查结果对建筑设计方案进行修正和优化，可以有效减少实际施工

图 2-24 BIM 碰撞检查

中的质量和安全问题，减少设计变更给建筑工程施工进度和利润带来的不利影响。随着 BIM 技术的进一步发展，BIM 技术的可视化碰撞检查的结果将会更加准确，能给施工管理提供更加具有价值的数据信息。

（2）可视化技术交底　技术交底是把设计要求、施工措施等贯彻到组织行为的有效方法，是技术管理中的重要环节。在建筑安装企业中，技术交流一般包括图样交底、施工技术措施交底及安全技术交底等。在每一单项和分部分项工程开始前，均应进行技术交底工作，要严格按照施工图、施工组织设计、施工验收规范、操作规程和安全规程的有关技术规定施工。传统平面施工技术交底不够直观、难以精确表达复杂的构件搭接关系、交底人与交底内容理解有偏差等问题。而 BIM 技术可以很好地解决这些问题。图 2-25 所示为基于 BIM 技术的可视化交底流程。

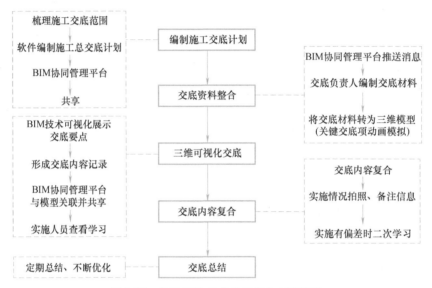

图 2-25　基于 BIM 技术的可视化交底流程

在项目的设计阶段，让建筑设计从二维真正走向多维的正是 BIM 技术。通过 BIM 技术的使用，设计师们不再困惑于如何用传统的二维图样表达复杂的多维形态这一难题，深刻地对复杂多维形态的可实施性进行了拓展。可视化使得设计师对于自己的设计思想既能够做到"所见即所得"，而且能够让业主捅破技术壁垒的"窗户纸"，随时了解到自己的投资可以收获什么样的成果。基于 BIM 技术的交底有效提高了工作效率交底内容的直观性和精确度，极大提高了工作效率，施工班组也能很快理解设计方案和施工方案，保证了施工目标的顺利实现。使交底内容更加直观，施工工艺执行更加彻底。

（3）造价分析与统计　项目设计阶段完成后，BIM 技术可快速完成模型概算，并核对其是否满足要求，以达到控制投资总额、发挥限制设计价值的目标。这对于工程造价管理而言有积极意义。BIM 技术可以解决材料核实问题，因为 BIM 中的历史记录便于工作人员查询。BIM 技术还可以进行模拟施工运算，快速得到准确的材料消耗情况，从而完成限额领料的目标。图 2-26 所示为 BIM 应用于施工图预算的流程。

BIM 技术在施工图设计阶段工程造价管理中的应用，在一定程度上提高了工程量计算的准确度与效率，也直接缩减了算量工作时间。工程造价从业人员可以实现实时、动态、精确的成本分析，协助建设方提高建设成本的管控力度，展现出工程造价的价值。

2. BIM 在施工图设计阶段中的智能化发展

（1）BIM+人工智能解决设计难题　融合人工智能技术的 BIM 新技术可以解决传统 BIM 技术面

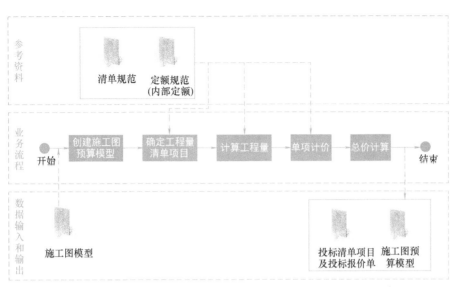

图 2-26　BIM 应用于施工图预算的流程

临的三大难题：一是设计构件无法承载业务信息，不具备跨阶段的传承性；二是传统 BIM 模型绘制、校验、审核的工作烦琐；三是内置规范、图集的缺失使设计超出"红线"。BIM+人工智能技术能很好地解决三大难题，使施工图设计从工具型绘图软件设计向智能化设计，再到人工智能辅助设计逐步发展，效能逐步增大。在建筑信息模型的建筑、结构和机电的三专业碰撞检查中，机电是碰撞检查的主体和随后的主要修改部分，后期修改工作比较繁重。在 BIM 机电设计软件中，采用 AI 技术自动产生管线配置将会解决上述问题。例如基于 BIM 机电模型，使用生成式设计理念，在确保机电管线系统的路径不会和建筑物结构发生冲突的情况下，使用机器学习方法快速生成所有可能的方案选项，在多次迭代后归纳出最终有效的设计方案，也可以基于设计能耗、舒适度指标，基于大量设备的实际参数，结合建筑信息模型的空间分区，通过机器学习自动分析可能的设备选型。实际上通过引入机器学习技术，BIM 新设计工具将在机电 AI 模型中沉淀机电设计师的专业经验以及大量设备参数信息，从而为机电设计走出目前的困境提供新的技术手段。

（2）BIM+云平台实现高效碰撞检查　业主将初步设计阶段存储至云平台服务器中的设计成果及相关资料发布到设计方进行各专业的施工图阶段模型设计，同时勘测方进行协同勘测工作。各专业完成本专业的施工图设计阶段模型后将在云平台中进行第一次模型整合及碰撞检查。碰撞检查的结果从云平台中导出至各专业设计人员处进行模型修改及专业深化（如结构专业的钢筋纠偏；机电、暖通专业的管线修改；结构和机电、暖通专业协同修改的孔洞预留等），修改后的模型将在云平台中进行第二次整合及碰撞检查。通过的设计成果将进行业主方的成果审核、设计方的设计会签及用于确定施工方的施工招标工作。其中，就结构专业而言，基于云平台的 BIM 结构专业施工图设计与传统结构施工图设计模型相比更加方便及准确。用于结构计算的几何模型可以通过建筑专业创建的建筑信息模型提取，通过补充相关的参数即可进行结构计算，结构计算后的结果可以直接反馈到结构专业的初步设计模型，进行必要的调整后形成完整的结构施工图设计模型。

（3）BIM+物联网提供设计决策依据　BIM 是基础数据模型，是物联网的核心与灵魂。物联网技术是在 BIM 技术的基础上，将各类建筑运营数据通过传感器收集起来，并通过互联网实时反馈到本地运营中心和远程用户手上。没有 BIM，物联网的应用将受到限制，在看不见的物体构件或隐蔽处只有建筑信息模型能做到一览无余。BIM 的三维模型涵盖了整个建筑物的所有信息，与建

ाप**

筑物控制中心集成关联。反之，没有物联网，建筑信息模型的基础数据将会无从获取。图 2-27 所示为 BIM+物联网技术辅助施工设计。

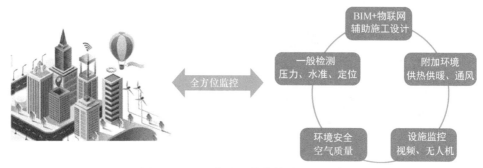

图 2-27　BIM+物联网技术辅助施工设计

2.4.4　施工图深化阶段

在工程设计阶段完成之后，工程项目实际施工开始之前，将进行设计成果的多方会审及技术交底工作，以便在实际施工阶段施工方及相关参与方能够更好地理解设计方的意图及业主的理念。在本阶段，各参与方将进行深化设计（主要是幕墙工程及大型钢结构节点等）、施工图会审及施工场地布置模拟三项重要工作。

1. BIM 在施工图深化阶段中的应用现状

（1）深化设计　施工深化设计的主要目的是提升深化后建筑信息模型的准确性、可校核性。将施工操作规范与施工工艺融入施工模型，使施工图深化设计模型满足施工作业指导的需求。施工深化设计包括混凝土结构深化设计、钢结构深化设计（图 2-28）、机电深化设计、预制装配式混凝土结构深化设计等。施工深化设计应满足节材、节水、节地、节能及环保的相关要求。

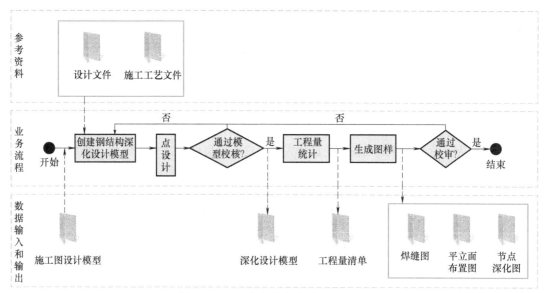

图 2-28　BIM 钢结构深化设计流程图

传统深化设计是通过 2D 图进行深化的，不同专业的深化对应不同的图样，这需要有经验的技术人员拥有丰富的空间想象能力。同时，多专业图样的深化设计会产生诸多变更。BIM 技术的引入使各个专业通过模型沟通，BIM 软件可以更有效地检查出视觉上的盲点，并且施工管理人员能

56

够提供较多的正确意见，减少设计变更次数。建筑信息模型的深化设计加入新的数据库，可获得最具时效性、最合理的虚拟建筑，提高施工效率。

（2）施工图会审 施工图会审是施工图深化阶段技术管理的主要内容之一，认真做好施工图会审，检查图样是否符合相关条文规定，是否满足施工要求，施工工艺与设计要求是否矛盾，以及各专业之间是否冲突，对于减少施工图中的差错、完善设计、提高工程质量和保证施工顺利进行都有重要意义。应用 BIM 技术的三维可视化辅助施工图会审（图 2-29），形象直观。

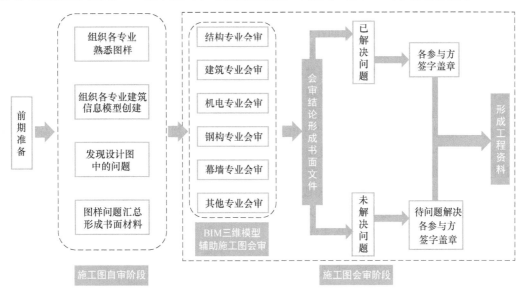

图 2-29　BIM 施工图会审流程图

（3）施工场地布置模拟 施工现场临时设施布置是施工组织设计的一项重要内容。需根据工程特点、施工条件以及施工组织管理需求，研究解决施工期间所需的交通运输、料场、加工厂、办公区及生活区、水电供给及其他施工设施等平面、立面布置问题，以使工程能如期完工，又能最大限度地节约人力、物力、财力，为工程合理施工创造条件，并最大可能地减小对环境影响、生态破坏等负面效果。传统施工场地布置采用 CAD 二维图样加文字说明方式布置，不能直观、全方位展示布置方案，容易忽略一些潜在矛盾、风险，为后期施工埋下隐患。利用 BIM 技术进行场地布置，可直观、真实、全方位、参数化、快速、精准模拟施工环境，优化场地布置，为施工提供专业有效的真实数据（图 2-30），还可以进行铝模排版、木模排版、钢筋深化、砌块排版、饰面排版、机电深化排版、安全文明施工深化等，出具深化排版图、材料单，通过线上任务派发至管理人员和班组，并结合平台的工艺工法库，以及数字工法样板，进行三维交底指导施工。施工完成的进度和质量可以进行建筑信息模型对比。

图 2-30　BIM 施工场地布置模拟

2. BIM 在施工图深化阶段中的智能化发展

（1）BIM+云平台实现多方会审 基于 BIM 云平台的实施管理方案，核心是以模型作为信息载体同时作为沟通的主体。建筑信息模型的创建过程是在计算机环境下，对工程项目进行虚拟建造的过程。一些在施工过程中才能够暴露出的设计图问题，在各参与方于云平台中对建筑信息模型进行协同创建的时候就能够暴露出来。同时，在建筑信息模型创建完成后，借助其可视化特点，工程项目的各参与方能够在计算机环境下，对工程中不符合规范要求、不合理的区域进行整体的审核、协商、变更，借助模型的直观体验显著降低了各参与方之间的沟通难度。通过基于 BIM 云平台的深化设计，可以为施工下游提供标准化、多元化、关联化及信息化施工数据，并依托深化设计模型建立施工过程模型，为施工数据的全过程管理提供智能化实施手段。

（2）BIM+虚拟现实实现虚拟施工　虚拟施工（Virtual Construction，VC）是实际施工过程在计算机上的虚拟实现。它采用虚拟现实和结构仿真等技术，在高性能计算机等设备的支持下群组协同工作。通过 BIM 技术建立建筑物的几何模型和施工过程模型，可以实现对施工方案进行实时、交互和逼真的模拟，进而对已有的施工方案进行验证、优化和完善，逐步替代传统的施工方案编制方式和方案操作流程。在对施工过程进行三维模拟操作中，能预知在实际施工过程中可能碰到的问题，提前避免和减少返工以及资源浪费的现象，优化施工方案，合理配置施工资源，节省施工成本，加快施工进度，控制施工质量，达到提高建筑施工效率的目的。随着 BIM 的不断成熟，将 BIM 技术与虚拟施工技术相结合，利用 BIM 技术，实现在虚拟环境中建模、模拟、分析设计以及施工过程的数字化、可视化。通过虚拟施工，可以优化项目设计、施工过程控制和管理，提前发现设计和施工的问题，通过模拟找到解决方法，进而确定最佳设计和施工方案，用于指导真实的施工，最终大大降低返工成本和管理成本。在项目的施工设计深化阶段，施工单位通过对 BIM 建模和进度计划的数据集成，实现了 BIM 在时间维度基础上的应用。BIM +虚拟现实技术的应用使施工单位既能按天、周、月看到项目的施工进度，又可以根据现场实时状况进行实时调整，在对不同的施工方案进行优劣对比分析后得到最优的施工方案，也可以对项目的重难点部分按时、分，甚至精确到秒进行可建性模拟。

基于 BIM 的虚拟施工技术体系流程如图 2-31 所示。从体系架构中可以看出，在建筑工程项目中使用虚拟施工技术，将会是个庞大复杂的系统工程，其中包括了建立建筑结构三维模型、搭建虚拟施工环境、定义建筑构件的先后顺序、对施工过程进行虚拟仿真、管线综合碰撞检查以及最优方案判定等不同阶段，也涉及了建筑、结构、给水排水、暖通、电气、安装、装饰等不同专业、不同人员之间的信息共享和协同工作。

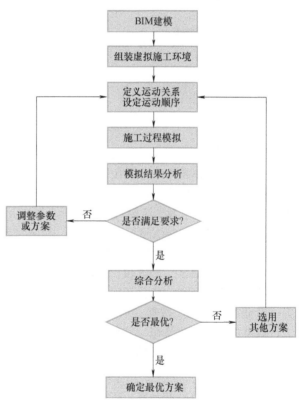

图 2-31　基于 BIM 的虚拟施工技术体系流程

2.4.5　施工实施阶段

BIM 技术可以有效地解决资源浪费和生产效率低等问题，凭借其可视化、协调性、仿真性等使得施工实施阶段的项目管理更加立体、形象。

1. BIM 在施工实施阶段中的应用现状

（1）施工质量管理　基于 BIM 技术的施工质量事中控制，重点是对工序质量进行控制。施工企业质量管理部门、项目质检人员、项目监理方等都会对工程施工过程进行巡检，随机检查施工质量情况。传统的施工管理中，这些问题要回办公室形成文字记录发给质量负责人，由质量负责人制定整改措施，安排工长指导工人整改，整改完成后再进行文字记录回复整改情况。这种信息沟通过程烦琐、效率低，需要应用BIM技术加快质量问题的整改过程。

（2）施工进度管理　施工进度管理是指为确保实现进度目标而进行的一系列活动，主要包括进度计划的编制和进度计划的控制。进度计划的控制主要是指在施工过程中对实际进度情况与进度计划进行对比和纠偏，分析出现偏差的原因，并对工程实际进度或进度计划进行调整，采取适当的补救措施，持续循环这个过程，直到工程交付使用阶段。传统工程项目管理中进度计划由于专业要求高、直观性差等缺点，不能清晰地、直观地描述工程进度以及各工序之间关系。通过建立BIM施工进度模型，不仅可以直观地反映项目的施工过程，还能够实时追踪当前的进度状态，分析影响进度的因素，协调各专业，制定应对措施，以缩短工期、减低成本、提高质量。

（3）施工变更管理　由于BIM技术本身是数字化的，并可以建筑信息模型为基础，结合工程实际，实时进行数据的调整，这样BIM数据库便有良好时效性。如不同构件价格数据、工程量及工程计划、设计变更等，在变更管理中可实时调阅，方便掌控工程变更问题。而且变更数据信息在BIM系统中是留存的，可囊括整个项目周期的所有信息，对项目的全面分析很有帮助。同时，在工程进程中，BIM数据是动态的，进而可以实现对工程数据的准确调用。在工程管理中，时效性往往是准确性的基础，可有效弥补传统模式的弊端。

2. BIM在施工实施阶段中的智能化发展

BIM综合人工智能、3D打印、三维扫描、无线传感、智能硬件、物联网，构建信息化管理体系，打造"智慧工地"，集成工程量智能管理、劳务实名制、视频监控、噪声扬尘监测、自动喷淋系统、大型机械设备监测等各种数据，便于管理人员实时掌握项目情况，BIM+智慧工地管理平台整体架构图如图2-32所示。

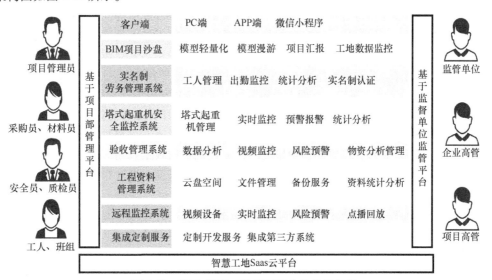

图2-32　BIM+智慧工地管理平台整体架构图

（1）BIM+人工智能构建智慧工地

1）系统平台。BIM模型及智慧工地传感器数据集成至一个平台中，方便管理与应用，增加了施工管理的便捷性及可操作性，增强了智慧工地各类数据的集成及应用，为决策提供数据分析。

2）智慧监测。智慧监测范围远大于普通监测，如高支模检测：结合各类监测传感器，对高支模进行实时监控，并分析数据，做到24h实时监测预警。基坑检测：针对基坑位移、沉降、应力等实时监测，做到对基坑信息化监测的全方位管理，并实时预警。具体来说，在基坑支护和开挖阶段，在指定位置点位，安装压力位移传感器、水位传感器，联动BIM三维模型，实时预警基坑支护的位移情况以及地下水位情况。

3）环境监测。环境监测是通过不同传感器采集施工现场的环境数据，并实时传送至BIM智慧工地平台中。除此之外，预警中心可以基于项目要求自定义设置报警项与报警值，当系统采集数据超过报警值后，系统自动报警。例如，通过传感器对现场的风速、噪声、PM2.5浓度以及污水是否达到排放标准等环境数值进行监测，通过建筑信息模型施工信息分析，查找污染源。

4）实名制管理。劳务实名制：以"云+端"的形式，对接身份证人脸识别系统，打造智慧工地实名制管理平台。人员定位：部署人员定位基站，通过佩戴装有定位卡片的安全帽对人员进行实时跟踪定位。

5）质量安全管理。质量安全管理模块：通过对建筑信息模型数据的轻量化处理，结合施工现场，将质量问题巡检整改管理流程至平台中，同时自定义关联模型数据与文档数据。安全管理模块：通过Web Graphics Library绘图技术实现BIM数据模型的在线预览及人机交互，安全问题巡查整改与风险源监控至智慧管理平台中。

6）设备监控中心。在现场部署的监控摄像头，并结合AI智能识别，分析现场作业情况，实时掌握施工动态。例如，塔式起重机监控支持现场塔式起重机黑匣子数据的接入并实时采集数据，通过系统平台实现实时智能检测。塔式起重机、施工电梯安装防碰撞传感器、高清摄像头、超载传感器等，通过前期的方案模拟，解决方案的问题，使用过程中，传感器将数据传递到建筑信息模型上，可以实时反映现场大型机械设备的运行状态、在模型上的具体位置，提前预判存在的问题，避免隐患发生。

7）AI智能识别。通过施工现场监控摄像头，并结合AI智能算法，据分析等技术，识别现场的危险源、人的不安全行为、物的不安全状态，例如临边洞口未防护，工人不佩戴防护用品、不按规章操作或者佩戴操作不符合规范，作业工具有缺陷、设备带故障等。结合轻量化建筑信息模型，通过模型的报警，可以清楚了解隐患的具体位置，可判断现场人员是否佩戴安全帽、是否穿戴反光背心、施工现场是否着火等。如果现场人员未佩戴安全帽、未穿戴反光背心、施工现场着火等，则输出报警信息，及时提醒作业人员，并通过智慧工地平台通知监控人员和相关管理人员。

8）智慧巡检。全景VR巡检：管理人员佩戴装有VR全景相机的安全帽、手持VR相机、车载VR相机进行现场巡检。拍摄方法灵活，不受行走方式限制，具有防画面抖动功能。无人机巡检：通过无人机对施工现场录像及拍照，可对现场进行现场巡检及土石方测算，做到一机多用。用无人机扫描技术辅助现场管理，设置固定拍摄航线，无人机扫描施工现场，获得现场每天的形象进度。可以将无人机扫描模型与BIM施工模型进行对比，分析进度、场地布置等的偏差，可以实时掌控施工情况，并最终保留项目的影像资料[54]。

BIM+人工智能的智慧工地平台展示如图2-33所示。

（2）BIM+3D打印实现智慧工地个性化施工　目前，BIM与3D打印技术集成应用有三种模式：基于BIM的整体建筑3D打印、基于BIM和3D打印制作复杂构件、基于BIM和3D打印的施工方案实物模型展示。基于BIM的整体建筑3D打印是应用BIM进行建筑设计，将设计模型交付专用3D打印机，打印出整体建筑物。基于BIM和3D打印制作复杂构件可将任何复杂的异型构件快速、精确地制造出来，缩短了加工周期，降低了成本，且精度非常高，可以保障复杂异型构件几何尺寸的准确性和实体质量。基于BIM和3D打印的施工方案实物模型展示可以辅助施工人员更为直观地理解方案内容，携带、展示不需要依赖计算机或其他硬件设备，还可以360°全视角观察，

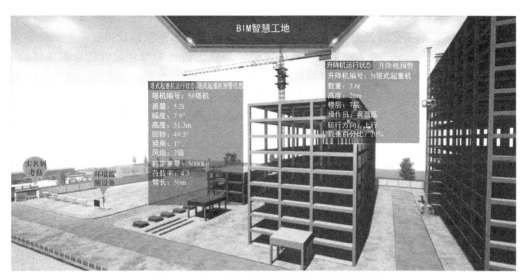

图2-33 BIM+人工智能的智慧工地平台展示

克服了打印3D图片和三维视频角度单一的缺点，实时反映现场的动态，帮助项目找出最优方案，优化资源配置，节约成本。

（3）BIM+云平台实现智慧工地高效资源调配 BIM+云平台技术对于建筑业整体的环保发展都具有非常重要的作用，因为它可以模拟在整个施工实施过程之中的各方情况，能够对于自然资源进行合理配置，带动了施工工程的整体经济效益的提升。资金使用计划、人工消耗计划、材料消耗计划和机械消耗计划可以依托BIM模型得到合理的安排。同时，BIM技术结合云平台存储施工数据，每个部门都需要将自己工作的相关数据上传至数据库，而所有部门的数据资源都是共享的，这也就大大降低了每个部门之间协作的难度。此外，施工资源实施共享能够使得资源得到合理配置，尽可能降低资源的浪费，提升项目参与方的经济效益。

（4）BIM+互联网实现智慧工地高效信息查询 近年来，随着人们的安全意识不断提升，建筑工程施工中的质量安全问题也受到越来越多的关注。虽然房屋建筑工程的施工技术在不断地提升，建筑材料也在不断地创新，但是施工过程中仍然存在很多的问题，例如建筑材料使用不规范，施工人员的综合技能不高，施工质量问题无法实时监控等。在材料方面，BIM技术在平面布置中可以储存施工材料和器械相关的信息模块，并通过互联网技术的运用，促使项目管理的相关人员能够在第一时间查询到所需的材料及机械设备的信息，并能够对比出施工现场所需的材料与机械设备是否一致，且能在短时间内控制并遏制不合格材料在工程中的应用，确保各项材料及设备能够合理使用。

2.4.6 竣工交付阶段

1. BIM在竣工交付阶段中的应用现状

BIM技术在竣工交付阶段的应用主要包括数字化竣工交付、数字化质量验收以及竣工结算等。

（1）数字化竣工交付 数字化竣工交付是指以建设工程项目为核心，将建设阶段产生的静态信息进行数字化创建直至移交的工作过程。目前，在工业化工等生产性建设项目中的数字化交付应用中较多涵盖设计—施工阶段信息，而在生产性建设项目中暂处于起步探索阶段。生产性建设项目的数字化交付功能价值侧重于为项目的主要生产活动服务，重点和难点是建立生产管理平台，满足生产活动使用要求。非生产性建设项目的数字化交付功能价值则侧重于实现竣工交付信息技术的结构化集成，为物业管理及设备维保提供便利，同时为"智慧城市"信息化建设提供工程项目数据基础，其实施难点在于准确体现项目竣工状态。

1）BIM技术在数字化竣工交付中的作用。建筑信息模型可以直观体现项目竣工交付的实际状态，三维模型信息深度高于二维竣工图，具备充分体现施工过程中深化设计信息的条件。同时，模型可以为数字化的竣工交付信息提供结构化基础，能够有效集成设计、施工、竣工交付过程中的多源信息，形成建设工程项目的结构化竣工交付数据库。

2）基于BIM的数字化竣工交付应用价值。基于BIM的数字化竣工交付，可以实现对竣工交付信息的数字化、集成化和可视化，同时为"智慧城市"相关可视化智能运维系统的部署创造基础条件。

① 数字化。应用信息技术，将建设阶段产生的信息形成结构化或非结构化的数据，并建立数据组织模型，在竣工交付阶段予以交付。在数据的完整性及存储条件等方面具有明显优势。

② 集成化。将竣工交付数据以实体模型为核心进行组织、集中存储和关联，形成数据库，在竣工交付数据的检索、提取方面形成巨大优势。

③ 可视化。将隐蔽工程在内的项目实际竣工状态可视化，精确完整体现施工过程中的深化设计信息。

④ 助力"智慧城市"建设。智慧城市各类可视化运维系统，获取建筑信息的方式主要有提取建筑信息模型和无人机扫描建模两种方式。相较于无人机扫描建模，提取数字化竣工交付模型可以获得更为精准、完善的建筑信息，包含设计施工过程中的参数化技术资料。

（2）数字化质量验收　在竣工验收BIM应用中，施工单位应在施工过程模型基础上进行模型补充和完善，预验收合格后应将工程预验收形成的验收资料与模型进行关联，竣工验收合格后应将竣工验收形成的验收资料与模型关联，形成竣工验收模型（图2-34）。

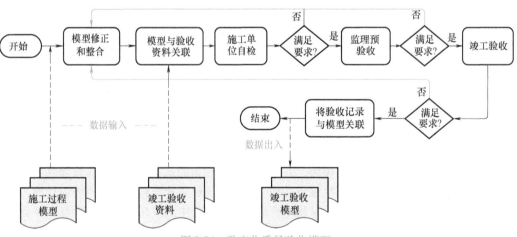

图2-34　数字化质量验收模型

（3）竣工结算相关应用　建筑信息模型所具有的参数化特质，让每个建筑构件既具有几何属性的同时，具有成本信息、材料详细清单信息、项目进度信息等。建筑信息模型数据库随设计与施工等阶段的进展而不断地完善，"设计变更与现场签证"等信息的持续更新及录入，至竣工移交时，其信息量已然能呈现竣工工程实体，确保了结算的高效，降低双方扯皮发生率，加快了结算速度，这也是双方节约成本的手段之一。目前，BIM技术在竣工结算的应用主要有施工结算（包括物料信息结算、工程量核算）、竣工结算审计以及还原现场签证等。

1）施工结算。

① 物料信息结算：建筑信息模型对于工程资料的保存和整理剖析有着传统方法不能比拟的优势，最突出的优势之一就是信息储存比较完整。例如，规划信息、施工信息、成本信息等均被包

含在建筑信息模型中，建筑信息模型能够对数据进行剖析，在很大程度上节约了结算阶段的数据计算量，确保了得到信息的安全性、有效性和完好性。对于改动的数据和材料，建筑信息模型会做出具体的记录，并可将核定单等原始材料进行电子化存储，作业人员只需凭借 BIM 体系即可完成对工程项目改动内容的全权把握，有效减少由于人员活动性大、施工周期长、材料价格起伏大等因素导致的工程资料不完整、不精确的问题。

② 工程量核算：在竣工结算工程量审核过程中，依托 BIM 三维布尔核算功能可以实现运用招标过程中的 3D 模型对原规划图变化部分进行修正。通过将竣工图信息导入 BIM 系统，软件即可自动生成竣工工程 3D 模型以及相应的工程量信息。在实际工程对量过程中，各参与方可通过将各自建筑信息模型导入对量软件中，精确找出工程量差异，从而提升对量效率。

2）竣工结算审计。结算审计是建设工程在竣工结算阶段的一项重要工作，基于 BIM 技术的算量软件具有高效、准确、直观、方便保存等特点，在造价管理过程中模型数据库会不断修改、完善，模型相关信息（如合同、设计变更、现场签证等）也是不断录入与更新，到竣工结算审计时的信息量已完全能够表达竣工工程实体，因此在竣工结算审计中使用颇多。借助 BIM 算量软件，在大幅度提高审计效率的同时，实现了不同专业间的模型共用及互导，也可使审计人员快速、方便地发现送审工程量的"水分"。

3）还原现场签证。BIM 技术可有效解决现场签证单的有效性与真实性的问题，业主与审计部门在签订索赔单时可使用该技术及时与模型准确位置进行关联定位，在结算后期若存在有人对签证单产生异议，可及时通过该系统的图片数据等信息对签证现场进行还原，使工程能够得以顺利实施。

2. BIM 在竣工交付阶段中的智能化发展

（1）BIM+区块链助力施工过程结算——"智能合约"　"智能合约（Smart Contract）是以数字形式定义的承诺，包括合约参与方可以在上面执行这些承诺的协议"。智能合约允许在没有第三方的情况下进行可信交易，这些交易可具有可追踪且不可逆转的特点，其目的是提供优于传统合约的安全方法并减少合约相关的其他交易的成本。

一项施工任务确认完成后，施工方将获得相应报酬并进行结算支付，这通常需要由多个参与方共同验证，引入建筑信息模型后，就可以通过人工或使用 3D 激光扫描仪等工具与建筑信息模型进行比较来验证。各参与方按照约定的"合约"（如工程量计算规范）确定项目的关键里程碑，业主方按照多方共同验证的关键里程碑达成状态检查任务完成情况，实现里程碑即可自动触发财务付款流程。整个过程基于时间轴记录到区块链上，随着施工进度推进，整个链条也在生长。每个智能合约的执行完成都显示为模型上的进度，同时反映实体建筑的建成过程。业主可以看到建筑信息模型从虚拟到现实的全过程，并且可以看到与进度相关的相应支出。借助区块链技术，无疑简化了施工过程中的结算流程。

（2）BIM+RFID 技术实现电子验收和资料移交　将 BIM 技术应用于交付和竣工移交环节，降低了验收和交付的难度，效率更高、成本更低、操作更简便；通过 BIM 系统与 RFID 技术的结合，能够清晰地反映项目运维过程中的状态信息，实现项目的全方位跟踪。

基于 BIM 技术的电子验收与资料移交流程如图 2-35 所示[55]。流程主要可以分为三个阶段：第一阶段，基于 RFID 技术和 BIM 技术创建三维综合平台。可以在建筑信息模型中标识出建筑

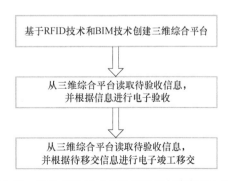

图 2-35　基于 BIM 技术的电子验收与资料移交流程

的某个结构或设备出现故障或存在隐患，平台会将这些标识信息记录下来以便于专项信息维护。第二阶段，从三维综合平台读取待验收信息，并根据验收信息进行电子验收。平台数据库可以将待验收信息和相应的标准信息读取出来，比较待验收信息与相应标准的信息，若一致，则电子验收通过；反之，则需对工程项目进行整改，直至电子验收通过。第三阶段，从 BIM 综合运维平台提取待移交信息，并根据待移交信息进行电子竣工移交。该阶段需先判断待移交信息是否准确且符合要求，若符合要求，则直接进行电子移交；反之，则对待移交信息进行反复修正，直至待移交信息无误为止，然后才能进行电子竣工移交，最后记录和更新所有信息，将竣工资料等输入建筑信息模型，导出最终竣工图并生成最终建筑信息模型。

2.4.7 运营维护阶段

1. BIM 在运营维护阶段中的应用现状

项目的运营维护阶段是工程全生命周期中最长的一个阶段，这个阶段对于工程的智能建造全生命周期过程具有极其重要的地位。在运营维护阶段，BIM 可以有如下应用：维护计划、资产管理、空间管理、灾害应急模拟和智能化管理等。

（1）维护计划　在建筑物使用寿命内，建筑物结构设施（如墙、楼板、屋顶等）和设备设施（如设备、管道等）都需要不断维护。一个成功的维护方案将提高建筑物性能，降低能耗和修理费用，进而降低总体维护成本。建筑信息模型结合运营维护管理系统可以充分发挥空间定位和数据记录的优势，合理制订维护计划，分配专人专项维护工作，以降低建筑物在使用过程中出现突发状况的概率。对一些重要设备还可以跟踪维护工作的历史记录，以便对设备的使用状态提前做出判断。

（2）资产管理　一套有序的资产管理系统将有效提升建筑资产或设施的管理水平，但由于建筑施工和运营的信息割裂，使得这些资产信息需要在运营初期依赖大量的人工录入，而且很容易出现数据录入错误。BIM 中包含的大量建筑信息能够顺利导入资产管理系统，大大减少了系统初始化在数据准备方面的时间及人力投入。此外，由于传统的资产管理系统本身无法准确定位资产位置，通过 BIM 结合 RFID 的资产标签芯片还可以使资产在建筑物中的定位及相关参数信息一目了然，快速查询。

（3）空间管理　空间管理是业主为节省空间成本、有效利用空间，为最终用户提供良好工作生活环境而对建筑空间所做的管理（图 2-36）。BIM 不仅可以用于有效管理建筑设施及资产等资源，还可以帮助管理团队记录空间的使用情况，处理最终用户要求空间变更的请求，分析现有空间的使用情况，合理分配建筑物空间，确保空间资源的最大利用率[○]。

图 2-36　BIM 在运营维护阶段空间管理示意图

（4）灾害应急模拟　利用 BIM 及相应灾害分析模拟软件，可以模拟灾害发生的过程，分析灾害发生的原因，制定避免灾害发生的措施，以及人员疏散、救援支持的应急预案。当灾害发生时，建筑信息模型可以提供紧急状况点的完整信息，楼宇自动化系统能及时获取建筑物及设备的状态信息，通过 BIM 和楼宇自动化系统的结合，使得救援人员可以由此做出正确的现场处置，

○　引自 https://mp.weixin.qq.com/s/RE3v7D6xXJMFWtz-29Cx0A。

提高应急行动的成效。

（5）智能化管理

1）设施信息管理。设施信息管理主要包括建筑主体及围护结构的相关设施的信息查询及维护，用户可以在建筑信息模型的浏览过程中查看设施设备的基本信息，以及查看设施设备检测计划、检测记录及维修记录等数据，并可以对设施设备基本信息进行编辑。

2）设施保修管理。对于在设施检测过程中发现的需要维修的部位进行记录，同时通知相应的部门对需要维修的部位进行维修，维修完成后生成维修记录。用户可以在线填写报修单，系统会自动提醒维修责任部门启动维修流程，维修责任部门完成维修任务后提交维修结果，维修责任部门负责人审核后关闭维修工单。

2. BIM 在运营维护阶段中的智能化发展

（1）BIM+GIS 技术实现智慧运维　基于 BIM 的智慧运维系统可以通过 GIS、BIM 竣工模型管理复杂的地下、地上、空中的各类管网，如给水管、污水管、空调冷媒管、空间冷凝水管、中水管、排水管、喷淋系统、消火栓系统、防排烟风管、空调风管、气体灭火系统、网线、绿化喷灌系统、强弱电管线、电线、桥架等以及相关管井、阀门井、手井、检修井，并且可以在模型上直接度量相互位置关系；给设备赋予标准化设备编码，用于系统识别模型中构件的唯一性和所属类别，并与设备台账信息、设备物联数据建立唯一映射关系；在漫游场景沉浸式体验浏览建筑内设施设备时，可只一键就使建筑结构模型透明，显示隐蔽管线工程，单击设施设备可调取实时物联数据、台账数据及其他全生命周期设备信息。

（2）BIM+GIS 等技术助力智慧园区能耗管理　运维人员在智慧园区能耗管理过程中，一旦发现设备存在问题，可利用手机端 APP 或小程序进行问题上传，平台可通过列表形式显示所有运维管理人员上报的问题，并按照未处理问题和已处理问题分类展示。单击案件列表中的某一问题，可定位至设备，并展示问题的详细信息。此外，在维保周期管理的 GIS、建筑信息模型的三维场景中，可在各设备上方以文字形式展示设备的下次维护日期，并以不同字体颜色加以区分，提醒管理人员及时进行维护，还可查看维保周期详细信息，包括该设备的基本信息、维护周期时长、末次维护日期、计划维护日期等。

将建筑中各类传感器、探测器、仪表等测量信息与建筑信息模型构件相关联，可直观展示获取到的能耗数据（水、电、燃气等）、剩余电流火灾报警信息、污水处理的水质信息及监控信息，基于 GIS、建筑信息模型、大数据、AI 等技术按照区域、按用户、楼层、楼、室外、充电桩等进行智能分析、统计，当出现异常时，平台上会显示，可以直观地发现能耗数据异常区域，管理人员有针对性地对异常区域进行检查，发现可能的事故隐患或者调整能源设备的运行参数，以达到排除故障、降低能耗维持建筑的业务正常运行的目的，同时把相关信息发送给用手机 APP、微信小程序等方式通知相关单位、相关人员。

在管理系统中可以及时收集所有能源信息，并且通过开发的能源管理功能模块，对能源消耗情况进行自动统计分析，并对异常能源使用情况进行警告或者标识。同时，通过大数据分析，进行相关的节能控制，包括空调节能控制、燃气热泵节能控制，照明节能控制各类用电设备的节能控制等。通过能耗管理系统采集水、电、冷热量、燃气等各种建筑能耗数据，通过远程传输等手段，及时采集分析能耗数据，通过对能耗的实时动态监测，报警显示，历史数据归档，以及对能耗统计与能耗审计等基本信息进行汇总分析，能耗按日、周、月度、季度、年度统计与分析。

（3）BIM+VR 技术实现可视化运维管理　基于 VR 技术将三维可视化模型与实时运维数据动态整合，实现高度真实的运营管理体验，提高运维管理和应急决策效率。可视化运维管理具体包括医院建筑空间布局、机电系统逻辑结构和运行机理、视频监控和安防报警布置、报修报警定位等功能，使医院管理者、运维人员等最终用户能够直观地了解建筑实时运行状态，达到可视化、集成化运维管理。基于 BIM 技术，实现对水、电、煤等消耗的可视化管理，可查看每条回路所控制的区域和设备，分析各个空间的用能及用水情况。

（4）BIM+物联网助力智慧城市中的楼宇运维　作为建筑生命中最长期的过程，运维阶段涉及的数据和信息量是巨大的，BIM 和物联网应作为运维平台的技术支撑，帮助运维人员协调处理这些数据，尤其是一些隐蔽的关键的数据的存储和查询，以便基于这些信息进行数据挖掘和分析决策[⊖]。智慧城市中的楼宇运维如图 2-37 所示。

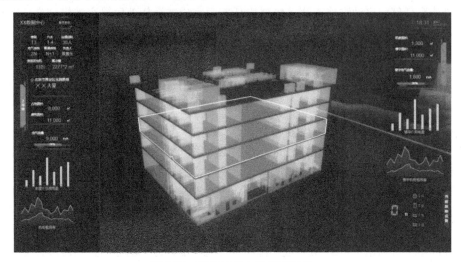

图 2-37　智慧城市中的楼宇运维

1）设备远程监测和控制。物联网技术赋予设备以具体的空间位置信息，把所有独立运行的设备通过 RFID 等技术统一集成到以 BIM 为基础的管理平台上，通过平台对设备进行状态查询、远程管控，并能提示设备报警信息，实现报警设备在 BIM 中的可视化定位和显示。

2）空间设施的可视化。利用 BIM 建立可视化的三维模型，对建筑物的结构和内部管理综合信息进行准确的记录和存储，所有相关数据都可以通过选择模型来进行查询和调用，实现了快速地浏览信息、理解信息、决策信息，在改建、装修的时候可以避开现有管网位置，便于管网维修、更换设备和定位。内外部相关人员都可以实现资源共享，可以通过云平台随时同步调整模型，保证信息的完整性和准确性。

3）安保管理和应急处置。利用视频监控和安保人员定位实现智能安保处置。基于 BIM 的视频安保系统可以对整个项目的视频监控系统进行操作，也可以单独选择建筑某一层，该层的所有视频图像立刻显示出来。一旦产生突发事件，基于 BIM 的视频安保监控就能结合其他的子系统进行突发事件协作管理。

4）能源运行管理和优化。通过物联网传感采集设备对能耗、环境信息进行监测，并与相应的 BIM 信息进行绑定，可以实时对建筑能耗进行管理，通过对收集到的信息进行统计分析，对异常能源使用情况进行警告或者标识，并可进一步结合大数据等技术进行优化。

5）运营数据的积累和分析。通过物联网技术（如 RFID）来获取运维数据，并形成累计和历史数据分析，结合 BIM，进行运维数据与建筑物的关联，在三维空间中准确定位，并综合考虑周围环境状态的影响，物联网技术和 BIM 技术缺一不可，二者相互补充。

⊖　引自 https://mp.weixin.qq.com/s/7f8AoqCADUQBcp-hUT2Vmg。

（5）BIM+多种技术助力综合管廊运维管理[56] "BIM+"技术指的是BIM技术与其他先进技术进行集成应用，以此发挥各自的优势，提升应用的综合价值。BIM适用于建筑项目的全生命周期中，以各工程项目数据信息为基础，建立虚拟的三维建筑模型，并在应用过程中不断地更新建筑信息数据库，提高了建筑信息集成化，为项目各方协同合作提供了平台。

1）BIM+GIS。GIS是由计算机硬件和软件系统支持，收集、储存、管理、计算、分析、显示和描述空间中地理位置分布数据的技术系统。将BIM技术与地理信息系统集成到城市地下综合管廊中，通过对管廊廊道进行建模，将空间信息与周围的地理位置信息相结合，可以清晰地展现出管廊建设工程周边的地理面貌及位置。这在前期策划阶段，对有效规划建设综合管廊的位置有很大的作用，避免了后期管廊路线规划不合理，造成公共资源的浪费，两者的集成应用更能立体地反映管线的位置，以及管线运行状况，能准确快速地进行三维定位，对管线发生故障能及时抢修。

2）BIM+物联网。物联网是指通过各种信息传感设备（如红外传感器、气体传感器、射频识别设备）连接到互联网，创建了一个巨大的互联网络，为需要监控、交互以及相互连接的对象和网络提供实时信息数据。BIM与物联网的集成应用可以实现综合管廊的智能化管理，进行管线故障智能识别、定位、监控和管理，提高了信息交换和通信能力，能够实时提供运行管线信息，虚拟的信息管理和实体管线运行状况相融合，两者的结合运用在综合管廊的运营和维护阶段具有重要的价值。

3）BIM+云计算。云计算是一种基于互联网相关的计算技术，其具有强大的计算能力，可以快速处理十亿甚至万亿计的信息数据，并反馈给用户，实现各种终端设备之间的互相联系。在综合管廊运营和维护的阶段，应用程序可以将BIM中计算密集型和复杂的工作转移到云端中，以此来提高计算的效率，还可以将综合管廊相关数据和业务同步到云中，方便用户可通过计算机终端或者是移动设备连接云服务，可以实时查看地下综合管廊在运营和维护阶段的管线数据信息。

思 考 题

1. 传统建筑业造价管理中存在哪些弊端？
2. 简述BIM技术诞生的信息技术基础。
3. BIM技术早期在工程项目运维阶段有什么运用？
4. 请介绍一下BIM技术（范围不限，包括定义、特点、软件、平台）。
5. 解释LOD、IFC、IDM的含义。
6. 请任意选择一款BIM软件进行详细介绍。
7. BIM技术应用的局限性有哪些？
8. BIM技术从3D到7D的应用是如何变化的？它们之间的区别和联系是什么？
9. 请阐述BIM技术如何与其他新一代信息技术集成应用。
10. BIM技术在智能建造应用的全过程包括哪些阶段？
11. 简述BIM技术在规划设计阶段、方案设计阶段以及施工图设计阶段的应用现状。
12. 简述BIM技术在施工实施阶段、竣工交付阶段、运营维护阶段的智能化发展。

第3章

智能建造平台体系

内容摘要

　　本章系统地介绍了智能建造在前期规划与决策、施工、监管以及后期运营维护等各阶段采用的平台体系，包括 NLP、WSN、CV、RFID、ICT、云平台、"互联网+"、大数据和5G 等相关技术的概念、发展历程和应用内容，并对9类平台的应用场景做了实例分析和总结，充分展示了智能平台体系与工程建造的有机融合过程。

学习目标

　　掌握智能建造领域9种常见的平台体系，熟悉智能建造平台从决策期开始到运维期全过程的平台架构，了解9类智能建造平台的应用场景和发展前景。

　　智能建造面向的是建筑项目全生命周期，以智能及相关技术的应用为前提，涉及 NLP、WSN、CV、RFID、ICT、云平台、"互联网+"、大数据等相关技术，实现工程前期规划与决策、施工、监管以及后期运营维护等各阶段的智能化集成和管理，通过智能建造平台体系的建立和应用提高建造过程的智能化水平，进而实现优质、高效、环保、安全、智能的工程建造与管理模式。

■ 3.1　NLP 与前期智能规划与决策

　　随着经济的快速发展，工程项目的规模和涉及的专业越来越广泛，内容越来越复杂。对项目的可能性、可靠性及可行性进行深入的调查与分析，在科学论证的基础上制订决策十分必要。然而，不断变化的客观环境使得传统项目决策方法的弊端不断凸显，自然语言处理作为人工智能领域的重要研究方向之一，能够辅助项目管理人员识别、分析海量项目信息，从而大大提升项目决策的效率与科学性。

3.1.1　NLP 的概念

　　随着建筑领域信息化的不断完善，该行业即将进入智能化阶段。智能化能够减少人力成本、使资源配置和决策最优化。工程项目全生命周期中需要进行大量的决策，如选择设计方案、制订风险防范策略等。自然语言处理中的知识图谱、智能问答以及推理等技术可以为相关业务人员提供决策依据，辅助业务人员在复杂场景下进行相关决策。

　　自然语言通常指的是人类语言（特指文本符号，而非语音信号），是人类思维的载体和交流的基本工具，也是人类区别于动物的根本标志，更是人类智能发展的外在体现形式之一。自然语言处理（Natural Language Processing，NLP）主要研究用计算机理解和生成自然语言的各种理论和方

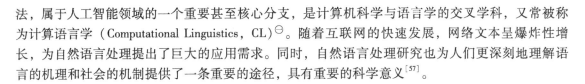

法，属于人工智能领域的一个重要甚至核心分支，是计算机科学与语言学的交叉学科，又常被称为计算语言学（Computational Linguistics，CL）⊖。随着互联网的快速发展，网络文本呈爆炸性增长，为自然语言处理提出了巨大的应用需求。同时，自然语言处理研究也为人们更深刻地理解语言的机理和社会的机制提供了一条重要的途径，具有重要的科学意义[57]。

3.1.2 NLP 的发展历程

最早的自然语言处理研究工作是机器翻译。美国知名科学家沃伦·韦弗先生在 1949 年首先提出了机器翻译设计方案。在 20 世纪 60 年代，许多科学家对机器翻译曾进行了大规模的研究工作，投入了大量的人力、物力和财力。但是，受客观历史因素的限制，当时人们低估了自然语言的复杂性，语言处理的理论和技术均不成熟，所以进展一般。机器翻译的主要做法是存储两种语言的单词、短语对应译法的大辞典，翻译时一一对应，技术上只是调整语言的顺序。但日常生活中语言的翻译远不是如此简单，很多时候还要参考某句话前后的意思。

大约自 20 世纪 90 年代开始，自然语言处理领域发生了巨大的变化。这种变化的两个明显的特征如下：

1）对系统的输入，要求研制的自然语言处理系统能处理大规模的真实文本，而不是如以前的研究性系统那样，只能处理很少的词条和典型句子。只有这样，研制的系统才有真正的实用价值。

2）对系统的输出，鉴于真实地理解自然语言是十分困难的，对系统并不要求能对自然语言文本进行深层的理解，但要能从中抽取有用的信息⊖。

同时，由于强调了"大规模"和"真实文本"，因此以下两方面的基础性工作也得到了重视和加强：

1）大规模真实语料库的研制。经过不同深度加工的大规模真实文本语料库，是研究自然语言统计性质的基础；没有它们，统计方法只能是无源之水。

2）大规模、信息丰富的词典的编制工作。含有丰富信息（如包含词的搭配信息）的计算机可用词典，对自然语言处理具有十分显著的重要性[58]。

迈进 21 世纪，互联网的信息量呈现爆炸式增长，得益于大数据、云计算、知识图谱、5G 通信等各种新技术，自然语言处理的发展迎来加速，在日常生活中扮演着越来越重要的角色，走上更加丰富的应用舞台。如今，搜索引擎已经成为人们获取信息的重要工具，机器翻译越来越普及，聊天机器人层出不穷，智能客服开始服务于人类，各类智能机器人不断涌现。近年来，热度渐升的亚马逊 Alexa，既会作诗又能唱歌的微软小冰，将自然语言处理推向另一个全新的高度，让其被越来越多的大众熟知。与之相对应，不管学术界还是企业界，对自然语言处理的谈论越来越多[59]。

3.1.3 NLP 的基本技术

自然语言处理的相关技术在各个方面已有很大进展，种类繁多，下面对中文自然语言处理的三个主要技术进行简要的介绍。

1. 分词技术

在中文自然语言处理中，中文分词是最基础和最重要的一个环节。随着分词技术的不断挖掘创新，目前已有较为成熟的中文分词算法模型，主要分为以下两类：

⊖ 引自 https://baike.baidu.com/item/%E8%87%AA%E7%84%B6%E8%AF%AD%E8%A8%80%E5%A4%84%E7%90%86/365730? fr=aladdin。

⊖ 引自 https://blog.csdn.net/weixin_42168902/article/details/119069610。

（1）基于词典的分词算法　基于词典的分词算法主要思想是：先预设一个囊括信息充足的词库，再将需要进行分词的语句按照一定的规则在词库中进行匹配，如果在词库中找到了对应词条，便完成了分词的匹配工作。基于词典的分词方法主要有正向最大匹配法、逆向最大匹配法、双向匹配分词法等。基于词典的分词算法沿用时间较长，已经过许多研究者的探索研究，算法被不断完善，性能逐步提升，具有效率高及应用广泛的优点，但由于中文存在着语法复杂和歧义较多的特点，该种方法无法完美应对这些问题，也就渐渐暴露出了其局限性。

（2）基于统计的机器学习分词算法　基于统计的机器学习分词算法可以根据上下文的语境和词语出现的频率分词，将分词问题转换为序列标注问题。该算法保证了分词的正确率，同时能够有效对新词和歧义词进行识别，但前期要进行大量训练工作，比较耗时。基于统计的机器学习分词算法主要有隐马尔可夫模型（Hidden Markov Model，HMM）、条件随机场（Conditional Random Fields）、支持向量机（Support Vector Machine，SVM）、深度学习等[60]。

出于对效率和分词效果等方面的考虑，现在的分词器通常采用以上两种算法相融合的模式。

2. 语义分析

语义分析通过连接句法和一个句子中所包括的单个词语含义，将句意以一种特殊形式翻译成计算机语言。语义分析的发展尚不完善，现在主要基于统计学进行研究。常见的语义分析研究方向如下：

（1）词义消歧　词义消歧的基本方式是对一个选定的多义词结合上下文进行分析，在多个词义中选择出最符合逻辑的一个。

（2）浅层语义分析　浅层语义分析即语义角色标注，是在确定句子谓语的前提下，将句中其他成分挑选出来成为谓语的语义成分过程。语义成分一般与句法中的成分相对应，用于反映句中成分彼此之间的关系。语义角色标注方法主要分为剪枝、识别和分类三部分。

（3）篇章分析　篇章分析是对整篇文章进行分析的研究。作为语义分析的延伸，篇章所具有的连贯性既是研究的挑战，也能更好地帮助使用者理解单一句子的内涵[61]。

3. 命名实体识别

命名实体识别技术与分词的关系密不可分，是语义分析的基础技术。命名实体的定义随时间变化有不同的解释，但内容总的来说包括人名、地名和机构名三类。在对命名实体的研究方面，学者们考虑的重心不是划分其模糊的边界，而是探索有效识别出命名实体的方法。

命名识别技术发展至今，广泛应用的方法主要有两种，第一种是先确认命名实体的边界，再对其进行分类，第二种是采用对文中每个词进行序列化标注的方法，最后挑选整合出由多个标注词组成的命名实体及其分类。

在中文的实体识别中，命名实体识别技术同样面临汉语结构特殊性带来的困难。为提高中文命名实体识别的正确率，学者们不断调整和优化用于识别的方法和模型，进而产生了层叠马尔可夫方法、多层条件随机场方法等[62]。

3.1.4　NLP 在智能决策中的作用

1. 智能决策系统概述

决策支持系统（Decision Support System，DSS）是以管理科学、运筹学、控制论和行为科学为基础，以计算机技术、仿真技术和信息技术为手段，针对半结构化的决策问题，支持决策活动的具有智能作用的人机系统。传统 DSS 采用各种定量模型，在定量分析和处理中发挥了巨大作用，它也为半结构化和非结构化决策问题提供支持，但由于它通过模型来操纵数据，实际上支持的仅仅是决策过程中结构化和具有明确过程性的部分。随着决策环境日趋复杂，DSS 的局限性也日趋突出，具体表现在：系统在决策支持中的作用是被动的，不能根据决策环境的变化提供主动支持，对决策中普遍存在的非结构化问题无法提供支持，以定量数学模型为基础，对决策中常见的定性问题、模糊问题和不确定性问题缺乏相应的支持手段。

智能决策支持系统（Intelligence Decision Support System，IDSS）是指人工智能（Artificial Intelligence，AI）和决策支持系统相结合，在应用专家系统（Expert System，ES）技术的支持下，使DSS 更能够充分地应用人类的知识。如关于决策问题的描述性知识、过程性知识、求解问题的推理性知识，通过逻辑推理使复杂的决策问题得以解决。它包括决策支持系统所拥有的组件，包括模型库系统、人机交互系统和数据库系统，同时集成了最新发展的人工智能技术，如专家系统、多代理以及神经网络和遗传算法等。它是以信息技术为手段，应用管理科学、计算机科学及有关学科的理论和方法，针对半结构化和非结构化的决策问题，通过提供背景材料、协助明确问题、修改完善模型，列举可能方案、进行分析比较等方式，帮助管理者做出正确决策的智能型人机交互式信息系统。该系统能够为决策者提供所需的数据、信息和背景资料，帮助明确决策目标和进行问题的识别，建立或修改决策模型，提供各种备选方案，并且对各种方案进行评价和优选，通过人机交互功能进行分析、比较和判断，为正确的决策提供必要的支持。它通过与决策者的一系列人机对话过程，检验决策者的要求和设想，为决策者提供各种可靠方案，从而达到支持决策的目的[63]。

2. 智能决策支持系统的组成

完整、典型的 DSS 结构是在传统"三库"（模型库、数据库及人机交互系统）DSS 的基础上增设知识库与方法库，在人机交互系统中加入自然语言处理系统（LS），与"三库"之间插入问题处理系统（PSS）而构成的四库系统。智能决策支持系统主要包括智能人机接口、自然语言处理系统、问题处理系统、知识库子系统四部分内容。智能决策支持系统如图 3-1 所示，各部分的组成分述如下⊖：

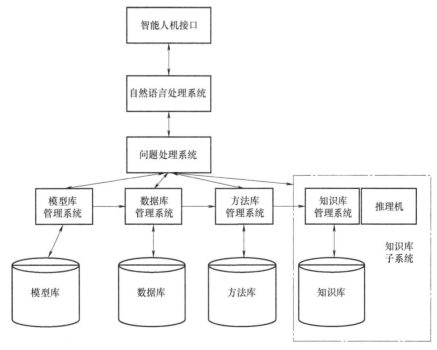

图 3-1 智能决策支持系统

⊖ 引自 https://baike.baidu.com/item/%E6%99%BA%E8%83%BD%E5%86%B3%E7%AD%96%E6%94%AF%E6%8C%81%E7%B3%BB%E7%BB%9F/750301？fr=aladdin。

（1）智能人机接口　四库系统的智能人机接口接受用自然语言或接近自然语言的方式来表达决策问题及决策目标，这在很大程度上改变了人机界面的性能。

（2）自然语言处理系统　自然语言处理系统有两个功能：转换产生的问题描述，由问题分析器判断问题的结构化程度，对结构化问题选择或构造模型，采用传统的模型计算求解；对半结构化或非结构化问题，则由规则模型与推理机制来求解。

（3）问题处理系统　问题处理系统起到联系人与机器及所存储的求解资源的桥梁的作用，处于 DSS 的中心位置，主要包括问题分析器与问题求解器两部分。问题处理系统是 DSS 中最活跃的部件，它既要识别与分析问题，设计求解方案，又要为问题求解调用四库系统中的数据、模型、方法等资源，还要对半结构化或非结构化问题触发推理机，进行推理或对新知识的推求。

（4）知识库子系统　知识库子系统的组成可分为知识库管理系统、知识库及推理机三部分，具体描述如下：

1）知识库管理系统。它的功能主要包括两方面：一是回答对知识库知识增、删、改等知识的请求；二是回答决策过程中问题分析与判断所需知识的请求。

2）知识库。知识库是知识库子系统的核心。知识库中存储的是那些既不能用数据表示，也不能用模型方法描述的专家知识和经验，这些既采纳了决策专家的决策知识和经验知识，又包括一些特定问题领域的专业知识。知识库中的知识表示是一组为描述世界所做的约定，也是知识的符号化过程。对于同一知识，可有不同的知识表示形式，知识的表示形式直接影响推理方式，并在很大程度上决定着一个系统的能力和通用性，是知识库系统研究的一个重要课题。

3）推理机。推理机是一组程序，它针对用户问题去处理知识库（规则和事实）。推理原理如下：若事实 M 为真，且有一规则"IF M THEN N"存在，则 N 为真。因此，如果事实"任务 A 是紧急订货"为真，且有一规则"IF 任务 i 是紧急订货 THEN 任务 i 按优先安排计划"存在，则任务 A 就应优先安排计划。

3.2　WSN 与智能施工监测

3.2.1　WSN 概述

1. WSN 的定义

随着社会的发展，通信技术发展得越来越快，无线通信技术的应用也越来越广泛。无线通信中的一个新兴领域——无线传感器网络，也得到了迅速的发展，并渐渐走向集成化、规模化发展。作为数据获取的重要手段，无线传感器网络在智能建造应用体系中的作用日渐凸显，使用方法也日益成熟和规范，已成为未来采集和获取大量工程项目相关物理数据不可或缺的手段之一。目前无线传感器网络（Wireless Sensor Networks，WSN）没有统一的定义，比较具有代表性的定义如下：

1）大规模、无线、自组织、多跳、无分区、无基础设施支持的网络。网络节点是同构的，网络成本较低、体积较小、大部分节点不移动，被随意散布在工作区域。网络系统有较长的工作时间[64]。

2）无线传感器网络由部署在监测区域内大量的微型传感器节点组成，通过无线通信方式形成的一个多跳的自组织网络系统，其目的是协作地感知、采集和处理网络覆盖区域中被感知对象的信息，并发送给观察者。传感器、感知对象和观察者构成了无线传感器网络的三个要素[65]。

3）无线传感器网络由若干个空间分布的自主传感器组成，用于监控物理或环境条件，如温度、声音、振动、压力、运动或污染等，同时通过协同网络将数据传递到某个地方◯。

◯ 引自 https://www.ceomba.cn/47527.html。

2. WSN 的特点

无线传感器网络技术由大量的传感器节点以自组织多跳的形式构成无线通信网络，实现对网络区域内监测对象的数据采集、处理和传输。无线传感器网络具有以下特点：

（1）分布式和网络自组织 在无线传感器网络中并没有设置中心节点，所有的节点都拥有相同的权限，各节点之间都是通过分布式算法来协调。无线传感器网络可以在无人操作的情况下自动将所有节点组织到一起，自动地进行网络配置和管理，通过相应的协议和算法自动形成一个具有收发大量环境数据的无线网络。为了应对环境的复杂性，无线传感器网络可以随时加入或者切除一部分节点，网络不会因此而失效或者崩溃。

（2）规模大且密度高 无线传感器网络通常由成千上万个传感器节点组成，覆盖区域大，节点密集，以尽可能获得更为精确、完整的数据，如森林火灾监护和环境监测等。同时，也正因为无线传感器网络的规模大、密度高、网络中存在大量的冗余节点，使得能够从不同的角度获得尽可能多的数据，提高了监测的精度，也降低了对单个传感器节点的精度要求，所以无线传感器网络的造价相对便宜。

（3）网络拓扑动态变化 无线传感器网络的拓扑结构通常是不断变化的，节点的移动、故障、节点能源的耗尽、新节点的加入、无线信道的不稳定等都有可能造成网络拓扑结构的变化，变化的时间点和方式都很难预测。这就要求无线传感器网络具有自组织和动态调整的能力，可通过各种组网技术，对各节点进行动态的管理，最大限度地利用节点资源[66]。

（4）以数据为中心 互联网中，先有计算机终端系统，然后互联成为网络，终端系统可以脱离网络独立存在。在互联网中，网络设备用网络中唯一的 IP 地址标识，资源定位和信息传输依赖于终端、路由器、服务器等网络设备的 IP 地址。如果想访问互联网中的资源，首先要知道存放资源的服务器 IP 地址。可以说现有的互联网是一个以地址为中心的网络。传感器网络是任务型的网络，脱离传感器网络谈论传感器节点没有任何意义。传感器网络中的节点采用节点编号标识，节点编号是否需要全网唯一取决于网络通信协议的设计。由于传感器节点随机部署，构成的传感器网络与节点编号之间的关系是完全动态的，表现为节点编号与节点位置没有必然联系。用户使用传感器网络查询事件时，直接将所关心的事件通告给网络，而不是通告给某个确定编号的节点。网络在获得指定事件的信息后汇报给用户。这种以数据本身作为查询或传输线索的思想更接近于自然语言交流的习惯，所以通常说传感器网络是一个以数据为中心的网络。例如，在应用于目标跟踪的传感器网络中，跟踪目标可能出现在任何地方，对目标感兴趣的用户只关心目标出现的位置和时间，并不关心哪个节点监测到目标。事实上，在目标移动的过程中，必然是由不同的节点提供目标的位置消息。

（5）源受限 由于无线传感器网络通常用于一些特殊场所和领域，传感器往往在价格、体积和功耗上受到限制，单个节点的计算能力、存储空间、续航能力相对较弱，无法做大规模的存储和计算。所以在网络创建过程中，如何降低网络的功耗，最大化网络的生存周期是无线传感器网络要面临的一大挑战[67]。

3.2.2 WSN 体系结构

1. 网络结构

无线传感器网络通常由传感器节点、汇聚节点和任务管理节点组成，如图 3-2 所示⊖。通过在需要监测的区域内散布大量传感器来探测温度、湿度、压力、光照强度、介质浓度等环境数据，并且每个传感器之间以自组织的形式拓展成网络。传感器将探测到的环境数据以特定的方

⊖ 引自 https://baike.sogou.com/v64390735.htm。

式汇集到某个节点或多个节点，最终所有数据都经过卫星、互联网或者移动通信网络传送给管理节点[68]。

大量传感器节点随机部署在监测区域内部或附近，能够通过自组织方式构成网络。传感器节点检测的数据沿着其他传感器节点逐条地进行传输，在传输过程中检测数据可能被多个节点处理，经过多跳路由到汇聚节点，最后通过互联网或卫星到达任务管理节点。用户通过任务管理节点对传感器网络进行配置和管理，发布监测数据。

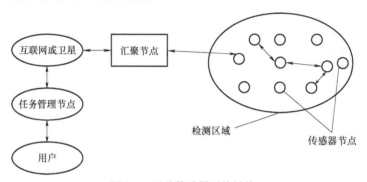

图 3-2　无线传感器网络结构

（1）传感器节点　每个传感器节点除了进行本地信息收集和数据处理外，还要对其他节点转发来的数据进行存储、管理和融合，并与其他节点协作完成一些特定的任务。

（2）汇聚节点　汇聚节点的处理能力、存储能力和通信能力相对较强，它是连接传感器网络与互联网外部网络的网关，实现两种协议间的转换，同时向传感器节点发布来自管理节点的监测任务，并把 WSN 收集到的数据转发到外部网络上。

（3）任务管理节点　无线传感器网络的所有者通过任务管理节点访问无线传感器网络的资源。任务管理节点通常是运行有网络管理软件的计算机端或手持移动终端等设备[69]。

2. 感知节点结构

感知节点是无线传感器网络的重要组成部分，起到采集信息和传递信息的作用。其结构组成主要有传感器模块、处理器模块、无线通信模块和供电管理模块四个部分，如图 3-3 所示。

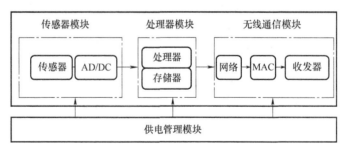

图 3-3　感知节点结构示意图

（1）传感器模块　传感器模块包括传感器和 AD/DC 转换器（模拟数字转换器），传感器部分负责采集信息，AD/DC 转换器负责模数信号转换。在实际应用中，要根据需要采集的信号选择相应类型的传感器。常见的传感器有感光传感器、加速度传感器、温度传感器、湿度传感器等。

（2）处理器模块　处理器模块是感知节点结构的核心，包括处理器和存储器两部分，节点的所有功能及任务进度都需要它来协调完成。

（3）无线通信模块　无线通信模块由信号接收器、信号发射器等部件构成。无线通信模块的主要功能是和其他无线网络传感器节点进行通信。这个模块是能耗最大的模块[70]。

（4）供电管理模块 供电管理模块的作用是提供并管理电能。在具体应用中，要根据能耗情况选择供电设备，用电量小的则可以选择微型电池。

近年来，随着无线传感器网络技术的发展和研究的深入，已经陆续出现了很多种无线传感器网络节点。例如，Mica Mote 系列传感器节点由美国加州大学伯克利分校支持研发，具有低功耗、自组织、可重构的特点，主要采用 Atmel 系列微控制器。

3. 感知节点的限制条件

感知节点是无线传感器网络的基本单元，节点承担着信息采集和路由传递的双重功能。无线传感器网络是一个由大规模、低功耗的感知节点组成的协同工作网络，决定了单个感知节点的成本不能太高。由于成本的限制，导致了感知节点有如下限制条件：

（1）电源能量有限 通常情况下，传感器感知节点体积很小，携带的能量有限。大量的感知节点被部署在分布范围很广的区域内，导致感知节点不能及时有效地得到能量补充。因此，尽可能高效地使用能量来延长整个网络的生命周期是无线传感器网络的首要目标。感知节点消耗能量的模块包括传感器模块、处理器模块和无线通信模块。随着集成电路工艺的进步，传感器和处理器模块的功耗变得很低，绝大部分能量消耗集中在无线通信模块上。图 3-4 所示为感知节点各个模块的能量消耗情况示意图，从图中可以看出节点的绝大部分能量消耗集中在无线通信模块上。据了解，感知节点在 100m 的距离上传输 1bit 信息需要的能量大约相当于执行 3000 条计算指令消耗的能量。一般，通信信道可以分发送、接收、空闲和睡眠四个状态。无线通信模块在空闲状态会一直侦听无线信道的使用情况，检查是否有数据发送给自己，而在睡眠状态则关闭通信模块。无线通信模块在发送状态消耗的能量最大，睡眠状态消耗的能量最少。

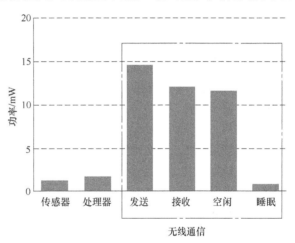

图 3-4　感知节点各个模块的能量消耗情况示意图

（2）计算和存储能力有限 感知节点一般是一种微型嵌入式设备。它应价格低、功耗小，这些限制必然导致其携带的处理器计算能力比较弱，存储容量小。通常情况下，感知节点要完成数据的采集和转换、数据管理和处理、应答汇聚节点的任务请求和节点控制等多种工作。如何利用有限的计算和存储能力协同完成工作是传感器网络设计必须考虑的问题。

3.2.3 WSN 的协议栈

无线传感器网络的网络通信协议分层模型主要由物理层、数据链路层、网络层、传输层及应用层五层结构组成，无线传感器网络同时还实行跨层管理技术，主要包括能量管理平台、移动管理平台及任务管理平台，如图 3-5 所示。

各层的功能如下：

1）物理层负责生成载波，并对载波进行调制、解调，同时完成数据的收发。物理层的设计直接影响到电路的复杂度和传输能耗等问题，研究目标是设计低成本、低功耗和体积小、简单但健壮的传感器节点。所采用的传输介质主要有无线电波、红外线和光波等。

2）数据链路层负责把数据流封装成帧、帧检测、介质访问控制和差错控制。其中，介质访问控制方法是研究的重点，以减少无线传感器网络的能量损耗。

3）网络层负责路由的生成、选择和维护，通常大多数的节点无法直接与网关通信，需要通过中间节点以多跳路由的方式将数据传送至网关。其中，路由算法是网络层最核心的内容。

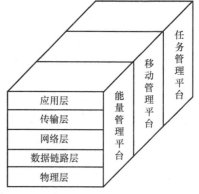

4）传输层负责对数据流进行传输控制，将被测区域内的数据传送给汇聚节点，进而传送给外部网络，是保证通信服务质量的重要部分。

5）应用层为基于监测任务的应用软件进程服务，负责任务的调度分配和数据的收发。在跨层管理技术中，能量管理平台主要负责对能量在各个节点上进行分配。在各个协议层都需要考虑节省能量，目的是维持无线传感器网络的长时间运行；移动管理平台主要负责对移动的传感器节点进行检测、注册，维护到汇聚节点的路由，使得传感器节点能够动态跟踪其邻居的位置；任务管理平台则主要负责对任务的调度及平衡，实现最优分配和资源的合理利用。

图 3-5　无线传感器网络的协议栈

图 3-6 所示是无线传感器网络的协议栈细化模型。可以看出，在该模型中增加了时间同步和定位功能，它们既要依赖于数据传输通道进行协作定位和时间同步协商，又要同时为网络协议各层提供信息支持。拓扑结构的控制主要集中在数据链路层和网络层，基于服务质量的管理集中在传输层、网络层和数据链路层的协议中。能量、安全和移动管理则跨越了网络中的应用层、传输层、网络层和数据链路层。

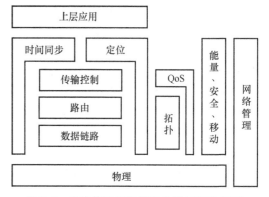

图 3-6　无线传感器网络的协议栈细化模型

3.2.4　WSN 安全问题

1. 安全路由

通常，在无线传感器网络中，大量的传感器节点密集分布在一个区域内，消息可能需要经过若干节点才能到达目的地，而且传感器网络具有动态性和多跳结构，要求每个节点都应具备路由功能。由于每个节点都是潜在的路由节点，因此更易受到攻击，使网络不安全。网络层路由协议认为整个无线传感器网络提供了关键的路由服务，安全的路由算法会直接影响无线传感器的安全性和可用性。安全路由协议一般采用链路层加密和认证、多路径路由、身份认证、双向连接认证和认证广播等机制，有效提高网络抵御外部攻击的能力，增强路由的安全性。

2. 安全协议

在安全保障方面主要有密钥管理和安全组播两种方式。

（1）密钥管理　无线传感器网络有诸多限制。例如，节点能力限制，使其只能使用对称密钥和技术；电源能力限制，应使其在无线传感器网络中尽量减少通信，因为通信的耗电将大于计算的耗电；传感器网络还应考虑汇聚等减少数据冗余的问题。在部署节点前，将密钥先配置在节点中，通常，预配置的密钥方案通过预存的秘密信息计算会话密钥，由于节点存储和能量的限制，预配置密钥管理方案必须节省存储空间和减少通信开销。

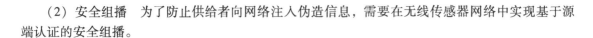

（2）安全组播 为了防止供给者向网络注入伪造信息，需要在无线传感器网络中实现基于源端认证的安全组播。

3.2.5 WSN 在健康监测中的应用

1. 工程简介[71]

西安奥林匹克体育中心（简称西安奥体中心）体育场建于西安国际港务区，位于灞河东侧，港务西路以西，南起向东路，北接柳新路，是 2021 年第十四届全国运动会的主场馆（图 3-7）。奥体中心体育场主要由"一场两馆"组成，呈"品"字形布阵，"一场"是指主体育场，主体育场的钢结构罩棚设计采用"石榴花"造型，"两馆"分别是指体育馆和游泳馆，其中主体育场建于场地的西北侧，建筑面积为 15.65 万 m²，包含 60033 座席，属于甲级大型体育场。体育场看台上空覆盖了完整的环状钢结构罩棚，上部钢结构罩棚采用径向悬挑主桁架、环向次桁架、水平支撑结构体系，下部混凝土结构采用框架-剪力墙结构体系。从上空往下看，体育场钢结构罩棚平面近圆环形，东西高、南北低，

图 3-7 西安奥体中心体育场整体效果图○

立面呈马鞍形，其外轮廓线南北最大长度约为 335m，东西约为 321m，罩棚最大宽处约为 74m，最窄处约为 45m。

2. 监测系统总体设计

体育场作为大型空间结构建筑物的一种，具有投资金额大、设计使用寿命长、建筑规模庞大等特点，因长期受到自然环境、自身材料老化、地基不均匀沉降、荷载等因素的影响，结构损伤严重，当结构损伤累积达到一定程度时，就会发生严重的突发性事故。为了保证重大空间结构建筑物的安全性、耐久性和适用性，需要对在建的或者在服役期间的大型空间结构建筑进行实时健康监测。

大多数大型空间结构建筑规模庞大、结构设计复杂、地处偏远等因素，不宜采用现场布线的方法来获取传感器采集的数据，主要原因有以下两点：一是监测点布置繁多，现场线缆布线不仅困难，而且成本也比较高；二是布线凌乱复杂，不利于后期的管理和维护，且存在安全隐患。结合 WSN 与无线通信技术，利用先进的健康监测手段和方法，对西安奥体中心体育场健康监测系统进行总体设计，建立一套适合于空间结构长期有效的健康监测系统，从而保障体育场馆从施工、运营、维护、修缮全过程的监测。采用"分散监测，集中分层管理"的管理体系，整个健康监测系统主要由感知层、通信层和管理层三大部分组成[72]，该系统的总体健康监测系统设计架构如图 3-8 所示。

在健康监测系统方案设计中，监测系统的最底层是感知层，由 WSN 组成，主要任务是负责监测区域内健康监测数据的实时采集，是整个健康监测系统的基础核心部分。近年来，WSN 凭借着自身的优势广泛地应用于各种工程结构健康监测领域中，具有功耗低、自组织多跳、网络传输可靠性强等特点，有效地解决了传统线缆布设带来的问题，解决了大跨度空间结构数据传输、传感器能量供应以及后期检修维护和管理上的问题，为以后大型空间结构健康监测奠定了基础，提供了一套全新的健康监测技术手段。在对感知层设计时，采用了 ZigBee 技术来搭建整个无线传感器

○ 引自 https://www.dahepiao.com/venue/venue_118689.html。

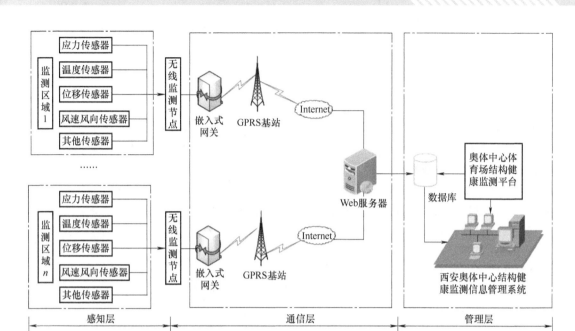

图 3-8　西安奥体中心体育场健康监测系统总体设计架构

网络，它具有组网灵活、低功耗的功能，然后在奥体中心体育场钢结构罩棚的关键部位布设相应的传感器，如应力传感器、温度传感器、位移传感器、风速风向传感器等，这些传感器可以与无线通信设备进行正常通信，从而实现对监测数据的分析、存储和预处理，最后完成 ZigBee 的网络配置。感知层是整个健康监测系统的核心和基础部分，采用 ZigBee 结构可以实现无线监测节点数据的采集等功能。

通信层是监测系统的中间层，主要负责的是监测系统数据传输协议的转换。这是实现无线远程健康监测系统的关键，主要包括 ZigBee 通信网络、嵌入式网关、通用分组无线服务（General Packet Radio Service，GPRS）通信网络。为了满足监测数据的远距离传输，利用嵌入式网关将 ZigBee 通信协议转换成 GPRS 通信协议，实现了无线监测数据通信协议的转换。GPRS 通信网络是感知层与管理层之间数据传输的桥梁，在整个健康监测数据传输过程中，传感器采集到的数据经通信层嵌入式网关，将 ZigBee 节点采集到的数据以 IP 地址的形式通过 GPRS 模块接入到 GPRS 网络中，然后由 GPRS 基站上传到 Internet 的 Web 服务器中，从而完成监测数据的采集与传输过程[73]，最后再借助于交换机和路由器，将监测的数据上传至健康监测信息管理系统中，完成监测数据的实时显示、存储及管理。

管理层是监测系统的管理中心，可以为管理人员提供监测系统中各测点的监测信息，为下一步实现对监测数据的智能分析、结构的智能诊断、系统的分级预警提示等提供平台。采用物联网级架构形式，对健康监测系统架构进行整体设计，能够满足对不同监测区域的大型空间结构分散监测。由于传统的检测技术不能满足当前的检测需求，为了能够实现对数据的实时监测，需要进一步对实时监测的数据进行系统化、科学化、智能化处理，最后对监测对象提供预评估诊断结果和改造方案。

3. 健康监测系统组成

西安奥体中心健康监测管理系统主要由两大部分内容构成，分别是数据库管理系统和上位机界面显示，数据库管理系统用于数据的存储、查询、处理等功能，上位机界面显示主要完成监测数据的实时显示，并为管理员或用户提供查询、浏览历史监测数据等一系列功能。该健康监测系统设计包括用户界面设计、无线监测系统界面设计、监测数据实时界面设计。

（1）用户界面设计 首先完成健康监测系统用户前端设计，用户正确输入自己的账号和密码即可进入健康监测系统的主界面，当用户登录到健康监测系统后，可以查看基本监测信息。此外，用户的权限分为管理员和普通用户两种。管理员不仅可以查看系统实时监测的数据，还可以对系统里显示的信息进行添加、修改、删除等操作；普通用户只能在系统中进行信息查询，而没有权限修改信息。

（2）无线监测系统界面设计 在无线健康监测系统中，可以查看监测系统中开发的各个功能，无线监测系统开发的主要功能有监测设备总览、监测数据实时显示、历时监测数据回放、监测数据导出及用户更改设置等。在设备总览中，通过查询设备编号，查看监测设备的类型、监测设备的初始参数、监测设备的工作状态以及监测点的编号，还可以同时对系统添加设备端口进行设置，添加相应的监测设备到无线监测系统中。

（3）监测数据实时界面设计 在无线监测系统数据实时监测界面中，通过查询仪器的编号和仪器的类型，选择相应的测点数据采集通道编号，就可以在监测系统中查看各个测点实时监测的数据。

4. 监测数据分析

对西安奥体中心体育场进行健康监测评估时，在西安奥体中心体育场钢结构罩棚卸载一个月的状态下进行监测数据分析，监测数据来源于开发设计的无线远程健康监测系统。西安奥体中心体育场钢结构罩棚监测的参数主要有应力、温度、位移和风速风向。应力的变化反映了钢结构罩棚的受力状态，是一个重要的关键参数，可以对西安奥体中心体育场钢结构罩棚进行健康监测分析。

■ 3.3 CV 与智能安全监管

作为人工智能、机器智能领域的重要内容，计算机视觉（Computer Vision，CV）技术在我国社会发展的各个领域中都得到了广泛的应用，给相关行业的发展也带来很多新的发展机遇。由于建筑施工过程中施工队伍人员及工种构成复杂，场地空间有限，施工机械与设备众多，施工周期长，长期以来，建筑业都是高危行业之一，极易引发生产安全事故和人员伤亡[74]。如何在建筑业中研究、应用和发展 CV 技术已成为业内研究和关注的热点。

3.3.1 CV 概述

CV 是研究如何采用机器"看"的科学，通过对采集的图片或视频进行处理以获得相应场景的三维信息，类似于给计算机安装眼睛（照相机）和大脑（算法），让计算机能感知环境。CV 已经吸引了来自各个学科的研究人员参与研究，包括计算机科学和工程、信号处理、应用数学和统计学、物理学以及神经生理学和认知科学等，其应用范围覆盖各个领域，包括航空航天、医疗、土木、军事、金融、贸易等。

CV 是一门交叉学科，涉及图像处理、模式识别、机器学习、人工智能、认知学以及机器人学等诸多学科。其中，图像处理是 CV 的基础。图像处理研究的是从图像到图像的变换，其输入和输出都是图像。常用的图像处理操作包括图像压缩、图像增强、图像恢复等。CV 的输入是图像，而输出则是对图像的理解，在此过程中要用到很多图像处理的方法。模式识别研究是指使用不同的数学模型（包括统计模型、神经网络、支持向量机等）来对不同模式进行分类。模式识别的输入可以是图像、语音以及文本等数据，而 CV 中的很多问题都可以视为分类问题。人的大脑皮层的活动约 70%是在处理视觉相关的信息。视觉相当于人脑的大门，其他如听觉、触觉、味觉等都是带宽较窄的通道。如果不能处理视觉信息，整个人工智能系统就只能做符号推理。如下棋和定理证明等，既无法进入现实世界，也无法研究真实世界中的人工智能。

CV 的目标是填充图像像素与高层语义之间的鸿沟，如图 3-9 所示。计算机所见的像素中，每个像素具有一定的数值（表示该像素的灰度或颜色），而其处理的最终目标是将这些数值综合起来，赋予图像一定的高层语义。

100	201	54	130	153	154	207	210
99	89	65	121	99	160	206	199
107	93	93	105	132	190	176	188
121	111	131	120	36	178	155	148
68	81	177	88	54	76	143	123
65	89	67	86	66	160	158	106
50	30	76	73	90	93	165	198
22	45	56	54	64	82	165	143

a)   b)

图 3-9　CV 的目标是填充图像像素与高层语义之间的鸿沟
a）人眼所见　b）计算机所见

CV 技术可以从图像或视频中获得两类信息：第一类信息是语义信息，能够根据图像或视频得到对应场景的语义描述；第二类信息是三维的度量信息（图 3-10）。CV 可以通过两幅或多幅二维图像恢复场景的三维信息，得到场景中的物体距离摄像机的远近信息（深度信息）。图 3-10c 中类似灰度图的图像为深度图，是使用立体视觉方法通过图 3-10a 和图 3-10b 得到的深度图，其可以视为一幅图像，每个像素的值表示了该像素对应的场景中的点距离摄像机距离的远近。图 3-10f 是使用运动视觉方法通过图 3-36d 和图 3-36e 得到的三维模型。

a)   b)   c)

d)   e)   f)

图 3-10　CV 可以通过两幅或
多幅二维图像恢复三维信息

CV 分为三个层次，即底层视觉、中层视觉和高层视觉。底层视觉主要研究图像底层特征的提取与表示，包括边缘检测、角点检测、纹理分析以及特征点的匹配和光流的计算等内容；中层视觉主要研究场景的几何和运动，包括立体视觉与运动视觉、图像分割以及目标跟踪等内容；高层视觉则主要研究物体的检测识别以及场景理解等具有高层语义的内容[75]。

3.3.2　CV 的发展历程

1. 阶段一——CV 的诞生

1966 年被称作 CV 元年。尽管 20 世纪 50 年代，学者们已经将 CV 的有关技术作为统计模式识别部分内容进行了研究。但研究的内容主要集中在光学字符、显微图谱、航空图片等二维图像的分析和研究中，并且 CV 在此时尚未成为一门独立的学科。在 1966 年的夏天，著名的人工智能学者马文·明斯基（Marvin Minsky）要求其学生通过编程让计算机告诉使用者摄像头所拍摄的内容。这一任务触及了 CV 的本质之一，也标志着 CV 的诞生[76]。

Larry Roberts 发表了 CV 领域的第一篇博士论文 "Machine Perception of Three-Dimensional Solids"[77]。Roberts 将现实世界简化为由简单的三维结构所组成的"积木世界"，并且使用计算机从"积木世界"中提取出了立方体、棱柱等多种三维结构。此外，Roberts 还对物体的形状和空间关系做出了描述。对"积木世界"的研究是 CV 早期的重要尝试，它使人们相信，对简单的"积木世界"的理解能够推广到更复杂的现实世界中，并最终彻底替代人类视觉系统。

2. 阶段二——始于理论框架的建立

随后 CV 进入了蓬勃发展的时代。B. K. P. Horn 教授于 20 世纪 70 年代中期在麻省理工学院的人工智能实验室正式开设了"CV"课程。这成为 CV 史上的标志性事件之一。后来人工智能实验室的 David Marr 教授提出了著名的计算视觉理论。该理论认为人类视觉的主要功能是复原三维场景的可见几何表面，即三维重建问题，并且这种从二维图像到三维几何结构的复原过程可以通过计算完成。理论强调从不同阶段去研究时间信息处理的问题。这一理论至今仍旧是 CV 研究的基本框架[76]。

20 世纪 80 年代后，CV 视觉技术又迈上了一个新的台阶。著名的卷积神经网络在此期间问世。卷积神经网络的理论基础是生物视觉中的"局部感受野"概念，生物在利用视觉识别物体的过程中并非显式地从图像中提取特征，而是通过一个自组织的深层网络结构逐层地将前一层信息抽象化。每一个视觉神经元都不感知图像的整体而只感受图像的局部信息。各个神经元感知的局部特征在神经网络的更高层级中综合时，生物就能够感知到图像的全局信息。图像局部感知能够保证图像发生平移或形变时图像的关键特征依然可以准确地被提取。

除了实现卷积神经网络外，主动视觉、目的视觉、重建理论、基于学习的视觉等重要的 CV 理论体系均在随后诞生。各类新方法和新理论的出现为 CV 带来了前所未有的繁荣。20 世纪 90 年代起，各类统计学习方法开始逐渐流行。统计学习通过统计方法提取了物体的局部特征。这些局部特征不同于形状、纹理等全局特征，不会由于平移或视角的改变而发生剧烈的变化，因此具备了一定的特征旋转和平移不变性。基于局部特征，人们可以建立不同物品的局部特征集，从而实现类似物品的检索。图像搜索等技术正是因此得以发展。表 3-1 展示的是 CV 理论发展的三个阶段。

表 3-1　CV 理论发展的三阶段

阶段	CV 理论
第一阶段	将输入的原始图像进行处理，抽象图像中诸如角点、边缘、纹理、线条、边界等基本特征，这些特征的集合称为基元图
第二阶段	在以观测者为中心的坐标系中，由输入图像和基元图恢复场景可见部分的深度、法线方向、轮廓等，这些信息包含了深度信息，但不是真正的物体三维表示，因此称为二维半图
第三阶段	在以物体为中心的坐标系中，由输入图像、基元图、二维半图来恢复、表示和识别三维物体

3. 阶段三——深度学习将 CV 带入新时代

进入 21 世纪后，机器学习开始大行其道。"机器学习"一词源自 IBM 的一篇论文，是指利用计算机实现或模仿人类的学习行为[76]。机器学习技术不同于先前使用的方法。它无须人为设计和提取特征，而是通过特定的算法从大量的样本中自动归纳学习。机器学习的应用需要大量的数据样本来支撑，而 2000 年以来互联网技术的飞速发展为机器学习技术提供了所需的海量数据。

在 2006 年之前，CV 中所使用的模式识别方法主要是机器学习中的浅层学习技术，如支持向量机、决策树等。这些方法存在特征提取能力不足、容易出现过拟合等问题。2006 年，Hinton 等人提出了深度置信网络模型（Deep Belief Network，DBN）[78]。DBN 是深度学习领域的第一个模型[76]，它通过将多个受限玻尔兹曼机（Restricted Boltzmann Machines，RBM）堆叠成为一个深度网络结构，获得了浅层模型难以比拟的高层次抽象特征提取能力，从而具备了更加优越的性能。此模型通过逐层预训练和整体微调的方式使深层次的神经网络的训练成为可能。在深度学习技术的推动下，CV 由原先精度低、复杂性高、人为干预多的情况进入了发展的新时代。图 3-11 所示是机器学习及深度学习发展简史。

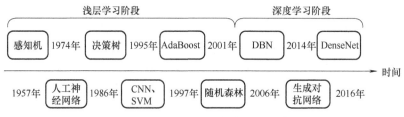

图 3-11　机器学习及深度学习发展简史

在之后的时间里，其他深度网络模型如雨后春笋一般涌现。各种深度学习模型被广泛运用在CV 中，为 CV 带来了一场革命。以人脸识别为例，在深度学习技术出现之前，人脸识别方法以模板匹配法、基于特征的方法、基于连接的方法等传统技术为主。这些技术存在易受表情影响、所提取特征质量较差等问题。深度学习出现后，人脸识别研究迎来了新的高潮。在很短的时间内，深度学习技术就将人脸识别的准确率提高到了 99% 以上。

3.3.3　CV 在智能安全监管中的应用

CV 在建筑业的应用成为人们关注的新课题，它可以提高建筑领域的自动化水平。目前，在建筑工程领域中，CV 技术的应用主要集中在通过摄像头或图像采集的相关装置，动态采集现状人、机、物的影像，针对建筑本体以及建筑本体以外的人员、机械、物料、环境风险要素进行监管。此外，CV 的应用对于提高建筑工程的项目管理和施工质量具有很好的辅助作用。图 3-12 所示为基于 CV 的智能施工现场安全监管框架[79]。

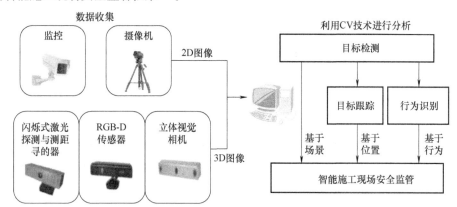

图 3-12　基于 CV 的智能施工现场安全监管框架

基于 CV 的方法从使用各种图像传感设备采集现场上的图像数据开始。为了提取用于安全和健康监测的有用信息，图像数据应该使用不同的 CV 技术进行计算分析，根据从收集的图像或视频中提取的信息类型，可以分为目标检测、目标跟踪和行为识别三个元素。

目标检测是基于场景的风险识别方法，也是目标跟踪和行为识别的初步步骤。一旦在场景中识别出感兴趣的项目实体，它们在 2D 或 3D 空间中的位置就可以使用目标跟踪算法从连续图像中随着时间的推移进行跟踪。提取的位置信息用于基于位置的不安全条件和行为的识别。当工人或

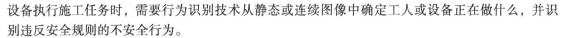

设备执行施工任务时，需要行为识别技术从静态或连续图像中确定工人或设备正在做什么，并识别违反安全规则的不安全行为。

1. 基于 CV 的缺陷检测

缺陷检测旨在检查基础设施构件上存在的缺陷和破坏（开裂、剥落、缺陷接缝、腐蚀、凹坑等），以及缺陷的大小（数量、宽度、长度等），有助于辅助投资规划，并分配有限的维修和保养资源，它是确保基础设施满足其服务性能的主要手段。基于 CV 的缺陷检测主要涉及图像处理技术，如模板匹配、直方图变换、背景减法、滤波等以及特征分类。研究对象主要集中于混凝土桥梁、隧道、管道以及沥青路面等基础设施。但是目前桥梁的图像和视频数据采集未完全实现自动化，图片质量因相机姿态、距离、环境条件而异，如何实现复杂几何部位的缺陷检测依旧是一个难题；对于隧道和管道，图片中光照条件差、背景图案和对比度不规则、数据质量低是目前存在的主要问题；对于沥青路面，如何在实时环境下对路面缺陷进行全面、自动化的检测和分类依旧是一个难题⊖。

2. 基于 CV 的施工人员安全管理

建筑施工人员的安全管理，是施工安全管理的重点和难点。随着计算机信息技术的进步，基于 CV 的施工人员管理得到越来越多的关注和研究。CV 技术可对施工人员面部信息进行疲劳检测，从而为施工人员疲劳状态评价提供了一种有价值的智能技术手段；基于 CV 的安全帽自动识别技术也得到广泛的研究，以满足施工单位及各级安全监管部门的实际监管需求，切实保障施工区作业人员的人身财产安全[80]。综上所述，CV 技术可以很好地实现对施工现场作业人员的生理健康、行为安全智能化的管理，从而显著提高施工现场的安全水平。

3. 基于 CV 的施工现场危险区管理

建筑施工具有工种交叉，施工场地狭小，施工机械种类多，作业环境复杂等特点，施工现场存在着许多危险区域。随着工程建设规模越来越大，施工现场广泛分布的危险区域（机械作业半径内、洞口、临边等）给工人的生命安全带来严重威胁，同时可能会造成重大的经济损失。

擅自进入危险区域是导致事故发生的直接原因，要预防这些事故的发生，需要对这些擅入危险区域的违规行为进行矫正，行为矫正通常包含对被观察者（工人）行为的识别、反馈和强化等过程。行为识别是行为矫正的第一步，首先要识别出进入危险区域的行为，才能对工人的行为进行后续矫正。

CV 技术由于无须与观测对象接触，不会影响被观测者的正常工作，因此可以广泛用于土木工程的安全管理。利用 CV 方法，通过现场视频展示工地施工实时情况，对不同危险区域进行自动化连续监测，有助于快速、准确而全面地识别危险区域侵入行为，从而避免事故的发生[81]。

综上，CV 技术作为智能施工安全监管工具具有巨大的潜力，可以解决当前人工观察方法的局限性，通过从图像或视频中提取和分析相关信息，有助于进行自动化风险识别和评估。

■ 3.4 RFID 与智慧工地

3.4.1 RFID 概述

1. RFID 简介

5G 商用元年已经过去，物联网的时代触手可及，各行各业全面迈向智能化是不可逆的趋势。若智能的基石是数据，数据是信息时代的核心资源，那么数据从何而来？这就要从 RFID（射频识

⊖ 引自吴海涛. 工程管理研究前沿解读（二）——机器视觉驱动的施工管理. https：//mp. weixin. qq. com/s/4MqYeR-Vo2-jEVGQl97YLw。

别技术）说起了。

RFID 是物联网感知层重要核心之一。小到社保卡、公交卡、银行卡等消费场景的应用，大到电力物联网体系、航空行李追踪等工业场景的具现，乃至智慧工厂、智慧城市等包含众多场景的应用集合，RFID 均已有广泛应用。根据英国著名市场研究机构 IDTechEx 的数据，2018 年全球 RFID 标签销售量达到 175 亿个，2020 年这一数字达到 200 亿个。RFID 未来的发展空间巨大。

（1）什么是 RFID RFID 的中文名叫作射频识别技术，英文全称是 Radio Frequency Identification。它是一种无线通信系统，广泛用地用于各种行业中的供应链管理，就像条形码系统，但又具有着比条形码系统更高级别的应用。RFID 利用无线电波信号来传输信息，它将一种被称为标签（TAG）的芯片附于目标物上，再使用一个扫描设备扫描标签内的信息。它通过无线电信号识别并读写特定目标数据而不需要机械接触或者特定复杂环境，就可完成识别与读写数据。RFID 系统是一套基于 RFID 技术的硬件设备，有丰富的工业用途。RFID 系统组成如图 3-13 所示。

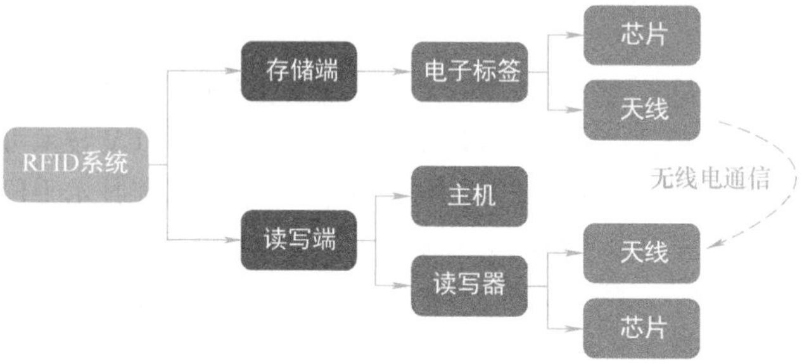

1945 年，Léon Theremin 发明了一种监听设备，它不耗电，基于电磁波工作，可以传输数据，因此被认为是 RFID 思想的启蒙。

图 3-13　RFID 系统组成

在第二次世界大战中使用了类似的思想用于敌我飞机识别，不过那时候还没有成形的技术定义。1948 年，Harry Stockman 发布了一篇论文："Communication by Means of Reflected Power"，被认为这是探索 RFID 技术的里程碑式的成果。

Mario Cardullo 在 1973 年 1 月 23 日注册了一种专利设备，这个设备是 RFID 的起源——一个带记忆功能的被动无线电应答器，由询问信号提供能量。

此后，基于雷达的改进和应用，射频识别技术就开始奠定基础。直到今天，RFID 技术应用已经有了长达半个世纪的历史，目前，RFID 技术在国内外的发展状况良好，尤其是美国、德国、瑞典、日本、南非、英国和瑞士等国家，均有较为成熟和先进的 RFID 系统，我国在这方面的发展也不甘落后，比较成功的案例是推出了完全自主研究远距离自动识别系统⊖。

（2）RFID 的应用领域 RFID 技术具有抗干扰性强以及无须人工识别的特点，所以常常应用在一些需要采集或追踪信息的领域，具体如下：

1）仓库、运输、物资：给货品嵌入 RFID 芯片，存放在仓库、商场等货品以及物流过程中，货品相关信息被读写器自动采集，管理人员就可以在系统中迅速查询货品信息，降低丢弃或者被盗的风险，可以提高货品交接速度，提高准确率，并且防止窜货和防伪。

2）门禁、考勤：一些公司或者一些大型会议，通过提前录入身份或者指纹信息，就可以通过门口识别系统自行识别签到，中间省去了很多时间，方便又省力。

3）固定资产管理：像图书馆、艺术馆及博物馆等资产庞大或者物品贵重的一些场所，就需要有完整的管理程序或者严谨的保护措施，当书籍或者贵重物品的存放信息有异常变动，RFID 应用系统就会第一时间在系统里提醒管理员处理相关情况。

4）火车、汽车识别，行李安检：我国铁路的车辆调度系统就是一个典型的案例，自动识别车

⊖ 引自 https://mp.weixin.qq.com/s/bOO7KhVcJWtfUyXE_HE0Yw。

辆号码、信息输入，省去了大量人工统计的时间，提高了精准度。

5）医疗信息追踪：病例追踪、废弃物品追踪、药品追踪等都是提高医院服务水平和效率的好方法。

6）军事、国防、国家安全：一些重要军事药品、枪支、弹药或者军事车辆的动态都需要实时跟踪。

（3）RFID 的七大优势

1）抗干扰性超强，RFID 有一个最重要的优点就是非接触式识别，它在急剧恶劣的环境下都可以工作，并且穿透力极强，可以快速识别并阅读标签。

2）标签的数据容量庞大，RFID 可以根据用户的需求扩充到 10kB，远远高于二维条形码 2725 个数字的容量。

3）可以动态操作，RFID 的标签数据可以利用编程进行动态修改，并且可以动态追踪和监控，只要 RFID 标签所附着的物体出现在解读器的有效识别范围内。

4）防冲突，在解读器的有效识别范围内，RFID 可以同时读取多个 RFID 标签。

5）使用寿命长，因为其抗干扰性强，所以 RFID 标签不易被破坏，使用寿命很长。

6）安全性高，RFID 标签可以以任何形式附着在产品上，可以为标签数据进行密码加密，提高安全性。

7）识别速度快，只要 RFID 标签一进入解读器的有效识别范围内，就马上开始读取数据，一般情况下不到 100ms 就可以完成识别。目前，RFID 技术已经和人们的日常生活息息相关。在物联网时代，随着 RFID 技术继续完善，RFID 超高频技术成熟并得到广泛应用，物联网的发展也会达到一个新的高度。

2. RFID 与 NFC 的区别

业界周知，近场通信（Near Field Communication，NFC）是由非接触式射频识别演变而来，由飞利浦半导体（现恩智浦半导体公司）、诺基亚和索尼共同研制开发，其基础是 RFID 及互联技术[○]。

（1）NFC 技术的工作原理　NFC 技术能够快速、自动地建立无线网络，为蜂窝、蓝牙或 Wi-Fi 设备提供一个"虚拟连接"，使设备在很短距离内通信，适合移动设备、消费电子产品、PC 和智能控件间的通信工作。

NFC 通信在发起设备和目标设备间发生，任何的 NFC 装置都可以为发起设备或目标设备。两者之间是以交流磁场方式相互耦合，并以 ASK 方式或 FSK 方式进行载波调制，传输数字信号。发起设备产生无线射频磁场来初始化（调制方案、编码、传输速度与 RF 接口的帧格式）；目标设备则响应发起设备所发出的命令，并选择由发起设备所发出的或是自行产生的无线射频磁场进行通信。

NFC 有主动模式、被动模式和双向模式三种工作模式。

主动模式下，每台设备要向另一台设备发送数据时，都必须产生自己的射频场。如图 3-14 所示，发起设备和目标设备都要产生自己的射频场，以便进行通信。这是点对点通信的标准模式，可以获得非常快速的连接设置。

被动通信模式正好和主动模式相反，此时 NFC 终端则被模拟成一张卡，它只在其他设备发出的射频场中被动响应，被读、写信息。

双向模式下，NFC 终端双方都主动发出射频场来建立点对点的通信，相当于两个 NFC 设备都处于主动模式。如图 3-15 所示。

○ 引自 https://mp.weixin.qq.com/s/lzQLrOXR1TGhMVF0fwSO6A。

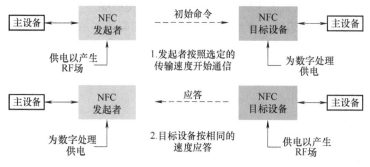

图 3-14 主动模式和被动模式

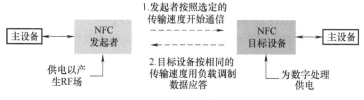

图 3-15 双向模式

（2）手机 NFC 功能　其实 NFC 提供了一种简单、触控式的解决方案，可以让消费者简单、直观地交换信息、访问内容与服务。NFC 技术允许电子设备之间进行非接触式点对点数据传输，在 10cm（3.9in）内交换数据，其传输速度有 106kbit/s、212kbit/s 或者 424kbit/s 三种。

NFC 工作模式有卡模式（Card Emulation）、点对点模式（Peer to Peer Mode）和读卡器模式（Reader/Writer Mode）。NFC 和蓝牙都是短程通信技术，而且都被集成到移动电话。但 NFC 不需要复杂的设置程序，可以简化蓝牙连接。NFC 略胜蓝牙（Bluetooth）的地方在于设置程序较短，但无法达到 Bluetooth 的低功率。NFC 的最大数据传输量是 424kbit/s，远小于 Bluetooth V2.1（2.1Mbit/s）。虽然 NFC 在传输速度与距离比不上 Bluetooth，但是 NFC 技术不需要电源，对于移动电话或是行动消费性电子产品来说，NFC 的使用比较方便。

这项技术在日韩被广泛应用，手机可以用作机场登机验证、大厦的门禁钥匙、交通一卡通、信用卡、支付卡等。

（3）NFC 与 RFID 的区别　RFID 的工作原理就是给一件件物品上贴上一个包含 RFID 射频部分和天线环路的 RFID 电路。携带该标签的物品进入人为设置的特定磁场后，会发出特定频率的信号，阅读器就可获得之前该物品被写入的信息。这有点像工作人员脖子上挂的胸牌，当其进入你的视线，你就可以知道他的姓名、职务等信息，还可以改写胸牌的内容。如果说 RFID 是一个人戴着胸牌方便别人了解他，那么 NFC 就是两个人都戴着胸牌，而且他们可以在看到对方后任意更改胸牌上的内容，改变对方接收到的信息。

NFC 与 RFID 在物理层面看上去很相似，但实际上是两个完全不同的领域，因为 RFID 本质上属于识别技术，而 NFC 属于通信技术。首先，NFC 将非接触读卡器、非接触卡和点对点功能整合进一块单芯片，而 RFID 必须有阅读器和标签组成。RFID 只能实现信息的读取以及判定，而 NFC 技术则强调的是信息交互。通俗地说，NFC 就是 RFID 的演进版本，双方可以近距离交换信息。NFC 手机内置 NFC 芯片，组成 RFID 模块的一部分，可以当作 RFID 无源标签使用进行支付费用，也可以当作 RFID 读写器，用作数据交换与采集，还可以进行 NFC 手机之间的数据通信。其次，NFC 传输范围比 RFID 小，RFID 的传输范围可以达到几米、甚至几十米，但由于 NFC 采取了独特的信号衰减技术，相对于 RFID 来说，NFC 具有距离近、带宽高、能耗低等特点。再次，应用方向不同。NFC更多的是针对消费类电子设备相互通信，有源RFID则更擅长在长距离识别。

随着互联网的普及，手机作为互联网最直接的智能终端，必将会引起一场技术上的革命，如同以前蓝牙、USB、GPS（Global Positioning System，全球定位系统）等标配，NFC将成为日后手机最重要的标配，通过NFC技术，手机支付、看电影、坐地铁都能实现。

（4）NFC的技术特征　与RFID一样，NFC信息也是通过频谱中无线频率部分的电磁感应耦合方式传递，但两者之间还是存在很大的区别。首先，NFC是一种提供轻松、安全、迅速通信的无线连接技术，其传输范围比RFID小。其次，NFC与现有非接触智能卡技术兼容，已经成为得到越来越多主要厂商支持的正式标准。再次，NFC是一种近距离连接协议，提供各种设备间轻松、安全、迅速而自动的通信。与无线世界中的其他连接方式相比，NFC是一种近距离的私密通信方式。

NFC、红外线、蓝牙同为非接触传输方式，它们具有各自不同的技术特征，可以用于各种不同的目的，其技术本身没有优劣差别。

NFC还优于红外线和蓝牙传输方式。作为一种面向消费者的交易机制，NFC比红外线更快、更可靠而且简单得多，不用像红外线那样必须严格地对齐才能传输数据。与蓝牙相比，NFC面向近距离交易，适用于交换财务信息或敏感的个人信息等重要数据；蓝牙能够弥补NFC通信距离不足的缺点，适用于较长距离数据通信。因此，NFC和蓝牙互为补充，共同存在。事实上，快捷轻型的NFC协议可以用于引导两台设备之间的蓝牙配对过程，从而促进了蓝牙的使用。

NFC手机内置NFC芯片，比原先仅作为标签使用的RFID增加了数据双向传送的功能，这个进步使得其更加适合用于电子货币支付的；特别是RFID所不能实现的，相互认证和动态加密和一次性钥匙能够在NFC上实现。NFC技术支持多种应用，包括移动支付与交易、对等式通信及移动中信息访问等。通过NFC手机，人们可以在任何地点、任何时间，通过任何设备，完成付款，获取海报信息等。NFC设备可以用作非接触式智能卡、智能卡的读写器终端以及设备对设备的数据传输链路，其应用主要可分为以下四个基本类型：用于付款和购票、用于电子票证、用于智能媒体以及用于交换、传输数据。

（5）NFC的工作应用模式

1）卡模式。该模式就是将具有NFC功能的设备模拟成一张非接触卡，如门禁卡、银行卡等。卡模拟模式主要用于商场、交通等非接触移动支付应用中，用户只要将手机靠近读卡器，并输入密码确认交易或者直接接收交易即可。此种方式下，卡片通过非接触读卡器的RF域来供电，即便是NFC设备没电也可以工作。在该应用模式中，NFC识读设备从具备TAG能力的NFC设备中采集数据，然后将数据传送到应用处理系统进行处理。基于该模式的典型应用包括本地支付、门禁控制、电子票应用等。

2）读卡模式。该模式就是将具有NFC功能的设备作为非接触读卡器使用，如从海报或者展览信息电子标签上读取相关信息。在该模式中，具备读写功能的NFC设备可从TAG标签中采集数据，然后根据应用的要求进行处理。有些应用可以直接在本地完成，而有些应用则需要通过与网络交互才能完成。基于该模型的典型应用包括电子广告读取和车票、电影院门票售卖等。例如，如果在电影海报或展览信息背后贴有TAG标签，用户可以利用支持NFC协议的手机获得有关详细信息，或是立即联机使用信用卡购票。读卡器模式还能够用于简单的数据获取应用，如公交车站站点信息、公园地图等信息的获取等。

3）点对点模式。该模式就是将两个具备NFC功能的设备链接，实现点对点数据传输。基于该模式，多个具有NFC功能的数码相机、掌上计算机、手机之间，都可以进行无线互联，实现数据交换，后续的关联应用，既可以是本地应用，也可以是网络应用。该模式的典型应用有协助快速建立蓝牙连接、交换手机名片和数据通信等。

（6）NFC 在手机的应用场景　NFC 设备已被很多手机厂商应用，NFC 技术在手机上应用主要有以下五类：

1）接触通过（Touch and Go），如门禁管理、车票和门票等，用户将储存着票证或门控密码的设备靠近读卡器即可，也可用于物流管理。

2）接触支付（Touch and Pay），如非接触式移动支付，用户将设备靠近嵌有 NFC 模块的 POS 机可进行支付，并确认交易。

3）接触连接（Touch and Connect），如把两个 NFC 设备相连接，进行点对点（Peer-to-peer）数据传输，例如下载音乐、图片互传和交换通讯录等。

4）接触浏览（Touch and Explore），用户可将 NFC 手机接靠近有 NFC 功能的智能公用电话或海报，来浏览交通信息等。

5）下载接触（Load and Touch），用户可通过 GPRS 网络接收或下载信息，用于支付或门禁等功能，如前述，用户可发送特定格式的短信至家政服务员的手机来修改家政服务员进出住宅的权限。

3. RFID 与物联网的联系

实现物联网的技术有很多，但是目前来看 RFID 技术是相当重要而且关键的，RFID 系统如同物联网的触角，使得自动识别物联网中的每一个物体成为可能。RFID 技术的应用范围非常广泛，如电子不停车收费管理（ETC）、物流与供应链管理、集装箱管理、车辆管理、人员管理、图书管理、生产管理、金融押运管理、资产管理、钢铁行业、烟草行业、国家公共安全、证件防伪、食品安全、动物管理等多个领域。这些应用中有物联网的范畴，也有其他行业的需求。

随着我国社会经济和科学技术水平的不断提升，RFID 技术得到普遍应用。在进一步延伸传统互联网后，产生了物联网，与此同时，信息在任何物体之间的交换也得以实现，可以说物联网占据着十分关键的地位。物联网要想获取具体信息，依靠的是传感设备以及 RFID 技术，信息的传输依照协议约定，其组织网络规模大，可以智能化监控与处理各种数据信息。以先进的计算机技术为依托，监控和处理各种数据及信息，智能处理，准确、及时、可靠地传递信息，更加快捷、方便地获取信息，全面感知性等，都体现了物联网的典型特征。整合应用层、信息运行层、信息传输层、信息采集层是物联网的层级结构。

除需求之外，限制物联网发展的因素还有产品技术落后、管理平台研发缓慢、物联网带来的大数据压力等软硬件及技术问题。这些问题不仅困扰着物联网的发展，也困扰着 IT、安防等行业的发展。所以，在某种程度上，物联网的发展与社会、经济、科技、工业的发展大环境也是息息相关的。IT、安防等行业解决了相关的技术及产品问题之时，也是物联网有所突破之时。

总体来看，物联网与射频识别技术关系紧密，RFID 技术是物联网发展的关键部分，但 RFID 技术的应用却不仅在物联网领域。例如，在智能建造领域，智慧建筑中存在各种设备、系统和人员等管理对象，就需要借助物联网的技术，来实现设备和系统信息的互联互通和远程共享。物联网发展的制约因素除了 RFID 技术之外，还有很多其他同样关键的因素。尽管如此，RFID 技术的飞速发展无疑对物联网领域的进步具有重要的意义[⊖]。

3.4.2　RFID 技术的智能化应用

随着 RFID 技术的发展，这项技术广泛应用于社会生产的各个行业中以提高人们的生产效率。在智能建筑中，RFID 技术对提高生产效率发挥着巨大的作用，对人员的识别就是使用 RFID 的主要应用之一，尤其是在建筑物内对不同人员的门禁权限进行区别；此外，对大型设备和工具的状

⊖ 引自 https://mp. weixin. qq. com/s/BxwtgpT2H_tMpWSMF5P-yw。

态监测也是它的一个主要的应用,可用于实时更新设备信息和状态;同时,应用 RFID 技术还可以对其他固定资产进行监控和管理库存等,但这只是条形码系统的增强版。

在智能建筑中使用 RFID 技术的应用将带来如下优点:第一,使用 RFID 系统大大减少了人为失误造成的影响,具有更高的系统可靠性;第二,使用 RFID 技术的智能建筑中,其办公自动化程度远远高于传统建筑,极大地提高了生产率;第三,依附于网络系统的安全保护,其系统安全性也是 RFID 技术的一大优点。

RFID 虽然不是什么新生事物,但在国内起步较晚,其在智能建造领域的应用也并不普及,所以本小节首先介绍部署 RFID 系统所必需的基础条件,包括被附于标签的人员、设备和必要的读卡器等,然后介绍 RFID 智能系统的应用现状,再分析 RFID 在智能建筑中的应用前景。

1. 部署 RFID 系统的前提条件

部署 RFID 系统所必需的前提条件有:建筑内所有人员都必须携带规定的智能卡;所有设备、物品等都附有 RFID 标签;所有办公室、设备间、会议室等被分配一个唯一的编号,并存储在RFID 的读卡器中;每个办公室、设备间以及会议室都需要在门口安装一个读卡器;建筑的所有出入口也要配置相应的读卡器。

2. RFID 智能系统应用现状

(1)身份识别(门禁) 身份识别系统其实是 RFID 系统的最主要的应用之一,它是其他应用系统的基础。当一位持有 RFID 卡的用户出入一间房间时,设在房间出入口的读卡器就会自动读取卡内 RFID 标签内的信息,每个用户都会有自己唯一的识别信息,读卡器扫描到这些信息后,将数据发送到后台服务器上查询,就可以实现对人员身份识别的功能。

(2)定位或跟踪人员或设备 人们由于工作繁忙有的时候会忘记一些办公设备放在哪里,如便携式计算机或多媒体投影仪等。RFID 建立了一个可以定位设备位置的机制,不同的设备被附于不同的标签,这些设备从一个房间被移动到另一个房间时,由于每个房间门口安装了读卡器,设备位置变化的信息就很容易地被记录下来了。对于人的定位,和设备定位的原理一样,存储在身份卡中所有雇员和访客都会有自己唯一的身份信息,当人员进入或者离开房间、楼层时,系统就会自动记录位置信息的变化。

(3)房间自动化 在大力提倡环保的理念下,房间自动化系统是一个非常实用的功能,此功能使得无处不在的电器做到了极大的电力节约。对于一个有权限进入房间的人,结合系统,控制包括灯光、空调、电扇等电器的开关。当一个已经获得授权的人进入房间时,储存在服务器配置文件中预设的电器信息将会被系统执行,而当人离开房间时,照明、空调等电器则会被自动关闭。

(4)智能考勤 维护员工考勤记录是件烦琐的工作,签到时间、签离时间、持续时间等信息都需要记录。如果手工工作将会有巨大的工作量,但是基于 RFID 系统的考勤管理系统就可以轻松地完成这项工作:当人员进入公司时系统就会扫描 ID 卡信息,记录签到时间并保存在服务器中,离开时同样也会有记录保存。

(5)防盗 系统对于设备的位置是有记录的,当无法在记录的房间中找到该设备,就可以在数据库中查找该房间的访问记录,查到进出该房间的人。尽管系统不能帮助人们找到盗贼,但是可以帮助人们减少被盗的风险,对窃贼也是一种威慑。

(6)停车场管理系统 停车场管理系统集远距离感应式射频技术、自动控制技术和车辆检测技术于一体,应用于社区车辆管理,具有先进、可靠、安全、方便、快捷等特点,有效解决了物业公司和车主的难题。

(7)自动抄送表系统 自动抄送表系统由用户控制终端(多个用户可以共用一个终端)通过RS485 或其他总线直接连接多户居民的电表,自动读取每家的水、电、燃气表的数据,并通过终端上的 RFID 卡按时、自动把各表数据传送到小区物管中心的计算机上。

(8) 消防报警系统　消防报警系统通过 RFC 标签与烟雾探测器等传感器结合，按照一定的时间间隔发送传感器采集的火灾报警信息、位置信息和时间信息等数据；读写器通过有线或无线方式接入 Internet，将接收到的 RFC 标签信号传送给远端指挥中心的服务器，由服务器完成对数据的分析和处理，实现指挥中心的火灾报警联动。该系统具有实时性强、误报率低、可全天候监控等特点。

3. RFID 应用前景分析

(1) 节能管理子系统　节能管理子系统就是针对建筑对节能越来越敏感的这一问题提出的智慧建筑控制子系统。基于此体系，RFID 卡实时追踪并推断居室或是办公室内是否有人员存在，智能化地启闭空调与照明等功能，从而完成节能型的智能化管理任务。

(2) 安防和火灾报警子系统　传统的安防系统局限于小区或居室的防盗与报警，新型安防和火灾报警系统功能扩展到了对居室燃气泄漏、火灾等监控报警的领域，此外，可以通过用户 RFID 卡跟踪判断居室或办公室有无人员，实现自动撤防、布防。

(3) 呼救子系统　呼救子系统是针对老年社会设计的一个特定的子系统。基于此体系，居室中的留守老年主体在紧急需求情况下，能够基于 RFID 卡来定位呼救器，从而替物业管理处发出求救的信息，并及时地加以定位，引导物业管理的工作者及时抢救与帮助，进而在能够确保建筑智能化建造的同时，具有一定的人性化色彩。

(4) 小区出租车扬招子系统　随着城市小区纵深加大，动辄边长上千米，给住户出入带来极大不便，出租车越来越重要。小区出租车扬招子系统是非常重要的设备。通过该系统，在小区附近路口设立的数码显示牌显示用户的具体位置，指导被扬招司机进入小区正确服务位置，同时，系统自动通知小区大门的保安，在扬招 RFID 信息卡上录入用户信息，扬招司机取得 RFID 卡以后，到达正确的服务位置，在单元门口通过 RFID 信息卡读卡器通知用户出租车到达，出租车司机交回 RFC 信息卡再出小区门[82]。

3.4.3　RFID 在智慧工地中的应用场景

在经济飞速发展、科技日新月异的 21 世纪，工地建设倍感压力，项目点多面广，管理压大担沉，传统的项目管理手段显得捉襟见肘。在智能建造时代，智慧工地如雨后春笋般兴起。

1. RFID 打造智慧工地

随着城市建设的快速发展，建筑工地的管控方式也随之不断优化，更高效的信息化施工方式受到相关组织机构的格外重视。于是，RFID 与工程建设的结合愈加普遍，它实现了建筑施工流程的自动化，以及实时化的精准数据采集。

在安全帽的内侧附着 RFID 芯片，施工人员的身份信息和位置信息都被写入其中，通过整套智慧管理系统为劳动力调度、安全管理提供数据支撑，能够大大提升工程作业的效率。此外，通过搭载 RFID 技术，还能够实现对钢板、钢构件等建筑物料的可追溯管理，搭建出实时、动态采集的智慧工地平台。

近些年来，随着各种技术的不断发展演进，RFID 与 BIM、传感、GIS、AR、VR 等技术的结合使用在建筑施工场景中越来越多，这也使得 RFID 能够在越来越多的环节中发挥作用⊖。

2. RFID 助力智能井盖

在多年以前，全国各大城市均不时有井盖失窃的消息报道出来。由于缺乏有效的实时监控和管理手段，城市中的大量井盖为不法分子提供了机会。失窃的井盖不仅对市政管理造成破坏和带

⊖　引自 https://mp.weixin.qq.com/s/aoWfeL3g89SBjyHD-57HCw。

来财政经济上的损失，也对车辆和行人的安全带来了很大威胁。

如今，采用以 RFID 技术为代表的各类物联网技术不断进入智慧城市管理系统，城市街道井盖数字化管理便是一例。井盖搭载了 RFID 模块后便变为智能井盖，可以对井盖状态、井盖权属单位、井盖位置等信息进行实时监控。

搭载 RFID 技术的智能井盖是城市基础设施由粗放式管理向精细化管理转变的一个缩影，实现了对社会资源的有效监管，也有效地保障了人民群众的人身安全。

3. RFID 的其他应用场景

RFID 的应用场景远远不止上面提到的，还包括智能电网、城市感知及治理等。高安全 RFID 技术用于智能电网设备资产管理，可提高设备资产的自动化水平，保障设备台账信息安全。此外，政府在城市治理过程中，首先要对城市整体运行和发展状态进行了解，发现存在的问题，明确发展方向，通过制定相应的法律和政策来解决出现的问题，指导城市发展。而城市治理是建立在对城市状态准确了解的基础上，通过 RFID、传感器技术等，能够实现对城市资源利用和处理、交通等信息的准确把握[83]。随着信息技术的进一步发展，RFID 的应用可能会得到进一步拓展，这些在今后有待挖掘。

3.4.4　基于 RFID 的智慧工地管理系统

信息化的建筑工地管理急需现代化管理手段介入，从而实现对工地人员考勤的自动、实时、精确地采集，有利于对工地现场实现更加科学的管理。RFID 发展至今已有几十年的历史，近年来 RFID 的应用更加广泛和多元化，且应用也越来越成熟。特别是超高频（Ultra High Frequency，UHF）RFID 技术，具有读取距离远、标签更小型化、成本更低、识别速度更快、多标签识别能力强等一系列优点，因此被广泛应用于仓储、交通、资产、人员管理等各个领域，成功地为包括建筑施工企业在内的各类企业节省了大量的人力和时间，在提高运作效率的同时降低了运营成本，故 RFID 已逐渐成为无线自动识别应用上的主流技术。基于超高频 RFID 技术的建筑工地人员自动化考勤管理系统，可以帮助管理企业实现对人员考勤的自动化、实时精准管理⊖。

1. 超高频 RFID 系统

超高频 RFID 系统利用雷达反射原理，读写器通过天线向电子标签发出微波查询信号，电子标签被读写器微波能量激活，在接收到微波信号后应答并发出带有标签数据信息的回波信号。射频识别技术的基本特点是采用无线电技术实现对静止的或移动的物体进行识别，达到确定待识别物体的身份、提取待识别物体的特征信息（或标识信息）的目的。超高频 RFID 系统图示如图 3-16 所示。

通过射频识别系统采集到的待识别物体的特征信息通常情况下先由中间软件进行处理，或直接将采集到的识别信息通过计算机信息处理技术（如数据库技术等）及计算机网络技术实现信息的融合、共享、远距离传送等直接服务于有关的业务应用系统，如人员管理、门禁系统、物品和资产追踪、仓储和物流管理等。

2. 系统整体方案设计

在施工现场进出通道安装超高频 RFID 读卡器，施工作业人员安全帽内粘贴不干胶式 RFID 无源电子标签，戴安全帽进出通道时自动完成签到或签退。系统主要软硬件包括：RFID 读卡器、RFID 桌面发卡器、RFID 电子标签、网线等辅材。超高频 RFID 技术具有能一次性读取多个标签、穿透性强、可多次读写、数据的记忆容量大、无源电子标签成本低、体积小、使用方便、可靠性和寿命长等特点。系统总体设计图如 3-17 所示。

⊖ 引自 https://www.sensorexpert.com.cn/article/43289.html。

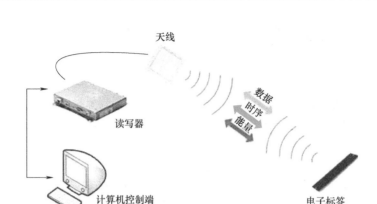

图 3-16　超高频 RFID 系统图示

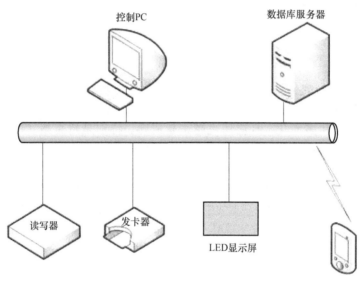

图 3-17　系统总体设计图

（1）标签安装　在本系统中，进出工地的工人必须佩戴安全帽，因此，安全帽可以作为本系统中的一个媒介，通过将写有工人身份信息的电子标签与安全帽进行绑定，工人戴安全帽进出装有 RFID 识别系统的门禁通道，即可完成对考勤人员身份的识别（图 3-18）。

（2）门禁系统　在进出建筑工地的大门安装 RFID 识别设备，当戴有安全帽的工人通过时，通过对安全帽上绑定的电子标签进行识别，实现对考勤人员身份的识别。在该系统设计中，关键在于门禁通道处多人进出的同时识别，尤其是对于较宽的大门，在考勤高峰时，人流量大，设备需具备多标签不漏读的能力（图 3-19）。

（3）显示系统　LED 显示屏，显示实时的各工种进出人数（如果有写入具体人员信息可以显示人员信息），同时，管理人员可通过 APP 或者微信公众号方便地进行查看实时的人员考勤状况。

3. 系统架构流程

建筑工人和工程方签订劳务合同，工程方对工人进行必要的岗前培训，采集人员照片，在读写器管理系统中建立档案（姓名、身份证号码、电子照片等），分配 RFID 标签，在施工作业人员安全帽内粘贴不干胶式 RFID 无源电子标签。作业人员佩戴安全帽进出通道时固定读卡器自动识别电子标签，完成签到或签退。系统架构流程如图 3-20 所示。

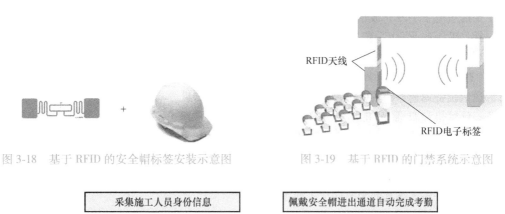

图 3-18 基于 RFID 的安全帽标签安装示意图　　　　图 3-19 基于 RFID 的门禁系统示意图

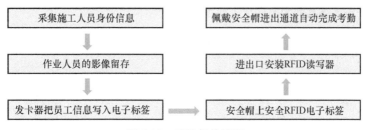

图 3-20 系统架构流程

（1）标签初始化　RFID 空白标签本身并不代表任何一件事物，所以 RFID 应用系统的首要任务就是要将具有唯一 ID 号的 RFID 标签与实际的每件货物一一关联，将标签的 ID 身份与人员的身份绑定起来，使得每一个人员相应有了自己的唯一身份。

（2）考勤信息管理　通过 RFID 技术，系统能及时采集人员进出工地现场数据，使其数据及时，准确无误。可对基本考勤信息进行管理，并能对考勤表进行查询。

（3）安全预警　对无卡人员非法进入，系统自动进行预警。同时，对生产从业人员，单位进行奖惩情况记录，对生产安全事故进行分类登记，并对其查询统计。对超出系统设定的违规次数进行警示，严重者进入黑名单。

（4）相关权限分配　建筑工地可分配办理建筑人员卡的权限，可通过管理系统对建筑人员进行发电子标签，挂失等操作；施工人员，必须到指定的管理处办理电子标签，进行身份登记等资料备份。

（5）考勤规则管理　各个不同的企业可以根据自己的具体情况和制度设置相应的考勤规则，在基本规则表添加数据，修改基本规则表。设置基本的上下班时间和刷卡次数，还有相应的迟到、早退、加班等规则。

（6）统计查询　根据产生的用工记录、工资发放记录、考勤记录、培训记录、生产安全事故记录、奖惩记录、用餐记录，进行考勤查询、事故查询、培训查询等，为项目管理层提供有效的管理手段和各种项目管理报表。

3.5　ICT 技术与智能运维

3.5.1　ICT 技术概述

1. ICT 技术的定义

ICT 是 Information and Communication Technology 的缩写，表示全称信息与通信技术。经济合作与发展组织（Organization for Economic Co-operation and Development，OECD）在 2007 年给出 ICT 的

定义：主要通过电子手段完成信息加工和通信的产业和服务，或使其具有信息加工和通信功能。该定义包括 ICT 制造业、ICT 贸易行业和 ICT 服务业。根据中国信通院发布的《ICT 产业创新发展白皮书》（2020 年）定义，将 ICT 产业的研究范畴界定为 ICT 制造业和 ICT 服务业⊖。

ICT 制造业细分为电子元器件和板制造（含半导体元器件和集成电路制造）、计算机和外围设备制造、通信设备制造、消费电子产品制造（含手机和平板制造）。ICT 服务业细分为电信服务、软件服务、计算机和 IT 服务和互联网服务。ICT 服务业范畴如图 3-21 所示。

ICT 技术是 IT 和 CT 两个领域越来越紧密结合的产物。ICT 被用于经济，社会和人际交往和互动。ICT 大大改变了人们的工作、沟通、学习和生活方式。此外，信息通信技术将人类经验的所有部分归聚到一台计算机，由机器人处理了人类的许多任务。信息通信技术对经济发展和业务增长的重要性巨大，许多人将其列为第四次工业革命。

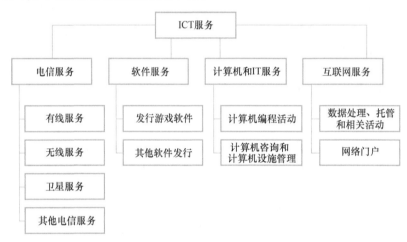

图 3-21　ICT 服务业范畴

2. ICT 技术的发展状况

我国 ICT 技术的发展先后经历了数字化、信息化，并向着智能化、智慧化不断演进（图 3-22）。在最初的通信网络中，所有的信息都由 0 与 1 组成，通信网络也仅传送 0 与 1，这是最初的 ICT 发展数字化阶段。信息数据发展到一定规模之后，信息的处理量越来越多，数据流、物流、资金流、管理流等所有与社会活动有关的信息都已经无法用手工来完成，必须通过信息化措施来解决的时候，信息化需求就越来越多，各种软件处理技术、大数据、云计算等均在这个阶段出现。随着信息化推进，人们发现仅靠人指挥机器的效率已经限制了生产力，此时大量的智能化设备应运而生，如物联网、VR、AR、智能机床、无灯车间等。到了智慧化时代，机器通过信息化、智能化能力在某些领域具备了人的思考能力甚至超越了人的思考力，如围棋机器人 AlphaGo。

随着 ICT 技术的发展和普及，ICT 产业不断渗透到其他领域，成为促进工业、农业、服务业和公共事务发展的重要力量，"第四产业"作用和国民经济发展的基础性地位日益突出。从产业发展本身来看，国际和国内情形都表明，ICT 产业已经度过了速发展期，呈现出发展速度放缓的趋势，开始步入发展的中低速期。

ICT 对各行业转型变革与全球经济的增长带来了深入的影响。工信部数据显示，2018 年，我国数字经济总量超过 31 万亿元，占 GDP 比例达到 34.8%，成为经济高质量发展的重要支撑。这表明以数字经济为代表的新经济蓬勃发展，成为壮大新兴产业，提升传统产业，实现传统性增长和

⊖　引自中国信通院.《ICT 产业创新发展白皮书》。

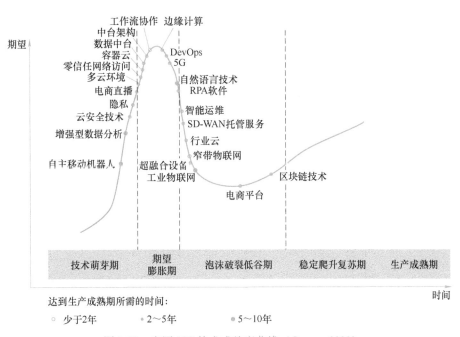

达到生产成熟期所需的时间：

○ 少于2年　　● 2～5年　　● 5～10年

图 3-22　中国 ICT 技术成熟度曲线（Gartner 2020）

可持续增长的重要系统。IT 和 CT 的融合与创新形成的双轮渠道产生新模式以及业态。只有把技术创新和业态的创新有机地结合起来，才能形成生产力。

3. ICT 技术的基础设施

（1）主机　主机（Host）是一个有硬盘、硬盘子系统或者文件系统的，可供数据访问和存储的计算机系统，有时称为服务器，通常被用来指一些企业中规格较高的计算机。这些计算机通常会安装企业中的一些重要软件，运行重要的业务。台式机和便携机是简化版的主机。主机通常要求能支持 365d×24h/d 工作很多年。

（2）存储阵列　存储阵列（Storage Array）是带有控制软件的可供访问的一组磁盘或磁带子系统，通常是指提供数据存储数据的设备。存储阵列有的只有一个主机大小，而有的则要比主机大很多，以至于某些存储阵列可以配置上千块硬盘。

（3）网络　网络（Network）提供一组节点之间的互联，并且使得这些互联的设备间可以通信。网络会借助文字阅读、图片查看、影音播放、下载传输、游戏、聊天等软件工具从文字、图片、声音、视频等方面给人们带来极其丰富的生活和美好的享受。

（4）交换机　交换机（Switch）是一个用于信号转发的网络设备。它可以为接入该设备的任意两个网络节点提供独享的通道。交换机是用来进行设备互联的网络设备。交换机都有多个端口，设备通过线缆插入到这些端口以进行互联。这里的设备可以是主机、存储阵列或其他交换机等。

ICT 基础设施组件示意图如图 3-23 所示。

4. ICT 主要技术解析

（1）智能运维　智能运维将人工智能应用于运维领域，从而提升企业的 IT 运维效率，降低 IT 成本，实现机器自我学习、自我分析决策等。智能运维与其说是产品，不如说是一种理念和策略。通过以数据为基础、算法为支撑，场景为导向的智能运维平台，为企业现有运维管理工具和管理体系赋予统一数据管控能力和智能化数据分析能力，全面提升运维管理效率。现阶段智能运维的目标是通过更高效的运维帮助企业快速洞察人力难以企及的故障和问题，准确预测风险，化被动运维为主动运维。

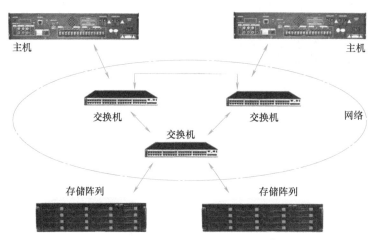

图 3-23　ICT 基础设施组件示意图[⊖]

（2）无线通信技术　通信技术可分为两类，一类是短距离无线通信技术，如 ZigBee、Wi-Fi、蓝牙、Z-Wave 等；另一类是俗称 LPWAN 的低功耗广域通信技术，最具代表的分别是非授权频谱运行的 Lora 技术以及授权频段运行窄带物联网技术。在无线通信技术的应用中，由于设备以及环境使用的不同，对通信技术的覆盖距离、数据需求、安全性、功率需求、功耗使用寿命、稳定连接节点数和场景等要求也不同[84]。

（3）DevOps　DevOps（Development 和 Operations 的组合词）是一组过程、方法与系统的统称，用于促进开发（应用程序、软件工程）、技术运营和质量保障（QA）部门之间的沟通、协作与整合。它是一种重视"软件开发人员（Dev）"和"IT 运维技术人员（Ops）"之间沟通合作的文化、运动或惯例。透过自动化"软件交付"和"架构变更"的流程，使得构建、测试、发布软件能够更加快捷、频繁和可靠。它的出现是由于软件行业日益清晰地认识到：为了按时交付软件产品和服务，开发和运维工作必须紧密合作。

（4）边缘计算　边缘计算是指在靠近物或数据源头的一侧，采用网络、计算、存储、应用核心能力为一体的开放平台，就近提供最近端服务。其应用程序在边缘侧发起，产生更快的网络服务响应，满足行业在实时业务、应用智能、安全与隐私保护等方面的基本需求。边缘计算处于物理实体和工业连接之间，或处于物理实体的顶端。

（5）自然语言处理技术　自然语言处理就是在机器语言和人类语言之间沟通的桥梁，以实现人机交流的目的。通过人为的对自然语言的处理，使得计算机对其能够可读并理解。自然语言处理的相关研究始于人类对机器翻译的探索。虽然自然语言处理涉及语音、语法、语义、语用等多维度的操作，但简单而言，自然语言处理的基本任务是基于本体词典、词频统计、上下文语义分析等方式对待处理语料进行分词，形成以最小词性为单位，且富含语义的词项单元。

（6）数据中台　数据中台是指通过数据技术，对海量数据进行采集、计算、存储、加工，同时统一标准和口径。数据中台把数据统一之后，会形成标准数据，再进行存储，形成大数据资产层，进而为客户提供高效服务。数据中台建设的基础是数据仓库和数据中心，并且是在大数据基础上出现的融合了结构化和非结构化数据的数据基础平台，为业务提供服务。数据中台可以解决数据存储、连通和使用中所遇到的种种问题，如数据孤岛、数据治理、数据共享等。

（7）多云环境　多云环境是指除了其他私有云和本地部署基础架构外，还利用多个公有云服

⊖　引自 ICT 架构体系详细说明 3. https://blog.csdn.net/cuichongxin/article/details/113245658。

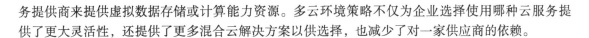

务提供商来提供虚拟数据存储或计算能力资源。多云环境策略不仅为企业选择使用哪种云服务提供了更大灵活性，还提供了更多混合云解决方案以供选择，也减少了对一家供应商的依赖。

3.5.2　智能运维概述

智能运维（Artificial Intelligence for IT Operations，AIOps）是指通过机器学习等人工智能算法，自动地从海量运维数据中学习并总结规则，并做出决策的运维方式。智能运维能快速分析处理海量数据，并得出有效的运维决策，执行自动化脚本以实现对系统的整体运维，能有效运维大规模系统。智能运维概念最早由 Gartner 提出，它将人工智能科技融入运维系统中，以大数据和机器学习为基础，从多种数据源中采集海量数据（包括日志、业务数据、系统数据等）进行实时或离线分析，通过主动性、人性化和动态可视化，增强传统运维的能力。在建筑业中，智能运维可以在建筑竣工验收完成并投入使用后，整合建筑内人员、设施及技术等关键资源，通过智能运维技术充分提高建筑的使用率，降低它的经营成本，增加投资收益，并通过维护尽可能延长建筑的使用周期而进行的综合管理。

1. 智能运维的发展状况

（1）人工运维　早期的运维工作大部分是由运维人员手工完成的，运维工作消耗大量的人力资源，但大部分运维工作都是低效的重复。建筑业早期的人工运维即传统的物业管理方式，因为其管理手段、理念、工具比较单一，大量依靠各种数据表格或表单来进行管理，缺乏直观高效地对所管理对象进行查询检索的方式，数据、参数、图样等各种信息相互割裂。此外，还需要管理人员有较高的专业素养和操作经验，由此造成管理效率难以提高，管理难度增加，管理成本上升。

（2）自动化运维　衡量自动化运维工作的情况就是登录服务器的次数。随着运维自动化的发展，运维自动化从脚本及工具阶段演变至平台化阶段，即运维自动化的终极目标就是不登录服务器，通过 Web 界面进行简单设置操作就能完成所有日常运维管理工作。BIM 技术在建筑的设计、施工阶段的应用愈加普及，使得 BIM 技术的应用能够覆盖建筑的全生命周期成为可能。因此，在建筑竣工以后通过继承设计、施工阶段所生成的 BIM 竣工模型，利用建筑信息模型优越的可视化 3D 空间展现能力，以建筑信息模型为载体，将各种零碎、分散、割裂的信息数据，以及建筑运维阶段所需的各种机电设备参数进行一体化整合的同时，进一步引入建筑的日常设备运维管理功能。

（3）智能化运维　智能化运维管理，需要结合数字化信息和数字化技术实现高效率管理。智能化运维管理通过以虚控实的虚体建筑与实体建筑（实现数字孪生），实时感知建筑运行状态，并借助大数据下的人工智能，实现运维过程的自我管理、自我优化运行和自我维护，并满足建筑使用者的个性化需求服务。智能化运维管理要结合移动互联技术、物联网技术，实现人员管理、设备监控、安全与消防管理、能源管理、环境管理、抗震减灾等诸多方面的运维管理。

2. 智能运维的主要系统

（1）智能预警系统　智能预警系统通过物联网、云计算、大数据等新一代信息技术，做到智能联网灾害预警，利用物联网络在小场所的联网群组预警，防止灾害。从人、事、物三个纬度进行大数据分析，对事故早发现、早报警、早处理，实现全覆盖、无盲区的智能预警。同时，智能预警系统能够自动记录报警信息，还原灾害位置，对相关信息、地点、时间、频次等进行分组管理和图标展示，为灾害调查提供科学依据。

（2）智能安防系统　智能安防产品主要包括智能锁、智能监控、智能防盗报警这三类产品。智能开锁方式主要有密码开锁、蓝牙开锁、指纹开锁、手机 APP 开锁、刷卡开锁、网络远程开锁。智能锁可通过手机 APP 或遥控操作，可授权其他用户权限，且在规定时间内设置有效的一次性密码，过时作废，既方便又安全。智能防盗报警利用红外感应报警，依靠人体发射的红外线来检测侵入从而触发报警主机报警。红外报警除了有漫反射红外线，还有红外光栅报警器。网络监控摄像头可以实现实时安防监控。

（3）智能检测系统　智能检测系统是指能自动完成测量、数据处理、显示（输出）测试结果的一类系统的总称。由于智能建筑包含设备、通信和办公自动化系统的使用，因此检测过程主要集中在通信系统、信息系统、综合布线系统、建筑设备监控系统、火灾报警、消防连接系统等六个系统。这六个系统有许多子系统，如电话、电视、广播、网络等，这些都需要测试。除此之外还有智能环境检测系统，主要包括：环境信息采集、环境信息分析、控制和执行机构三个部分，其系统组成包括温度和湿度传感器、空气质量传感器、光线环境光探测器、室外风速探测器以及无线噪声传感器等。

（4）智能巡检系统　智能设备巡检系统是一个以人为主导，利用计算机硬件、软件、网络设备通信设备以及其他办公设备，进行信息的收集、传输、加工、储存、更新和维护，以战略竞优、提高效率为目的，支持高层决策、中层控制、基层运作的集成化的人机系统。智能设备巡检系统可以帮助巡检人员摆脱原始的纸质记录方式，将各种巡检内容和规范作为硬性约束，在巡检过程中按具体的巡检规范标准进行巡检，降低人为因素带来的漏检或错检问题，实现巡检工作无纸化数据采集，数据统计分析，真正实现巡检工作电子化、信息化、智能化。

3. 智能运维的性能需求

（1）功能满足　正如同镰刀、斧头、电钻、叉车作为生产工具可以帮助人们提高工作效率，节省工作时间，智能运维像人们生活中一件称手的工具，帮助人们节省人力、物力，并将建筑打理得更得当。运维功能包括对智能建筑物内所有运行设备的档案、运行、维护、保养进行管理，主要包括设备运行管理、设备维修管理、设备保养管理、维修申请工作单管理等方面。运维系统可以实时地获取建筑物各种机电设备的运行状态和参数，以方便设备的维修保养等，同时提供技术手段为特殊性要求提供服务。

（2）高效节能　气候变暖、能源枯竭、环境污染等问题是全人类共同关注的话题和急需解决的问题。运维的智能化能够产生显著的节能降耗、节约费用的效果，降低了设备系统运维的劳动强度和人力成本，保证了环境舒适度和用户满意度，提升了用能系统及设备的可靠性和安全保障，是可实施性强、投入产出比高的节能降耗技术手段。

（3）智能感知　智能运维可以更好地让建筑及设施实现从感知到认知能力的升级，通过嵌入式传感器和各种智能感知设备，建筑及设施将成为拥有类似人类的视觉、听觉、触觉和沟通能力的"生命体"。通过与云端大脑的实时在线连接，对实时获取的建筑本体内部设备、系统等运行状态数据与外部环境数据进行分析，通过大数据驱动下的人工智能，实现运行策略的智能判断，进行优化控制和调节建筑内各类设备、设施，使各系统间进行有机的协同联动，而不是手动控制和人为干预，使建筑发挥最优性价比的运行状态。

4. 智能运维的实施路径

（1）运维大数据平台建设　数据是智能运维落地的基础，首先需要建立运维大数据平台，对运维数据进行采集、分析、计算、存储，并定义标准化的指标体系，对运维数据进行提取，积累大量的可用的运维数据。以性能指标体系为例，对操作系统、数据库、中间件等应用建立可供分析的性能指标体系，并在系统运行中获取性能数据，以此来刻画各应用的正常状态、异常状态的画像，为后续的检测、预测、分析等提供基础的运维知识图谱数据。

（2）单点智能化实践　从单点运维场景切入，如建立时序数据智能异常发现、流量智能异常告警、数据库智能监控、智能网络日志分析等能力，由点到面进行智能化运维能力的建设，从而为后期进行局部智能化场景的实现打下基础。以数据库智能监控能力为例，运维人员可实时获取数据运行状态指标，当数据库出现异常时，运维人员可通过历史数据回溯、数据比对等方式进行故障跟踪、异常指标分析，从而形成标准化故障排查、分析能力和经验，为后期的数据库智能故障预警、异常根本原因分析（根因分析）等局部场景提供基础支持。

（3）局部场景智能化 局部场景智能化是指对运维场景中硬件、系统、网络、数据库、中间件等分别实现智能监控、异常预警、故障发现、故障分析、根因分析、故障自愈等闭环场景。以网络异常为例，当智能运维系统检测到网络异常指标时，将触发报警时间，经运维人员确认故障后，智能运维系统将通过机器学习算法定位故障，然后调用自动化运维工具执行相应的修复操作，实现该场景下故障自愈。局部场景智能化的实现，将使得故障发现、处理、排查效率得到极大的提升，有效保障业务稳定运行。同时，该能力的实现使得智能化运维具备场景化、标准化、自动化等能力。

（4）一体化智能运维 一体化智能运维是智能运维系统发展的终极目标。该阶段不仅实现各运维场景智能化闭环，且智能运维能力与运维管理流程、运维组织架构、运维自动化深入融合。运维人员不再以发现故障、解决故障作为目标导向，转而专注业务运行状态，探索运维需求，定义并实现运维场景，丰富智能运维的广度与深度⊖。

3.5.3 智能运维中 ICT 技术的应用

智能运维能够代替人工解决一些复杂场景的运维问题，是传统运维方式向自动化再向智能化发展的一个方向。智能运维的功能实现，离不开 ICT 技术在背后的支撑。

1. ICT 技术下的智能运维互联系统

（1）智能运维互联系统的重要性 基于移动互联的智能运维系统是以设备台账和物资管理为基础，以工单系统为核心，把维保、绩效、知识库等动态管理结合起来，以降本增效为总目标，借助 ICT 技术，解决人工管理模式下不可避免的问题，诸如统计工作繁重、信息重复摘录保存、信息传递困难等，实现全公司智能运维管理的各项职能。业务流程可下连现场工程师，上连部门主管、领导，针对每个运维相关人员都有一套完整工作闭环的流程。

（2）智能运维互联系统的设计与实现

1）可以用计算机技术、微电子技术、通信技术，智能终端将运维智能化的所有功能集成起来，使建筑物智能运维建立在一个统一的平台之上。首先，实现内部网络与外部网络之间的数据交互；其次，要保证能够识别通过网络传输的指令是合法的指令，而不是"黑客"的非法入侵。

2）可以利用无线传感器网络为系统提供环境感知信息，设置相应的条件触发控制规则，若当前的环境数据满足一定阈值，则触发智能控制子系统做出相应的控制动作，如温度升高到一定数值后控制系统执行温度警报的控制命令，也可以根据智能电量子系统提供的累积数据信息触发自动关闭的动作以达到节约电能的目的。

3）可以利用云计算平台提供通道将控制命令送达网关及下属设备，将状态信息反馈给移动客户端，达到远程控制和移动互联的目的；云计算平台间互联互通，将通用硬件设备进行虚拟化，提供通用硬件设备 XML 接口描绘，实现功能设备的软件架构化，屏蔽硬件设备的复杂多样性，以统一的接口连接互联网运营服务商以及其他设备生产商云平台，达到互联、互通[85]。

2. ICT 技术下的智能运维实时管理

（1）智能运维实时管理的重要性 智能运维实时管理是要强调所有的监控摄像头、网络、存储、应用系统能 24h 可用，在任何事件发生时都能发挥高清监控取证以及智能分析、预警等作用，真正使得视频监控系统起到监控作用。同时，智能运维综合管理系统通过对运营环境，在线设备的状态、性能进行多层级（系统级、子系统级、设备级、模块及板卡级）的实时监测，并将监测

⊖ 引自智能运维发展史及核心技术研究. https://www.sohu.com/a/322100594_411876。

数据实时解析、存储,输出报警信息、分析报告、健康评估等运维指导建议,实现"数据驱动维保",提高维修的及时性、有效性、前瞻性,实现线网信息与知识经验的共享,提升智能化维护水平,优化运营资源配置,降低维修人员劳动强度。

(2)智能运维实时管理的设计与实现

1)ICT 无线监测网络系统突破了传统的单个数据采集器联网运行的缺点,通过多个 ICT Hub 之间的配合,可以实现多个地点的成百个或者更多传感器形成的监测网络的组网运行。可以在 PC 端通过软件查看数据修改系统配置,并可以在移动端网页登录查看实时数据。

2)温度检测和处理数据是数字温度计的工作内容。它将数字数据的输出和温度检测高度集成,具有很强的抗干扰能力。在系统实际进行工作时,当数字温度计探测到的温度高于设置的最高温度值,或者低于设置的最低温度值时,系统会将温度信号通过无线网络传输到服务器中,监控中心就会显示实际温度的值,并进行相关的报警。同时,通信模块会发信息通知相应的客户,提示温度异常。

3)同样地,温感、烟感、人体热释电等传感器能将采集的数据(数字量)实时地显示在 LCD 液晶显示屏,让安防用户随时了解建筑物的状态,也可以让安防用户通过网络在线查看,从而实现远程监控的功能。

3. ICT 技术下的智能运维深度学习

(1)智能运维深度学习的重要性 目前智能运维使用的深度学习算法已在机器视觉、语言翻译、语音识别等领域得到大量应用。例如,全自动驾驶汽车利用机器视觉对环境进行感知来控制速度和方向;无人机通过协同策略,可以实现无人机群组的任务分工等,这些都说明人工智能技术日趋成熟。智能运维深度学习在建筑领域中的应用,体现在维护监测系统,在既有的数据采集、实时状态显示、数据报表生成、故障报警等基本功能上,采用专家决策等技术进行故障诊断和定位,并通过增加采集信息模块的方式进行更为精准的数据分析等。

(2)智能运维深度学习的设计与实现 在智能运维系统的应用中,深度学习需要完成监测、分析、推理、评估、匹配五大过程。在这五大过程中,每一个过程的合理推进都需要海量的数据作为支撑,在每一次的计算下逐渐优化并提高准确性,从而最终达到接近完美的机器处理结果。

基于深度学习的运维数据分析,参照设备所处的生命周期、工作环境、标准参数等设定阈值,提炼出机器自身的判定规则。当训练结束,测试设备的故障趋势预警能力达到要求后,可将其作为平台新的功能模块投入使用,完善现有监测机制。智能运维平台对于关键设备建立故障预警体系,实现对于超过常态波动范围的数据预警,类似于专家分析给出合理的维修建议,确保超标数据在经过现场处理后恢复正常。这种对于信号系统的健康管理机制可以覆盖信号系统的整个生命周期,通过实时状态监测和故障趋势预警相结合,为预防性维修提供指导[86]。

3.5.4 智能运维中 ICT 技术的应用实例

1. 城轨列车智能运维系统

城轨列车智能运维技术体系面向城轨列车运行的复杂环境,运用物联网、数字孪生、大数据、云计算、人工智能等技术,实现列车及设备的互联互通,并将基于场景的车载数据、轨旁检测数据、检修业务数据有效耦合,对城轨列车状态特征和运行机理进行深度挖掘,形成一套具有列车状态感知与跟踪、故障诊断预警、剩余寿命预测、运维智能决策、作业自动化等能力的智慧系统,保障列车安全可靠、提效节能,实现列车运维精准管理。

以广佛肇城轨列车智能运维系统为例,其发展规划分为 5 个阶段:第 1 阶段主要完成状态感知和运维数据化,全面系统地获得列车运维状态数据,包括列车基础数据、运用数据、运行数据、环境数据、状态数据、检修数据等；第 2 阶段主要完成平台化建设，建立接口平台、网络平台、数据平台和业务运用平台；第 3 阶段主要实现列车运维监控、故障诊断分析；第 4 阶段主要通过数据的积累和机理的分析，实现列车健康评估、寿命预测、故障预测和风险评估；第 5 阶段主要完成列车运维的决策和资源的优化利用。

（1）智能监测系统　针对列车在途状态监测设备相互独立、车地传输困难、数据管理不规范、辅助故障应急处理效率低、状态跟踪与隐患挖掘效率低下等问题，建立列车在途状态智能监测系统，实现车载数据采集融合、预处理、数据解析、集中记录、车地传输、地面管理等功能。

（2）智能检测系统　针对轨旁多系统独立部署所导致的模块重复、多系统操作、数据管理不统一、部署维护不协同、无法直接应用于检修业务等问题，采用轨旁设备统一设计安装、设备互联互通、统一操控等方式，对部件状态进行采集、传输、处理。

（3）健康管理分析系统　针对列车故障分析手段单一且效率低、故障定位困难、部件利用率低、检修人员投入巨大、工作环境恶劣、技术改造支撑不足的问题，研发了一套城轨列车健康管理专家系统，实现了列车全生命周期履历管理，故障专项分析，故障耦合分析，状态预测，可靠性、可用性、可维修性、安全性（Reliability、Availability、Maintainability and Safety，RAMS）分析，耗能分析与节能优化等功能[87]。

2. 楼宇家居智能运维系统

未来楼宇家居的智能运维生产发展一定不会像从前的生产发展那样，而会是精细化的生产与发展。如果保持以往的发展路线，全球的资源会不够使用。精细化发展的过程靠 IT 把智能家居量化、数字化，智能化深入到未来的生产生活中，形成 ICT 和家居深度融合的未来。智能家居行业必须借助现代化的信息技术手段来改变生产的未来。

快思聪（Crestron）是总部位于美国的一家专注于智能住宅和楼宇的一体化集成公司。Crestron 为住宅和楼宇打造集成了影音、照明、遮阳、IT、安防、建筑管理系统和 HVAC 等系统的自动化和控制解决方案，它的方案被半数以上的世界 500 强企业所采用。Crestron 进入我国的时间仅有十几年，但是已经占据了超过一半的智能家居高端市场份额。Crestron 提供从触摸屏到控制主机、家庭影院、灯光、门禁等几乎全套的智能建筑与智能家居的产品，并提供相应的软件解决方案，可以说是全球智能建筑和智能家居行业的领军企业。

（1）控制系统　Crestron 3 系列控制系统提供了一个开放式架构、基于 IP 地址的可扩展平台，以实现全面集成的建筑管理和自动化。这些基于网络的设备结合了整个 Crestron 生态系统，Crestron 的以太网交换机只需一个 IP 地址即可将所有系统和设备连接到托管网络上的控制系统。Crestron 控制系统的特点是能够为企业级 IT 管理软件套装提供本地 SNMP 支持，并为暖通空调和BMS 系统（包括通风、照明、电力、消防、遮阳、电梯和安防）提供 BACnet/IP 支持。所有系统均独立运行，并在同一个平台上互相通信，从而构建一座真正的智能型建筑或住宅。

（2）灯光控制系统　Crestron 灯光控制系统主要是运用总线信号通信网络管理家庭整体智能灯光，通过安全 24V 直流低压信号进行开关和调光管理。充分应用智能按键面板、手机或平板计算机等移动终端进行控制和日常管理。整个系统可以做到家庭灯光场景调光或开关的自由设置及调用，可以做到日程安排、定时控制、智能感应控制、日光采集等自动化控制。家庭客厅、餐厅、楼梯间、书房、卫生间、主卧、客房等重要区域都会用上智能灯光控制系统。

（3）电动窗帘控制系统　电动窗帘控制系统主要是运用有线或无线信号通信网络管理家庭的窗帘系统，充分应用智能按键面板、手机或平板计算机等移动终端进行远程控制和日常管理。窗帘系统可以纳入到整个智能家居平台，进行场景联动控制，可以做到和家庭灯光系统、空调系统的智能联动管理，可以做到日程安排、定时控制、日光采集联动等自动化控制。

（4）家庭气象站　家庭气象站可安装在屋顶或者自家花园草坪，通过 RS232 协议以及 GPRS

传输数据，数据主要包括家庭附近的雨量采集、风度、温度、湿度等信息数据（图3-24）。

图 3-24　Crestron 家庭气象站

■ 3.6　云平台下的智能建造模式

3.6.1　云平台概述

根据科普中国的定义，云平台也称为云计算平台，是指基于硬件资源和软件资源的服务，提供计算、网络和存储能力的平台[⊖]。云计算平台可以划分为 3 类：以数据存储为主的存储型云平台，以数据处理为主的计算型云平台以及计算和数据存储处理兼顾的综合云计算平台。

云平台也指应用客户端设备或者应用其他任何与网络连接的设备，在确认身份的前提下，使用云平台相应的计算、应用以及储存等资源。云平台为信息的储存以及信息的共享带来了极大的便利，通过云平台，不仅实现了资源的按需分配，而且能够实现对基础设施的资源"池化"。

1. 云平台的特征

（1）支持异构基础资源　云计算可以构建在不同的基础平台之上，即可以有效兼容各种不同种类的硬件和软件基础资源。硬件基础资源，主要包括网络环境下的三大类设备：计算（服务器）、存储（存储设备）和网络（交换机、路由器等设备）；软件基础资源则包括单机操作系统、中间件、数据库等。

（2）支持资源动态扩展　支持资源动态伸缩，实现基础资源的网络冗余，意味着添加、删除、修改云计算环境的任意一个资源节点，或任意一个资源节点异常宕机，都不会导致云环境中的各类业务中断，也不会导致用户数据丢失。这里的资源节点可以是计算节点、存储节点和网络节点。资源动态流转则意味着在云计算平台下实现资源调度机制，资源可以流转到需要的地方。例如，在系统业务整体升高情况下，可以将闲置资源纳入系统中，提高整个云平台的承载能力；而在整个系统业务负荷低的情况下，则可以将业务集中起来，而将其他闲置的资源转入节能模式，从而在提高部分资源利用率的情况下，达到其他资源绿色、低碳的应用效果。

（3）支持异构多业务体系　在云计算平台上，可以同时运行多个不同类型的业务。异构，表示该业务不是同一的，不是已有的或事先定义好的，而应该是用户可以自己创建并定义的服务。这也是云计算与网格计算的一个重要差异。

⊖　引自 https://baike. baidu. com/item/%E4%BA%91%E8%AE%A1%E7%AE%97%E5%B9%B3%E5%8F%B0/9471851。

（4）支持海量信息处理　云计算平台，在底层，需要面对各类众多的基础软、硬件资源；在上层，需要能够同时支持各类众多的异构的业务；具体到某一业务，也需要面对大量的用户。由此，云计算平台必然需要面对海量信息交互，需要有高效、稳定的海量数据通信和存储系统作支撑。

（5）支持多功能互操作性　云平台功能的互操作性是指不同的平台功能、支撑技术、操作系统和应用程序可以一起工作并共享信息的能力。云平台的互操作性使得我们可以随时使用新的或者来自不同云服务提供商的组件来替换已有的组件，而不会中断云中的任务，也不影响数据在不同系统之间进行交换。同时，云平台的相关支撑技术也可以通过互操作性实现协同作业，共同完成平台任务。

（6）按需分配，按量计费　按需分配是云计算平台支持资源动态流转的外部特征。云计算平台通过虚拟分拆技术，可以实现计算资源的同构化和可度量化，可以提供小到一台计算机，多到千台计算机的计算能力。按量计费起源于效用计算，在云计算平台实现按需分配后，按量计费也成为云计算平台向外提供服务时的有效收费形式⊖。

2. 云平台的支撑技术

（1）系统虚拟化　虚拟化是实现云计算的重要技术，通过在物理主机中同时运行多个虚拟机实现虚拟化。在虚拟化平台上，实现对多个虚拟机操作系统的监视和多个虚拟机对物理资源的共享。系统虚拟化是指将一个物理计算机系统虚拟化为一个或多个虚拟计算机系统。每个虚拟计算机系统（简称虚拟机）都拥有自己的虚拟硬件（如CPU、内存和设备等），来提供一个独立的虚拟机执行环境。

（2）虚拟化资源管理　虚拟化资源是云计算中最重要的组成部分之一，对虚拟化资源的管理水平直接影响云计算的可用性、可靠性和安全性。虚拟化资源管理主要包括对虚拟化资源的监控、分配和调度。云资源池中应用的需求不断改变，在线服务的请求经常不可预测，这种动态的环境要求云计算的数据中心或计算中心能够对各类资源进行灵活、快速、动态的按需调度。

（3）分布式系统　分布式系统是指在文件系统基础上发展而来的云存储系统，可用于大规模的集群，主要有以下几个特点：

1）高可靠性：云存储系统支持多个节点保存多个数据副本的功能，以保证数据的可靠性。

2）高访问性：根据数据的重要性和访问频率将数据分级进行多副本存储、热点数据并行读写，提高访问效率。

3）在线迁移、复制：存储节点支持在线迁移，复制、扩容不影响上层应用。

4）自动负荷均衡：根据当前系统的负荷，将原有节点上的数据迁移到新增的节点上，采用特有的分片存储，以"块"为最小单位来存储，存储和查询时可以将所有的存储节点进行并行计算。

5）元数据和数据分离：采用元数据和数据分离的存储方式设计分布式系统。分布式数据库能实现动态负荷均衡、故障节点自动接管，具有高可靠性、高可用性、高可扩展性。

（4）并行计算模式　云计算下的并行处理需要考虑以下关键问题：

1）任务划分。使得任务能更加优化地被分解和并行执行。

2）任务调度。操作尽量本地化，以保证在网络资源有限的情况下，最大限度地将计算任务在本地执行，减少通信开销。

3）自动容错处理机制。保证在结点失效的情况下处理任务仍然能够正确地执行。

（5）用户交互技术　随着云计算的逐步普及，浏览器已经不仅是一个客户端的软件，而逐步演变为承载着互联网的平台。浏览器与云计算的整合技术主要体现在浏览器网络化与浏览器云服

⊖　引自http://www.scicat.cn/aa/20211111/852808.html。

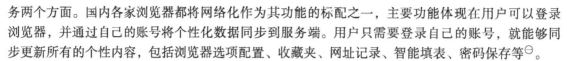
务两个方面。国内各家浏览器都将网络化作为其功能的标配之一，主要功能体现在用户可以登录浏览器，并通过自己的账号将个性化数据同步到服务端。用户只需要登录自己的账号，就能够同步更新所有的个性内容，包括浏览器选项配置、收藏夹、网址记录、智能填表、密码保存等⊖。

3. 云平台的分类

按照网络结构，云平台可以分为公有云、私有云和混合云。

（1）公有云 公有云通常是指第三方提供商为用户提供的能够使用的云，公有云一般可通过 Internet 使用，公有云的核心属性是共享资源服务。公有云是为大众而建的，所有入驻用户都称为租户。公有云不仅同时支持多个租户，而且一个租户离开，其资源可以马上释放给下一个租户，能够在大范围内实现资源优化。

（2）私有云 私有云是为一个用户单独使用而构建的。私有云可以搭建在企业的局域网上，与企业内部的监控系统、资产管理系统等相关系统进行连通，从而更有利于公司内部系统的集成管理。私有云虽然数据安全性方面比公有云高，但是维护的成本也相对较大（对于中小企业而言）。

（3）混合云 混合云是公有云和私有云的混合，这种混合可以是计算的、存储的，也可以两者兼而有之。在现阶段公有云尚不完全成熟，而私有云存在运维难、部署实践周期长、动态扩展难的问题，混合云是一种较为理想的平滑过渡方式。

4. 云平台的服务类型

（1）基础设施即服务 消费者通过 Internet 可以从完善的计算机基础设施获得服务，这类服务称为基础设施即服务（Infrastructure as a Service，IaaS）。通过软件平台将大量硬件资源集中管理，根据用户请求按需分配存储空间、计算能力、内存大小、防火墙、操作系统、网络环境等基础设施，以满足用户需求。其优点在于基础设施可以动态扩展，根据需求升级而增加基础设施的配置和容量。用户只为自己使用的部分付费，降低运营成本。付费后可以立即获取需要的升级，无须等待较长时间。缺点是安全性、稳定性不确定。如果服务提供商网络环境出问题，用户则不能访问其提供的基础设施，同时运行在基础设施上的 PaaS、SaaS 产品也无法提供服务。

（2）平台即服务 云计算时代将"服务器平台"或"开发环境"作为服务的产品，被称为平台即服务（Platform as a Service，PaaS）。例如，企业购买了 IaaS 虚拟硬件，需要部署一个企业资源计划（Enterprise Resource Planning，ERP）系统。ERP 系统需要大量的服务、数据作为业务支撑，如采购人员需要知道行业材料价格最新数据，需要知道招标投标信息及结果，而 PaaS 提供商的服务 API 接口就可以获取这些数据。此外，PaaS 系统还保证 ERP 系统随着使用量增加可能出现的性能瓶颈，利用企业服务总线、云存储、云缓存解决服务负荷均衡、缓存、存储问题，让其运行在基础设施上。解决专业、公共、非功能性问题的服务，不属于业务部分，放入 PaaS 平台，可以利用云的扩展性，分担业务系统的性能压力。PaaS 的价值在于提供独特的价值能力，这些服务大多是对稀有资源的包装，通过 Open API 的方式供第三方调用。这些资源包括业务数据、业务服务、计算能力、存储能力等。

（3）软件即服务 把服务器平台作为一种服务提供的商业模式，通过网络进行程序提供的服务称为软件即服务（Software as a Service，SaaS）。随着互联网技术的发展和应用软件的成熟，在 21 世纪兴起的一种完全创新的软件应用模式——SaaS，与按需软件（On-demand Software）、应用服务提供商（the Application Service Provider，ASP）、托管软件（Hosted Software）具有相似的含义。它是一种通过 Internet 提供软件的模式，厂商将应用软件统一部署在自己的服务器上，客户根据自己的实际需求，通过互联网向厂商定购所需的应用软件服务，按订购的服务多少和时间长短向厂商支付费用，并通过互联网获得厂商提供的服务。用户不用购买软件，向提供商租用基于 Web 的

⊖ 引自中国电子技术标准化研究院.《云计算标准化白皮书》。

软件，来管理企业经营活动，且无须对软件进行维护，服务提供商会全权管理和维护软件，软件
厂商在向客户提供互联网应用的同时，也提供软件的离线操作和本地数据存储，让用户随时随地都可以使用其订购的软件和服务。对于许多小型企业来说，SaaS 是使用先进技术的最好途径，它消除了企业购买、构建和维护基础设施和应用程序的需要。为降低企业运营成本，企业通过购买 SaaS 平台的软件直接使用，不必购买服务器，且不需要在租用本地服务器、搭建环境及系统维护上面投入精力。只需要按照次数或者使用量来付费。代表模式：多租户。其优点在于使用方便，运营成本低。缺点是除了稳定性、安全性外，软件定制开发、升级、与其他软件整合，都需要 SaaS 提供商的支持[⊖]。

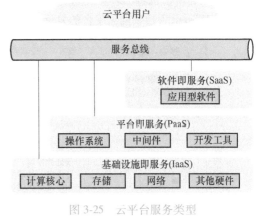

图 3-25　云平台服务类型

5. 云平台的发展

（1）物联网云平台　物联网云平台是由物联网中间件这一概念逐步演进形成的。简单而言，物联网云平台是物联网平台与云计算的技术融合，是架设在 IaaS 层上的 PaaS 软件，通过联动感知层和应用层，向下连接、管理物联网终端设备，归集、存储感知数据，向上提供应用开发的标准接口和共性工具模块，以 SaaS 软件的形态间接触达最终用户（也存在部分行业为云平台软件，如工业物联网），通过对数据的处理、分析和可视化，驱动理性、高效决策。物联网云平台是物联网体系的中枢神经，协调整合海量设备、信息，构建高效、持续拓展的生态，是物联网产业的价值凝结。随着设备连接量增长、数据资源沉淀、分析能力提升、场景应用丰富且深入，物联网云平台的市场潜力将持续释放。图 3-26 所示为物联网云平台系统架构。

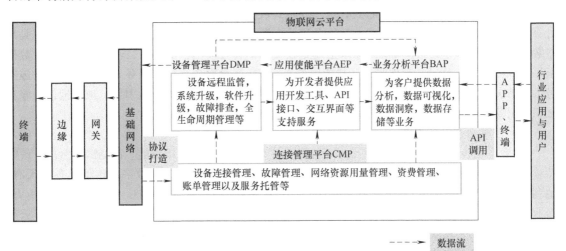

图 3-26　物联网云平台系统架构

物联网云平台正处于沉淀后模式探索、即将步入快速发展前的拐点阶段。物联网云平台的发展得益于智能家居行业的垂直生态发展，在连接量、参与者和用户不断增加后，复用现有的云技术

⊖　引自陪学. 云平台基本概念. https://blog.csdn.net/weixin_42058609/article/details/102729354。

开发和应用经验，不断向其他应用场景纵向扩展。由海量接入及复杂设备类型管理兴起，物联网云平台的核心价值也将随着发展到稳定阶段，由关注底层硬件向软件平台多场景化的业务能力转变。图 3-27 所示为物联网云平台的发展路径。

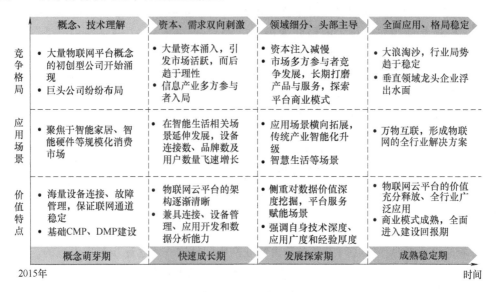

	概念、技术理解	资本、需求双向刺激	领域细分、头部主导	全面应用、格局稳定
竞争格局	• 大量物联网平台概念的初创型公司开始涌现 • 巨头公司纷纷布局	• 大量资本涌入，引发市场活跃，而后趋于理性 • 信息产业多方参与者入局	• 资本注入减慢 • 市场多方参与者竞争发展，长期打磨产品与服务，探索平台商业模式	• 大浪淘沙，行业局势趋于稳定 • 垂直领域龙头企业浮出水面
应用场景	• 聚焦于智能家居、智能硬件等规模化消费市场	• 在智能生活相关场景延伸发展，设备连接数、品牌数及用户数量飞速增长	• 应用场景横向拓展，传统产业智能化升级 • 智慧生活等场景	• 万物互联，形成物联网的全行业解决方案
价值特点	• 海量设备连接、故障管理，保证联网通道稳定 • 基础CMP、DMP建设	• 物联网云平台的架构逐渐清晰 • 兼具连接、设备管理、应用开发和数据分析能力	• 侧重对数据价值深度挖掘，平台服务赋能场景 • 强调自身技术深度、应用广度和经验厚度	• 物联网云平台的价值充分释放、全行业广泛应用 • 商业模式成熟，全面进入建设回报期
	概念萌芽期	快速成长期	发展探索期	成熟稳定期

2015年　　　　　　　　　　　　　　　　　　　　　　　　　　　　　　　　时间

图 3-27　物联网云平台的发展路径

（2）大数据云平台　大数据是指无法在一定时间范围内用常规软件工具进行捕捉、管理和处理的数据集合，是需要新处理模式才能具有更强的决策力、洞察发现力和流程优化能力的海量、高增长率和多样化的信息资产。大数据与云平台的关系就像一枚硬币的正反面一样密不可分。大数据必然无法用单台的计算机进行处理，必须采用分布式计算架构。它的特色在于对海量数据的挖掘，但它必须依托云计算的分布式处理、分布式数据库、云存储和虚拟化技术。大数据需要云计算平台，云计算平台需要大数据。云平台注重资源分配，是硬件资源的虚拟化；而大数据是海量数据的高效处理，无论在资源的需求上还是在资源的再处理上，都需要二者共同运用。大数据云平台以数据服务 DaaS、软件服务（功能服务）SaaS、平台服务（接口服务）PaaS、基础设施服务 IaaS 和知识服务 KaaS 为核心，构建服务资源池，形成服务引擎、业务流引擎、地名地址引擎和知识化引擎，通过这种云服务系统，为各种业务提供按需服务。

（3）云平台建设新阶段

1）数字化转型进程加深，云平台成为企业数字化业务运转的基础设施。市场需求激增，政策持续加码，相应的数字化技术也不断突破，多重变革力量交织汇聚，使数字化转型具备"天时、地利"，发展浪潮螺旋式上升。数字化转型元年已至，企业顺势转型是必然。塑造数字化竞争力，企业需要云平台的支撑。通过池化资源（通过特征降维等方式，降低对于计算资源的损耗），云平台帮助企业驱动实现以客户为中心价值链的最短路径化，实现技术、业务、决策的深度融合，最终实现企业效率和收益的提高。云平台成为数字化业务运转的基础设施。

2）云平台建设价值得到初步验证，成本、性能优化成为建设进阶新需求。自 2006 年云计算兴起，到目前相关技术逐渐趋于成熟，云平台建设已初见成效。从企业云平台建设规模来看，目前已形成以金融、通信、互联网企业为代表的"赋能者"，且大量"转型者"紧随其后。云对业务最终的价值效益已经明显，加之沉没成本太高，企业对寻求优化建设成本和提高性能的解决方案十分迫切。为了最终实现业务的增长，整体拥有成本的降低，企业需要从成本、性能两个角度切入进行优化和突破。

3）云平台建设的整体规划助力企业实现成本可控。企业对于云成本管理方面的挑战，很大一定程度是因为缺乏对云平台建设的整体规划。缺乏规划容易导致企业采购不需要或者不贴合原始需求的云服务。为控制云平台的整体拥有成本，同时保证云平台的高可用性和可持续性，企业需要整体规划。云平台建设的整体规划不仅包括云平台建设的整体规划、步骤和目标，还应该包括建设步骤与建设目标之间的关联关系。随着云平台建设从初期进入"深水区"，企业对云平台建设考虑的也从应用迁移上云，转向后续的运维、容灾和备份（灾备）等在前期建设中容易忽视的场景⊖。

3.6.2 云平台的搭建

针对不同应用场景，云平台可分为桌面平台和移动平台，以便捷使用。两类平台均以云中心为基础，分别根据运行网络和硬件环境，开发构建相应的桌面端和移动端服务系统及功能。下面详细介绍云中心的建构。

1. 云中心的建构

云中心应包括服务资源池、服务引擎、业务流引擎和云端管理系统等部分。以计算存储、数据、功能、接口和知识服务为核心，形成服务资源池，建立服务引擎、业务流引擎等引擎，通过云端管理系统进行管理，为桌面平台和移动平台提供数据支撑和各类服务。

（1）服务资源池　服务资源池包括数据服务、接口服务、功能服务、计算存储服务、知识服务等。资源池化技术可以方便用户弹性地调动资源，最大限度提高各项资源的利用率。

（2）服务引擎　服务引擎是指以灵活的方式实现服务彼此通信和转换的连接中枢，并且这种连接与开发环境、编程语言、编程模型或者消息格式具有支撑在线调用现有服务和知识，实现将其他资源上传、注册与发布等功能。

（3）业务流引擎　业务流引擎是将业务流程中的工作，按照逻辑和规则以恰当的模型进行表示并对其实施计算，实现工作业务的自动化处理。

（4）云端管理系统　云端管理系统至少应包括系统设置、用户管理、资源发布、服务管理、系统监控等功能，具体如下：

1）系统设置功能包括基本配置信息设置、数据库信息设置、服务器信息设置、服务备份和集群部署等。

2）用户管理功能包含用户列表、用户组管理、角色管理和审核审批。

3）资源发布功能将数据以服务的形式在系统中发布并注册，进入服务资源池。

4）服务管理功能实现发布的服务资源查询、运行状态更改、详细信息浏览和服务删除。

5）系统监控功能包含用户监控、系统监控、服务监控和日志查看与分析。

2. 云平台搭建流程

（1）需求分析　需求分析需要将云终端的用户进行基本分类，在基本分类的基础上，了解不同用户的特征及操作需求，为开展下一步平台搭建工作做铺垫。

（2）系统设计　根据用户在云端共享层次的不同，有以下两种实现技术。

1）共享信息和技术。这是最轻量级的，所有的人都用同一个账户登录，进入同一个用户环境，可运行同一个程序集中的程序，每个人的数据集对其他人可见。用户一退出，其计算痕迹全部被删除。该方法特别适用于公共场所，如图书馆的多媒体阅览室、教育培训机构的计算机室、智能会议室、查询终端等。

2）独占信息、共享技术。这是较轻量级的，即每个用户独占数据集和少量应用软件，共享硬

⊖ 引自 https://36kr.com/p/1410569389507462。

件、系统软件（如操作系统）和大部分应用软件。这就是多用户系统，Linux 操作系统是一个典型的多用户系统，Windows 的远程桌面服务也是多用户系统。

（3）硬件选型　组成个人计算机的四大部件分别是 CPU、主板、内存和电源，它们关系到整台计算机的综合性能和稳定性。但是作为云端服务器，硬盘也至关重要，尤其是硬盘的 IOPS 指标。各种集群中的服务器的主要任务是运行虚拟机，因此对 CPU 和内存比较敏感。基础服务集群中的计算机统一采用物理机直接安装法（不采用虚拟机），以便提高基础服务的快速响应能力，这部分机器对硬件配置要求不高，但是对可靠性要求很高。

（4）软件选型　小型私有办公云目前还是以微软桌面为主。实现支持多用户桌面的方法有以下两种：第一种是开启远程桌面服务角色，并购买相应数量的许可证；第二种是打上多用户补丁，这个方法虽然成本低，但是存在法律风险。如果需要创建虚拟机，则还需要启用操作系统的 Hyper-V 角色⊖。

（5）部署　整个系统的部署主要涉及 Ceph 的部署、OpenStack 的部署、基础服务集群的部署以及虚拟机里的应用部署四个部分。

3. 项目管理云平台整体架构

项目管理云平台整体架构可分为基础设施层、网络环境层、数据管理层、系统服务层、业务应用层、应用终端六个层次结构，如图 3-28 所示。

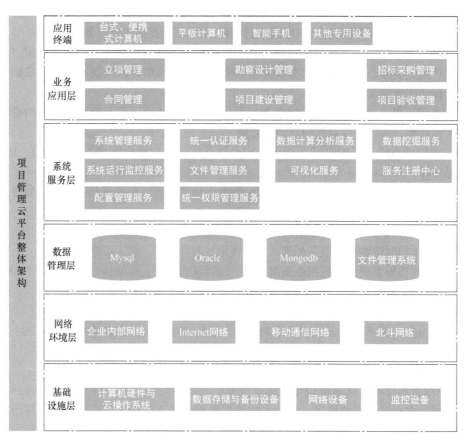

图 3-28　项目管理云平台整体架构图

⊖ 引自 https://www.cnblogs.com/yunsongfu/articles/15450000.html。

（1）基础设施层 基础设施层主要由计算机硬件与云操作系统、数据存储与备份设备、网络设备、监控设备等组成，为软件提供最基本的安装和运行环境，对数据管理层、系统服务层、业务应用层提供物理设备支撑。

（2）网络环境层 网络环境层主要是为平台内部各功能模块之间和用户与平台系统之间提供网络通信支撑，由于工程项目一体化管理云平台的用户分布很分散，有跨地区甚至跨国界的情况，面临的通信条件也不一样，为了能够让所有用户方便快捷地接入平台系统，平台系统应该满足通过企业内部网络、Internet 网络、移动通信网络、北斗网络等多种通信网络的连接。

（3）数据管理层 数据管理层由数据库管理系统和文件存储服务器构成。工程项目的建设过程涉及许多的文档资料以及大量的结构化数据、半结构化数据、非结构化数据。工程项目一体化管理云平台的数据管理层主要由 Mysql、Oracle、Mongodb、文件管理系统组成，支持该平台的数据管理功能。

（4）系统服务层 系统服务层包括系统管理服务、统一认证服务、数据计算分析服务、数据挖掘服务、系统运行监控服务、文件管理服务、可视化服务、服务注册中心、配置管理服务、统一权限管理服务等组件，为平台系统提供系统运行层面和业务应用层面的支撑功能。

（5）业务应用层 业务应用层直接面向用户，是平台系统和用户之间的桥梁，也是平台系统体现其核心现价值的组成部分。大型建设工程项目一体化管理平台的业务应用层包含立项管理、勘察设计管理、招标采购管理、合同管理、项目建设管理、项目验收管理等六个模块，为用户提供大型建设项目的建设管理功能。

（6）应用终端 根据项目的需求分析可知，工程项目涉及较多的参与人员，并且参与人员所处的物理环境较为复杂，具备的通信条件也各不相同，所以为了众多的项目参与人员和项目管理人员能够方便快捷地接入平台系统，平台系统应具备能够让台式计算机、便携式计算机、智能手机等设备接入的功能[88]。

4. 建筑运维云平台整体架构

运维云平台整体架构可以实现平台内部系统的统一部署、数据高效安全共享和资源按需配置。应用虚拟化、高可用性和负荷均衡等技术，并高度整合和充分利用建筑设备物联网信息资源，通过构建统一标准的资源池，建立动态数据中心，搭建由桌面云、业务云、安全云、灾备云和测试云组成的建筑运维云平台，有效提高资源的利用率，充分发挥建筑运维系统的效能。

建筑运维云平台分为基础设施层、虚拟化运维云平台服务层、建筑运维业务系统服务层、建筑运维业务云应用层和终端接入层五层（图 3-29）。将基础设施层虚拟为虚拟化运维云平台服务层后提供 IaaS 服务，建筑运维业务系统服务层通过整合所用建筑机电设备系统并建立 BIM 数据系统提供 PaaS 服务，而用户可以通过各种终端设备接入建筑运维业务云应用层获取 SaaS 服务。

（1）基础设施层 基础设施层是整个架构的基础，其性能决定了建筑物联网和 BIM 运维系统的服务能力和范围，为整个云平台提供硬件资源。

（2）虚拟化运维云平台服务层 基于虚拟化技术的运维云平台服务层将基础设施层虚拟化为计算、存储、桌面、网络和安全五大虚拟资源池，建立资源按需分配、统一部署的云平台。

（3）建筑运维业务系统服务层 建筑运维业务系统服务层是从各建筑机电设备系统、物联网系统和 BIM 数据管理等系统的业务需求出发，为合理地从虚拟化层动态分配计算、存储及网络等资源而创建的虚拟服务器层，提供信息化应用系统服务（智能卡系统、物业管理系统、建筑资产管理系统、专业业务系统等）、信息设施系统服务（公共广播系统、公共信息系统、时钟系统等）、建筑设备管理系统服务（照明系统、空调通风系统、供配电系统、能源管理系统、建筑物联网系统等）、公共安全系统服务（火灾自动报警系统、视频安防监控系统、出入口控制系统、入侵报警系统等）、BIM 数据管理服务等后台服务器资源。

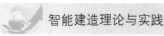

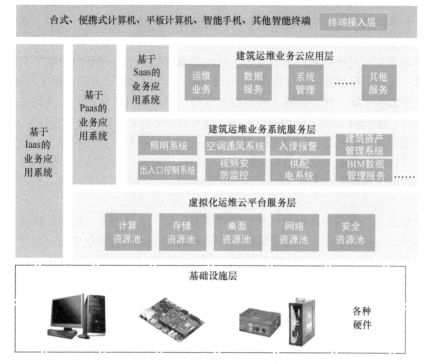

图 3-29　建筑运维云平台整体架构

（4）建筑运维业务云应用层　建筑运维业务云应用层是直接与用户接触，它是面向智慧建筑 IoT 和 BIM 的运维云的核心部分，实现运维云的核心业务逻辑，能够最真实地反映用户体验。除了提供各种应用服务之外，建筑运维业务云应用层还提供整个平台的交互接口。

（5）终端接入层　终端接入层是指用户获取建筑运维业务云应用服务所使用的台式、便携式计算机、平板计算机和智能手机等设备[89]。

3.6.3　云平台在智能建造中的应用

云平台的高度扩展性、高便捷性、高可靠性、高度灵活性等优势，可以实现建造资源的整合，可以将现有分散、自成一体、本地化的网络平台转变成为一个由具体网络运行环境、网络服务器系统、网络操作系统组成的强大的、统一的平台。统一资源共享云平台的建立，可以提高建筑业整体的管理水平，实现项目管理和工地的智能化。

1. BIM 云平台应用

BIM 云平台是基于互联网模式的工程建设参与者多方协同工作的平台，服务于工程建设项目的所有参与者。平台主要为整个 BIM 项目在协同层面、展示层面提供一个互相交流的媒介。该平台贯穿整个 BIM 项目实施周期，为各方参与者提供数据协同、管理协同、成功展示的平台，提高 BIM 工作人员的协同工作能力以及工作效率。图 3-30 所示为 BIM 5D 云平台。

（1）BIM 云平台实现协同管理　BIM 云平台充分利用云计算的运算和数据分析能力，快速准确地进行模型融合、模型分析，实现各项目工程量的计算与存储、建筑信息模型的渲染与仿真、建筑信息模型数据随时修改与更新。BIM 云平台能够使各项目参与方随时随地参与到项目规划、设计、建筑等各个阶段，在云平台上进行数据交互、信息共享，从而真正实现各方对建设工程的协同管理。

（2）BIM 云平台实现文件管理　BIM 云平台可以建立统一格式的文件列表，不同的文件权限

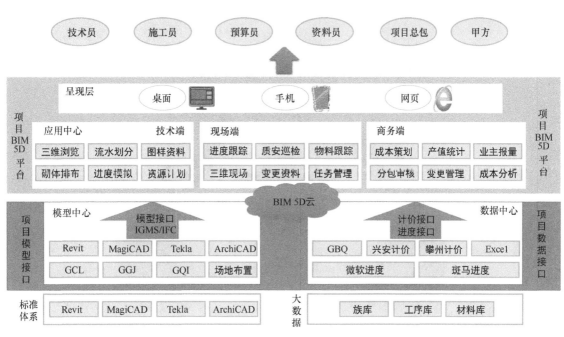

图 3-30 BIM 5D 云平台

可以设置为创建、预览、下载、编辑和删除等，提高沟通上的效率。工程项目的每一个参与者都能通过 BIM 云平台上传或共享文件，同时能够自主设置文件权限。被上传的文件可以根据最新更新日期生成新版本，并保留旧版本，这样能够通过记录操作痕迹，实现对项目文件更全面的管理，也能够结合云端终端设备如平板计算机、智能手机等方式，在施工现场进行监管。

（3）BIM 云平台实现流程管理 云端流程管理主要体现在两方面，一方面是审批流程管理，另一方面是项目实施流程管理。传统的审批流程不适合跨平台使用，过程烦琐，而 BIM 技术的云协同平台很好地解决了这个难题。对于工程造价来说，传统的成本管理流程已逐渐不能满足信息化和数字化发展的需求。将 BIM 技术与云技术结合起来，根据实际应用创建基于 BIM 云平台的工程造价管理流程是大势所趋。

（4）BIM 云平台实现软件管理 BIM 云平台的应用软件众多，在 BIM 云平台上能够实现各个用户在同一桌面上同时操作，达到协同合作的目的。工具软件的作用是在云平台系统上管理应用软件，包括软件许可证数目、节点用量及软件的使用状态等。

（5）BIM 云平台实现权限管理 在这一应用模块中，管理者能够根据需求简单方便地对某些用户进行添加、编辑等，甚至能够临时禁用某个用户。同时结合云端文件管理、软件管理等功能，管理者能够赋予不同用户的软件和文件等的访问权限，并保留访问记录[⊖]。

2. 智慧工地云平台应用

智慧工地云平台就是将政府、相关企业以及市民各个方面组合在一起，为各方提供服务的一个平台（图 3-31）。智慧工地云平台通过实现各方的集成应用，解决工程现场监管困难的问题。其中，工程现场的应用包括环境和设备的监控、视频、在线管理以及在线办公等。智慧工地云平台够为政府部门提供更加公平、公正、透明的执法参考数据，实现数据共享。同时，企业方每个部门之间可以共同办公，减少信息数据传递过慢导致的部门无法配合的问题[90]。市民也可以通过智慧工地云平台实时了解工地概况，监督工程实施。

⊖ 引自 https://zhuanlan.zhihu.com/p/338776940。

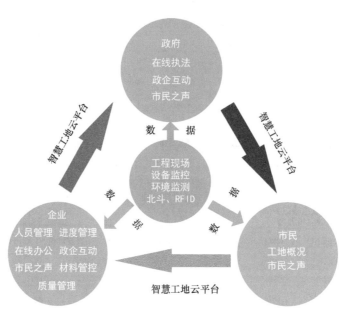

图 3-31　智慧工地云平台

（1）云平台传输系统　云平台传输系统利用视频监控对工地现场的情况进行连接，可以远程控制球形摄像机转动和接收工地施工现场的报警；还可以让工作人员在远程对施工现场进行语音控制和指挥，从而可以让管理者远程对工地进行控制、监督以及管理，强化总部对工地的支持。工地管理人员还可以在现场安装视频监控对工地现场全天的施工情况进行监控。在发生不可预测问题时，管理人员可通过查看监控明确发生事故的具体原因；除此以外还可以对施工现场的重点位置进行检查，真正做到实时监控工地施工全过程，能够及时地发展和解决问题，排除一些潜在的安全隐患，保证施工的质量。

（2）云平台设备监控系统　施工工地云平台设备监控系统主要由以下三部分组成：第一是塔式起重机监控系统。在这样的系统下塔式起重机可以单独运行，并且可以实时监控群塔之间的防触碰作业以及声光的报警功能等，最主要的是在警报响起的那一刻，系统就会自动地让塔式起重机停下危险动作，保证安全。第二是升降机监控系统，升降机监控系统可以实时监控升降机的状态，在有事故发生时，监控中心可以直接发出停止指令，让升降机停止运行；升降机监控系统可以对工作人员进行人脸的识别，使用先进的技术对工作人员进行人脸识别和身份验证，防止非工作人员进入；升降机监控系统还可以对数据进行管理，可以将升降机的使用记录以及故障记录等准确地保存在数据库中，为之后的维修建立档案。第三是特殊车辆监视系统，这个系统主要是对进入工地现场的特殊车辆进行监视，如水泥车或者是搅拌车等，保障人员和车辆在施工现场的安全。

（3）云平台环境监测系统　云平台环境监测系统可以对施工工地的噪声或者是粉尘等进行实时监控，保证文明施工、绿色施工。

1）对噪声的监测。在施工场地安装噪声监测装置可以测量工地周边的噪声强度，系统自动将所监测到的数据上传到云端，并且通过云计算进行处理，如果监测噪声强度超过标准系统会自动报警，并且将该组数据传递给政府相关部门。

2）对粉尘的监测。在施工场地安装粉尘监测装置可以监测工地周围的粉尘浓度，将监测出来的数值上传到云端并且根据云计算进行处理，处理结果如果和气象部门的资料相差过大就会自动报警。

3）对温度和湿度的监测。云平台环境监测系统还可以对施工场地进行实时的温度和湿度监

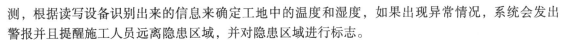

测，根据读写设备识别出来的信息来确定工地中的温度和湿度，如果出现异常情况，系统会发出警报并且提醒施工人员远离隐患区域，并对隐患区域进行标志。

（4）云平台在线管理系统

1）人员管理。在施工开始之前，云平台在线管理系统会对工作人员进行身份认证，并根据工作的种类进行划分，从而形成不同的人员管理。对于在危险区域工作的施工人员，系统会对他们进行标注以便对这个岗位的人员重点管理。

2）材料管控。每一次使用和采购材料时需要在系统中进行标注，并且系统可以根据施工之前做的材料预算和材料的使用情况在计算机中形成图表，供材料管理人员参考，这样可以有效地控制材料使用和提高使用率。

3）进度管理。每一项工程都有各自的工期，系统会形成一个总工程进度表，并且根据实际的施工情况来进行进度表的更新，还会标注现处于哪一个工期阶段。其中，管理人员可以通过系统形成的颜色条条对每一个阶段的进度进行观察，实时地控制工时和进度，保证工程可以按照正常的工期完成，不会因为某种原因而耽误。

4）安全管理。这种系统主要是针对施工现场的安全，其中包括安全组织管理、现场安全管理、施工安全管理和设备安全管理等一系列内容。安全管理系统可以对工作人员的行为或设备的状态进行实时控制和管理，保证工人的安全和设备不出现问题。

3. 智能建造云平台应用

（1）物联网中台　物联网中台是智慧建筑操作系统的基座，物联网平台负责虚拟设备对象（数字孪生体或设备影子）的生命周期管理，借助虚拟设备对象实现对实体设备的管控，并为上层平台提供统一的接口。物联网中台的具体功能包括设备注册和认证、同步资源模型和资源数据、虚拟设备对象生命周期管理、虚实对象状态同步等。

（2）智能化中台　智能化中台可分为数据中台和业务中台，数据中台侧重于数据服务，业务中台侧重于业务应用支持。智能化数据中台对资源模型和资源数据进行统一管理，对各专业设备的实时运行数据进行融合，为上层的智能化服务和应用提供支撑。业务中台的服务又可细分为前端应用服务和后端应用服务。前端应用服务是为了让应用系统其他服务得以正常工作、互相访问、提供可维护性而存在的平台级服务。后端应用服务包括资源服务、数据计算服务、监控告警服务、事件服务等。

（3）智能化服务与应用　云平台提供的智能化服务主要涵盖了智能建筑常见通用功能服务（子系统），如物业管理应用、一库（卡）通应用、各项信息设施系统服务、各项建筑设备管理服务、各项公共安全管理服务等，以及面向专业场景的服务，如客流统计、资产管理、位置服务、智能家居、智慧医疗、访客管理与车位引导。

（4）运维管理应用　通过采用"云、管、端"的技术架构，实现了对基础设施的一体化接入和管理，可将基础设施的能力进行封装和编排，以"空间、时间、设施、规则"作为关键要素，为上层业务运营管理系统提供可标准化描述，可自动化开通、智能化运行、定义服务水平、实时精确计量和计费的基础设施服务，从而实现"建筑即服务"。依托建筑智慧平台实现基于数据、事实和理性分析的精细化管理，打通建筑运营过程中涉及的客服接待、运维管理、设备监控、事务响应、计划安排、任务管控、人力资源、大数据分析、商业智能诸多业务领域，可全面提高业主和用户的工作、生活体验，大幅提升物业服务的品质、提升人员的工作效率，节能降耗、提升收益[91]。

3.6.4　建造云平台应用实例

1. 朗坤智能建造云平台

智能建造云平台以 BIM "智能构件"为核心，以工程项目为主线，工程项目管理与 BIM 高度融合，有效集成业内人员、物流、资金、数据和技术资源，开展从项目策划、概念设计、详细设计、分析与模拟、设计出图、预制加工、采购物流、施工、运营维护和拆除的全生命周期管理，实现工程项目全过程、全要素与全参与方的泛在连接。保障全过程管理模拟预演化、管理结果可视化、管理数据可管化、对象管理可控化，助力企业提高生产能力，降低过程成本。

图 3-32 所示为朗坤智能建造云平台，该平台能节约建造项目成本，缩短建造周期，提升资源配置能力和效率，提高项目的精益化管理水平和建筑业的创新能力，赋能建筑企业"多、快、好、省"地完成工程项目。

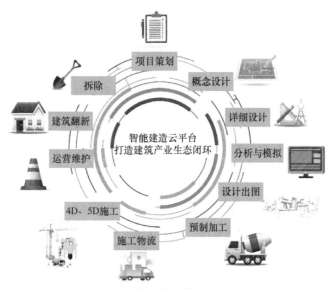

图 3-32 朗坤智能建造云平台

2. 中信智能建造云平台

中信智能建造项目管理云平台是以工程项目为中心的、参建各方立体交互的工程管理数据化工作平台（图 3-33）。它全面覆盖：参建企业所需的工地现场管理交互数据化功能体系；工程师所需的智慧工具数据化功能体系；项目全生命周期、全要素、全角色在线协同管理。

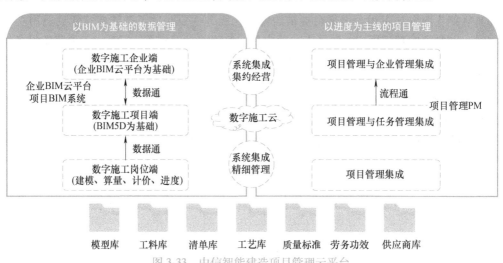

图 3-33 中信智能建造项目管理云平台

中信智能建造智慧工地云平台基于任务、计划，以及人的协作，推进施工过程管理的精细和可控，促进各岗位的无缝协同，以及项目中参与的各类企业，叠加物联网平台同步机械，物料等诸多关键要素的优化调配和使用（图3-34）。

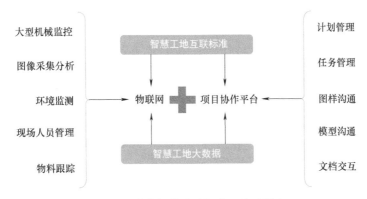

图 3-34 中信智能建造智慧工地云平台

中信智能建造协同设计云平台是基于 BIM 的建筑工业化设计解决方案（图3-35），以执行建筑师制为基础，所有设计专业及人员在一个统一的平台上进行设计，真正实现所有图样信息元的单一性，实现一处修改其他自动修改，提升设计效率和设计质量。

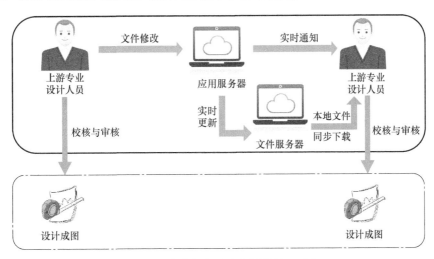

图 3-35 中信智能建造协同设计云平台

3. 共友智慧工地云平台

共友智慧工地云平台（图3-36），针对不同角色用户的需求，提供不同的平台服务，并可根据用户需求提供定制化智慧工地云平台解决方案，其特点是数据实时精准、安全可视化、绿色可达标、管理高效。该云平台提供的场景主要解决方案包括以下四类：

（1）安全管理方案 共友智慧工地云平台的安全管理方案通过视频监控实现工地现场的可视化管理，同时对现场的塔式起重机、升降机、卸料平台、火灾隐患、深基坑、模架、临边洞口、车辆出入等管控的全方位覆盖，保障作业安全及施工规范。

（2）人员管理方案 共友智慧工地云平台的人员管理以实名制为基础，通过对人员的进出考勤、教育培训、现场作业、多方协同等全流程把控，实现人员管理的安全、有序、高效。

（3）进度管理方案 共友智慧工地云平台的进度管理是基于统一平台，可随时拆分工程计划并分配责任人，劳务人员实时反馈施工状态，管理人可随时查看并跟踪施工进度，通过 Web 端和

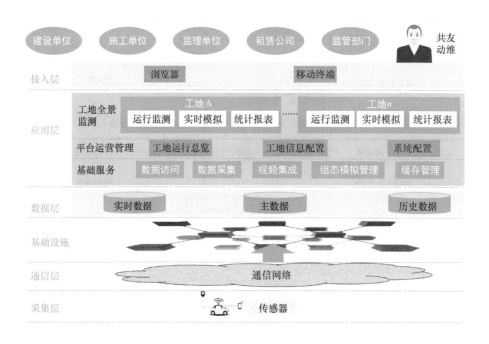

图 3-36　共友智慧工地云平台部署整体架构

APP 端的实时数据展示，实现现场施工进度的可视化管理。

（4）环境管理方案　共友智慧工地云平台的环境管理方案基于物联网技术实现对施工现场环境及能耗工况的实时监测，并可将监测数据传输至智慧工地云平台，与环境治理系统联动，实现更智能的监测与治理，提高作业环境，实现节能减排。

4. SPDCI 智能建造云平台

SPDCI 是一种云算量 SaaS 平台，平台内置丰富的建筑算量知识图谱，采用云、大数据、人工智能等技术，以建筑信息模型为载体，通过云计算高效、准确地获取、管理和挖掘算量数据，助力工程成本的精细化、透明化管理，让决策更高效。

1）云计算+云储存。采用先进的分布式的云计算和云存储技术，实现高效计量及算量数据的安全以及一致性访问。

2）大数据+人工智能。提供开放式数据接口，实现数据互联互通，助力精细化管理和智慧建造。

3）SaaS 服务。提供开放式数据接口，实现数据互联互通，助力精细化管理和智慧建造。

SPDCI 智慧建造云平台通过工程物联、工程 BIM、工程数据、工程协同、工程生产五大板块，建立综合的工程项目管理大数据平台。能够让管理人员实时掌控项目的安全、质量、物资、机械、进度、人员、IoT 设备的状况，及时发现问题，掌控项目状态。平台对真实采集的数据进行挖掘，经过科学的数据分析方法得出结果，为项目重大决策提供支撑。

■ 3.7　"互联网+"与智能建造体系融合

智能建造是由信息技术与工程建造系统深度融合创新形成的一种工程建造发展模式，其技术基础包括 BIM 技术、物联网技术、5G 技术、人工智能技术、云计算技术和大数据技术等，不同技术之间相互独立又相互联系，搭建了整体的智能建造技术体系。智能建造技术涉及建筑工程的全生命周期和全产业链、价值链和创新链，智能建造代表了"互联网+建筑业"的前沿发展方向，是变革建造方式、转型发展模式和重塑产业生态的重要标志。

3.7.1　互联网与"互联网+"

1. 互联网的诞生和发展

互联网是一个由各种不同类型和规模、独立运行与管理的计算机网络组成的全球性巨型计算机网络，其原型是 1969 年美国高级研究计划局（Advanced Research Projects Agency，ARPA，1972 年改名为美国国防部高级研究计划局）投入使用的一个军用网——阿帕网（Advanced Research Projects Agency Network，ARPANET）。20 世纪 70 年代，ARPANET 的设计思想被运用到大学和学术机构。1986 年，美国国家科学基金会（NSF）利用 TCP/IP 协议组建了美国国家科学基金会网络。1992 年，美国的 General Atomics、Performance Systems International、UU net Technologies 这三家公司成立了"商用互联网协会"，宣布用户可以把他们的互联网子网用于任何商业用途，吹响了互联网商业化的号角。1995 年，由美国政府指定的三家私营企业（Pacific Bell、Ameritech Advanced Data Services and Bellcore、Sprint）接替了国家科学基金会网络的工作，打开了互联网商业化的大门。

从互联网的发展历程来看，可以将其概括成三个发展阶段，如图 3-37 所示[92]。

图 3-37　互联网的三个发展阶段

（1）Web 1.0 阶段（1994 年—2002 年，门户时代）　这个阶段强调基于网络链接的分享，其信息只是单纯发布到网络上供用户浏览，基本上是单向的互动。网站提供给用户的内容是预先编辑处理过的，用户只能阅读网站提供的内容。Web 1.0 时代的典型网站是新浪、搜狐、网易三大门户。

（2）Web 2.0 阶段（2002 年—2009 年，搜索/社交时代）　这个阶段强调基于社交的双向信息分享，用户既可以通过网络提供信息，又可以通过网络获取信息。每个人既是网站内容的消费者（浏览者），又是网站内容的制造者[93]。Web 2.0 阶段的典型应用：社交网络（Facebook、微博、人人网、QQ 空间、博客、论坛等）、百科全书、网页书签、搜索引擎等。

（3）Web 3.0 阶段（2009 年至今，大互联时代）　这个阶段强调基于移动的主动分享，产生了以移动互联网为基础的各种创新模式，如共享经济模式。这些模式为用户提供更为个性化的互联网信息定制服务，用户既可通过手持智能终端随时随地发布自己的信息，又可通过第三方信息平台整合网络信息，随时随地获取自己感兴趣的信息，公平享有社会资源，共同获得经济红利，实现共享经济[94]。Web 3.0 阶段的典型应用：以移动化、云端化服务、基于位置的服务（Location Based Services，LBS）等为特点，如众包、微信、百度云、网上购物等。

互联网经过多年的发展，在通信、信息检索、社交、客户服务等方面展示了巨大的潜力，使人们的工作、生活、娱乐方式与商业模式等都发生了显著的改变，深深地影响着这个世界的每个角落和每个人的思维、行为方式，改变着社会。

2. 互联网的本质

互联网已经步入成熟发展阶段，深深地影响着人们工作和社会的方方面面，理清互联网的本质，洞悉互联网的规律性属性，有助于互联网的健康发展。到底什么是互联网的本质呢？现在主流的观点认为互联网的本质包括共享、实时、互动、虚拟和服务等方面⊖。

（1）共享　共享即资源共享性，包括信息资源与实体资源的共享。通过互联网的互联互通，可以实现线上（电子市场、门户网站、论坛、博客等）的信息、图片、视频、游戏、软件等信息资源的共享，再通过线下的运作，最终实现实体资源的共享。

（2）实时　实时强调资源共享的及时性与时效性，可以概括为"所见即所得"，也就是互联网上的信息资源与现实世界的实体状态完全同步，可产生一定的社会价值。实体资源的信息能够通过互联网准确、实时地发布和传播，并被其他用户获取。其他用户可根据需要，实现对实体资源的有效利用。

（3）互动　互动即互联网用户之间的沟通与交流，其本质是即时的反馈，可以实现多对多的传播。互联网的互动表现为全网民参与，可以促进交易与业务的对接。互动的主要形式包括：一对一互动，如即时聊天工具；一对多互动，如微博等；多对多互动，如微信群等。互动容易形成互联网的"人气"经济或生态圈，带来现实世界的社会经济变革。

（4）虚拟　互联网的虚拟性是指在网络中创造一种虚拟的环境，给人一种真实的感受和体验。互联网的虚拟性是互联网发展最突出的特点之一，包括网络空间的虚拟性、网络行为主体身份的虚拟性、网络行为的虚拟性。互联网发展的本质体现了虚拟世界和实体世界的融合，网络的虚拟性拓宽了实体经济的时空和身份界限，促进了网络经济的形成和发展。

（5）服务　互联网服务是指以互联网平台为基础，通过用户之间的沟通与互动，为用户提供信息的各类服务活动。互联网的发展经历了 Web 1.0、Web 2.0、Web 3.0 三个阶段，提供了通信、信息检索、社交、商务、娱乐等服务活动，而且新的服务依然层出不穷。这些服务支撑了互联网的发展，带来了整个社会的进步和发展。

共享性、实时性、互动性、虚拟性、服务性等构成了互联网的本质属性。从这些本质属性着手，可以很好地把握互联网演化的整个过程，为预测互联网未来的发展趋势奠定基础。

3. "互联网+"的内涵和特征

"互联网+"代表着一种新的经济形态，它指的是依托互联网信息技术实现互联网与传统产业的联合，以优化生产要素、更新业务体系、重构商业模式等途径来完成经济转型和升级。"互联网+"计划的目的在于充分发挥互联网的优势，将互联网与传统产业深入融合，以产业升级提升经济生产力，最后实现社会财富的增加⊜。"互联网+"具有如下特征：

（1）跨界融合　"互联网+"的特质是跨界融合，连接一切。"+"就是跨界、变革、开放、重塑、融合。通过跨界形成坚实的创新基础，通过融合实现群体智能，从而形成从研发到产业化的垂直专业化的路径。

（2）创新驱动　创新驱动发展是加快转变经济发展方式的内在要求。要建立可跨界、可协作、可融合的环境与条件，就要敢于打破垄断格局与自我设限，破除束缚生产力发展的因素。这正是互联网的特质，用所谓的互联网思维来求变、自我革新，也更能发挥创新的力量。

⊖ 引自 https://baike.baidu.com/item/互联网的本质/15598456? f-aladdin。

⊜ 引自 https://baike.baidu.com/item/%E4%BA%92%E8%81%94%E7%BD%91%2B/12277003。

（3）重塑结构 在信息革命、全球化趋势下，互联网打破了原有的社会结构、经济结构、地缘结构、文化结构，权力、议事规则、话语权在不断发生变化。互联网+社会治理、虚拟社会治理会有很大的不同。

（4）尊重人性 人性的光辉是推动科技进步、经济增长、社会进步、文化繁荣最根本的力量，互联网的强大力量来源于对人性最大限度的尊重、对用户体验的敬畏、对人的创造性发挥的重视。

（5）开放生态 关于"互联网+"，生态是非常重要的特征，而生态本身就是开放的。我国推进"互联网+"，其中一个重要的方向就是要把过去制约创新的环节化解掉，把孤岛式创新连接起来，让研发由人性决定的市场驱动，从而实现定制化、智能化生产，满足消费者需求，让创业者有实现价值的机会。

（6）连接一切 连接一切是"互联网+"的目标。"互联网+"最终落脚于建设一个连接一切的生态，这个定义体现了互联网对世界产生的影响。跨界需要连接，融合需要连接，创新需要连接。连接是一种对话方式、一种存在形态，没有连接就没有"互联网+"；连接的广度、深度与持续性是由连接的方式、效果、质量、机制所决定的。

3.7.2 "互联网+"与建筑业

1. 建筑业实施"互联网+"转型的背景

作为我国重要的传统行业之一，建筑业融合应用"互联网+"，通过运用云计算、大数据、物联网、人工智能等新一代信息技术，并与 BIM 技术、装配式建筑有效结合，可为工程项目建造过程中商务、技术、生产三条线提供准确、及时、可靠的数据，使工程建设各方充分共享各建设阶段的资源，有效解决设计与施工脱节、部品部件制造与现场施工脱节的问题，更好地提高生产效率，降低人工消耗，改善劳动条件，控制工程成本，提高项目精细化管理水平，保证产品质量，实现高质量发展。"互联网+"为建筑业转型升级发展提供了良好契机。

目前，在国家政策鼓励和行业推动下，BIM 技术在国内建筑业得到迅速推广应用，建筑工业化也得到快速发展。此外，云计算、大数据和人工智能等新一代信息技术已经比较成熟，人力资源储备丰富，在国内电商、物流、医疗等多个行业得到了较好的应用，甚至对部分行业已经产生了颠覆性变革，为建筑业实现"互联网+"转型发展提供了良好的技术条件。

2015 年 3 月，《政府工作报告》中提出"互联网+"行动计划，推动移动互联网、云计算、大数据、物联网等与现代制造业结合，正式将"互联网+"纳入国家顶层设计，提升至国家战略层面。此后，国务院及各部委陆续发布一系列政策文件，推动"互联网+"的发展以及"互联网+"与传统产业的融合。在国家政策的引导下，建筑业与互联网融合发展的范围和领域将走向纵深。表 3-2 展示的是 2015 年—2020 年"互联网+"主要政策文件。

表 3-2 2015 年—2020 年"互联网+"主要政策文件

时间	政策名称	主要内容
2015 年 7 月	《关于积极推进"互联网+"行动的指导意见》	到 2025 年，"互联网+"成为经济社会创新发展的重要驱动力量
2015 年 8 月	《关于促进大数据发展行动纲要的通知》	提出探索大数据与传统产业协同发展的新业态、新模式，促进传统产业转型升级和新兴产业发展，培育新的经济增长点
2016 年 3 月	《中华人民共和国国民经济和社会发展第十三个五年规划纲要》	提出发展现代互联网产业体系，把大数据作为基础性战略资源，全面实施促进大数据发展行动，加快推动数据资源共享开放和开发应用，助力产业转型升级

（续）

时间	政策名称	主要内容
2016 年 8 月	《2016—2020 年建筑业信息化发展纲要》	提出建筑企业应积极探索"互联网+"形势下管理、生产的新模式，深入研究 BIM、物联网等技术的创新应用，创新商业模式
2016 年 12 月	《大数据产业发展规划（2016—2020 年）》	以强化大数据产业创新发展能力为核心，明确了大数据产业发展的 7 项任务、8 项重点工程和 5 项保障措施，提出"促进跨行业大数据融合创新，打破体制机制障碍，打通数据孤岛，创新合作模式，培育交叉融合的大数据应用新业态"
2020 年 7 月	《关于推动智能建造与建筑工业化协同发展的指导意见》	以大力发展建筑工业化为载体，以数字化、智能化升级为动力，创新突破相关核心技术，加大智能建造在工程建设各环节应用，形成涵盖科研、设计、生产加工、施工装配、运营等全产业链融合一体的智能建造产业体系

2. "互联网+"背景下建筑业转型方向

"互联网+"背景下建筑行业发展新模式如图 3-38 所示。在"互联网+"向传统行业快速渗透、建筑业高质量发展需求日益迫切的背景下，建筑业应融合应用"互联网+"，以 BIM 技术、云计算、大数据、物联网、人工智能及移动互联网等技术为支撑，以平台化思维为导向，有效集成业内人员、物流、资金、数据和技术资源，实现对工程从设计、生产、施工到运维的全过程、全要素、全参与方的数字化、在线化、智能化，创新发展模式；以业内大型企业资源和技术实力为依托，打造基于"互联网+"的建筑业互联网平台，构建工程建设全产业链生态系统，形成行业发展新格局[95]。

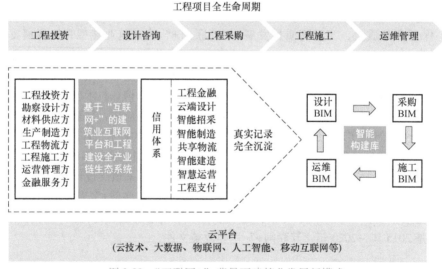

图 3-38 "互联网+"背景下建筑业发展新模式

（1）数字化 实现工程建设全过程的数字化，通过建立 BIM 智能构件系统，实现覆盖工程总承包（EPC）全过程建筑构件的标准化、数字化，具体而言，是把工程实体按分类标准和工艺流程分解为一系列标准化的构件，用统一的数字化语言来描述每个构件的物理和空间属性，以及关于构件设计、交易、施工、竣工和运维的数据；借助 BIM 技术和云技术，把构件变成一个数字模型——智能构件，最终实现工程总承包全过程数字化。通过智能构件实现工程全过程数字化，有利于统一工程语言，解决传统模式下工程建设产业链各环节信息割裂、脱节问题。

（2）在线化 在线化即以互联网技术为支撑，为企业提供 BIM 智能建造云环境，实现智能构件在建筑业产业链的流动以及数据、服务在线化。资源在线化有利于打破地域的限制，准确、高效地找到企业所需资源；服务在线化有利于打破时空的界限，随时随地提供项目服务。通过行业资源、服务的在线化，让工程的采购方与人、材、机的最终供应方直接进行商业撮合，改变传统的"EPC总包→施工总包→施工分包→专业分包→劳务分包"的多级工程发包模式和设备材料的多级代理分销方式，大大减少甚至消除中间分包方和代理商，形成"EPC总承包→专业分包或劳务分包"的一级发包模式和设备材料供应的直销模式，实现端到端采购。此外，在线化使行业数据得以有效沉积，有利于行业征信体系的建立和经验的累积，推动行业的健康生态发展，可较好地解决行业信用体系不健全、中间代理环节过多的问题。

（3）智能化 通过智能化实现智能构件库数据共享，通过企业间共创建筑业大数据中心实现智能建造。以工程建筑信息模型、智能构件为基础，基于工程工艺和流程的人工智能技术，智能输出与现场条件匹配的、可比选的资源匹配计划和施工组织计划；通过运用物联网技术，让智能构件、工程建筑信息模型实时与实际生产、运输、建造和运营情况进行交互；通过人工智能的分析和评估，输出解决方案或优化方案，实现智能化、高效率和精细化建造和管理，有利于解决传统模式下管理低效的问题。

建筑业融合应用"互联网+"，向数字化、在线化和智能化方向发展，不仅需要有利的政策环境和技术支撑，更需要行业内上下游企业之间的协同合作、业内企业与相关行业企业的跨界合作，打造一个基于"互联网+"的建筑业互联网平台，充分整合业内资源，最终构建一个开放共建共享、智能精准高效、工程语言统一、数据真实全面、信用完备公开、交易透明公正、供需直接匹配的工程建设全产业链生态系统，实现行业的高质量发展。

3. "互联网+"背景下的建筑业新场景

在建筑业互联网的赋能之下，建筑全生命周期的每个阶段发生新的改变。未来在实体建筑建造之前，将衍生出纯数字化虚拟建造的过程，实体的建造阶段和运维阶段将会是虚实融合的过程，呈现出以新设计、新建造、新运维为代表的新业务场景（图3-39）[96]。

图3-39 建筑业互联网赋能下的新业务场景

（1）新设计 打造全数字样品。在实体项目建设开工之前，项目参建各方通过数字化平台进行协同设计、虚拟生产、虚拟施工和虚拟运维的PDCA循环模拟和全过程数字化打样，从而交付设计方案最优、实施方案可行、商务方案合理的全数字化样品。

（2）新建造 实现数字孪生建造。融合工厂生产和现场施工的一体化"数字生产线"，以现场精益化施工驱动工厂精益化生产，实现智能化的生产调度、物流调度、施工调度等数据流动。在"物理生产线"，通过数字工地与实体工地的数字孪生，实现对人员、机械、材料等各要素的实时感知、分析、决策和智能施工作业，最终形成"工厂和现场的一体化"。

（3）新运维　实现虚实融合的智慧化运维。在运维阶段，通过分布在建筑物中的物联网等智能设备，实时采集数据，传输至数字空间，保持数字虚体的持续迭代。数字虚体建筑利用收集的业务数据，通过人工智能的算法，精准控制物理建筑中的智能设备，为使用者提供精准运行、预测性维护等智能化服务，在大幅提升使用体验的同时，显著降低运营成本。

3.7.3 "互联网+"时代的智能建造模式

随着互联网与建筑业融合，建筑业正在发生变革，从以建造工程实体为中心向以提供服务为中心转变。利用互联网思维来改造建筑业的上下游价值链，已成为共识。互联网经济的兴起，以及物联网、大数据和云计算等先进信息与通信技术（Information and Communications Technology，ICT）技术在建筑业的深入应用，必将对现有工程建造的组织模式、运作方式和管理模式等产生深远的影响，引起工程建造领域的一场深刻变革，催生新的工程建造模式。

1. "互联网+"时代的智能建造模式内涵

新的建造模式的出现，与ICT技术迅速发展，特别是与物联网、互联网和物理信息系统等技术的迅速发展紧密相关。要实现"互联网+"时代的智能建造模式，需要打造一个实时感知、采集各种信息，并通过网络实现人、机器、资源、环境等互联互通的信息支撑环境。在此基础上，实现面向工程建造生命周期的服务集成和参与方之间的协同管理，最终达到智能建造管理的目的。因此，"互联网+"时代的智能建造模式的核心内涵是信息支撑平台、服务集成、协同管理和智能建造管理等，其基本架构如图3-40所示[92]。

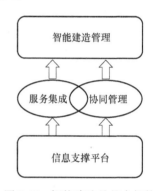

图 3-40　智能建造的基本架构

2. 信息支撑平台

在智能建造中，信息支撑平台是服务集成、协同管理和智能建造管理的基础。信息支撑平台的框架分为三层，包括数据中心层、服务层和信息采集网络层，如图3-41所示[92]。

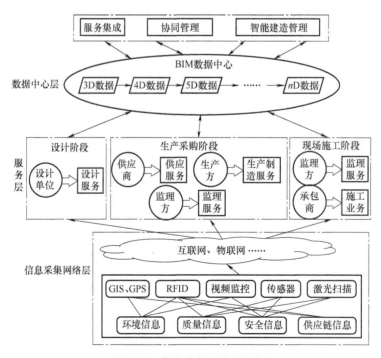

图 3-41　信息支撑平台的框架

（1）数据中心层 数据中心层主要规范数据格式并存储数据，详细记录工程建造过程的所有信息。各种服务的过程信息和建筑信息模型整合在一起，从 3D 数据变成 nD 数据，及时满足服务集成、协同管理和智能建造管理对数据的需求。

（2）服务层 服务层主要存储工程建造过程不同阶段中工程建造服务实施产生的所有信息。由于服务是工程管理的最小单元，这些信息是按照服务来组织的，包括描述服务属性的静态信息和动态信息。静态信息是服务静态属性的体现，而动态信息则是从服务实施过程中实时采集的。服务层的信息与 BIM 数据构件关联后，可支持服务的封装、互操作。

（3）信息采集网络层 信息采集网络层是通过不同的信息采集技术，如 GIS、GPS、RFID、视频监控、传感器和激光扫描等，主动感知不同的信息，如环境信息、质量信息、安全信息和供应链信息等。同时，通过不同的信息网络技术，如 CPS、互联网、移动互联网、物联网等，将这些信息主动推送给工程建造服务，支持工程建造服务的实施。

3. 服务集成

在"互联网+"工程建造平台中，工程建造过程被分解为各种工程建造服务，如设计服务、材料供应服务、施工服务和其他支持服务等，工程建造生产分工更加专业和深入。参与方作为工程建造服务的提供者，向不同的服务需求者提供自身的服务时，会受到本身资源和能力的限制，需要将企业内部的资源集成起来，进行优化配置，提高服务水平和运作效率。同时，工程建造平台为了高效地完成工程项目的建造任务，需要将工程建造过程不同阶段参与方提供的工程建造服务集成起来，并让它们协同完成工程建造任务。要在互联网平台上真正实现工程建造服务集成，其关键是将工程建造服务虚拟化并转变成 Web 服务，其基础是实现 Web 服务之间的互操作。因此，服务集成主要包括以服务为中心的参与方企业内部集成、面向工程全生命周期的服务集成和基于 Web 服务的工程建造服务集成。

（1）参与方企业内部的服务集成 在"互联网+"时代，工程建造行业正在向服务化转型。工程建造行业的相关参与方由传统的工程参与者转变为工程建造服务提供者。参与方企业会同时为多个工程项目提供工程建造服务，而所拥有的资金、人力、材料、设备、技术等资源是有限的，容易发生资源冲突、工期延误和成本超支等现象。因此，需要形成一种参与方企业内部的集成管理模式，以对外提供的一系列工程建造服务为中心，将参与方企业内部的各类资源集成起来，提高工程建造服务水平与运作效率，来满足不同工程建造的进度和质量要求，避免多个工程之间的冲突，缩短工程周期，降低工程成本，实现参与方企业的战略目标。参与方企业内部集成框架如图 3-42 所示[92]。

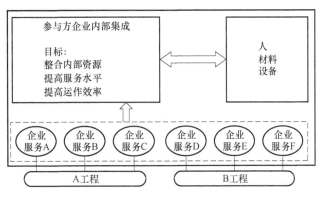

图 3-42 参与方企业内部集成框架

（2）工程全生命周期的服务集成 不同的工程建造服务处于工程建造过程的不同阶段，由不同的参与方完成，容易产生工作冲突、工程变更周期长和工程延误等问题，需要将工程建造过程各阶段不同参与方提供的不同工程建造服务集成起来。

工程建造过程服务集成就是将分散在工程建造过程各阶段的不同工程建造服务按特定方式连接起来，构造一个服务网络，使其成为一个有机的整体系统。服务网络就是以服务为节点、以服务之间相互连接为边所形成的网络。构建服务网络的核心是要确定工程建造服务及其连接关系。根据建筑信息模型中的构件可以确定具体的工程建造服务。由建筑信息模型中的各层次的构件集以及上下层构件集之间的包含关系信息，可以推导出构件间的空间位置关系。进一步依据施工原则和构件之间的物理关系，将这些空间位置关系作为一种约束，可以推断出工程建造服务之间的先后关系，确定服务之间的连接关系。

（3）基于 Web 服务的工程建造服务集成　工程建造服务需要在工程建造平台上交易与共享，其关键是将工程建造服务转变成 Web 服务，发布到工程建造平台，支持工程建造服务的发现、匹配和自动组合。Web 服务是一种平台独立、松耦合、自包含、基于可编程的 Web 应用程序，可使用开放的 XML 标准描述、发布、发现、协调和配置，具有可编程式访问、接口与实现分离和开放性等特点。利用 Web 服务可以方便地实现工程建造平台中不同服务之间的数据交换和集成，达到参与方之间的协调合作的目的。基于 Web 服务的工程建造服务集成就是针对工程建造过程不同阶段的众多工程建造服务，以 Web 服务的形式，实现这些服务之间的互操作，其集成过程主要包括工程建造服务的封装和服务间的互操作等。

4. 协同管理

协同管理就是通过建立无缝衔接的协同运行机制，把工程价值链形成过程中的各要素、过程、环节等组成一个紧密的"自组织"体系，并使其按照协同方式进行整合，从而实现优势互补和功能倍增，创造最大价值的管理过程。协同管理不仅包括施工过程中业主、施工方、监理等各方的协同管理，也包括设计、施工等各阶段的协同管理，其目标就是通过参与方之间的工作协同、信息协同和资源协同，高效地完成工程建造。除了传统的协同管理外，智能建造更加关注人机协同和服务协同。

（1）人机协同　人机协同是指由人和智能机器在工程建造服务实施过程中的协作而形成的统一、和谐的系统。它以人为中心，实现人与机器协同运作。其中，"人"是指工程建造服务实施过程中所有与机器直接作用的人员，包括设计人员、工程管理人员和各类施工操作人员；"机"主要是指自动化设备、半自动或人工操作的机电设备，以及工程管理计算机系统等。人机协同的关键在于人和机器的互相感知和互动，人与机器在感知、控制、执行三个层面上实现有机结合，其体系结构如图 3-43 所示[92]。

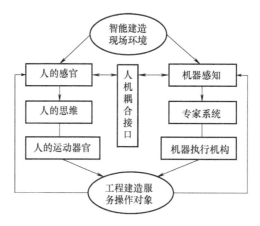

图 3-43　人机协同的体系结构

（2）服务协同 工程建造项目的建造过程就是一个为完成工程建造所开展的参与方之间服务的协同过程。服务协同是指将不同工程建造服务的功能整合起来形成一个整体，实现各参与方之间的协同运作，更好地完成工程建造。不同服务之间的任务协同是通过工程建造平台来完成的，工程建造平台还提供了支持任务协同的一些协同管理机制，如信息沟通机制和服务协同约束机制等。

5. 智能建造管理

智能建造管理就是将感知、认知和决策相结合，在工程建造信息主动感知的基础上，通过建立信息之间的深度关联，自动发现新规律，使各参与方能够主动决策并自觉行动，提高工程律造管理的水平。工程建造管理中的智能主要体现在数据智能感知、数据集成与智能分析、管理的智能等方面，其基本框架如图 3-44 所示[92]。

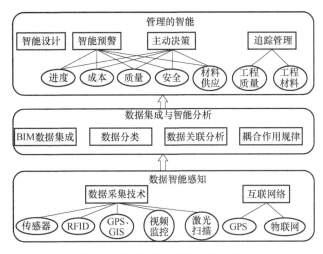

图 3-44 智能建造管理的基本框架

（1）**数据智能感知** 针对要采集的工程建造多源数据，首先通过各类传感器、RFID、GPS、GIS、激光扫描和视频监控等信息采集技术来实现对物理建造资源相关数据的主动感知和数据实时获取，然后通过 GPS、物联网等网络，将这些信息主动推送给各参与方，使其能准确掌握工程建造过程数据，实现智能感知。

（2）**数据集成与智能分析** 在智能感知的基础上，以建筑信息模型为工具对感知的数据进行集成，构建 BIM 数据中心，实现数据之间的联系。通过数据关联分析手段，获取数据间的耦合作用机理，构建数据演化规律预测模型，发现工程建造过程的变化规律，实现智能认知。例如，在工程建造过程中，通过数据关联和建模分析，揭示施工现场安全系统的行为演化规律，从而预先识别、分析和评估可能发生的安全风险，预防工程现场发生生产安全事故。

（3）**管理的智能** 工程建造管理的智能是指在工程建造管理中自动发现规律，主动决策并自觉行动。工程建造管理的智能主要有智能设计、智能预警、主动决策和追踪管理等。

1）智能设计是决策自动化技术在设计领域中的应用。具体来说，应用建模和计算处理的智能工具，减少设计师重复性的设计工作，及时发现并纠正设计中存在的问题，如设计的碰撞检查等。

2）智能预警是通过建模、仿真和计算等分析手段，获取工程建造服务实施中进度、成本、质量、安全和材料供应等的变化趋势，对出现的异常情况进行的预警。

3）主动决策是根据工程建造过程的变化趋势，及时主动地给出正确的应对方案，实现进度、成本、质量、安全和材料供应等的预控。

4）追踪管理主要包括工程质量追溯和工程材料追踪。工程质量追溯主要是利用信息采集技术和建筑信息模型，记录、更新生命周期不同阶段积累的质量信息，一旦发现质量问题，就可以追溯质量问题产生的根源。工程材料追踪主要是利用 RFID 的标签实时记录工程材料生产、运输、堆场、质量检测和现场施工等各环节的状态信息和位置信息，利用这些信息，可以向上溯源材料质量问题，实现工程材料质量管理与控制。

■ 3.8 大数据与智能建造管理创新

微软总裁布拉德·史密斯说："给我提供一些数据，我就能做一些改变。如果给我提供所有数据，我就能拯救世界。"

近年来，随着互联网、云计算、物联网等新兴技术的快速发展，全球数据量正以前所未有的态势高速增长，给各行各业带来了严峻的挑战和宝贵的机遇，由此，人们正式步入了大数据时代。大数据已经应用到了人们生活的方方面面，改变了人们的工作、生活方式，改变了企业的管理运营理念和组织业务流程，从根本上提高了人们的生活质量。在大数据时代，建筑和城市工程也是大数据技术的主要应用领域。在整个建造和运营过程中，建筑业会产生大量的数据，如工程的结构数据、成本数据、能源数据、进度数据，以及建筑工人的行为数据等。建筑领域巨大的数据资源为大数据的应用提供了良好的基础，使工程建造管理智能化成为可能。

3.8.1 智能建造时代"大数据"的内涵

智能建造时代下的大数据，不仅是简单的数字叠加和集合，更是价值信息的挖掘和有效集成，这就需要人员的整合、流程系统的整合，以及软硬件资源的整合。智能建造集成人工智能、数字制造、机器人、大数据、物联网、云计算等先进技术，确保建筑物全生命周期的各阶段、各专业、各参与方之间的协调工作，实现智能化设计、数字化制造、装配式施工和智能化管理。

小到建设一栋建筑，大到建设一座城市，都离不开大数据。建设智慧城市，是城市发展的新范式和新战略，大数据等信息技术将改变城市的方方面面，从城市中人的生活方式，到城市中每个产业的生产方式，再到城市的运营和管理方式，都将"智慧化"或"智能化"。"智慧来自大数据"，城市管理利用大数据才能获得突破性改善，诸多产业利用大数据才能发现创新升级的机会点，进而获得先发优势。总而言之，作为新一代信息技术之一的大数据，在智能化管理中起着举足轻重的作用。

1. 工程大数据推动产业变革

我国是制造大国，也是建造大国，高速工业化进程造就了大制造，高速城镇化进程引发大建造。我国在建造领域已经有多个方面是世界第一。例如，全世界十大最高建筑中，我国的占 43%；港珠澳大桥长 55km，其中 5.5km 为海底隧道，海底隧道施工采取沉管法，每节沉管高 11m、宽 38m、长 180m，重达几万 t。

建设项目必须经过设计、规划、建设、运维四个阶段，在这些阶段采用数据化技术，通过全过程规范化建模和数字链驱动工程设计、施工、运维一体化建造和服务模式，以提高资源利用效率和产品功能。这是数字建造。在数字建造背景下，出现了四方面的变革。

（1）产品形态的变化　现在建筑产品是实物产品，今后可能除了有实物产品外还会有数字产品，甚至是智能产品。数字化背景下建筑设计、建造不再是靠一般的设计，而是通过数字建模，基于模型的设计。数字建造是先试后建，后台指导前台施工，后台有强大数据支撑前台工人施工，所以最后提供产品是两个产品，一个是数字产品，一个是实物产品。

（2）市场形态的转变　平台经济非常具有生命力，信息技术有三大定律，其中一个定律是一个平台价值取决于在这个平台上连接的用户数量，平台价值与平台上用户数量的二次方成正比，

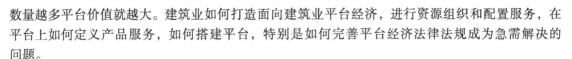

数量越多平台价值就越大。建筑业如何打造面向建筑业平台经济，进行资源组织和配置服务，在平台上如何定义产品服务，如何搭建平台，特别是如何完善平台经济法律法规成为急需解决的问题。

（3）生产方式的变革　大数据的出现给人类的生产、生活方式带来了巨大的变革，如建筑模块体系怎么定义，如何建立建筑构建柔性生产线，如何获得规模效益，如何进行建造资源协同与调度优化等亟待解决的难题都可以从中获得答案。

（4）行业治理的变革　从管理到治理，从单项监管到共生治理，从被动受理到主动服务，从经验决策到数据驱动，从封闭循环到开放进化，必须建立一个开放式行业大数据平台。

以上4项变革需要工程软件、工程物联网、工程机械和工程大数据4项技术作为支撑。建造行业也应该像制造业一样抓住新一轮科技革命机遇，制订以数字建造为核心的中国建造2035发展目标，为"一带一路"倡议提供技术支撑，为建造行业转型升级提供技术支撑，促使我国从建造大国走向建造强国[⊖]。

2. 大数据思维开启建造新模式

（1）工程建造管理模式的变革　随着信息化技术水平的提升，"互联网+"通过建筑信息模型、大数据、物联网、移动技术、云计算等现代信息技术作用于工程建造领域，引起工程建造管理方式和模式的深刻变化。例如，材料供应全过程的实时追踪管理、工程材料供应商管理库存模式、工程全生命周期质量追溯，以及工程现场的施工过程质量实时控制、主动安全管理和系统化管理等。

1）材料供应管理变革。在"互联网+"的环境下，射频识别（RFID）、全球定位系统（GPS）、地理信息系统（GIS）等技术可以实时收集材料供应信息，进而实现实时识别、定位及跟踪，并通过工程建造平台传递与共享相关信息，为材料供应管理带来新的机遇。

2）质量管理变革。在"互联网+"的环境下，大数据、建筑信息模型、人工智能等技术可以实时采集、分析处理与共享工程质量信息，质量管理方式也将发生多方面的变革，其中包括：通过各种先进的质量检测手段和网络技术，获取大规模的工程质量检测数据；以建筑信息模型为基础，结合RFID等信息采集存储技术，将标签存储的信息与建筑信息模型的组件关联，记录、更新生命周期不同阶段积累的质量信息，实现工程质量信息的实时采集、追踪和共享；通过BIM、RFID、图像识别、激光扫描、物联网、互联网、人工智能等技术和方法在工程质量管理中的逐步应用，实时获得现场质量信息，并快速自动生成质量检测计划，从而实现造物过程质量的实时控制。

3）安全管理变革。在"互联网+"的环境下，现场安全感知、定位与跟踪技术的大量应用，改善安全状态和行为实时监测手段不足的问题，而大数据挖掘、仿真模拟和虚拟现实等技术的采用，提高了安全状态和行为的识别能力。安全管理方式也将发生多方面的变革，主要表现在以下几个方面：利用现场安全状态的主动监测技术和安全预测技术，主动地预防或认识事故发生的可能性并且采取积极的安全措施；现场安全感知、定位与跟踪技术的大量应用使施工现场安全状态的全面感知成为可能，实现对施工现场人员、技术系统和施工环境信息的自动、全面、透彻地感知、处理和融合，进而构建涵盖人员、机械、环境的现场安全系统模型，采用计算实验、系统仿真等系统化、定量化的技术手段，形成新的现场安全评价和安全行为管理方式。

（2）工程运维管理的变革　工程运维阶段时间跨度大，通常会持续几十年，维护内容较多，涉及人员复杂，传统的运维管理效率较低。从工程全生命周期来看，信息技术在运维阶段的应用能够更好地实现工程的应用价值，如建筑信息模型的使用可以实现设计、施工和运维的信息共享，并辅助工程运营维护管理，有效减少"信息孤岛"现象。随着互联网技术的发展以及建筑信息模

⊖ 引自丁烈云. 抓住新一轮科技革命　建设工程大数据平台. https://mp. weixin. qq. com/s/LCN30ZifmPTnmpilSr2SVg。

型在工程建造中的应用，工程运维管理发生了根本性的变化，促进了运维管理的信息化和智能化，主要体现在以下方面：

1）工程运维管理的数字化。工程运维管理方式从手动转变为数字化，达到工程全生命周期内信息共享、协同工作的目的，如工程质量信息的追溯等。

2）工程运维管理的可视化。运用物联网、BIM以及VR等技术，运维人员可以清晰、直观地了解工程设施的实时状况，解决人工运维巡检易留"死角"的问题。

3）工程运维管理的智能化。运用大数据等智能技术分析运维数据，对设施故障进行预测、预警，并实现精确定位，提高运维管理效率[92]。

3. 大数据实现智能感知

近年来随着移动互联网、物联网以及移动设备的广泛使用，大数据来源愈发分散且呈现井喷态势。大数据感知的核心是从大规模、分布式、泛在性的大数据中获取有价值的数据。如何从细粒度的个体层面更有效地感知数据，并利用群体智能（Crowd Intelligence）来提升大数据的感知能力，成为研究热点，特别是其中应用到的任务分配、优化、调度等思想，是管理科学长期关注的重点，也是在数据智能时代值得持续关注的科学问题之一[97]。从管理的视角出发，可将数据智能定义为：通过大规模数据挖掘、机器学习和深度学习等预测性分析技术，对现实应用场景的内外部多源异质大数据进行处理和分析，从中提取有价值的信息或知识，并用于提升复杂实践活动中的管理与决策水平。作为数据智能的关键"燃料"，大数据的价值正不断得到认识和发掘。这得益于数据处理技术的不断成熟，数据处理平台"云"化和"中台"化趋势明显，事实上的数据标准与可视化标准在越来越多的领域开始出现并得到认可。

3.8.2 BIM+大数据服务智能建造

建筑信息模型是通过创建并利用数字化模型对项目进行设计、建造及运营管理的。在建设项目全生命周期中，建筑信息模型的信息可以为所有决策者提供可靠依据，在项目不同阶段，不同参与方可以在BIM中插入、提取、更新和修改信息，实现多专业协同作业。

随着大数据技术成为人们生活的一部分，人们应该开始从一个比以前更大、更全面的角度来理解事物。大数据是一种现象。由于网络的发展，人们已经被海量的数据包围。这些数据被人们所使用的同时，也在产生新的数据。这些数据的输入者是不确定的，甚至是数据输入者毫无意识的，然而这些数据被记录下来，形成了拍字节（Petabyte，PB，$1PB = 2^{50}B$）级的相关数据。

大数据是一个非常宽泛的概念，从自然界的状态到人类生产生活，理论上都可以数字化、数据化。因此，大数据有两个层面的含义：广义大数据是指基于非特定目的，对信息数据的收集和记录。这类似于图书馆，只能用来存储一切可以数字化的事物状态以及人类思考的成果。狭义大数据是针对某种或多种既定的应用目的，首先按照一定的规则，对数据进行整理、梳理、组合，形成结构化或半结构化数据库，然后利用数据库的统计、运算和分析结果辅助决策。狭义大数据与BIM最为相关。在建筑工程领域，基于BIM的应用，其核心就是能够形成数据库，该数据库存储着与建筑相关的信息，这些信息足够有效，使建筑工程各参与方能够得到必要的决策依据⊖。

BIM机构新中大和鲁班软件公司称，BIM是数据的载体，通过提取数据价值，可以提高决策水平。同时，建筑信息模型中的数据是海量的，大量建筑信息模型的积累构成了建筑业的大数据时代，通过数据的积累、挖掘、研究与分析，总结归纳数据规律，形成企业知识库。

现阶段，大数据智能分析是实现建筑业管理信息化的基础。大数据具有"4V"特点——大量（Volume）、高速（Velocity）、多样（Variety）、价值（Value），使其可量化、可衡量、可对比、可

⊖ 引自大数据时代下的BIM数据可视化. https://mp.weixin.qq.com/s/YYeMwjAoLsSrHsnDKl-arQ。

评估。借助现代信息管理平台，将 BIM 技术落地到本土企业实践，可以对大数据进行收集、分析和再利用，由此拓宽项目和企业管理的广度和深度，用数据价值拉动项目价值。BIM 具有可视化、协调性、模拟性、优化性和可出图性等特点。在 BIM 数据存储信息的建设中主要是基于各种数字技术，以数字信息模型作为各项目建设的基础来开展相关工作。在建设项目的全生命周期中，借助大数据，BIM 可以实现综合信息管理。目前，大数据和 BIM 融合应用最常见的是在工程造价信息管理方面。随着全生命周期管理的提出，今后将朝着为智能建造全过程服务的方向发展。

1. BIM——集成数据、信息的工具在智能建造管理中的应用

（1）网页三维可视化 据统计，美国的 Autodesk 和国内的盈嘉互联、广联达基本可以实现建筑三维模型的网页可视化，极大地方便了建筑业的图形交流，改变了传统复杂的预览方式。

（2）施工管理 在施工现场进行合理的场地布置，所有施工材料的进场、调度、施工和撤场都可以实时监控，现场管理人员可以用 BIM 为相关人员展示和介绍场地布置、场地规划调整情况、使用情况，从而实现更好的沟通。

（3）成本管理 传统的工程造价管理需要造价员基于二维图样进行手工测量，无法与其他岗位进行协同办公，建筑数据变更、建筑材料价格波动也都难以控制，项目之间缺乏有效沟通而导致该项工作耗时长，也间接提升了工程造价成本，而利用 BIM 技术可以通过分析建筑物的结构配筋率来减少钢筋的浪费，与 RFID 技术结合来加强建筑废物管理，回收建筑现场的可回收材料，进而减少成本。

（4）质量管理 传统的建筑质量管理工作以三视图的方式表达和展现，建筑信息在传递中容易丢失，也会产生数据冗余、无法共享等问题，从而使各单位人员之间难以相互协作。BIM 具有信息集成整合，可视化和参数化设计的能力，可以减少重复工作和降低接口的复杂性。

（5）变更索赔管理 建筑施工管理中的工程数据变更比较常见，但工程数据变更对合同价格和合同工期具有很大破坏性，成功的工程数据变更管理有助于项目工期和投资目标的实现。BIM 技术通过模型碰撞检查工具尽可能完善设计施工，从源头上减少变更的产生。

（6）安全管理 许多安全问题在项目的早期设计阶段就已经存在，最有效的处理方法是在设计源头进行预防和消除。基于该理念，Kamardeen 提出一个通过设计防止安全事件的方法（Prevention through Design，PtD），该方法通过建筑信息模型构件元素的危害分析，给出安全设计的建议，对于那些不能通过设计修改的危险源进行施工现场的安全控制。

（7）供应链管理 建筑信息模型中包含建筑物整个施工、运营过程中需要的所有建筑构件、设备的详细信息，以及项目参与各方在信息共享方面的内在优势，在设计阶段就可以提前开展采购工作，结合 GIS、RFID 等技术有效地实现采购过程的良好供应链管理，基于 BIM 的建筑供应链信息流模型具有在信息共享方面的优势，有效解决建筑供应链参与各方的不同数据接口间的信息交换问题，电子商务与 BIM 的结合有利于建筑产业化的实现。

（8）运营维护管理 BIM 技术在建筑物使用寿命期间可以有效地进行运营维护管理，BIM 技术具有空间定位和记录数据的能力，将其应用于运营维护管理系统，可以快速准确地定位建筑设备组件。对材料进行可接入性分析，选择可持续性材料，进行预防性维护，制订行之有效的维护计划，BIM 与 RFID 技术结合，将建筑信息导入资产管理系统，可以有效地进行建筑物的资产管理。BIM 还可进行空间管理，合理高效地使用建筑物空间。

以上为 BIM 技术在智能建造管理中的运用，所有基于 BIM 开发的技术都需要对建筑数据进行收集、管理和使用，不能将建筑数据存储在国外服务器上。根据往常国内"互联网+"的发展策略，在不久的将来，国内 BIM 技术服务商会迎来集中爆发期[⊖]。

⊖ 引自 https://www.uibim.com/222919.html。

2. BIM 5D 技术实现项目管理 "以大管小"

2016 年，德国提出了 "数字战略"，其中在基础建设方面计划将 "数字化建筑（Digital Construction）" 定为统一建造标准，全面实行 BIM 技术，促进建筑业的智能互联。BIM 5D 技术是以大数据为核心，连接 3D 模型、时间和成本，项目设计、施工、建材供应、财务预算决算等各个作业产生的工程数据和业务数据都体现在建筑信息模型上，并随时存储、搜索、计算和追溯，支持项目高管对各部门的下沉式追踪监控，用大数据强化管理精细度。

建筑业已经越来越精细化，随着工业 4.0 概念的引入，我国建筑将会往智能化、数字化发展，建造、运营、维护技术将越来越受重视。因此，如何利用 BIM 数据平台搭建项目数据，如何将数据细致化、流程化，将会对项目产生深远影响。

德国 RIB 集团卓越中心高级总监李雄毅在 "武汉企业信息化管理、BIM 技术应用与装配式建造交流研讨会" 上提出 iTWO 4.0 管理模式的概念。该概念是基于对项目 5D 的管理高度，采用 "先拟后建" 的建造流程，结合虚拟建造和实体建造的操作和业务信息，将 BIM 5D 技术应用到项目全生命周期的大数据全流程管理模式。

项目所有信息都集中反映在统一管理平台上，使得模型数据可视化、部门协同化、施工进度形象化、项目成本具体化，一方面执行部门能得到直观清晰地了解项目要求，减少协作成本、降低出错率，提升工作效率和工作质量；另一方面管理部门对项目有宏观决策的同时，能与各参与方得到有效互动、细化管理颗粒度[⊖]。

3. BIM 与大数据的微妙关系

工程造价专业领域发展动态，从之前的二维平面技术，发展到三维空间技术，实现了三维空间的表现形式。国内造价从业人员对三维空间技术已非常熟悉。但是何为 "5D 技术"？"5D 技术" 将会给造价工作带来怎么样的变化和体验？

BIM 5D 是在 3D 建筑信息模型的基础上，融入 "时间进度信息" 与 "成本造价信息"，形成由 3D 模型、1D 进度、1D 造价的五维建筑信息模型。这个概念很好地诠释了我们对 "5D" 的疑惑，其实 BIM 5D 并不难理解，但其实现和普及应用需要一定的过渡期。原则上 BIM 5D 集成了工程量信息、工程进度信息、工程造价信息，不仅能统计工程量，还能将建筑构件的 3D 模型与施工进度的各种工作分解（WBS）相链接，动态地模拟施工变化过程，实施进度控制和成本造价的实时监控。

从行业的趋势来看，BIM 5D 是建筑业信息化技术、虚拟建造技术的核心基础模型，通过 5D 建筑信息模型，才能实现以 "进度控制" "投资控制" "质量控制" "合同管理" "资源管理" 为目标的数字化 "三控两管" 项目总控系统。

整个信息的流动分为信息的录入、信息的传递、信息的读取。交付标准最重要的一个规则就是规定如何录入信息，解决怎么画、怎么建的问题。画法主要涉及 2D，在今后相当长的一段时间内，2D 还是非常有必要的，而且是必须的。建法主要涉及 3D，无论是 4D 还是 5D，这一切都是基于 3D，3D 就是能否在准确的时间把正确的构件放到正确的位置当中。交付标准基本上对信息的录入和传递形成一个统一的规则。

对于业主方和施工方而言，首先考虑的或许并非 BIM 技术在国内的应用和普及问题。人们并不会太过在乎使用什么类型的造价软件来完成招标投标过程，但是企业成本是否可以得到有效控制，永远是企业发展的重中之重。

BIM 技术的兴起，无疑是行业迅速发展的成果，也是工程造价行业的福音。但建筑企业必须学以致用，一方面为了迎接竞争更加激烈的建筑市场；另一方面，也要认清楚高新技术给人们带

⊖ 引自 https://mp.weixin.qq.com/s/096RddZ_of44k5Yp9KYdNQ。

来的利与弊，切忌盲目跟从，任何一个企业和个人，都应该先建立起自身数据库，完善造价信息资源整合，做到人人都是数据库，人人都是数据源，一起迎接 BIM 技术的到来[⊖]。

4. 建筑业大数据时代的 BIM 具体内容

BIM 是建筑业大数据源代码，其核心在于 Information，其应用是大数据时代的必然产物。BIM 能够处理项目级的基础数据，其最大的优势是承载海量项目数据。建筑业是数据量和规模最大的行业之一，随着 BIM 的发展及普及，势必会促使建筑业大数据时代的到来。

随着"互联网+"的不断渗透，"建筑领域"作为传统行业最后一块难啃的骨头，也逐步走上转型升级之路，而 BIM 作为建筑业转型升级的新技术，已经得到越来越多建筑从业人员的认可。

建筑产业化：制造方式的回归。建筑产业化就是将原有的"设计-现场施工"模式转变为"设计-工厂制造-现场装配"的模式。一个建筑的呈现也是一个产品的制造过程，产业化的目的就是将建筑建造过程趋于制造行业的制造过程。在现阶段对于钢结构及一些设备安装工程已基本实现，现在急需要解决的问题是土建工程的"设计-工厂制造-现场安装"模式。BIM 技术为建筑产业化项目的前期建设与后期管理维护提供一个很好的技术平台，利用 BIM 技术建立产业化建筑的户型库和装配式构件产品库，可以使产业建筑户型标准化、构件规格化、减少设计错误、提高出图效率，尤其在预制构件的加工和现场安装上大大提高了工作效率。例如，对于施工阶段，将 RFID 辨识技术与建筑信息模型结合，围绕构件的制造运输装配过程实现预制建筑建造的全过程动态可视化管理等。

跨界-资源整合。BIM 的迅速发展必然引起行业格局的变化，随着大数据、云计算、物联网、GIS、移动互联等信息科技的冲击，跨界、整合社会资源将是建筑业需要面对的问题。BIM 作为建筑的源代码，将是建筑业跨界-资源整合的唯一途径，成为寻找最优资源整合的利器。基于 BIM 的物联网应用将使每一块砖头、每一片瓦砾都有了自己的身份，使它们在自己的岗位上发挥前所未有的价值；BIM 与大数据、云计算等结合，使设计师可以通过数据挖掘的技术，在庞大的数据库中轻松地找出有价值的信息；BIM 和 GIS 的整合促进了地球村的出现。物联网就是以互联网为基础进一步延伸及扩展的物物相连的网络，进行信息交换和通信。BIM 技术与物联网的结合，将各种如射频识别（RFID）装置、红外感应器，GPS、激光扫描、GIS 等装置及系统集成形成一个巨大的网络系统，将使整个建筑产业链充分融合，使建筑业的发展和实施更加完善及有序。通过采用建筑信息模型进行组织的建筑档案，可检索的信息将会大大增加，并支持"全文检索"，快速定位到各种属性层次的构件。工程数据和业务数据加载到 BIM 上，不仅提高了工作效率和工作质量，而且大幅增加了管理的功能，使数据可存储、可搜索、可计算和可追溯等。海量 BIM 案例数据仓库的建立，使其所蕴含的信息在广度和深度两方面迅速膨胀，同时拓展到相关的其他领域，减少了知识的获取成本，降低了跨界的门槛，夯实了创新的基础。

BIM 和 GIS 整合已经成为人们的焦点，GIS 着重于地理空间信息的应用，BIM 关注于建筑物内部的详细信息，BIM 和 GIS 整合以后的应用领域也很广阔，包含城市和景观规划、建筑设计、旅游和休闲活动、3D 地图、环境模拟、热能传导模拟、移动电信、灾害管理、国土安全、车辆和行人导航、训练模拟器、移动机器人、室内导航等。

BIM 与大数据、云计算、物联网、GIS、移动互联等信息科技的跨界整合，使古老的建筑业走上了科技之路，资源可以重新调配，能源可以有效利用及计量。信息科技的高速发展打造了建筑业横向和纵向的信息对称。科技时代的低碳建筑不仅需要从全生命周期角度考虑低碳建筑管理模式，而且需要从低碳目标规划、低碳组织保障、低碳技术保障、低碳节能效果测评等方面开展低碳建设，全方位保障我国建筑业低碳化的顺利进行。信息科技的快速发展，使建筑创作走向了建

⊖ 引自 BIM 技术与大数据的微妙关系. https://www.uibim.com/13585.html。

筑创新，使智能建造走向了智慧建造⊖。

5. BIM 与大数据融合是大势所趋

越来越多的工程企业将数字技术应用到工程项目中。其中，BIM 技术的应用已经十分广泛。BIM 不是简单地将数字信息进行集成，而是一种数字信息的应用，并可以用于设计、建造、管理的数字化方法。这种方法支持建筑工程的集成管理环境，可以使建筑工程在其整个进程中显著提高效率、大量减少风险。

（1）传统技术与信息化、数字化相互融合　BIM 正向设计趋势显现，施工 BIM 应用项目数量继续高速增长，跨专业的融合呈现延伸趋势。例如，工程技术与制造业技术的数据融合，设计企业基于 BIM 技术提供施工阶段技术服务，施工企业及设计企业针对运营维护提供更多产品服务，施工企业提供更精细的施工深化设计服务，各工程企业通过内部或外部资源进行 BIM 平台和 BIM 工具的研发，物联网在工程项目中运用更加广泛等。

BIM 面向工程向全生命周期服务的趋势更加明显，反映出实际需求的提升，以及专业人员对 BIM 技术落地生产的深刻思考和积极的实践。同时，跨专业集成应用更多，利用工程技术与制造业技术的数据融合，设计企业与施工企业共同建立数据模型并且为运营维护提供服务，BIM 平台和 BIM 工具的系统研发进展是非常明显的，物联网的运用也更加广泛等，这些都表明 BIM 技术应用整体水平是进一步提高了，协同技术也进一步得到了落实。

近年来，有许多行业内的优秀企业在适应新基建需要的产业升级道路上谋划在先，积极探索，BIM 技术得到了创新应用，使传统技术与信息化、数字化相互融合，取得了显著的成效。而工程建设企业正面临着一个新的发展机遇，更高的市场需求，传统技术与信息技术数字化的融合正是顺应这样的发展趋势，从中能够获得更大的发展空间，提升企业的自身价值。

BIM 是数字化技术的支撑，BIM 是数字化的基座，但是其应用场景、应用领域和其他信息化技术在企业和项目的数字化转型和创新方面的应用高度完全不一样。这一点无论是在像上海中心大厦这样复杂的综合体中，还是在一个中等规模项目中都能得到体现。BIM 的价值在"创新杯"中是一个缩影或者是一个折射，把 BIM 对整个行业的影响完整地体现出来。

（2）实现数据互联互通，打造生态平台　在数据方面互联互通，能够有效提升行业整体的数字化水平。如果将建筑业分为不同的发展阶段，那么目前建筑业已经步入互联时代。互联须在工作流程上互联，在不同产业链的不同阶段互联，在不同的应用中互联，在不同信息化和数字化之间互联，如果想要实现这些目标，则需要一个强大的生态环境支撑互联互通。首先要有比较坚实、开放的数字化平台，这个数字化平台可以是一个兼容并蓄的平台，对不同的数字格式做到更好的连接。此外，大量服务型企业针对不同行业有针对性地开发应用，可以帮助企业在具体应用场景中把大平台上的数据更好地应用在某一具体阶段、节点或者场景，从而创造出数据价值，这一价值能够促使更多数字化的数据整合到平台上，形成非常丰富、海量、结构化的数据的平台，能够为更多的技术服务。在实际应用中，数据的来源十分庞杂。它可以来自一个传感器、一个机器人、云端，也可以来自建筑信息模型设计端，甚至是在虚拟现实当中现在阶段的数据和未来数据的融合，包括三维激光扫描、点云技术、无人机、遥感、历史数据、CAD。如此庞杂庞大的数据，如果想要真正发挥数据的价值，便要求平台一定要有融合能力。

真正数字化技术不是在于数据的产生，而是在于对数据的应用，如果数据不能应用，那数据没有价值，数字化本身也没有价值。因此，BIM 技术的下一阶段便是进入整合阶段。全生命周期是 BIM 阶段的价值，创建者产生大量的数据，这些价值不是在设计这个环节体现的。这个价值如何被上游、开发单位、建设单位甚至规划单位看到，同时延伸到下面的施工单位，甚至到运维单

⊖ 引自 https://www.uibim.com/222919.html。

位，产生合理、完整的生态体系，这是最关键的⊖。

6. "BIM+大数据"集成研究

2016 年，住建部发布《2016—2020 年建筑业信息化发展纲要》，明确指出要增强 BIM 与大数据等新兴技术的集成应用能力，将 BIM 与大数据集成，能够有效对建筑信息进行提取、存储、分析，以挖掘有用的建筑信息，促进工程项目的智能管理与智慧决策。

当前，BIM 与大数据的集成应用的相关研究深受学者关注，相关研究已经推广到智慧工地、能耗监测、工程招标采购、结构健康监测等方向。研究结果表明[98]：

（1）研究热点 我国 BIM+大数据研究主要关注点在智能建造、智慧城市、智慧决策等方面，相关技术研究主要包括信息化平台构建、系统设计研发、各项应用技术的研究创新。信息化平台构建是为了促进建筑参与各专业系统之间的协同作业能力，提高建筑大量数据信息交互的准确性与稳定性。系统设计研发是结合项目开展的需求，借助 BIM 与大数据技术，设计出适应项目的运营系统，促进项目的数据采集、处理、表达、分析和服务。应用技术研究创新集中在大数据渲染技术、大数据平台存储技术、工程智慧管控技术等方面。应用性研究侧重于工程实践应用，我国 BIM+大数据应用研究可以分为应用范围与应用内容两方面。应用范围包含工程造价、隧道工程、水运工程、公路工程、房建工程等，应用内容包含工程招标采购、施工管理、运维管理等。BIM 作为信息存储与可视化载体，用大数据技术进行数据信息提取与分析，推动项目智能化、智慧化发展。

国外 BIM+大数据研究侧重于方法、技术，提出理论框架以及构建相应的模型，这些大大推动 BIM+大数据的实际应用水平。BIM+大数据在国外主要的应用功能有绩效评估、优化建筑工程质量管理、基础设施监控数据的可视化、自动化性能测量、建筑性能分析等。其集成应用主要在大型建设项目施工现场、高速公路运维、隧道和地下结构施工建造等，开展施工现场大数据的可持续管理、数字化安全管理、项目运维管理等，致力于推动智能工地，智慧建造发展。

（2）发展趋势 我国 "BIM+大数据" 集成研究发展趋势较为规律，表现为响应国家政策方针，服务智慧城市建设、装配式建筑发展；国外趋势不太明显，但研究动向集中于大数据分析下的建筑能耗评估、监测数据分析与可视化、安全管理等。总体来说，技术的集成研究程度还会加大，BIM+大数据领域研究向着智能管理、智慧决策、数据共享方向发展。

7. 平台服务智能建造运维管理（DCIM）

DCIM 是 Data Center Infrastructure Management 的缩写，是一种数据中心基础设施全面管理的方式和方法。它更加关注数据中心各专业子系统的模型标准化、业务逻辑化，处于各专业化子系统的上层，能够根据提取的信息分析数据中心内基础设施运行的影响，提供从规划、调优、预测到变更等多个维度的数据支撑，并进行 BIM 可视化管理。

借助 BIM 技术，数据中心 DCIM 系统可以实现三个方面（BIM3D 可视化、BIM 运维模型、BIM 信息模型）的增强，实现运维阶段基础设施管理应用。

BIM3D 可视化，可以帮助梳理数据中心日益密集的机电管线和网络线路，让运维管理人员从平面图及网络跳线表中解脱出来，能够更加直观地了解数据中心管线分布及走线情况。

BIM 运维模型，集成了数据中心机电各系统的内在逻辑关系，帮助 DCIM 基础设施管理系统清晰梳理机电各子系统，在运维管理时故障定位更加便捷、高效。

BIM 信息模型，集成了数据中心各机电设备的运维信息及资产信息，帮助 DCIM 系统开展机电设备管理及资产管理。

⊖ 引自 BIM 技术进阶：实现数据互联互通打造生态平台. https://m.elecfans.com/article/1379691.html。

DCIM 平台通常应用在大中型数据中心，采用分布式数据处理方式，管理对象涵盖数据中心 IT 设备及各类机电设备。通用 DCIM 系统架构图如图 3-45 所示。

基于数据中心的 DCIM 平台，兼顾 IT 设备和机电设备的复杂性，可以包含如下模块：IT 设备管理、IT 设备监控、动力监控、环境监控、安防监控、资产管理、容量管理、能源管理、备品备件管理、管线管理、知识库管理、日常维护管理等。

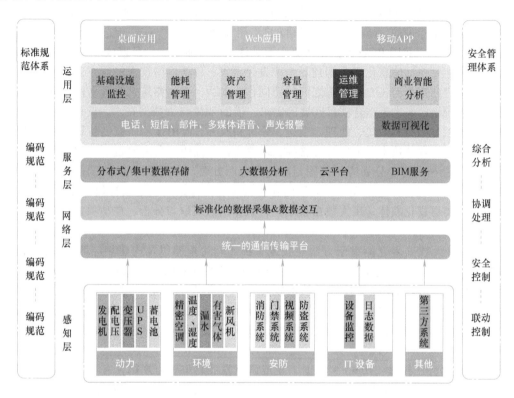

图 3-45 通用 DCIM 系统架构图[⊖]

3.8.3 智能建造大数据的采集与获取

1. 采集渠道——BIM 数据中心

数据中心是以 BIM 技术为核心，通过工程建造服务过程信息与数据中心的交互，动态生成建筑信息模型，集成工程建造过程各阶段不同的信息，为项目业主和各参与方提供项目信息共享、信息交换的数据平台，为智能工程建造管理提供数据支持。

（1）数据的形成过程 所有的工程建造服务会生成涉及成千上万个工程构件的海量工程项目数据。不同的工程建造服务过程信息与数据中心的交互形成不同类型的 BIM 数据。BIM 数据形成过程如图 3-46 所示。

（2）数据分类及其与 BIM 的关系 工程建造服务主要分为四大类：设计服务、生产采购服务、施工服务和相关支持服务。从工程建造服务的基本属性可以看出，不同类型的服务拥有不同的数据。下面从服务类型的角度，对数据进行分类，并说明与建筑信息模型的关系（表 3-3）。

⊖ 引自 https://mp.weixin.qq.com/s/L60FxXM9H9UJF1P-hOtVKg。

表 3-3　不同类型服务的数据分类

服务类型	支持数据	与建筑信息模型的关系
设计服务	空间几何数据、材料信息、造价信息、设备信息等	形成设计信息模型（3D 模型）
生产采购服务	生产信息、质量监测信息、存储信息、运输信息等	形成生产采购信息模型
施工服务	进度信息、质量信息、成本信息、安全信息、资源信息及施工方案等	形成施工信息模型（包括 4D、5D 模型等）
相关支持服务	服务提供者、服务流程、服务的信息支持类型及管理对象等	建筑信息模型的基本信息、并支持建筑信息模型的形成

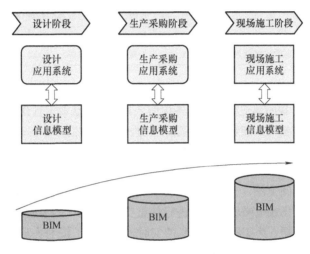

图 3-46　BIM 数据形成过程

（3）BIM 数据与工程建造管理的关系　不同类型服务的动态数据通过数据中心为实现各种工程建造管理提供了决策支持。BIM 数据支持各类工程建造管理的过程如图 3-47 所示。

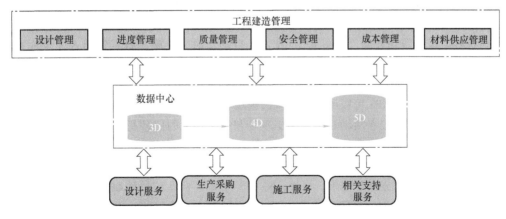

图 3-47　BIM 数据支持各类工程建造管理的过程

工程建造管理主要包括设计管理、进度管理、质量管理、安全管理、成本管理和材料供应管理等。BIM 数据与工程建造管理的关系见表 3-4。

表 3-4　BIM 数据与工程建造管理的关系

工程建造管理	与 BIM 数据的关系	建筑信息模型对工程建造管理的支持
设计管理	进行数字化、参数化三维建模、形成 3D 模型	支持设计模型检查、设计方案可视化及设计方案模拟等
进度管理	进度信息与 3D 模型结合，形成 4D 模型	可以对工程建造进度动态跟踪，找出实际进度与预计进度的差距，及时予以纠正
质量管理	质量信息与 4D 模型结合，形成包含质量信息的建筑信息模型	将建筑信息模型与信息采集技术相结合，实现质量的实时跟踪和控制
安全管理	安全信息与 4D 模型结合，形成包含安全信息的建筑信息模型	通过建筑信息模型和现场传感器采集的实时信息相结合，实现安全风险的预警
成本管理	成本信息与 4D 模型相结合，形成 5D 模型	可以实现成本的实时监控，并分析偏差产生发的原因，实现项目成本的精细化管理
材料供应管理	材料供应信息与 4D 信息结合，形成包含材料供应信息的建筑信息模型	将建筑信息模型与信息采集技术相结合，实现对工程材料的实时追踪

2. 获取方式——信息支撑技术

（1）信息采集技术　智能建造需要运用各种信息采集技术获取工程建造过程各个环节的信息，实现实时信息采集，使各参与方能够准确掌握工程建造过程的信息，实现感知智能。目前，工程建造领域比较有代表性的信息采集技术包括 RFID、GPS、GIS、视频监控和三维激光扫描等技术。

1）RFID 技术。典型的 RFID 系统主要由阅读器、电子标签、RFID 中间件和应用系统软件四部分构成，其中采集层由阅读器、天线及电子标签构成。它的基本特点是电子标签与阅读器不需要直接接触，通过空间磁场或电磁场耦合来进行信息交换。RFID 技术能够快速、准确、自动地识别移动物体并获取相关数据，为工程建造信息的实时采集提供了技术手段。RFID 技术可用于工程建造的质量管理、进度管理、安全管理和材料与设备管理。在质量管理方面，RFID 技术可以实现预制构件的质量跟踪管理和施工质量信息的统计管理。在进度管理方面，使用 RFID 技术进行施工进度的信息采集工作，将信息传递给建筑信息模型，进而在建筑信息模型中显示实际进度与计划进度的偏差，解决施工管理的实时跟踪和风险控制问题。在安全管理方面，应用 RFID 技术可以对施工人员和设备进行实时定位，实现对现场工人和施工设备空间位置的实时监控与安全预警，防止发生工人坠落、高空打击及与机械设备碰撞等事故，降低施工现场安全事故发生概率。在材料与设备管理方面，运用 RFID 技术，自动实时采集施工材料的出入库及库存信息，实现材料的动态管理，确保准确和及时地供货，减少施工现场的缓冲库存量，降低项目建设成本。

2）GPS、GIS 技术。GPS 可以用于工程建造现场具体对象的室外定位和跟踪，如人员和设备等，可以自动识别和追踪设备活动状态、施工现场与安全相关的信息及现场布局信息，有助于施工现场的安全管理、设备管理和场地管理。GPS 与 RFID 技术相结合，可以提供工程构件和材料的定位信息，满足材料供应管理的要求。将 GIS 和建筑信息模型相结合，可以为工程大型施工设备确定可行施工区域，更好地满足需求。另外，将 GIS 与项目 WBS 项目计划横道图相结合，可获得可视化工程项目的进度计划，并且可以获得任何一个时间点上项目的计划状况，为进度控制的可视化打下良好的基础，降低因理解偏差造成项目进度延后的风险。

3）视频监控技术。视频监控技术是由现场摄像机采集视频信号，通过网络线缆或同轴视频电缆将视频图像传输到控制主机，控制主机再将视频信号分配到各监视器及录像设备，同时可将需要传输的语音信号同步录入录像机内。在工程建造中，应用视频监控技术，能够加强工程项目的

监督和管理工作，有效控制施工质量和施工进度，减少安全事故的发生。

4）三维激光扫描技术。三维激光扫描技术是一种全自动高精度立体扫描技术，是利用高速激光扫描测量的方法。在进度管理方面，通过在施工现场安装三维激光扫描仪，对工程实体进行全天候扫描，获取高密度、高精度的三维点云数据，实时采集工程现场的空间数据，对工程施工过程进行追踪，通过网络设备将采集的数据传回工程管理平台，计算工程实际完成情况，可以准确衡量工程进度。在质量管理方面，将三维激光扫描仪采集的数据与建筑信息模型对比，获取实体偏差，输出实测实量数据，提高质量检测效率。在安全管理方面，利用三维激光扫描仪对危险源进行扫描，将前后两次扫描点云数据叠加在一起，分析前后两次点云数据的差别，可以得出危险源变化趋势。在工程竣工验收方面，通过三维激光扫描技术获取竣工工程的点云数据，提取竣工工程的几何特征，建立竣工工程的三维模型，能够缩短竣工验收核实工作的时间，提高竣工验收的准确性。

（2）互联技术　除了通用的互联技术外，互联技术还包括物联网和CPS等，可以实现工程建造过程中数据的交换和通信。互联技术可把工程建造过程中涉及的人、机器、资源、环境等有机联系在一起，最终实现各种工程建造资源的互联互通。

1）物联网。国际电信联盟（International Telecommunication Union，ITU）发布的《互联网报告》对物联网做了如下定义：物联网是通过二维码识读设备、RFID装置、红外感应器、全球定位系统和激光扫描器等信息传感设备，按约定的协议，把任意物品与互联网相连接，进行信息交换和通信，以实现智能化识别、定位、跟踪、监控和管理的一种网络。物联网的主要特点是在互联网的基础上，将物品与物品相连，实现实时的信息交换与通信。物联网在交通、物流、医疗保健、环境监测和安全监控等众多领域已得到广泛应用。然而，由于工程施工现场具有临时性的特点、施工现场条件简陋、施工界面复杂、环境动态变化、施工现场涉及不同的参与主体等原因，物联网技术尚未在工程建造中得到充分的应用。

在工程建造中，可以通过物联网将RFID、传感器等技术采集的建造过程动态信息实时传送，实现建造过程中的人、设备、资源等的互联互通。例如，在精益建造的"末位计划者"体系方法中，一般采用相对较长的"前瞻"规划周期来响应建造的动态施工要求，无法实时满足工程建造的变化。为了有效地进行"前瞻"规划周期的计划活动，需要掌握建造任务准确的资源信息。利用物联网技术，将与工程进度相关的人、设备、资源等互联，并实现实时地进行信息交换和通信，可随时对工程进度计划进行调整，提高精益建造的管理水平。再如，物联网技术还可用于安全管理中，将人、设备和环境等互联在一起，将RFID和传感器等技术采集的安全信息集成起来，实现人员和设备等的实时定位、跟踪和监控。通过分析人的行为和环境或设备之间的空间关系，找出安全隐患，并实时报警。

2）CPS。CPS是一个综合计算、网络和物理环境的多维复杂系统，能够通过3C（Computer、Communication、Control）技术的有机融合与深度协作，实现大型工程系统的实时感知、动态控制和信息服务。CPS的主要特点是能够对物理环境进行实时感知，并自主适应物理环境的动态变化，将信息世界的计算分析结果反馈给物理世界，实现自适应的闭环控制。CPS在其他行业的应用虽然取得了很大的进展，但在工程建设行业的应用还处于初级阶段。CPS的出现为工程建造领域提供了一种有前途和更有效的方法，将使工程建造的行为模式和管理模式发生深刻的变化。例如，CPS能够集成一个临时结构的虚拟模型和工程现场的物理结构，为工程项目临时结构监测提供了一个机会，以防止潜在的结构失效。这个虚拟模型是物理结构的虚拟化表示，是基于3D/4D虚拟原型软件开发的计算模型，能够提供临时结构的基本属性和信息。采用CPS可以实时捕获物理结构的变化，并反映到虚拟模型中。同时，虚拟模型中的更改也可以传递给嵌入或附加在物理组件上的传感器。这种物理和虚拟系统之间的双向协调使临时结构能够连续得到监测和评估性能，以便在事故发生之前识别和处理潜在的危险，而不用考虑因果关系。因此，CPS 能够改造传统的施工技术，在自动传感感知工程建造环境变化的基础上，通过工程建造过程和计算过程的融合，自主适应工程建造环境的动态变化，实现工程建造过程的信息交换、资源共享和协同控制。

3.8.4 基于大数据的智能建造管理平台

物联网、大数据和云计算等先进 ICT 技术的发展应用，使实时感知、采集工程建造过程中产生的大量信息成为可能，如环境、质量、安全、资源和进度等信息，通过互联网、物联网，项目参与方（业主、承包商、供应商、咨询机构等）皆可交换并共享这些信息。智能建造作为一种新的工程建造模式，运用 ICT 手段，实现工程建造中的人、机器、资源、环境的实时连通、相互识别和有效交流，通过大数据处理平台建立各类标准化的应用服务，实现共享，使相关参与方协同合作，实现安全、高效及高质量的现场施工。智能建造的核心是信息支撑环境、服务集成、协同运作和智能管理。

1. 基于大数据的工程造价信息管理平台

（1）平台的总体架构 基于大数据的工程造价信息管理平台不仅要能满足工程参与方的需求，兼容现有的软件，而且考虑长远发展以便今后扩展。通过该平台可以实现工程造价信息资源的集成、工程造价业务的协同共享，提升工程造价工作效率，为相关工作的预测、决策提供依据。基于大数据的工程造价信息管理平台，主要实现工程造价信息的采集、整理和分析。考虑到技术的合理性和可行性，平台采用 Hadoop 大数据处理架构；考虑到工程造价信息的大数据背景，平台分数据集成层、数据存储层、数据处理分析层、数据输出展示层，同时用相关的标准和规范来约束、支撑架构设计。

1）数据集成层。数据集成层在整个架构的底层，主要处理平台的数据来源，数据可以是 oracle、MySql 数据库或其他数据库，数据结构多样化，包括结构化的数据、非结构化的数据及半结构化的数据，数据格式包括文字、音频及图像等。有些数据可以直接存储，有些数据需要经过 Mapreduce 解析后存储。该架构引入了一个数据集成层，将外部数据源层与文件层进行数据交换，使用了 sqoop 工具，它可以实现传统的关系型数据库与 Hadoop 系统之间的交换。

2）数据存储层。文件存储层使用了 Hadoop 技术体系的 HDFS、HCatalog 及 Hbase 等组件，通过 HDFS 的分布式文件技术，将不同地方的存储设备组织起来，给数据处理分析层提供一个统一的接口供其访问。HCatalog 主要负责数据表和存储管理，Hbase 主要负责非结构化的大数据存储。

3）数据处理分析层。数据处理分析层主要包括 Hadoop 技术体系的 Mapreduce、Hive 及 Pig 等技术。其中 Mapreduce 是数据处理的核心，它主要负责大数据的并行处理。一方面，它可以让开发人员直接构建数据处理程序；另一方面，Hive 等数据库工具访问和分析需要 Mapreduce 的计算。Hive 是基于 Hadoop 的数据仓库工具，它可以将结构化的数据映射为一张数据表，为数据分析人员提供完整的 SQL 查询功能，并将查询语言转换为 Mapreduce 任务执行。Pig 技术提供了一个在 Mapreduce 基础上抽象出更高层次的数据处理能力，包括一个数据处理语言及运行环境。

4）数据输出展示层。终端通过 Web 服务器、PC、手机、平板计算机等进行数据的展示输出。

（2）平台的技术体系架构 基于大数据的工程造价信息管理平台的技术体系构架，依据平台的需求分析、建设目标及设计原则，考虑平台今后的需求增加和业务的扩展，应用多种服务组件来实现数据接入、丰富数据的处理，技术架构整体分为 IT 基础部署、业务系统接入、数据资源中心、平台应用支撑、数据交换服务及平台应用等部分。

1）IT 基础部署：IT 基础部署是平台的硬件和软件环境，支撑整个平台的正常、高效运行，主要包括主机、存储、网络等设备，以及操作系统、系统相关软件等。

2）业务系统接入：主要接入外部投资决策、设计、招标采购、施工、竣工结算等阶段相关系统，将业务数据整合到平台数据资源中心。

3）数据资源中心：数据资源中心整合了工程造价信息资源数据，主要包括政策法规库，人、材、机价格信息库，工程造价指标库，行业信息数据库等。

4）平台应用支撑：主要为支撑平台应用的一组服务，包括数据管理服务、注册服务、用户管理、消息服务等。

5）数据交换服务：主要为数据交换服务的相关组件，包括接口服务、工作流配置服务、规则管理服务、数据转换服务等。

6）平台应用：主要包括平台的信息采集、信息发布、信息检索、决策支持等相关应用。

（3）平台的组织架构　Hadoop 技术是当下处理大数据的较优技术，它具有低成本、高性能等优点，在众多商业机构和科研院所广泛应用。在基于大数据平台的组织架构设计中，平台应用 Hadoop 技术来进行组织架构，选用的是 Mater-slaves 架构。在该架构设计中，主控节点管理着所有的功能模块节点。平台首先通过数据组件，从外部业务系统收集数据信息，并将收集到的图片、视频等非结构化数据存储在分布式集群 Hadoop 的 HDFS 上。接着通过消息组件将收集到的数据信息交由数据查询组件进行查询操作。数据查询组件在进行查询任务时，先通过数据存储索引找到数据的位置，然后将数据操作请求发给数据库管理组件进行数据的读写。在查询的基础上会进行数据分析，这部分工作主要由数据分析组件进行处理，数据分析组件通过各种数据分析方法，将数据分析任务交给 Hadoop 集群处理分析。在数据查询分析结束后，由消息中间件将数据的操作返回给客户端。

（4）平台的功能设置　根据上文平台用户需求，基于大数据的工程造价信息管理平台主要设置了信息采集，信息分析与发布、信息检索、数据分析、系统维护等功能模块。

1）工程造价信息采集系统。信息采集功能模块主要用于采集工程造价相关基础数据，主要包括工程造价相关政策、法规及建设行业标准规范、图集定额等采集人工、材料、机械价格信息及与之相关的供应商单位信息，在建工程与已完工程信息和其他相关信息（包括行业动态、造价咨询单位信息及从业人员信息等）。

2）工程造价信息分析与发布系统。信息发布功能模块主要是发布人、材、机价格分析，同时对材料的价格趋势进行综合对比分析。发布工程造价信息，主要包括工程造价相关政策、标准规范、图集等工程造价计价信息。执行人员与企业业绩排行主要针对咨询单位，对咨询单位及其工程造价从业人员业绩进行排行，可以增强工程造价咨询单位上报其成果的积极性，同时为建设单位选择咨询单位为其服务提供依据。

3）工程造价信息检索系统。信息检索主要为工程造价相关单位提供工程造价信息检索。用户可以通过平台检索政府各单位发布的工程造价相关法律、法规，行业标准及规范，施工定额、图集等相关信息。用户可以通过平台检索人工、材料、施工机械价格信息，实时掌握市场行情。用户可以通过工程造价信息管理平台了解在建工程的相关施工技术、造价等信息，为本单位在建工程提供参考；检索已完工程造价信息，了解已完工程基本情况、工程特征、工程造价等，为用户拟建工程提供参考；检索类似工程概预算、招标控制价等，方便用户开展概预算及招投标相关工作；通过工程造价信息管理平台检索各地方咨询单位基本情况、咨询单位资质、人员情况、过往业绩等，方便投资人全面了解工程造价单位详细情况，从而为其选择合适的造价咨询单位提供参考依据；检索到整个行业的动态、先进的施工方法、成熟的经验等，方便工程造价从业人员学习借鉴。

4）工程造价数据分析系统。数据分析模块主要通过应用程序与数学模型，对工程造价中的数据进行提取、整理、分析，主要包括基于灰色关联的投资估算、工程造价指数预测、基于 MapReduce 的 K-means 算法进行聚类分析等，为投资决策提供依据，帮助投资人做出准确、科学和合理的决策。

5）系统维护。平台管理主要为平台管理员对工程造价信息管理平台进行管理维护，包括基础数据管理、业务状态修改、用户权限管理、日志管理及数据的恢复与备份等[99]。

2. 华西集团智能建造管理系统

华西集团智能建造管理系统针对"人、机、料、法、环"等多要素实现数字孪生，利用互联网、物联网、云计算、人工智能、BIM 等新一代信息技术赋能于华西集团建设施工全过程（图 3-48）。其中，各个建设工程项目在统一的组织框架、标准体系和平台下协同作业，通过全面感知、智能分析、精准预测、实时预警及深度反馈等功能实现建筑施工全过程的闭环管理，提高了集团、公司、项目三级监管的效率，促进了施工关键信息的高效流动，提升了集团在建设工程项目中的多源数据信息高效化、智能化应用水平。

图 3-48　华西集团智能建造管理系统工程指挥中心

（1）技术方案要点

1）"1+N+M"模式。在华西集团数字化平台统一框架下，华西智能建造管理系统建设采取"1+N+M"模式。1 个平台（华西集团智能建造管理平台，其架构如图 3-49 所示）、1 个数据库（华西集团工程项目与施工大数据）、1 套 APP（松耦合式架构）。N 个服务商，在华西集团统一管理标准的基础上，全国范围内发展多家智能建造集成服务商。M 个硬件供应商，针对人脸识别、监控摄像头、闸机、传感器、黑匣子等硬件设备，在全球范围内遴选优质供应商，建立智能建造硬件供应商库。

2）满足政策，统一管理，全国适用。四川省建筑科学研究院发挥标准优势，基于智能建造管理平台，深挖重点业务地区政府标准，建立政府标准数据库，结合项目诉求，对各项指标进行拆分、校核，在适用于华西集团工程项目的管理标准的同时，能在项目地有极强的适应性。

3）统一数据中心，实时数据联动和传输。华西集团的智能建造管理平台部署在云服务器上，统一数据中心，实现与数字化平台其他模块的数据库进行实时数据联动和传输，支持集团数字化平台如招标投标、合同签订、项目验收、库存管理等的协同运行。

4）统一的开发者平台，标准化的数据接口。搭建统一的开发者平台，实现数据统一汇总和处理。建立标准化数据接口，满足现有项目的数据接入，保证现有项目数据接入的高效、通畅。

5）多方协同，提高信息传递效率。华西集团智能建造管理平台，将智能建造与建筑施工项目

图 3-49 华西集团智能建造管理平台架构

管理相结合，利用物联网设备和 5G 技术，在满足各地政策要求的同时，实现职责划分，精准推送，满足逐级管理需求，实现企业高效管理。

（2）产品特点 华西集团智能建造管理系统主要由劳务实名制系统、视频监控、塔式起重机监控、环境监控、非道路移动机械及运渣车管理、安全巡检、质量巡检、进度管理、安全教育管理、危大工程管控、物料管理等多个板块组成。围绕数据采集、现场管理两个维度，对现场项目数据全方位采集，完成对项目现场数据整合，在智慧工地数据库进行数据存储、数据分析、问题分类、分级推送，最终进行预警通知、数据报表、作业联动、变化趋势的可视化呈现。

（3）产品创新点

1）技术创新。利用大数据和建筑案例深度学习的方法，确定传感器种类及数量、传感器通信方式、数据应用能力、软硬件系统集成度等 20 项因素指标，应用解释结构模型（ISM）+层次分析法（AHP）方法，识别因素指标的层次关系及影响力，提高了智能建造的建设水平。

2）理论创新。针对智能建造物联网构建本身，研发电子标签、传感器、摄像头、红外感应器等几十种在智慧工地中使用的传感器，并且抽象其物理模型，实现数字孪生技术，分析信号信息的可用性和必要性，为构建基于数字孪生的智能建造物联网系统提供了扎实的理论依据。

3）应用创新。智能建造管理系统构建基于云计算、边缘计算的离网、在线双智能"大脑"系统，实现了智能建造全生命链条的"人、机、料、法、环"五大要素的信息采集和管理，依靠交互、感知、决策、执行和反馈，将信息技术与施工技术深度融合与集成，形成了智慧建造、智慧管理、智慧溯源、深度决策的一体化平台。

（4）应用成效 智能建造管理系统旨在解决数据孤岛，实现华西集团各建筑施工工程的数据联动和传输，提高集团管理效率。

1）打通项目数据的互联通道，提高了华西集团管理效率。目前，同一建筑企业内部存在不同项目使用不同平台的技术方案的问题，造成无法统一调配。华西智能建造管理系统的建设，避免了平台在各地无法兼容及数据孤岛问题。

2）建立了企业智能建造相关技术、数据标准及导则，形成了项目预警报警体系。通过智能建造系统平台的建立，形成企业自身的智能建造相关技术、数据标准及导则，生成项目日常生产建设中的各项预警信息，为项目日常管理提供依据和警示，做到提前预警防患于未然。

3）建立了数字化管理平台，构筑竞争新优势。华西集团智能建造数字化平台，通过物联网设备和互联网技术，依托云底座，提高了华西集团数字化、智慧建造意识，培育了基于数据驱动的企业新型能力，构筑了华西集团竞争新优势。

4）完善了项目监管体系，形成标准化业务流程。通过华西集团数字平台的上线应用，利用数字化技术和手段，将项目施工的全流程数据串联，统一集团的建设项目安全质量监管体系，形成标准化建设业务流程⊖。

3. 恢恢信科智能建造大数据管理平台

恢恢信科成立于 2015 年，它是由重庆大学、英国萨里大学、英国诺森比亚大学、广怀集团院士专家工作站核心科研团队成员共同发起成立的云计算、大数据、物联网国际化产学研协同创新高科技公司，专注于城市操作系统、BIM 轻量化引擎、领域知识图谱引擎研发及运营，成功研发了智能建造大数据管理平台、智能建造项目管理平台、智能建造监管平台等，主要应用于智能建造、建筑智能化、基于 BIM 项目全生命周期管理等领域中⊜。

（1）OPPO（重庆）智能生态科技园智能建造大数据管理平台项目　恢恢信科智能建造大数据管理平台应用于建筑面积达 661275.06m^2 的特大型项目——重庆市 OPPO（重庆）智能生态科技园项目一期工程，以建筑信息模型为载体，融合安全数据、质量数据、进度数据、工程动态、设计变更、监理巡查、造价控制、智慧运维等数据，为项目参建各方提供施工全生命周期精细化管理支撑。

（2）重庆悦来投资集团智能建造管理平台项目　重庆悦来投资集团利用智能建造项目管理平台建立管理标准，实现规划、建设、安全、质量、进度、造价、运维等方面进行全方位管控，同时在疫情防控期间辅助集团对施工现场进出人员进行严格的筛查管理。

（3）北碚、潼南区住建委智能建造监管平台项目　通过对施工现场施工设备运行状态、环境要求及工作人员行为的合法、合规性进行全面的监管，进一步提高了政府监管部门利用信息化手段，为工程建设安全提供重要保障。

4. 星宇建筑大数据平台

"数字建筑"展示平台是福建建筑从传统的信息化应用升级到智慧应用的建设成果的生动体现。全面推行智能建造是近年来国务院、住建部关于城市规范建设、房屋安全的重大举措。该平台从福建省—市—县—乡多级管理的视角，集成建筑资源、房屋资源、国土资源，结合"一楼一档"形成全过程管理及全方位信息综合分析能力，使生态环境保护、城市规范管理、房屋安全管理在平台上呈现⊜。

数字建筑平台基于福建星宇建筑大数据的模型及算法应用技术，用简洁、直观的可视化效果，让庞大、复杂、枯燥而又缺乏逻辑的基建数据房屋数据"说话"，助力建筑业实现数据汇聚的动态化、生态环境保护工作的精细化、城市安全房屋安全的可预警化、工程建设的规范化。

（1）强强联合释放建筑大数据价值　星宇建筑大数据平台对建筑数据进行深度运营，提高了住建管理部门的执政能力、引导了建筑规范建设与发展、推动了多规合一建设、推进了城市安全房屋安全综合治理等。一系列大数据新业态和新模式落地生根，有力提升了管理部门的社会治理水平，推动了产业转型升级。当前，大数据产业迎来爆发期，大数据的开发与应用将裂变出无限可能。在国家战略层面，我国政府高度重视大数据产业的发展，明确提出要形成统一的政府数据

⊖ 引自 https：//mp.weixin.qq.com/s/7l7MveyRPe8M6znkqaVMRg。

⊜ 引自 http：//www.cqhhxk.com/index/index/about。

⊜ 引自 https：//mp.weixin.qq.com/s/DAsSVrMX8kWe0cD3WaBtSA。

开放平台。数据互联互通的程度和深度始终决定着数字经济的发展，通过数据场景运营方式，分层分类对政府数据资源进行开发、激活，通过专业的技术手段进行数据汇聚，从而促进大数据应用落地，是大数据产业发展的关键。星宇建筑大数据平台的建设及运营，提供给住建行业数据融合交换共享服务，最终实现住建数据场景应用的激活，助力住建行业实现数据公开、流通与共享，释放数据价值。

（2）大数据融入各行各业，提振福建数字经济　从数据资源汇聚到数据场景应用，数据价值的变现是关键。星宇建筑大数据平台着力打破住建数据"孤岛"，通过数据开放、融合共享，完成核聚变式的结合、应用，让大数据加快融入各行各业，实现数据价值的倍增效应。推动大数据与实体经济的融合是我国供给侧结构性改革的重要内容。星宇建筑大数据平台能够实时反映住建的各类综合数据，为住建管理部门科学决策提供动态数据。住建大数据的应用促进了建筑业经济转型升级、跨越发展，为实体经济赋能⊖。

5. 建科研智能建造管理平台

建科研公司提供的智能建造云平台是在"中国工程建设标准服务平台"上承建的（可以动态提供建筑业全部的国家标准、行业标准、地方标准），各功能模块全面应用新一代信息技术，结合各岗位的本职工作，实现"降本增效"，同时将产生的数据推送至"工程资料管理平台"，实现工程资料的自动生成。

（1）施工进度　施工进度管理分为施工计划横道图管理和里程碑节点管理。施工进度的实际开始时间和实际完成时间是通过质量安全检查、质量安全验收模块自动采集，摒弃手动填报的形式，且施工进度可和建筑信息模型进行挂接，实现进度对比。

（2）材料管理　物资验收为供应商开通权限录入供货信息，通过现场扫二维码自动获取材料入场信息，材料员采用"多对一"的方式提升工作效率，且系统可自动生成对应物资验收资料表格、依据材料的品种、规格、数量自动生成见证取样表，提醒见证取样工作，大大提高工作效率，减少做内业资料的时间，避免出现材料漏检现象，材料管理涉及材料入场、出场、盘点等方面。

（3）视频监控　建科研视频监控除常规的识别未戴安全帽、未穿反光背心外还可以实现隐患的深度识别（如：脚手架垫板、扫地杆，电焊是否有接火盘、临边防护等），具有很强的专业性。

（4）安全、质量检查　依据规范建立安全、质量检查项目库，逐项检查，检查的内容更全面、客观，安全检查分为：随机检查、分项检查、专项检查、安全标准化检查。依据安全、质量检查自动生成资料表单，减少做内业资料的时间，提高工作效率。

（5）安全、质量验收　安全验收依据规范建立安全验收、质量验收项目库，依据验收内容自动生成资料表单；质量验收系统把检验批都内置到了APP里，选择对应的检验批开展现场验收，针对每个检验批有主控项目和一般项目，全部列出来一项一项地选择，检查条目实现标准化，系统自动判断是否超出规范的允许偏差，自动计算统计合格率，减少做内业资料的时间，提高工作效率。

（6）标准知识库　平台工程建设标准按国家标准、地方标准、行业标准、团体标准、协会标准、国际标准等按层级分类查询，同时对技术交底、施工方案、施工组织设计、规章制度、监理通知在线管理，通知通告线上发布，APP同步接收，APP端实时查阅下载。

（7）劳务人员管理　劳务人员管理以劳务实名制为基础，以物联网+智能硬件为手段，除实现电子花名册、电子考勤外，建科研劳务管理将质量、安全检查等模块实现底层数据共通，进行项目质量安全检查的同时，系统自动分析近期项目存在的质量安全隐患或事故，有针对性地处理现场发现的问题，组织相关人员、班组培训，从而减少安全隐患。

⊖　引自 https://mp.weixin.qq.com/s/6BrVQt1DpDNou9XmEPA2AA。

（8）工程资料　工程资料管理采用平台+APP架构，摒弃传统"加密锁"方式，实现工程资料网上填报，工程师可以随时随地填报资料，各专业资料自动汇总，总包、分包自动汇总，系统可根据工程特征自动生成资料表格，防止资料漏填，同时系统具备预警功能，能够智能预警工程资料填报过程中出现的问题。

■ 3.9　5G时代下的智能建造

3.9.1　5G时代建筑业未来发展趋势

随着我国市场经济的发展和信息化水平的不断提高，建筑业作为国民经济重要支柱产业也随之进行数字化转型升级。但是由于建筑业具有施工环境复杂、露天作业多、人员流动性大等特点，其生产安全事故仍频繁发生。

随着5G时代的加速到来，具有关键作用的5G凭借其高速率、大带宽、低延时、高可靠等特性被应用于建筑业各业务场景，必将大大降低施工现场生产安全事故的发生率。5G技术将进一步推动整个建筑施工过程智能化、无人化，为建筑业企业打造数字化新模式，加强产业数字化建设，助力推动建筑业的安全、创新发展。5G势不可挡，5G技术与建筑业数字化转型深度融合，将对建筑业产生深远的影响，为建筑业未来发展带来新的发展趋势。

1. 施工现场5G网络的大规模组网

建筑业数字化发展的核心是对数据的获取和应用。在5G时代，可以结合物联网、移动互联网等技术更好地实现万物互联，更高质量地在工地现场收集建造过程信息；结合BIM技术将建造阶段产生的实际数据与进度、成本计划在数字实体关联，实现现实世界与数字世界的实时对照，更好地利用数字化手段实现建筑业的转型升级。在此过程中，5G技术的应用至关重要，这也对5G技术在施工现场的组网搭建提出了更高的要求与挑战。施工现场5G网络大规模组网示意图如图3-50所示。

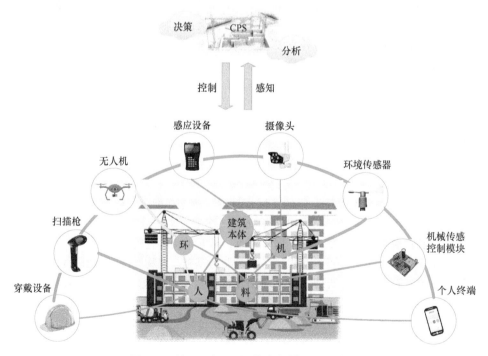

图 3-50　施工现场5G网络大规模组网示意图

2. 施工现场多传感器融合的智能感知

建筑业的数字化转型，首先要实现建筑物数据以及管理行为与结果的"数据化"，而实现"数据化"的前提是要先获取精确的数据。

将5G技术与物联网技术深度融合，可以把所有的物品通过信息传感设备，按约定的协议进行信息交换和通信，以实现智能化识别、定位、跟踪、监控和管理。以多传感器为触点，结合高速移动通信、无线射频、近场通信及二维码识别等物联网技术，与工程项目管理信息系统的集成应用，积极探索工程信息化管理技术，将物联网技术与施工现场管理深度融合，利用互联网的海量数据进行项目精细化和标准化管理，让传统的建筑工地长出"智慧大脑"。

使用物联网实时立体视觉技术，可以在工地现场跟踪每位工作人员的精确位置和行动轨迹，精度可以达到厘米级。结合对工地实时危险源的监控，及时提醒工作人员与危险区域保持足够的安全距离。同时，在出现安全事故的时候，也可以及时救援伤者。通过对人员的位置精确统计，项目的工作计划、安全管理、物料和资源调配等各项工作流程都可以随之进行优化。

3. 施工现场与建筑信息模型的数字孪生

BIM作为工程领域数字化转型升级的核心技术，已经得到越来越多工程从业人员的认可。基于对工程项目的智能感知，实现数据的采集与处理，将实时采集的数据与建筑信息模型进行挂接，形成数字模型与真实场景的关联，实现数字模型与实际工程数据的实时交互，通过数字模型为数据载体，最终实现数字化管理。

5G技术低延时、高带宽、稳定性好的特点可以很好地解决网络问题，保证项目现场与建筑信息模型实时交互的数字孪生场景的更好实现。

实现以BIM技术为核心的项目数字化管理的过程中，网络的稳定性和低延时性是保证数据传送与应用的重要环节，有了5G技术的支撑，工程项目海量数据的价值将得到更大限度的发挥与利用，真正实现"可以穿越时空的7D世界建模数据库"。

此外，借助数字孪生，可以很好地解决工艺工法标准化的落地问题，可以将带有工地现场实时数据的建筑信息模型与工地实际工作面进行虚实场景交互。工人通过佩戴VR或AR眼镜等方式在视野前呈现出虚实两个场景的叠加，要做的工作内容与步骤可以叠加在实际工作场景上模拟演示，工人只需按照演示方式进行操作即可，这个过程中还可以结合现场智能感知能力对工人是否按照工艺工法要求施工进行监控和错误预警。

4. 工程项目的多方协同

智能感知和数字孪生的实现，为工程项目的协同带来了更多的可能性，通过对视觉的共享和对建筑信息模型相关数据的共享，可以更好地实现工地现场人员的协同、人员与机械设备的协同、机械设备间的协同，甚至还可以是来自项目各业务线间以及项目各参与方之间的协同。

（1）5G网络环境实现作业过程中的要素协同　工程现场的环境相对复杂，人员、材料、机械设备间的协作情况非常普遍，在项目的作业过程中涉及很多协同的场景，其中主要以人人协同、人机协同和机械间的协同为主，以下针对这三个主要场景进行详细描述。

1）人人协同：目前，在建筑业提倡建筑精度能够与工业产品近似，高精度可通过现场的全方位智能感知，实现多人感知互通的精准操作。

2）人机协同：人机协同是通过远程操控、虚拟现实、增强现实、扩展现实等方式实现在施工现场更高效地完成工作，节省人力，避免工地上常出现的凭经验判断合规性和安全性的操作。

3）机器之间协同：在施工现场不仅可以做到人机协同的远程控制，还可以做到部分简单工作的自动化，由机器人来更精准地完成生产任务，节省人力的使用度。

（2）5G网络环境实现生产过程中的数据协同　在5G网络环境下，通过对工地现场的智能感知，并将实时数据关联在建筑信息模型上，可以更好地实现生产过程中的数据共享与协同，主要包括项目部各部门间的数据协同、公司与项目部之间的数据协同、各参建方之间的数据协同。

(3) 5G 网络环境实现云边端的技术协同 传统的云计算在 5G 的加持下，未来将属于基于异构网络的分布式的云、边、端协同计算环境，中央处理器（Central Processing Unit，CPU）、图形处理器（Graphics Processing Unit，GPU）、现场可编程逻辑门阵列（Field Programmable Gate Array，FPGA）、专用集成电路（Application Specific Integrated Circuit，ASIC）分散在个人计算机、服务器、手机、路由器、摄像头和各种传感器中，通过高带宽、低延时的 5G 无线网络和高速大容量同轴或光纤线缆等连接形成了一个可伸缩的、拥有众多异构计算节点和海量存储的虚拟超级计算机。

5G 的无线和有线网络的高带宽能够解决这种分布式异构计算架构用于计算任务分配和下发、数据的交换、结果验证广播所需的数据传输带宽需求，非常适合在工地这种整体 TPS 要求不高，但是算力要求高并且对时延敏感和不敏感的请求混杂的计算环境。

5. 推进新时代的建筑业治理模式

在数字时代，数字建筑业的治理模式在不断演化。深入推进简政放权、放管结合、优化服务改革成为新时代城市建设治理模式发展方向。在此趋势下，建筑业的各个参与方包括但不限于行政主管机关、建设类企业、经营类企业、金融机构、城市居民以建立美好的生活和工作环境为宗旨，以区块链、大数据、人工智能技术建立数字化的新时代行业共同治理模式。相关主管机关充分简政放权，转向加强事中和事后监管。

在 5G 时代，结合物联网、大数据、AI 和区块链等技术的数字化系统，可以安全可靠地解决海量数据的权属问题，数据流转过程全程透明可控，每个参与者的贡献清晰明了，还不会被篡改，用户隐私和商业机密不被泄漏，行业共识和规则透明，可靠地自动执行，所有结果具有法律效力。

5G 技术的全面利用，为建筑业的数字化发展提供了机遇。无论是工地精细化管理的内在需求还是当代先进技术快速发展和综合应用的外在动力，都将驱动着建筑业向更加集成统一管理、高效协同工作以及更加自动化和智能化的智慧化趋势演进，逐步实现全链条产业链的和谐可持续发展[⊖]。

3.9.2 5G 下的智能建造：智能工厂自动化新模式

5G 时代的智能工厂将大幅改善劳动条件，减少生产线人工干预，提高生产过程可控性，最重要的是借助于信息化技术打通企业的各个流程，实现从设计、生产到销售各个环节的互联互通，并在此基础上实现资源的整合优化。

1. 5G 技术场景支撑智能制造

作为新一代移动通信技术，5G 技术切合了传统制造企业智能制造转型对无线网络的应用需求，能满足工业环境下设备互联和远程交互应用需求。在物联网、工业自动化控制、物流追踪、工业 AR、云化机器人等工业应用领域，5G 技术起着支撑作用。

(1) 物联网 随着工厂智能化转型的推进，物联网作为连接人、机器和设备的关键支撑技术正受到企业的高度关注。这种需求在推动物联网应用落地的同时，也极大地刺激了 5G 技术的发展。

(2) 工业自动化控制 这是制造工厂中最基础的应用，核心是闭环控制系统。5G 可提供极低延时、高可靠，海量连接的网络，使得闭环控制应用通过无线网络连接成为可能。

(3) 物流追踪 从仓库管理到物流配送均需要广覆盖、深覆盖、低功耗、大连接、低成本的连接技术。此外，虚拟工厂的端到端整合跨越产品的整个生命周期，要连接分布广泛的已售出的商品，也需要低功耗、低成本和广覆盖的网络，企业内部或企业之间的横向集成也需要泛在网络，

⊖ 引自 https://mp.weixin.qq.com/s/Rhml2EtMcA4iMLr7J7tfJw。

5G 网络能很好地满足这类需求。

（4）工业 AR 在智能工厂生产过程中，人发挥更重要的作用。由于未来工厂具有高度的灵活性和多功能性，这对工厂车间工作人员有更高的要求。为快速满足新任务和生产活动的需求，增强现实 AR 将发挥很关键作用，在智能制造过程中可用于如下场景：监控流程和生产流程。生产任务分步指引，如手动装配过程指导；远程专家业务支撑，如远程维护。在这些应用中，辅助 AR 设施需要最大限度地具备灵活性和轻便性，以便维护工作高效开展。

（5）云化机器人 在智能制造生产场景中，需要机器人有自组织和协同的能力来满足柔性生产，这就带来了机器人对云化的需求。5G 网络是云化机器人理想的通信网络，是使能云化机器人的关键。

5G 技术已经成为支撑智能制造转型的关键技术，它能将分布广泛、零散的人、机器和设备全部连接起来，构建统一的互联网络。5G 技术的发展可以帮助制造企业摆脱以往无线网络技术较为混乱的应用状态，这对于推动工业互联网的实施以及智能制造的深化转型有着积极的意义。

2. 5G 时代智慧工地前景展望

2016 年—2018 年，我国的 5G 基础研发测试分为以下三个阶段：第一阶段是 5G 关联技术试验，第二阶段是 5G 技术方案验证，第三阶段是 5G 的系统验证。

我国于 2016 年 1 月启动了 5G 技术试验，为保证实验工作的顺利开展，IMT-2020（5G）推进组在北京市怀柔区规划建设了 30 个站的 5G 外场。在 5G 第二阶段试验完成之后，第三阶段试验于 2018 年年初启动；5G 第一个标准版本于 2018 年 6 月完成，完整版本于 2019 年 9 月完成，并在 2020 年实现大规模商用。

面对第三阶段试验，为了做好配合，进一步丰富场景，我国在 6 个城市开展了试验，包括 5G 技术与智慧城市的核心规划结合，助力智慧城市的建设；借助 5G 的试验推动双创，以及在工业互联网、智能制造方面充分利用 5G 技术。

智能工厂是 5G 技术的重要应用场景之一。利用 5G 网络将生产设备无缝连接，并进一步打通设计、采购、仓储、物流等环节，使生产更加扁平化、定制化、智能化，从而构造一个面向未来的智能制造网络和 5G 时代智能工厂的新时代。

（1）助推柔性制造，实现个性化生产 全球人口正在接近 80 亿人，中产阶层消费群不断扩大，有望形成巨大市场，进而对消费布局产生影响。带有客户需求和产品"信息"功能的系统成为硬件产品销售新的核心，个性化定制成为潮流。为了满足全球各地不同市场对产品的多样化、个性化需求，生产企业内部需要更新现有的生产模式，基于柔性技术的生产模式成为趋势。国际生产工厂研究协会的定义为：柔性制造系统是一个自动化的生产制造系统，在最少人的干预下，能够生产任何范围的产品族，系统的柔性通常受到系统设计时所考虑的产品族的限制。柔性生产的到来，催生了对新技术的需求。

一方面，在企业工厂内，柔性生产对工业机器人的灵活移动性和差异化业务处理能力有很高要求。5G 利用其自身无可比拟的独特优势，助力柔性化生产的大规模普及。5G 网络进入工厂，在减少机器与机器之间线缆成本的同时，利用高可靠性网络的连续覆盖，使机器人在移动过程中活动区域不受限，按需到达各个地点，在各种场景中进行不间断工作以及工作内容的平滑切换。5G 网络也可满足各种具有差异化特征的业务需求。在大型工厂中，不同生产场景对网络的服务质量要求不同。精度要求高的工序环节关键在于时延，关键性任务需要保证网络可靠性、大流量数据即时分析和处理的高速率。5G 网络以其端到端的切片技术，同一个核心网中具有不同的服务质量，按需灵活调整。如设备状态信息的上报被设为最高的业务等级等。

另一方面，5G 可构建连接工厂内外的人和机器为中心的全方位信息生态系统，最终使任何人和物在任何时间、任何地点都能实现彼此信息共享。消费者在要求个性化商品和服务的同时，企业和消费者的关系发生变化，消费者将参与到企业的生产过程中，消费者可以跨地域通过 5G 网络，参与产品的设计，并实时查询产品状态信息。

（2）工厂维护模式全面升级　在大型企业的生产场景中，经常涉及跨工厂、跨地域设备维护，远程问题定位等场景。5G 技术在这些方面的应用，可以提升运行和维护效率，降低成本。5G 带来的不仅是万物互联，还有万物信息交互，使得未来智能工厂的维护工作突破工厂边界。工厂维护工作按照复杂程度，可根据实际情况由工业机器人或者人与工业机器人协作完成。在未来，工厂中每个物体都是一个有唯一 IP 的终端，使生产环节的原材料都具有"信息"属性。原材料会根据"信息"自动生产和维护。人也变成了具有自己 IP 的终端，人和工业机器人进入整个生产环节中，和带有唯一 IP 的原料、设备、产品进行信息交互。工业机器人管理工厂的同时，人在千里之外也可以第一时间接收到实时信息跟进，并进行交互操作。

设想在未来有 5G 网络覆盖的一家智能工厂里，当某一物体故障发生时，故障被以最高优先级"零"时延上报给工业机器人。一般情况下，工业机器人可以根据自主学习的经验数据库在不经过人的干涉下完成修复工作。特殊情况下，由工业机器人判断该故障必须由人来进行操作修复。此时，人即使远在地球的另一端，也可通过一台简单的 VR 和远程触觉感知技术的设备，远程控制工厂内的工业机器人到达故障现场进行修复，工业机器人在万里之外实时同步模拟人的动作，人在此时如同亲临现场进行施工。

5G 技术使得人和工业机器人在处理更复杂场景时也能游刃有余。如在需要多人协作修复的情况下，即使相隔了几大洲的不同专家也可以各自通过 VR 和远程触觉感知设备，第一时间"聚集"在故障现场。5G 网络的大流量能够满足 VR 中高清图像的海量数据交互要求，极低时延使得触觉感知网络中，人在地球另一端也能把自己的动作无误差地传递给工厂机器人，多人控制工厂中不同机器人进行下一步修复动作。同时，借助万物互联，人和工业机器人、产品和原料全都被直接连接到各类相关的知识和经验数据库，在故障诊断时，人和工业机器人可参考海量的经验和专业知识，提高问题定位精准度。

（3）工业机器人加入"管理层"　在未来智能工厂生产的环节中涉及物流、上料、仓储等方案判断和决策，5G 技术能够为智能工厂提供全云化网络平台。精密传感技术作用于不计其数的传感器，在极短时间内进行信息状态上报，大量工业级数据通过 5G 网络收集起来，庞大的数据库开始形成，工业机器人结合云计算的超级计算能力进行自主学习和精确判断，给出最佳解决方案。在一些特定场景下，借助 5G 下的"设备到设备"（Device to Device，D2D）技术，物体与物体之间直接通信，进一步降低了业务端到端的时延，在网络负荷实现分流的同时，反应更为敏捷。生产制造各环节的时间变得更短，解决方案更快更优，生产制造效率得以大幅度提高。

我们可以想象未来 10 年内，5G 网络覆盖到工厂各个角落。5G 技术控制的工业机器人，已经从玻璃柜里走到了玻璃柜外，不分日夜地在车间中自由穿梭，进行设备的巡检和修理，送料、质检或者高难度的生产动作。机器人成为中、基层管理人员，通过信息计算和精确判断，进行生产协调和生产决策。这里只需要少数人承担工厂的运行监测和高级管理工作。机器人成为人的高级助手，替代人完成人难以完成的工作。

（4）按需分配资源　5G 网络通过网络切片提供适用于各种制造场景的解决方案，实现实时高效和低能耗，并简化部署，为智能工厂的未来发展奠定坚实基础。

首先，利用网络切片技术保证按需分配网络资源，以满足不同制造场景下对网络的要求。不同应用对时延、移动性、网络覆盖、连接密度和连接成本有不同需求，对 5G 网络的灵活配置尤其是对网络资源的合理快速分配及再分配提出了更严苛的要求。作为 5G 网络最重要的特性，基于多种新技术组合的端到端的网络切片能力，可以将所需的网络资源灵活动态地在全网中面向不同的需求进行分配及能力释放；根据服务管理提供的蓝图和输入参数，创建网络切片，使其提供特定的网络特性，如极低的时延、极高的可靠性、极大的带宽等，以满足不同应用场景对网络的要求。例如，在智能工厂原型中，为满足工厂内的关键事务处理要求，创建了关键事务切片，以提供低时延、高可靠的网络。在创建网络切片的过程中，需要调度基础设施中的资源，包括接入资源、传输资源和云资源等，而各个基础设施资源也都有各自的管理功能。通过网络切片管理，根据客户不同的需求，为客户提供共享的或者隔离的基础设施资源。由于各种资源的相互独立性，网络切片管理也在不同资源之间进行协同管理。在智能工厂原型中，展示了采用多层级的、模块化的管理模式，使整个网络切片的管理和协同更加通用、更加灵活并且易于扩展。除了关键事务切片，5G智能工厂还将额外创建移动宽带切片和大连接切片。不同切片在网络切片管理系统的调度下，共享同一基础设施，但又互不干扰，保持各自业务的独立性。

其次，5G能够优化网络连接，采取本地流量分流，以满足低延时的要求。每个切片针对业务需求的优化，不仅体现在网络功能特性的不同，还体现在灵活的部署方案上。切片内部的网络功能模块部署非常灵活，可按照业务需求分别部署在多个分布式数据中心。原型中的关键事务切片为保证事务处理的实时性，对时延要求很高，将用户数据功能模块部署在靠近终端用户的本地数据中心，尽可能地降低时延，保证对生产的实时控制和响应。此外，采用分布式云计算技术，以灵活的方式在本地数据中心或集中数据中心部署基于网络功能虚拟化（Network Function Virtualization，NFV）技术的工业应用和关键网络功能。5G网络的高带宽和低延时特性，使智能处理能力通过迁移到云端而大幅提升，为提升智能化水平铺平了道路。

在5G网络的连接下，智能工厂成了各项智能技术的应用平台。除了上述四类技术的运用，智能工厂有望与未来多项先进科技相结合，实现资源利用、生产效率和经济收益的最大化。例如，借助5G高速网络，采集关键装备制造、生产过程、能源供给等环节的能效相关数据，使用能源管理系统对能效相关数据进行管理和分析，及时发现能效的波动和异常，在保证正常生产的前提下，相应地对生产过程、设备、能源供给及人员等进行调整，实现生产过程的能效提高；使用企业资源计划（Enterprise Resource Planning，ERP）进行原材料库存管理，包括各种原材料及供应商信息。当客户订单下达时，ERP自动计算所需的原材料，并且根据供应商信息及时计算原材料的采购时间，确保在满足交货时间的同时做到库存成本最低甚至为零。

因此，5G时代的智能工厂将大幅改善劳动条件，减少生产线人工干预，提高生产过程可控性，最重要的是借助于信息化技术打通企业的各个流程，实现从设计、生产到销售各个环节的互联互通，并在此基础上实现资源的整合优化，从而进一步提高企业的生产效率和产品质量[⊖]。

思 考 题

1. 请简述什么是NLP技术？
2. NLP包含哪些基本技术？
3. 智能决策支持系统由哪些内容构成？
4. 请简述WSN的特点。
5. WSN存在哪些安全问题？
6. 在智能施工监测时，WSN的监控系统设备包括哪些部分？
7. CV技术分为哪几个层次？
8. CV理论的发展分为哪几个阶段？
9. CV技术在智能安全监管中的应用有哪些，具有的意义是什么？

⊖ 引自http://www.eepw.com.cn/article/201810/392872.htm。

10. 简述 RFID 的定义及其应用领域。

11. 简述 RFID 的优势或特征。

12. 简述 RFID 智能系统的应用现状。

13. 请简述 ICT 技术（可从定义、发展、基础设施等方面作答）。

14. 智能运维主要包括哪些系统？

15. 智能运维中 ICT 技术有哪些主要应用？

16. 云平台的主要支撑技术有哪些？

17. 请简述如何搭建一个云平台。

18. "互联网+"的内涵和特征是什么？

19. "互联网+"如何与建筑业进行融合？

20. "互联网+"时代的智能建造模式的核心内涵是什么？

21. BIM 云平台主要有哪些功能？

22. 数字建造背景下，大数据带来了哪些方面的变革？

23. 大数据具有哪些特点？

24. 简述大数据的获取方式（信息技术支撑）。

第 4 章

智能建造技术与应用

内容摘要

　　本章有序地介绍了智能建造的各种技术及其内涵、特征、应用场景和实例，涉及区块链、数字孪生、物联网、人工智能、元宇宙、3D 打印、无人机、虚拟现实和增强现实等，并详细阐述了每一类技术在工程建造领域的应用实例，力求实现智能与建造的有机融合。

学习目标

　　了解智能建造领域的目前常见的 9 种智能建造技术，理解智能建造技术的基本概念和发展方向，掌握相关技术的内涵和意义，明确每一类智能建造技术的应用场景和发展趋势。

■ 4.1　区块链

4.1.1　区块链技术

　　近十年，区块链技术方兴未艾。但到底什么是区块链，区块链能做什么，大家并不十分清楚。作为一个新兴的跨学科技术组合，区块链是一种技术体系，更是一种思想和文化，它将成为未来信息社会的基本架构。

　　2021 年 6 月，中央网信办在《关于加快推动区块链技术应用和产业发展的指导意见》中明确指出：区块链是新一代信息技术的重要组成部分，是分布式网络、加密技术、智能合约等多种技术集成的新型数据库软件，通过数据透明、不易篡改、可追溯，有望解决网络空间的信任和安全问题，推动互联网从传递信息向传递价值变革，重构信息产业体系。

　　从对区块链技术的解读中，可以看到：区块链是在复杂而不可信的互联网中创建高可信性的新计算模式，它给数字世界带来了价值表示和价值转移两项全新的基础功能。狭义来讲，区块链是一种按照时间顺序将数据区块以顺序相连的方式组合成的一种链式数据结构，并以密码学方式保证的不可篡改和不可伪造的分布式账本。广义来讲，区块链技术是利用块链式数据结构来验证与存储数据、利用分布式节点共识算法来生成和更新数据、利用密码学的方式保证数据传输和访问的安全、利用由自动化脚本代码组成的智能合约来编程和操作数据的一种全新的分布式基础架构与计算范式[⊖]。

⊖　引自工业和信息化部《中国区块链技术和应用发展白皮书（2016）》。

从信息技术的层面来看，区块链是以区块为单位产生和存储，并按照时间顺序首尾相连形成链式结构，同时通过密码学保证不可篡改、不可伪造及数据传输访问安全的去中心化分布式账本。区块链中所谓的账本，其作用和现实生活中的账本基本一致，按照一定的格式记录流水等交易信息。特别是在各种数字货币中，交易内容就是各种转账信息。只是随着区块链的发展，记录的交易内容由各种转账记录扩展至各个领域的数据。例如，在供应链溯源应用中，区块中记录了供应链各个环节中物品所处的责任方、位置等信息。

1. 区块链的特征

（1）去中心化　在去中心化的系统中，网络中的所有节点均是对等节点，每个节点平等地发送和接收网络中的消息。所以，系统中的每个节点都可以完整地观察系统中节点的全部行为，并将观察到的这些行为在各个节点进行记录，即维护本地账本。这与中心化的系统是不同的，中心化的系统中不同节点之间存在信息不对称的问题。中心节点通常可以接收到更多信息，而且中心节点也通常被设计为具有绝对的话语权，这使得中心节点成为一个不透明的黑盒，而其可信性也只能借由中心化系统之外的机制来保证。网络架构对比如图 4-1 所示。

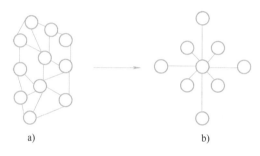

图 4-1　网络架构对比
a）去中心化网络、全网可见　b）中心化网络、中心黑盒

（2）透明可信　区块链系统是典型的去中心化系统，网络中的所有交易对所有节点均是透明可见的，而交易的最终确认结果也由共识算法保证了在所有节点间的一致性。所以整个系统对所有节点均是透明、公平的，系统中的信息具有可信性。节点间决策过程共同参与，共识保证可信性。所谓共识，简单理解就是指大家都达成一致的意思。

（3）防篡改　"防篡改"是指交易一旦在全网范围内经过验证并添加至区块链，就会被所有节点共同记录，并且通过密码学技术保证前后相互关联，篡改的难度和成本非常高，并且区块链上个别的篡改或撤销行为无法得到整个网络的认可，使数据无法被篡改。

（4）可追溯　"可追溯"是指区块链上发生的任意一笔交易都是有完整记录的（图 4-2），人们可以针对某一状态在区块链上追查与其相关的全部历史交易。"防篡改"特性保证了写入到区块链上的交易很难被篡改，这为"可追溯"特性提供了保证。

全流程上链可追溯

图 4-2　区块链存储信息示意图

（5）安全性　区块链使用非对称公钥加密的加密机制，以确保存储信息的有效性，防止欺诈。加密可以维护私有数据的私密性，而数字签名可以确保数据的真实性、完整性和不可否认性，从

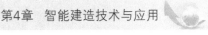

而实现区块链安全性。只要不能掌控全部数据节点的51%，就无法肆意操控修改网络数据，这使区块链本身变得相对安全，避免了主观人为的数据变更。

（6）自治性　区块链基于公开透明和协商一致的原则，运用加密数字算法，使整个系统中的所有节点能够在去信任的环境下自动安全地交换数据，整个系统的运作不需要任何外在的人为干预。

（7）开放性　区块链系统是开放的，任何节点都能够拥有全网的总账本，除了数据直接相关各方的私有信息通过非对称加密技术被加密外，区块链的数据对所有节点公开，任何人都可以通过公开的接口查询区块链数据和开发相关应用，因此整个系统信息高度透明。

（8）匿名性　在区块链交易中，由于使用了公钥和私钥，人们可以选择保持匿名，以保护自己的隐私，同时允许第三方验证其身份。除非有法律规范要求，单从技术上来讲，各区块节点的身份信息不需要公开或验证，信息传递可以匿名进行，这使得区块链能够维护和保护事务上的隐私。

2. 区块链的基础架构

（1）数据层　数据层主要描述区块链技术的物理形式，是区块链上从创世区块起始的链式结构，每个区块包含了区块上的时间戳、公私钥数据等，是整个区块链技术中最底层的数据结构。

（2）网络层　网络层的主要目的是实现区块链网络中节点之间的信息交流。网络层主要通过点对点网络（Peer-to-Peer Networking，P2P网络）技术实现分布式网络的机制。区块链本质上是一个P2P网络，具备自动组网的机制，节点之间通过维护一个共同的区块链结构来保持通信。每一个节点既接收信息，也产生信息。

（3）共识层　共识层负责点对点模式的有效识别认证。共识层能让高度分散的节点在去中心化的区块链网络中高效地针对区块数据的有效性达成共识，是区块链社群的治理机制。

（4）激励层　激励层的主要功能是提供一定的激励措施，鼓励节点参与区块链的安全验证工作。激励机制在公有链中是必需的。在联盟链中，所有节点都是已经经过组织认证的节点，不需要额外的激励，这些节点也会自发地维护整个系统的安全和稳定。在公有链中，节点不需要进行认证，可以随时加入、随时退出这个网络。记账需要消耗中央处理器（Central Processing Unit，CPU）、存储、带宽等资源，所以需要有一定的激励机制来确保"矿工"（从事虚拟货币挖矿的人）在记账的过程中能有收益，以此来保证整个区块链系统朝着良性循环的方向发展。

（5）合约层　合约层主要包括各种脚本、代码、算法机制及智能合约。合约层是区块链可编程的基础，负责规定交易方式和流程细节：区块链可以理解为是去中心化不可篡改的账本，程序代码也是数据，也可以存到账本里。智能合约是存储在区块链中的一段不可篡改的程序，可以自动化地执行一些预先定义好的规则和条款，响应接收到的信息。合约发布之后，其运行和维护就交给全网的矿工去达成共识，是区块链去信任的基础。

（6）应用层　应用层负责实现生活的各类应用场景，包含了各种应用场景和案例。例如搭建在以太坊、EOS上的各类区块链技术应用，即部署在应用层，并在现实生活场景中落地，来丰富整个区块链的生态，而未来的可编程金融和可编程社会也将会搭建在应用层。区块链基础架构如图4-3所示。

3. 区块链的类型

（1）公有区块链　公有区块链（Public Block Chains）也被称为无许可区块链，它是指世界上任何个体或者团体都可以发送交易，且交易能够获得该区块链的有效确认，任何人都可以参与的共识过程。公有区块链是最早的区块链，也是应用最广泛的区块链。虽然它对任何作为网络成员参与的人开放，网络的所有成员都可以访问和读取区块链上的任何交易，但是，必须遵守网络管理规则。在公开的区块链中，矿工（区块验证器、区块生产者）使用各种算法来验证交易，并最

图 4-3 区块链基础架构图

终将确认的交易发布到其他节点。只有当大多数节点达成一致确认时，交易或交易集才会在一个区块内记录到公共分类账中。与私有区块链相比，大多数公共区块链都有性能和可伸缩性问题。在建筑业中，最好的公共区块链应用之一将是政府采购系统。这个系统需要保持良好的治理标准，如透明度、时间表和问责制等，因而公共区块链是最好的解决方案之一。

（2）私有区块链 私有区块链（Private Block Chains）也被称为许可区块链，它是指仅仅使用区块链的总账技术进行记账，可以是一个公司，也可以是个人，独享该区块链的写入权限，本链与其他的分布式存储方案没有太大区别。只有授权的参与者才能加入网络，有限的节点群保留了对账本的访问、检查和添加交易的权力，与公共区块链网络相比，私有区块链是一个小的节点群。传统金融都是想试验尝试私有区块链，而公链的应用已经工业化，私链的应用产品还在摸索当中。

在私有区块链中，参与者可以被限制为预先批准的人，还可以限制参与者对分类账中信息的不同访问级别。例如，一些用户被授权查看总账中的所有数据，但不允许添加任何交易。根据每个用户的访问级别和区域，账本中的交易将是可见的，并允许将交易添加到账本中。在已授权区块链中，用户的访问级别、角色和其他权限已经在初始参与阶段预先决定并授予。但是，有些信息访问级别是由网络中的规则管理的，一旦交易被涉及的双方提交，它将由区块链的一个被授权的成员进行验证。

（3）行业区块链 行业区块链（Consortium Block Chains）也被称为联合区块链，它是指由某个群体内部指定多个预选的节点为记账人，每个块的生成由所有的预选节点共同决定（预选节点参与共识过程），其他接入节点可以参与交易，但不过问记账过程（本质上还是托管记账，只是变成分布式记账，预选节点的多少，如何决定每个块的记账者成为该区块链的主要风险点），其他任何人可以通过该区块链开放的应用编程接口（App lication Programming Interface，API）进行限定查询。

行业区块链与私有区块链具有许多相同的优势，如隐私、效率、可扩展性、性能等，但需要在治理下运行。因此，治理对行业区块链至关重要。Corda R3、EWF、B3i 和 Quorum 是常见的业区块链。由于建筑业有许多集团或合作，行业区块链的应用将实现高协作度的合作信任和透明度。

4. 区块链的常用术语

（1）加密数字货币 加密数字货币在区块链中是指一种基于 P2P 网络、没有发行机构、总量基本确定、依据确定的发行制度和分配制度创建及交易、基于密码学及共识机制保证流通环节安全性的、具备一定编程性的数字货币。所谓数字货币是指不具备实体形式的、仅以数字形式存在的货币。数字货币具备与实体货币相似的性质，但允许在互联网上即时地、无地理限制地转让。数字货币包含虚拟货币、加密货币、电子货币等概念。加密货币是基于密码学的、不具备物理形式的货币，是数字货币的表现形式之一。

（2）智能合约　智能合约是基于区块链数据难以篡改的特性，自动化执行预先设定好的规则和条款。智能合约的概念最早可以追溯到1995年，由密码学家尼克·萨博提出，他将智能合约定义为"一套以数字形式定义的承诺，包括合约参与方可以在上面执行这些承诺的协议"。在这个定义中，"一套承诺"是指合约双方共同确定的权利与义务。例如，在交易活动中，卖家承诺发货，买家承诺付款。"数字形式"是指合约以可读代码的形式写入计算机，智能合约权利和义务的履行都要用计算机网络来执行。"协议"是指实现合约承诺所应用的技术。合约履行期间，被交易资产有什么样的性质就要选择什么样的协议。智能合约在区块链中的运行逻辑如图4-4所示。

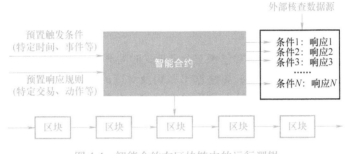

图4-4　智能合约在区块链中的运行逻辑

（3）哈希算法　哈希函数要做的事情是给一个任意大小的数据生成出一个固定长度的数据，作为它的映射，所谓映射就是一一对应。哈希算法可以作为一个很小的计算机程序来看待，无论输入数据的大小及类型如何，它都能将输入数据转换成固定长度的输出。哈希算法在任何时候都只能接受单条数据的输入，并依靠输入数据创建哈希值。一个可靠的哈希算法要满足以下三点：第一是安全，给定数据 M 容易算出哈希值 X，而给定 X 不能算出 M，或者说哈希算法应该是一个单向算法；第二是独一无二，两个不同的数据，要拥有不相同的哈希；第三是长度固定，给定一种哈希算法，不管输入是多大的数据，输出长度都是固定的。

（4）共识算法　所谓共识，就是指参与方都达成一致认识的意思。在生活中也有很多需要达成共识的场景，如开会讨论、双方或多方签订一份合作协议等。在区块链系统中，每个节点必须要做的事情就是让自己的账本跟其他节点的账本保持一致。共识算法是区块链技术的基础和核心，决定了集群节点之间以何种方式对交易的执行顺序与内容达成一致，保障节点账本数据的一致性。当前区块链系统的共识算法有许多种，主要可以归类为以下四大类：工作量证明类的共识算法（Proof of Work，PoW）、凭证类共识算法 Po*（星号表示算法使用凭证的类别）、拜占庭容错类算法（Byzantine Fault Tolerance，BFT）及结合可信执行环境的共识算法。

（5）点对点网络　点对点网络即对等计算机网络（Peer-to-Peer Networking，P2P 网络），是一种消除了中心化的服务节点，将所有的网络参与者视为对等者（Peer），并在他们之间进行任务和工作负荷分配。P2P 网络去除了中心服务器，是一种依靠用户群共同维护的网络结构。由于节点间的数据传输不再依赖中心服务节点，P2P 网络具有极强的可靠性，任何单一或者少量节点故障都不会影响整个网络正常运转。P2P 网络的网络容量没有上限，因为随着节点数量的增加，整个网络的资源也在同步增加。由于每个节点可以从任意（有能力的）节点处得到服务，同时由于

P2P 网络中暗含的激励机制也会尽力向其他节点提供服务，因此，实际上 P2P 网络中节点数目越多，P2P 网络提供的服务质量就越高。

（6）时间戳 一般来说，时间戳是一段完整的、可验证的数据，它表示在某个特定时间点存在数据。通常是一个字符序列，唯一地标识某一刻的时间。通俗地讲，时间戳是一份完整的可验证的时间数据证明，它能够证明一份数据存在或发生于哪个时间点。在区块链系统中，每一个新区块生成时，都会被打上时间戳，最终依照区块生成时间的先后顺序相连成区块链，每个独立节点又通过 P2P 网络建立联系，这样就为信息数据的记录形成了一个去中心化的分布式时间戳服务系统。例如：在比特币网络中，大约每 10 分钟产生一个新的区块，并盖上时间戳，广播发送给全网各个节点，这样每个节点手里都有一份这个区块的所有信息，包括时间戳，这就形成了一个分布式时间戳。

（7）数字签名 数字签名是公钥密码体制的一个重要应用模式。在双方通信过程中，发送方用自己的私钥加密需传输的信息形成数字签名后，连同原始信息发给接收方，接收方使用发送方的公钥验证签名，以确认所收到的信息就是发送方发送的信息。数字签名是以电子形式存在于数据信息之中的，或作为其附件或逻辑上与之有联系的数据，可用于辨别数据签署人的身份，并表明签署人对数据信息中所含信息的认可。

在形式上，一个数字签名方案通常包含三个多项式时间算法：G、S、V。其中，密钥生成算法 G 从可选私钥集中随机选择一个私钥，算法输出私钥及对应的公钥；签名算法 S 依据给定的消息和私钥，生成一个签名；签名验证算法 V 则在给定消息、公钥和签名的基础上，验证消息是否为指定签名者所签名。为了减少原始消息可能带来的巨大签名计算量，通常是先生成原始消息的哈希值，再对这个哈希值进行签名。

4.1.2 区块链+建造

从信息扩充渠道来看，互联网已经扩展为"互联网+"，赋能具体的产业，区块链就必然从最初的金融比特币领域扩展到"区块链+"。因此，区块链是现有信息互联网的升级，是一组关于价值的技术或者协议：价值的表示功能、价值的转移功能以及价值的标志物。一个建筑工程，从设计到建造再到交付，要经历不同的阶段，由不同的人来操作，依靠自然合同，容易因为人为摩擦，降低工作效率。一旦建筑出现问题，如何精准追责，也成为现实中的问题，而区块链技术将极大限度地解决建筑工程中的这些传统问题。"区块链+建筑领域"可以通过引入分布式账本，将建筑全生命周期的所有历史信息记录在区块链上，可以实现数据全程可追溯、无法篡改，把自然合同做成智能合约，一旦出现问题，既可以追溯数据，精准追责，还可以对建筑的价值进行精准评估等。

1. "区块链+建造"的模式

"区块链+建造"是上述"区块链+建筑领域"的核心部分，工程项目的建造具有项目地点分散、多专业、多关系方、流动性强等特点，这种"分散的市场、分散的生产、分散的管理"的产业特点，增加了运营和管理的难度，建造与区块链技术的结合，具有很高的可行性和应用前景，主要体现在：第一，防篡改。建筑信息模型需要共享，实现专业化协同作用，那么模型之前的记录可能会被删除或被恶意篡改。区块链具有共识机制、去中心化的特点，任何人都无法删除或篡改记录，使这项问题得以解决。同时，区块链技术记录整个项目流程，使项目更加透明，预防腐败和合同纠纷。第二，模型、数字构件拥有权的证明。模型和数字构件一旦共享给其他不同专业或不同公司，便会产生拥有权和知识产权的问题，而区块链技术可以给每个构件和模型赋予一个地址（如比特币的地址）并记录在区块链上。这样一来，后来者如需要使用模型和数字构件，就必须向拥有者申请。第三，将模型与实物链接。在施工过程中，区块链技术可以将 BIM 中的构件与实物进行链接。实物在工厂生产过程中添加一个可以连接互联网的微芯片，并且与已存在区块链的 BIM 相通，可以记录实物的位置，并将实物的数量和 BIM 对应，提高了施工的供应链管理。第四，去中心化的公共数据环境（安全性）。公共数据环境内容包括建设项目所有文档，非几何资产和建筑信息模型，旨在增加项目成员之间的协作，减少错误和避免重复。区块链技术的去中心化和加密机制能够有效解决这个问题。

本节将从"区块链+建造"的行业价值、全周期融合路径和主要应用场景三个方面进行阐释。

（1）"区块链+建造"的主要行业价值

1）"区块链+建造"能够促进建造过程去中心化的管理协同。区块链是一种创建块的集体工作，具有去中心化网络的特殊性质，因此没有任何一个权威机构可以控制区块链，并且区块链技术能够将所有单独模块按照时间顺序加以串联和统一，形成一个完整的建筑工程管理流程，从而为工程利益相关者提供了一个可靠的平台，以进行安全的支付，并维护良好的供应链，消除支付风险和合规问题，使参与方之间的交易成本降低，效率提升。基于区块链的工程管理协同链如图 4-5 所示。

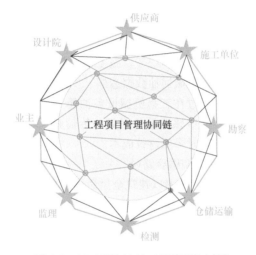

图 4-5　基于区块链的工程管理协同链

2）"区块链+建造"能够引领工程质量及安全的全面监督。区块链技术能够在建筑工程全面监督管理中充分发挥其特点和作用，有效规范建筑工程在施工过程中的规范性和标准性，从根本上控制建筑工程的违规操作。将区块链技术应用到建筑工程质量管理中，具有不可比拟的优越性。并且，区块链建立了完备且不可更改的追溯、问责系统。使用时间戳在区块链上验证和记录信息，用户可以通过访问分布式网络中的任何节点轻松地跟踪以前的记录，从而实现对工程项目的全面监督。

3）"区块链+建造"能够实现建筑过程透明化。建设项目涉及大量资金转移，通常需要通过银行等中介机构的平台进行。然而区块链提供的强信任平台可以消除中介，使利益相关者之间的直接支付没有任何延迟，从而帮助解决建筑业长期存在的滞纳金问题，为管理者提供了跟踪逾期付款的工具。同时，区块链技术可以实现工程项目全过程渗透式管理，使得资金使用、合同关系、项目效益管理完全透明化。业主与设计、施工等单位之间的各项交易都要传输到区块链平台，采取智能合约的方式确定支付途径，解决传统工程项目管理长期存在的通病，如违法分包、转包、挪用专款、工人工资拖延、支付难等。建筑用工区块链平台示意图如图 4-6 所示。

4）"区块链+建造"能够提升智慧建造工地的有效管理。在智慧工地中应用区块链技术，依托于区块链不可篡改、去中心化的优势。建筑业人员的信息输入便被记录，辅助建筑用工人员对建

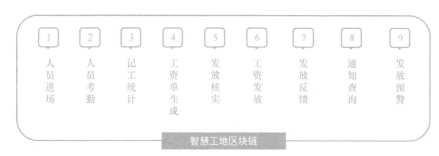

图 4-6 建筑用工区块链平台示意图

筑从业者经验调查和技能考核，使得这一记录更加真实可循。而利用区块链的去中心化优势，可以实现建筑自由工作者与建筑用工人员的自由结合。以建筑用工为例，建筑用工人员在区块链的平台上发布工种需求，建筑自由工作者便根据自身技能有选择地回应，进而完成后续交易；抑或对于其他建筑设计、监管、实施等过程的合同制订，实现用工人员对工人的直接控制，增加了工人的选择权，增强了建筑用工的灵活和工种的互补，从而实现智慧建造地的有效管理。

5）"区块链+建造"能够降低智慧工程建筑成本。在施工的过程中，基建施工成本中的工程机械使用费用要占到工程费用总成本的 10%～25%。施工企业管理租赁机械的"核心痛点"是台班和油耗，两者直接与成本挂钩，工程机械加油数据造假、"夜间"偷油事件、"燃油"假象等漏洞防不胜防。针对工程机械的管理，通过在工程机械设备油箱上部署内嵌无线油位检测仪的智能油箱盖传感器硬件设备，再将上述智能传感器设备采集并传输到区块链上存储，就能对这些数据进行深入分析。在保证数据真实性的同时降低建筑成本。

（2）"区块链+建造"的全生命周期融合路径

1）区块链技术与 BIM 技术结合。本书以建筑全生命周期分为规划设计、建造、运维三个阶段的相关流程来说明区块链技术与 BIM 技术的深度融合。

① 规划设计阶段。跨部门协作审批将是区块链技术应用的主要场景。规划设计阶段的特点是行政监管角色多，协作审批手续多，区块链技术的去中心化特征恰好适配此类场景，可以极大提高协作审批效率。规划设计阶段的监管单位有发展和改革委、自然资源和规划部门、交通部门、住房和城乡建设部门、水利部门等，再者相关单位包括建设单位、规划设计等咨询单位，它们在区块链上都有各自的节点，并且各自都有自己的信息化管理系统。

当咨询单位创建好第一阶段的 BIM 概念模型（如项目建议书），并加载 GIS 信息、规模、占地、造价等各项经济指标，将模型数据上区块链。BIM 概念模型及项目建议书经建设单位确认后，由建设单位向发改委启动审批手续，区块链智能合约自动发起所有审核流程。发展和改革委通过密钥访问区块链上 BIM 概念模型，必要时加载周边基础设施的建筑信息模型及 GIS 信息，分析该项目是否符合城市发展总体规划及项目的可行性，发展和改革委将审批结果上区块链，智能合约自动将审批结果的数据文件发送回建设单位。同样，建设单位启动土地预审相关手续办理，智能合约启动，自然资源部门通过密钥访问区块链上的 BIM 占地模型，并进行审查，将审批结果上区块链，智能合约将批复结果的数据文件发送回建设单位。与此同时，任何监管部门都可通过密钥验证发展和改革委、自然资源等部门审批结果的真实性。随着后续可行性研究、初步设计、施工图设计不断对模型的完善，发展和改革委和相关行业监管部门随时可以通过密钥访问区块链上该项目的建筑信息模型数据，实时监测项目有没有违规设计、建造。规划设计阶段区块链应用图如图 4-7 所示。

所有审批工作的流程在线上自动运行，但不再是基于一个中心化的平台，而是基于去中心化

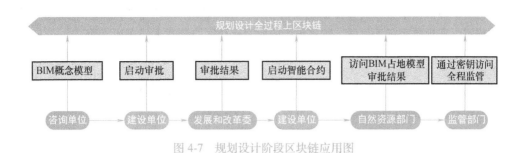

图 4-7 规划设计阶段区块链应用图

的区块链技术，可有效降低协作成本，提高协作效率，并保证数据的隐私和安全。

②建造阶段。在建造阶段的计划环节，承包人可以通过 Office 系列的 Project 软件，或者国内广联达的斑马进行计划编制，将计划数据文件导入区块链上的建筑信息模型，建筑信息模型就有了 4D 的进度可视化属性（如 Autodesk 系列的 InfraWorks 可展示），数据中还可以包括资源、资金等计划。所有参建方都可以基于该建筑信息模型同步开展项目管理。

在建造阶段的采购环节，区块链是用智能合约来完成交易的。例如，对于买方，交易之前智能合约首先检测买方数字钱包（央行数字人民币）的余额（或者银行授信、担保额度）是否满足交易标的，如果满足则锁定，当买方验收并签收了卖方的货物后，智能合约将锁定的数字人民币点对点自动汇入卖方的数字钱包。因此，区块链解决的并不是买卖双方的互信问题，而是信任已经不再是问题了。同时，建筑工程中砂石材料用量大，而且采购频繁、来源分散，是建材供应链中最不易掌控的材料之一。承包人的采购系统通过摄像头检测出料仓余料低于预定的阈值（计算机视觉识别技术）时，系统调用计划数据（Project 导入建筑信息模型的数据）发现未来的用量需求大于料仓总容量，则启动智能合约自动完成砂石料的订单，甚至可以从多个供应商中选择价格最低的。砂石料供应商不需要加入任何系统，只需要在区块链节点上创建自己的账户就可以完成与承包人的自动化交易协作。在运输过程中，供应商将运输车辆或船舶的 GPS 位置通过 IoT 硬件实时上区块链，承包人的采购系统就可以通过密钥实时追踪到货物的位置，系统可以对材料供货时间是否对生产计划造成影响进行分析，以便重新启动智能合约进行补救。每一批材料的采购批次、到货时间都可以写入建筑信息模型对应的位置并写入区块链账本，智能合约将提醒监理单位按材料到场批次组织验收或试验检测工作。

在建造阶段的生产环节，生产过程离不开人和设备。工业化的一个必然的结果就是效率和质量的提高，而人和设备的过程行为质量将决定产品质量的形成过程。因此，过去以结果为导向的施工过程管理必然要转向工业化的以过程为导向的施工管理，那么每一个分项工程由哪些班组生产，对每一组混凝土的施工配合比参数进行实时监测（IoT 硬件）并写入建筑信息模型对应的位置，同时将这些数据写入区块链账本，永久保存、不可篡改，生产过程的所有数据应该真实、可信。

在建造阶段的验收环节，混凝土构件的强度可以由试验设备（IoT 硬件）将数据直接写入建筑信息模型对应的位置，并写入区块链账本。构件的外观尺寸、钢筋数量或许可以利用三维激光扫描设备生成点云，与 BIM 设计模型进行比对，可以根据质量检验评定标准精确计算出蜂窝麻面的百分比，验收精度将远高于人工计算的精度，写入建筑信息模型的对应位置和区块链账本。所有参与验收的人员和数据写入区块链账本后永久保存，不可篡改。假如发生质量问题，区块链上的账本记录就像按时间顺序排列的一笔流水账，从当前记录开始一直向前追溯，谁验收的、谁制造的、谁运输的、谁采购的、谁供应的，一目了然。

在建造阶段的支付环节，当工程质量经过验收合格，符合智能合约设定的条件，则自动触发智能合约点对点的支付操作。不再经过银行，还可以降低企业的财务成本。因此，根据基本建设程序的规定，未来资金未落实的项目必然得不到开工审批，获得开工审批的项目，承包人、专业分包人、材料供应商甚至劳务人员再也无须担心拖欠工程款的问题了。当建筑信息模型与实体建筑物实施锚定，实现数字资产化后，数字资产的所有权在区块链就可以实现流动。

③ 运维阶段。在运维阶段很好的一个区块链应用场景就是设备与设备之间的智能交互。假设一台无人驾驶的巡逻车通过计算机视觉识别系统发现公路上沥青路面的一处缺陷，触发智能合约，启动另外一台沥青路面维修车，该维修车同样用智能合约自动下单采购所需要的沥青混合料修复材料，并自动行驶至缺陷处完成修复，在此过程中只有少量的或者根本无须人的干预。区块链技术+BIM 可以更好地实现智慧建造，反过来建筑信息模型又可以作为区块链技术的数据仪表盘，随着 IoT 硬件的不断涌现（尤其在运维阶段）、数据的不断填充和模型的不断刷新，维度越来越饱满，所见即所得，区块链+BIM 将会成为一个更加智慧的智慧建造决策系统。

2）区块链技术与 CIM 技术结合。CIM 平台是实现精准映射城市运行细节、挖掘洞悉城市发展规律、推演仿真城市未来趋势的综合信息载体与核心平台，也是连接物理城市与数字城市的关键"桥梁"。"区块链+CIM"将成为"区块链+BIM"之后的新融合路径。下面将分模块说明"区块链+CIM"的应用愿景。

① 信息认证模块。工程前期，政府方、装配式建筑企业方和社会公众都需首先在信息平台中注册信息，提出各自的认证申请，经审核通过后分配平台账户和密码，随后完善用户自身的各项信息，这些信息将被储存在区块链中，永久保存。

② 规划审批模块。规划审批模块主要由开发商和政府部门参与，项目发起人首先初步设计项目方案，将项目基本信息（包含建设概况、投资、进度信息等）和建筑信息模型数据上链并进行项目申请，政府部门通过密钥访问信息进行审批。政府部门基于政策要求、城市 CIM 空间数据等协同审批项目，对建设项目的空间选址和项目落地建设的相关事项和可行性进行可视化分析，有效提高项目的审批效率。审批完成后将项目审批数据，包括行政管理数据和审定的 BIM 数据等上链。

③ 招标投标服务模块。招标投标服务模块是择优选择设计、生产和施工方的模块，主要针对招标方（开发商或代理机构）、设计单位、材料供应商、构件生产商、施工企业等项目相关主体，实行电子化招标。招标人（建设单位或代理机构）在链上发布招标文件（应明确 BIM、CIM 等技术的应用要求）后，投标人递交投标文件，通过资格预审、开标、评标、中标等环节，考虑项目特点和企业综合实力择优确定设计单位、材料供应商、构件生产商、施工企业等项目相关主体，并基于区块链技术签订智能合约，明确各环节合约双方的利益分配与风险共担，双方通过智能合约自动进行交易，有效提高工作效率。

④ 协同建造模块。协同建造模块主要包括协同设计、供应、生产、运输和施工等五个模块。设计单位与开发商、构件生产商、施工企业可通过协同设计模块，考虑材料、技术、经济等因素设计出绿色环保的装配式建筑建筑信息模型，并通过仿真模拟在设计和建造过程不断优化方案，依据设计方案导出建筑材料和预制构件的各项信息。材料供应商、构件生产商、物流企业和施工企业基于区块链技术协同供应、生产、运输和施工模块，按照计划进行材料的供应以及构件的生产、运输。同时实时监控施工现场的安全情况，及时向平台管理人员发送安全预警。各主体要及时上传各阶段的实时进度信息至区块链，既方便进行信息共享和协同管理，在计划与进度出现偏差时，及时调整构件的生产、运输和安装计划，帮助减少返工、待工、待料情况的发生，提高构件的生产、运输和安装效率，又有助于未来的全过程信息回溯，改善项目的进度、成本和质量管理，提高全产业链的生产绩效。

⑤ 监管模块。主要对项目招标投标环节、建设环节和运营阶段的履行情况进行监管，并设置以区块链技术为基础的企业和个人信用评价体系。政府和开发商加强对招标投标智能分析，对招标人或代理机构、投标人、评标专家等主体和人员进行全方位数据采集和研判分析进行信用评价，加强合同的履约管理，重点监控项目经理和生产施工人员的履约情况，是否存在转包和违法分包、

设计变更，项目生产、施工、质量是否符合安全生产要求，据此对各中标主体进行信用评价，并将信用评价指数纳入平台的信用评价体系。各主体的信用评价指数将上链并实时公布，对其下次投标产生一定的影响，多次违反规定的单位或人员将失去参与工程项目建设的资格，以此来降低项目招标投标和建设过程中的决策风险和廉政风险。此外，在项目运营阶段的销售、维护和拆除环节，政府和开发商也可实时上链查看项目的运营情况，对其交易、质量及资源利用程度进行有效监管。

⑥ 销售服务模块。主要用以帮助运营商与消费者进行销售环节的各项流程。在建筑产品的销售阶段，运营商将建筑内部各元素的属性和价格作为信息储存在区块链中。有意愿购买的消费者可通过密钥链上信息包括建筑住宅内部以及周边环境等，在确定购买意愿后，智能合约生效，合约基于区块链技术上传至数据库得到保护，不得篡改以维护合同双方的权益。

⑦ 安全运维模块。主要用于项目后期的运维阶段。物业管理部门上链访问构件各项性能信息（包含构件节点、隐蔽工程信息等）以及建筑物附近的城市基础设施数据信息等，以此对建筑实行安防、能源、车辆的可视化管理，通过智能设备为住户提供安全服务，及时规避安全风险或进行安全预警，并做出应急方案，实现运维信息溯源。

2. "区块链+建造"的应用场景

未来已来，"区块链+建造"已不再是想象中的未来场景，而是正在加速向我们走来，甚至已经站在我们面前，建筑业的一个新时代已经开启了。在区块链技术的加成下，建筑业将向着更加高效、智能、安全和环保的方向转型，现有的建筑业业务模式和服务方式正在新技术的赋能下逐步优化和改善。到目前为止，已经出现了一些"区块链+建造"应用场景以及理论愿景。

（1）工程招标投标辅助验证 在大型工程项目招标时，按照现在的规定需要对项目负责人的执业资格、职称、以往同类规模和专业的项目经验等有较为严格细致的要求，在政府项目和依法必须招标的社会投资项目进行资格预审和评标时需要花费大量时间和精力进行真伪验证等。区块链技术的不可篡改性，使得建筑业从业人员的从业经历有可能更加透明和可信赖，从而可辅助身份验证，提高审核效率。基于区块链的工程招标投标管理示意图如图4-8所示。

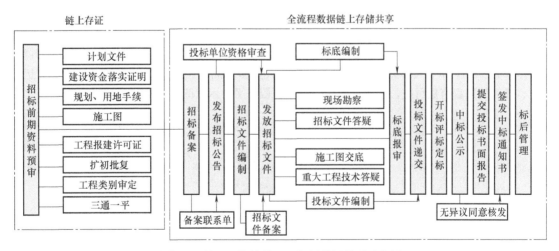

图4-8 基于区块链的工程招标投标管理示意图

（2）工程质量安全事故溯源调查 区块链技术可提供溯源性追索，在建设工程项目质量安全事故调查中，可以快速清晰地查证到究竟是哪一步未按照质量安全规范进行操作，应当由哪家参建单位、哪位工程师负责，使得传统的"物勒工名"制度在区块链技术下更为便捷和准确，从而进一步保证了建设工程项目质量安全，有利于政府监管部门对市场参与者的实时监督和事后追责。

对于计时工和现场台班，可以通过携带区块链装置，将行动轨迹的 GPS 数据、功率输出数据等足以证明人力和设备工作情况的数据实时完成上链统计，这样所有的数据都可以在事后进行溯源，甚至可以通过数据分析出中间的休息时间和低效工作时间，以判断"磨洋工"的情况，有了大量的基础数据，基本就杜绝了现场作假的可能，大大方便了委托方的现场人员对工作量进行确认，而且这些基础数据可以直接存储在链上，以备后续审查使用。区块链溯源信息图如图 4-9 所示。

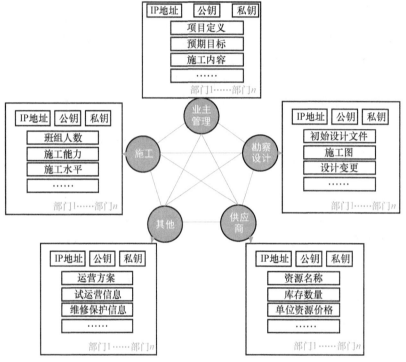

图 4-9　区块链溯源信息图

（3）建筑资源供应管理

1）建材物流全程记录。基于区块链技术的共识机制和分布式存储特点，解决建筑材料重量大、体积大、运输环节长、品质良莠不齐和参与人员多等问题，使建材从生产出厂、仓储运输、堆放、最终使用都有据可查。区块链建材物流溯源服务平台示意图如图 4-10 所示。

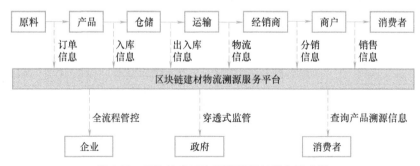

图 4-10　区块链建材物流溯源服务平台示意图

通过将建材所有参与者的数据连接并记录到区块链网络中，有效解决因各参与方的信任未知和物流信息离散而产生的纠纷，保证建材的安全性和可靠性，同时可以提高运输车辆匹配效率，降低物流成本，对建筑固废垃圾的处理也能实现有效的监督。基于区块链网络架构的建材物流管理示意图如图 4-11 所示。

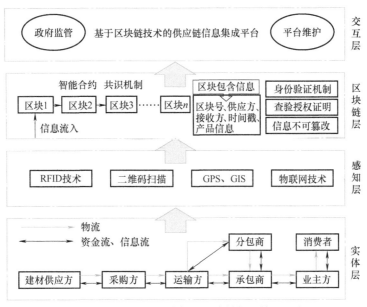

图 4-11 基于区块链网络架构的建材物流管理示意图

2）建材供应链管理。相比传统的供应链，基于区块链技术的建筑材料线上交易方式，增加了政府部门对材料的监管，这是保证交易顺利进行的前提。通过平台广泛寻求几个最佳的合作商，建立准确的合作关系；通过区块链分布记账的方式，将整个交易环节分为几个区块；通过哈希算法对信息进行加密，使用共识机制验证交易信息的准确性；通过区块链技术架构的数据层、网络层、合约层、共识层、应用层共同完成信息的验证、判断、存储、备份。基于区块链技术的建筑材料交易流程图如图 4-12 所示。

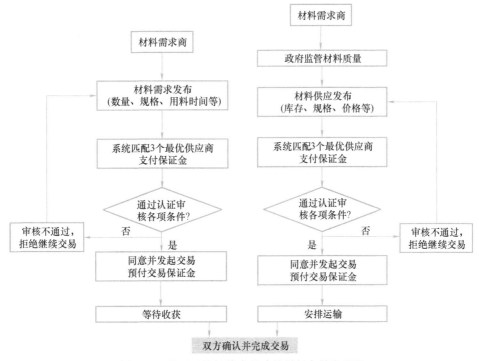

图 4-12 基于区块链技术的建筑材料交易流程图

构建基于区块链技术的工程项目供应链信息集成平台,即以项目建设供应链中的上下游企业同步、协调和集成优化的计划为指导,以区块链、物联网等技术集成为支撑,促使供应链上的信息流、资金流、物流的三流合一,将业主方、设计方、施工方、监理方、运营方、建材供应方等链接为一个整体,构建高度集成的项目供应链信息平台。区块链信息技术平台构架示意图如图4-13所示。

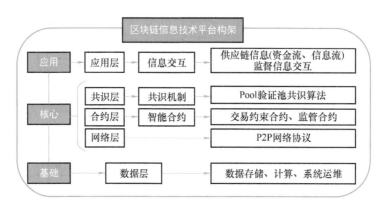

图4-13　区块链信息技术平台构架示意图

（4）工程项目合约管理　将区块链技术的智能合约,在工程项目合同管理中应用,一方面有助于减少建设单位和承包商之间的合同界面;另一方面通过智能合约进行过程管理,可以使得所有资产的转移均通过合约方式加以确定。

（5）建造装备运维服务保障系统　在建筑的运维阶段,预防性维护和计划性维护在安全方面和业主满意度方面起着关键作用。一个自动化的区块链系统能够协助监控建筑物的运维程序。通过智能合约,维护请求、采购流程、产品交付、支付等准确地进行管理。由于区块链提供的透明度,业主和所有其他各方都知道从开始到完成工作的维护请求的状态。同时,区块链技术使运营商能够确定谁在任何给定时间以何种成本提供和安装任何建筑组件。

（6）工程数据采集与存储　在采集建筑信息时,通过在全站仪上配置区块链装置（图4-14）,实时获取全站仪捕捉的方位和标高数据,区块链装置可将获取的第一手基础数据实时上链,当区块链上的节点完成了数据同步后,该数据就实现了不可篡改性,并且永久可验真。同时,在工程建设过程中对每一个分项工程由哪个班组生产,对每一组混凝土的施工配合比等参数进行实时监测,并将这些数据写入区块链账本,永久保存、不可篡改,生产过程的所有数据应该真实、可信（图4-15）。

图4-14　全站仪采集数据上链

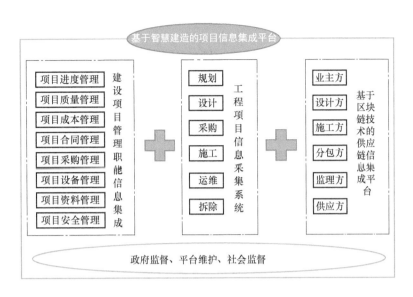

图 4-15 项目信息集成平台

（7）工程资料存证 对于电子版工程资料和电子信息进行存证，恰恰是区块链技术的优势所在，利用区块链技术进行存证的电子版资料自带时间戳，一旦上链完成数据广播同步，数据就自然具备了不可篡改的特性。如电子版图样，只要在对应版本发放的同时，通过小工具获取所有电子版图样文件的哈希值，并将所有文件名和对应的哈希值生成一个清单文件，将该文件上链，即可完成对文件版本的区块链存证，对电子版文件的任何修改都会导致文件哈希值的变化，从而无法通过后续的区块链存证验证。在建设施工过程中常需要保存照片作为证据，照片可为竣工结算、重大事件的回溯、隐蔽工程的完成情况以及索赔和反索赔提供依据。可以将相机和区块链技术整合，把拍得的照片通过无线通信技术即时上传至区块链网络，这样就可以通过上链照片的时间戳和坐标信息等内容充分证明照片的真实性。

4.1.3 区块链技术应用实例

1. 雄安新区：区块链技术牵手 BIM、CIM 打造全然不同的数字城市

雄安新区为河北省管辖的国家级新区，位于河北省中部。雄安新区包括雄县、容城县、安新县三县及周边部分区域，起步区面积约为 100km^2，中期发展区面积约为 200km^2，远期控制区面积约为 2000km^2。2017 年 4 月 1 日，中共中央、国务院印发通知，决定设立国家级新区河北雄安新区。2022 年底，作为"城市大脑"的雄安城市计算中心正式投入运营，为数字孪生城市的大数据、区块链、物联网等提供网络、计算和存储服务，营造智慧场景。

到 2035 年，雄安新区将基本建成绿色低碳、信息智能、宜居宜业、具有较强竞争力和影响力、人与自然和谐共生的高水平社会主义现代化城市。城市功能趋于完善，新区交通网络便捷高效，现代化基础设施系统完备，高端高新产业引领发展，优质公共服务体系基本形成，白洋淀生态环境根本改善。雄安新区有效承接北京非首都功能，对外开放水平和国际影响力不断提高，实现城市治理能力和社会管理现代化，"雄安质量"引领全国高质量发展作用明显，成为现代化经济体系的新引擎。

在雄安，从第一个城建项目开始就采用建筑信息模型（BIM）+城市信息模型（CIM）技术，实现了物理城市与数字城市的同生共长。实践证明，将建筑产业链上各法人主体（开发商、施工方、

监理方、运营方）和个人的数字化管理与 BIM 中的数字化施工、管理和运维结合，是区块链技术服务于数字城市建设的必然之路。

2019 年 4 月 30 日，中国雄安集团发布"垃圾综合处理设施一期工程项目勘察设计招标公告"，投资估算为约为 26 亿元。该公告中提到，项目内容需充分考虑数字化、智能化的要求，以大数据和区块链为基础：全过程中产生的建筑信息模型（BIM）数据需统一接入新区城市信息模型（CIM）管理平台；通过区块链资金管理平台进行该项目的全过程资金管理，执行建设者工资保障金相关要求。2019 年 6 月 25 日，新华社发表《雄安新区将创建社会信用体系建设特色示范区》提到，新区将为信用等级较高的企业提供便利。在工程建设招标投标、市场准入、行政审批和市民服务领域，基于区块链和大数据等先进技术并结合信用评价，全面实施信用筛查、信用监管和风险评估，通过提供信用保险、银行保函等多种方式，减轻企业负担，为信用等级较高的企业提供便利，促进行业健康发展。

区块链是雄安新区数字城市建设的重要基础设施。2017 年年底以来，雄安 9 号地块一区造林项目、10 万亩苗景兼用林项目、市民服务中心项目、截洪渠项目等雄安新区重大建设项目，都使用了区块链系统（图 4-16）。雄安新区区块链底层系统（1.0）是国内首个城市级区块链底层操作系统，该系统含 2 个创新架构、9 项关键技术和 5 类应用场景，具有速度快、安全、管理的隐私性等特征，包括建链、用链、管链、扩链、跨链、治链 6 类技术场景开发，是具有弹性可扩展的架构。雄安新区搭建起了一条"核心链+应用链"多层链网融合的新型区块链底层架构，并在吞吐量、跨链协同、数据可信交换、安全等痛点问题方面实现创新突破。

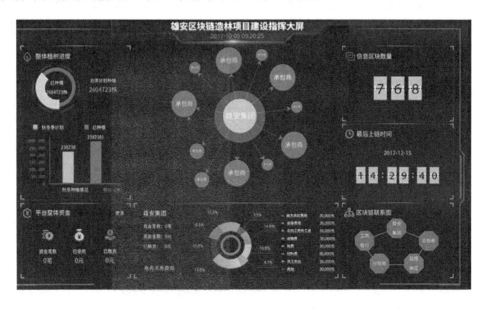

图 4-16　雄安新区区块链造林项目建设指挥大屏

（1）雄安新区的区块链资金管理平台　2018 年，雄安新区上线了国内首个面向工程项目的区块链资金管理平台（图 4-17），实现工程建设资金穿透式管理、农民工工资透明化管理、租地补偿资金精准拨付、科研资金专项管理等。

雄安新区工程项目，遵循"三个透明"的原则，即合同关系透明、工程履约透明、资金支付透明。雄安区块链管理平台多层主体均为"三个透明"，能够有效实现项目全链条合同连续、工程进度明确、资金流转封闭等效果，真正做到工程项目全过程"穿透式管理"。企业与总包商之间、总包商与分包商之间、分包商与施工人员之间所有的合同都上传到区块链平台，通过智能合约的方式，把付款路径确认下来，可以实现一键式、穿透式付款。

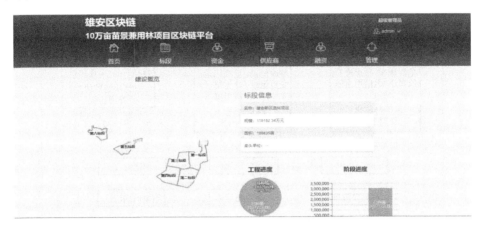

图 4-17　雄安新区区块链资金管理平台

该平台主要解决传统工程项目中的痛点问题，如违约转包、资金挪用、形成工程安全质量隐患；小微企业账期长、融资难、融资贵；农民工维权难、不能及时足额拿到工资等问题。目前，该平台累计上链项目 107 个，上链企业 2520 家，管理资金达 108.83 亿元；累计保证约 19.96 万人次建设者工资按时发放，拨付劳务工资 3.04 亿元；累计为 8.22 万人次完成租地补偿款精准拨付，拨付金额约为 8.80 亿元。

（2）基于区块链技术的雄安新区工程监理模式　雄安新区的区块链工程监理系统通过现场管理移动端直接采集现场相关信息、监理过程相关信息和项目基础信息并上链，利用区块链技术完成履职验证，可实现针对监理工作履职的可信追溯和项目现场信息的验证预警管理。结合中国雄安集团其他相关系统、数据和业务之间的关联性、统一性和管理发展规划等实际情况，既能够保证系统的先进性和成熟性，又能保证系统的适用性和通用性，目前已在雄安新区超过 200 个建设项目中推广应用。

基于区块链技术的雄安新区工程监理模式如图 4-18 所示。利用区块链监理管理系统，施工单位、监理单位和建设单位在监管项目上有序发挥各自的作用。施工单位主要根据危险源清单、潜在隐患清单和质量通病清单逐一检查作业过程、作业方法、现场物料和设备等，可以做到标准化、系统化、科学化管理，不漏掉任何风险隐患和工程质量问题。这可以解决现场管理完全依靠个人经验开展、重点不突出的问题，实施隐患排查与安全整改工作。监理单位主要协助建设单位开展人员管理、质量验收、旁站管理、设备验收等现场监理工作。建设单位则通过工作指令进行问题督办、信用考核等，同时，统计分析工人履职、现场工作、现场问题以及设备验收。

未来，雄安新区将持续拓展"区块链+"在民生领域运用，推动区块链底层技术和智能城市建设相结合。利用新区智能城市与物理城市同步规划、同步建设的发展优势，积极推动区块链技术在教育、医疗健康、食品药品溯源等领域的应用，为人民群众提供更加智能、便捷、优质的公共服务。紧紧把握"新基建"大规模建设的契机，推动区块链底层技术在数字道路、智慧能源、智能基础设施等领域的推广应用，不断探索城市建设、管理、服务的新理念、新路径和新模式。

2. 伊 OS 透明建筑平台

伊 OS 透明建筑平台是深圳市建信筑和科技有限公司开发的建筑区块链平台。该公司运用区块链分布式存储和共享、智能合约等技术，与建筑业已有成熟的 IT 工具（如设计软件、造价系统、智慧工地、BIM 系统等）进行整合，同时结合大数据和人工智能等先进技术，有效破除了行业痛点，构建了一个具有管理穿透、公开透明、信息共享、信用评价的全过程透明建设平台。

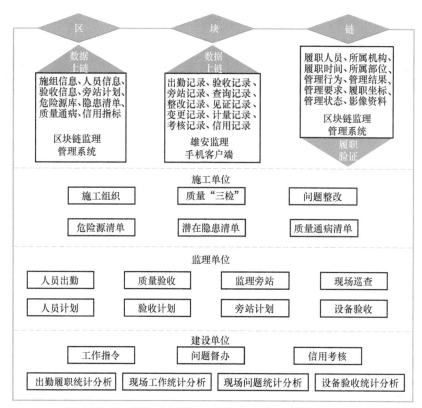

图 4-18　基于区块链技术的雄安新区工程监理模式

　　"伊 OS 透明建造解决方案"采取了场景式存证、数字签名、加密算法、智能合约等区块链技术，打破了原有单线任务框架，实现了去中心化的任务协同和数据流转（图 4-19）。将原有项目链条（产业链条）上的参与者，例如项目方、设计方、施工方、勘察方、总包方、分包方、监理方、班组等，置于同一任务场景中，不再具有严格的上下游流程关系，原来极易形成彼此掣肘的"物流、资金流、信息流"能实现有机协同。

　　同时由于智能合约触发机制的存在，工程资金流向有了明确的监管方向，资金流转的每一步都可透明，这将进一步确保资金使用的合理、合规、合法。同时，工程资金透明也使得工程质量和安全更有保障，形成建造产业良性循环。

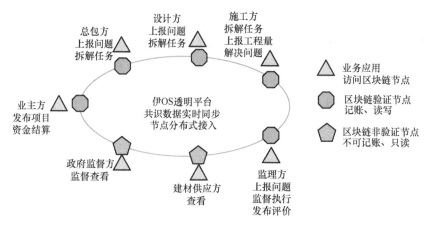

图 4-19　伊 OS 透明建筑平台参与方协同图

（1）政府监管区块链平台 透明建造运用区块链、大数据等先进信息技术手段赋能创新监管方式，构建过程监控、问题整改、实时监管、治安管理等多维度监管体系，协助政府住建部门、质量安全监管单位及时掌握项目现场情况，提升监管效率。主要实现路径包括：第一，跟踪项目整改工作过程，以形象进度的方式上链存证，记录整改过程和结果，并在线提交检验，完成整改闭环，提升整改效率；第二，嵌入工序"三检"（自检、互检、专项检）流程，确保每部分工程质量检验合格才能进入下一道工序，避免了工程质量的"骨牌效应"而导致大幅增加返工成本；第三，搭载行业检查标准模板，提供检查与考核依据，可在线形成检查报告，推进检查工作流程化、规范化；第四，创新数据治理模式，支持对接各类智能设备，实现工地现场数据的高效自动获取，有效识别隐患并实时预警；第五，记录单位或个人的履职履约、奖惩、违规等行为，将参建各方和供应链上下游企业纳入区块链上，打造具有公信力的建筑业信用评价平台。

例如，深圳某区住建局质量安全监督站担负对该区管辖范围内的建筑工程项目进行安全质量监管的职能，传统监管模式存在过程监管难、监管效率低、监管维度少、标准化程度低等众多问题。透明建造为其提供多维度的监管体系，全过程、动态覆盖管辖项目，通过工序"三检"、样板引路等功能，促进检查工作实现流程化、规范化。目前，该质量安全监督站已通过透明建造实现对项目全过程的质量安全监督管理，有效保障工地施工安全，大大减少了隐患与事故的发生。

（2）项目业主区块链平台 透明建造以建设任务为主线，基于区块链技术为项目业主建立工程结算可信协同平台，协助项目业主对项目过程实现穿透式的数据治理、资金透明结算和资金流向透明监管，有效避免项目资金用途不明确、事项权责不明确、责任追溯难等问题的发生。主要实现路径包括：第一，导入基于合同内容的工程量清单，制订成本计划并将阶段目标分解为进度任务，责任到人；第二，上传工作实证，将场景化动态聚合成形象进度，为工程量核算、款项结算提供可信依据；第三，将过程形象进度与工程量相互关联，实现过程+结果的可视化工程交付验收，避免产值多报、谎报等不诚信问题，全过程在区块链上交叉验证，多方线上实名签批，使工程款结算、审计和审核效率提升 15 倍；第四，对项目资金的动支、流向、用途等数据上链，协助项目业主对资金进行全方位的透明监管，结合成本计划管控，确保资金用途符合计划和预算，超额预警，提高资金使用效率，减少资金纠纷等问题发生。

（3）设计单位区块链平台 透明建造协助设计单位高效实施设计审核、设计变更、现场检查验收、材料审核等流程工作，支持多方线上高效审批和过程留痕。将区块链结合虚拟现实技术、BIM 等技术，协助设计师对项目的设计落地和建设质量进行全局的把控和工作存证，便于追溯。主要实现路径包括：第一，通过区块链技术，使多方审批过的文件、共识结果上链存证，运用加密算法对项目文件进行加密保护，为项目建立安全共享的云存储空间；第二，支持大容量文件在系统中上传、下载与分享，为各方人员协同沟通提供便利；第三，生成唯一的文件哈希摘要并上链存证，以验证文件的真实性与唯一性，防止多方审批的文件被恶意篡改造假，降低多方之间的信任成本，保护各方利益不受侵害；第四，提供基础格式的文件在线查看功能，为设计单位提供便捷、高效的工具；第五，灵活配置的权限功能，可对不同的人员角色快速创建、分配不同的项目文件管理权限，避免重要文件被重复上传、泄露、误删等问题；第六，结合数字签名技术，项目各参建单位负责人可在线高效完成审批，流程节点信息上链存证，为多方协同工作定权、定责；第七，关联建筑信息模型，协助设计单位对"进度、质量、安全、成本"等多维度进行数据分析及指挥控制；第八，借助虚拟现实技术设备，便捷记录施工现场进度，提升各方的直观沟通效率，方便对现场进行可视化管理。

■ 4.2 数字孪生

4.2.1 数字孪生的起源

当今世界正处于百年未有之大变局,数字经济已成为全球经济发展的热点,美国、英国、欧盟国家等纷纷提出数字经济战略。数字孪生等新技术与国民经济各产业融合不断深化,有力推动着各产业数字化、网络化、智能化发展进程,成为我国经济社会发展变革的强大动力。数字孪生技术作为推动实现企业数字化转型、促进数字经济发展的重要抓手,已建立了普遍适应的理论技术体系,并在产品设计制造、工程建设和其他学科分析等领域有较为深入的应用。在当前我国各产业领域强调技术自主和数字安全的发展阶段,数字孪生技术本身具有的高效决策、深度分析等特点,将有力推动数字产业化和产业数字化进程,加快实现数字经济的国家战略。

"数字孪生"并不是一个全新的概念,它根植于一些现有的技术,如 3D 建模、系统仿真、数字原型(包括几何、功能和行为原型)等,对物理实体进行数字化描述,它的出现使得企业可以对物理实体进行全方位实时监测与控制。虚拟世界和物理世界日益紧密地联系在一起并形成一个整体成为必然趋势。

数字孪生的出现并非偶然,它的发展可以人为地定义为五个阶段:技术积累期、概念提出期、应用萌芽期以及快速发展期。其中,技术积累期主要是在 20 世纪中后期,1949 年第一代计算机辅助制造(Computer Aided Manufacturing,CAM)软件 APT 问世,1969 年 NASA 推出第一代计算机辅助工程(Computer Aided Engineering,CAE)软件,1973 年第一代计算机辅助工艺过程设计(Computer Aided Process Planning,CAPP)系统 AutoPros 问世,1982 年 AutoCAD 成为三维绘图标志性工具;概念提出期为 2000 年—2011 年,2003 年密歇根大学 Michael Grieves 教授首次提出产品全生命周期管理(Product Lifecycle Management,PLM)概念,2010 年美国军方提出数字线程,2011 年 Michael Grieves 与美国宇航局 John Vickers 共同确定为数字孪生;2012 年—2020年为应用萌芽期,2012 年 NASA 发布了包含数字孪生的两份技术路线图,2017 年西门子正式发布数字孪生体应用模型,2017 年 PTC 推出基于数字孪生技术的物联网解决方案,之后达索、GE、ESI 等企业开始宣传和使用数字孪生技术;2020 年以后,将是数字孪生技术的快速发展期,数字孪生将加速与 AI 等新兴技术融合发展进一步应用,并广泛应用于新基建、新能源、电网、教育车联网、智慧城市等新型场景(图 4-20)。

| 新基建 | 新能源 | 电网 |
| 教育 | 智慧城市 | 车联网 |

图 4-20　数字孪生应用场景

4.2.2 数字孪生的内涵

1. 数字孪生的定义

数字孪生技术应用相当广泛，涉及制造业、建筑业、航空航天、电力、汽车等，因此各行各业对于"数字孪生"的定义也不尽相同。

（1）中国科协科普中国审核的定义 数字孪生（Digital Twin，DT）是充分利用物理模型、传感器更新、运行历史等数据，集成多学科、多物理量、多尺度、多概率的仿真过程，在虚拟空间中完成映射，从而反映相对应的实体装备的全生命周期过程。数字孪生是一种超越现实的概念，可以被视为一个或多个重要的、彼此依赖的装备系统的数字映射系统。

这个定义在时空融合上进一步体现了抽象世界和现实世界的融合，而这本身也是数字化技术发展的一个重要趋势。

（2）ISO（国际标准化组织）定义 数字孪生是具有数据连接的特定物理实体或过程的数字化表达，该数据连接可以保证物理状态和虚拟状态之间的同速率收敛，并提供物理实体或流程过程的整个生命周期的集成视图，有助于优化整体性能。

（3）学术界定义 数字孪生是以数字化方式创建物理实体的虚拟实体，借助历史数据、实时数据以及算法模型等，模拟、验证、预测、控制物理实体全生命周期过程的技术手段。

从根本上讲，数字孪生可以定义为有助于优化业务绩效的物理对象或过程的历史和当前行为的不断发展的数字资料。数字孪生模型基于跨一系列维度的大规模、累积、实时、真实世界的数据测量。

（4）其他定义 企业界认为数字孪生是资产和流程的软件表示，用于理解、预测和优化绩效以实现改善的业务成果。数字孪生由三部分组成：数据模型、一组分析或算法，以及知识。数字孪生公司早已在行业中立足，它在整个价值链中革新了流程。作为产品，生产过程或性能的虚拟表示，它使各个过程阶段得以无缝链接。这可以持续提高效率，最大限度地降低故障率，缩短开发周期，并开辟新的商机。换句话说，它可以创造持久的竞争优势[一]。

这些都与 Michael Grieves 教授在密歇根大学的产品生命周期管理课程上，首次创建的这个名称所使用的定义"用于描述实体产品的虚拟、数字的等价物"有着紧密联系。Grieves 教授认为通过物理设备的数据，可以在虚拟空间构建一个可以表征该物理设备的虚拟实体和子系统，并且这种联系不是单向和静态的，而是在整个产品的生命周期中都联系在一起。然而，当时还没有数字孪生的概念，在 2003 年—2005 年，Michael Grieves 教授将这一概念模型称为镜像空间模型，2006 年—2010 年，将其称为信息镜像模型。直到 2011 年，Michael Grieves 教授与美国国家航空航天局 John Vickers 合著《几乎完美：通过 PLM 推动创新和精益产品》，在书中将其正式命名为数字孪生。

2. 数字孪生的特征

基于数字孪生的定义，可以总结出数字孪生具有以下几个特点：

（1）互操作性 数字孪生中的物理对象和数字空间能够双向映射、动态交互和实时连接，因此数字孪生具备以多样的数字模型映射物理实体的能力，具有能够在不同数字模型之间转换、合并和建立"表达"的等同性。

（2）可扩展性 数字孪生技术具备集成、添加和替换数字模型的能力，能够针对多尺度、多概念、多层级的模型内容进行扩展。

（3）实时性 数字孪生技术要求数字化，即以一种计算机可识别和处理的方式管理数据，对

［一］ 引自《数字孪生应用白皮书（2020 版）》。

随时间轴变化的物理实体进行表征，表征的对象包括外观、状态、属性、内在机理，形成物理实体实时状态的数字虚体映射。

（4）保真性　数字孪生的保真性是指描述数字虚体模型和物理实体的接近性。要求虚体和实体不仅要保持几何结构的高度仿真，在状态、相态和时态上也要仿真。值得一提的是在不同的数字孪生场景下，同一数字虚体的仿真程度可能不同。例如，工况场景中可能只要求描述虚体的物理性质，并不需要关注化学结构细节。

（5）闭环性　数字孪生中的数字虚体用于描述物理实体的可视化模型和内在机理，以便对物理实体的状态数据进行监视、分析推理、优化工艺参数和运行参数，实现决策功能，即赋予数字虚体和物理实体一个大脑。因此，数字孪生具有闭环性。

（6）鲁棒性　由于数字孪生具有闭环性，故可以在其闭环系统引入着重控制算法可靠性研究的控制器设计方法，即鲁棒控制。通过改变控制系统在不同类型下的扰动作用，如改变工艺和运行参数等，来检验数字虚体系统中某个性能指标保持不变的能力，从而掌握该方法的抗干扰能力，进而了解物理实体的相关属性。因此，数字孪生具有鲁棒性。

3. 数字孪生相关领域

数字化转型是我国经济社会未来发展的必由之路。数字孪生作为推进数字产业化、产业数字化的一项关键技术和提高效能的重要工具，涉及的领域十分广泛（图4-21），可以说数字孪生与其相关领域，支撑着一个全新的数字工业世界。

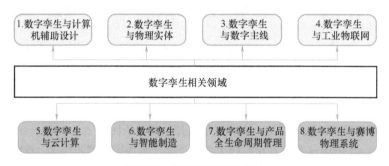

图4-21　数字孪生相关领域

（1）数字孪生与计算机辅助设计　一个数字孪生需要至少四个要素：数字模型、关联数据、身份识别和实时监测功能。其中，数字模型最容易想到的就是CAD模型。计算机辅助设计（Computer Aided Design，CAD）模型是在计算机里绘制成形的，当工程师完成一套或多套CAD图时，与之相应的CAD模型随之也就诞生了。而数字孪生由于具有"保真性"，故要求其在任一时态的状态、相态等，均要与物理实体保持高度的一致性。

在过去，三维模型被工程师和相关技术、施工人员使用完后就存留在电脑里，之后就一直"无人问津"。数字孪生技术的出现，使得在文件夹中"沉睡"的3D模型"苏醒"过来。利用数字孪生技术，能够回收产品的设计、制造、运行和监测等数据，倘若将其注入全新的产品设计模型中，就能使设计发生巨大的变化（图4-22）。鉴于它的这种"将知识再利用"的优点，数字孪生未来有望在各行各业全面普及。

（2）数字孪生与物理实体　数字孪生是一种模拟值。这是一种将产品可视化、模拟仿真结果、最终能到达虚拟控制的一种手段。根据模拟的不同方面，单个物理实体（设备）可能会使用多个数字孪生。这也意味着，数字孪生天生具备一种取舍的特性，它跟应用场景相关。

从理论上讲，数字孪生可以对一个物理实体进行全息复制。但在实际应用中，受企业对产品服务的定义深度的限制，它可能只截取了物理实体的一些小小的、动态的片段，只解决了某个方

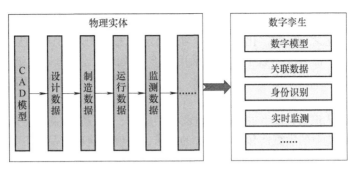

图 4-22　数字孪生与 CAD 模型

面的问题，例如，也许只是从一个机器的几百个零部件中提取几个来做数字孪生体。

　　根据数字孪生的定义，从某种程度上我们可以认为，数字孪生就是用数字化方式模拟复杂的物理系统，是一项将物理世界和现实世界联系起来的新兴技术。如图 4-23 所示，数字孪生旨在通过现有的一些较成熟信息技术，来构建一个物理实体——数字孪生体。

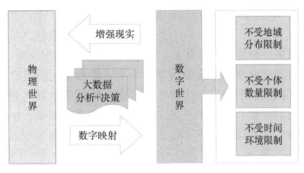

图 4-23　数字孪生与物理实体

　　（3）数字孪生与数字主线（数字线索）　数字主线被认为是产品模型在各阶段演化利用的沟通渠道，是依托于产品全生命周期的业务系统，涵盖产品构思、设计、供应链、制造、售后服务等各个环节。在整个产品的生命周期中，通过提供访问、整合以及将不同、分散的数据转换为可操作性信息的能力来通知决策制定者。数字主线也是一个允许可连接数据流的通信框架，并提供一个包含全生命周期各阶段功能的集成视图。数字主线有能力为产品数字孪生提供访问、整合和转换能力，其目标是贯通产品全生命周期和价值链，实现全面追溯、信息交互和价值链协同。由此可见，产品的数字孪生是对象、模型和数据，而数字主线是方法、通道、链接和接口。

　　简单地说，在数字孪生的广义模型之中，存在着彼此具有关联的小模型，我们暂且称之为"物理孪生"。数字主线可以明确这些小模型之间的关联关系并提供支持。因此，从全生命周期这个广义的角度来说，数字主线是属于面向全生命周期的数字孪生的，是穿梭于"物理孪生"和"数字孪生"之间的通道（图 4-24）。

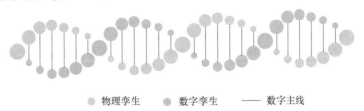

　　● 物理孪生　　● 数字孪生　　—— 数字主线

图 4-24　数字孪生与数字主线

传统的数字化制造数据是由产品模型向数字化生产线单向传递，而且不同环节之间尚未有效集成（产品设计与工艺之间、数字化测量检验与产品定义之间都缺乏有效的集成和反馈），而数字主线统一了数据源，产品有关的数字化模型采用标准开放的描述，可以逐级向下传递而不失真，也可以回溯。通过加大仿真系统对现实的模拟，减少物理样机生产和试验实践，从而有效提高产品的生产效率。

我们应该清楚地认识到，数字主线是制造商、供应商、运维服务商和终端用户之间的强有力的协作纽带，提供制造业的敏捷性和自适应性的需求，能够加速新产品的开发和部署，同时能够降低风险。对中小企业而言，如果要在未来生态型市场中取得竞争优势，那么基于开放标准的双向数字主线是最重要的基础技术。

（4）数字孪生与工业物联网　物联网指的是将各种信息传感设备，如射频识别装置、红外感应器、全球定位系统、激光扫描器等种种装置与互联网结合起来而形成的一个巨大网络。

工业物联网（Industrial Internet of Things，IIoT）是指将具有感知、监控能力的各类采集、控制传感器或控制器，以及移动通信、智能分析等技术不断融入工业生产过程各个环节，从而大幅提高制造效率，改善产品质量，降低产品成本和资源消耗，最终实现将传统工业提升到智能化的新阶段。

根据信息技术研究公司 Garnter 的 2017 年技术成熟度曲线⊖，数字孪生正处于冉冉上升的阶段。数字孪生尽管尚未成为主流，却是每一个企业都不能回避的命题。工业物联网是数字孪生的孵化床，是支撑智能制造的一套便捷技术体系。物理实体的各种数据收集、交换，都要借助于 IIoT 来实现。它将机器、物理基础设施都连接到数字孪生上，将数据的传递、存储分别放到边缘或者云端。可以说，工业互联网激活了数字孪生的生命，它天生具有的双向通路的特征，使得数字孪生真正成为一个有生命力的模型。数字孪生是工业互联网的重要场景，也是工业 APP（IIoT 应用程序）的完美搭档，工业物联网通过数字孪生来构建起本地应用与远程应用的协作。数字孪生与工业物联网的关系如图 4-25 所示。

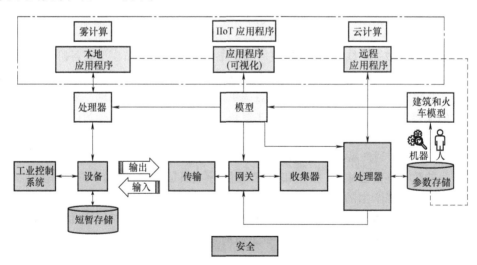

图 4-25　数字孪生与工业物联网的关系

（5）数字孪生与云计算　数字孪生与云计算的云端概念不同，数字孪生是根据实时进入的数据，经过机器学习逐渐建立机器失效的概念，整个分析就在边缘端完成，不需要上传到网络端，如图 4-26 所示。

⊖ 引自 https://www.sohu.com/a/162408451_473283。

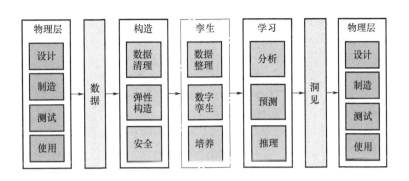

图 4-26　数字孪生实现数据到洞见（知识）的转变

注：洞见是指通过具有可视化的仪表板呈现，突出显示数字孪生模型和物理实体在一个或多个维度上的性能差异，指出可能需要调查和改变的领域。

（6）数字孪生与智能制造　数字孪生被广泛应用于诸多领域，特别是智能制造领域，数字孪生被认为是一种实现制造信息世界与物理世界交互融合的有效手段。不可否认的是，产品制造过程正变得越来越数字化、智能化，数字孪生技术发挥着重要作用。数字孪生可以让公司拥有从设计和开发到产品生命周期结束的完整产品数字足迹。这可以使他们不仅了解设计的产品，而且了解构建产品的系统以及产品在现场的使用方式。随着数字孪生的创建，公司可能会在新产品上市速度、改进运营、减少缺陷和新兴业务模式以推动收入方面实现重大价值。数字孪生可以使公司通过更快地检测物理问题来更快地解决物理问题，以更高的准确度预测结果，设计和制造更好的产品，并最终更好地为客户服务。通过这种智能架构设计，公司可以比以往任何时候都更快地、迭代地实现价值和收益。

数字孪生旨在对复杂的资产或流程进行建模，这些资产或流程以多种方式与其环境交互，在整个产品生命周期中很难预测其结果。数字孪生有利于产生可能影响未来资产设计的重要见解，进而改进资产设计。

与特定部署资产的数字孪生一样，制造过程的数字孪生似乎提供了一个特别强大和引人注目的应用程序，如图 4-27 所示。"数字孪生"作为工厂车间实际发生的近实时的虚拟复制品，分布在整个物理制造过程中的数千个传感器共同捕获各种维度的数据：从生产机械和在建工程的行为特征（厚度、颜色质量、硬度、扭矩、速度等）到工厂的内部环境条件，这些数据持续传送到数字孪生应用程序并由其聚合。

数字孪生应用程序不断分析传入的数据流。在一段时间内，与理想的可容忍性能范围相比，分析可能会揭示特定维度中制造过程的实际性能的不可接受的趋势。这种比较洞察力可能会引发调查和对物理世界中制造过程的某些方面的潜在改变。从图 4-27 中可以看出数字孪生的巨大潜力：数以千计的传感器进行连续、非平凡的测量，这些测量被传输到数字平台，进而执行近乎实时的分析，以透明的方式优化业务流程。图 4-27 中的模型通过物理世界、集成、数据、分析和不断更新的数字孪生应用程序中的五个启用组件传感器和执行器来具体表达。该模型的这些组成元素可以做如下高层次的解释：

1）传感器——在整个制造过程的分布式传感器创建信号，使孪生模型能够捕获关于所述物理过程在真实世界中的操作和环境数据。

2）数据——用来自传感器的真实世界的操作和环境数据和来自企业的数据（如材料清单（Bill of Materials，BOM）、纸币组合、企业系统以及设计规格）被聚集。数据还可能包含其他项目，例如工程图、与外部数据馈送的连接以及客户投诉日志。

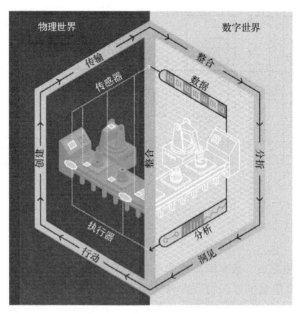

图 4-27　数字孪生技术的映射示意图○

3）集成——传感器通过物理世界和数字世界之间的集成技术（包括边缘、通信接口和安全性）将数据传输到数字世界，反之亦然。

4）分析——分析技术用于通过数字孪生使用的算法模拟和可视化程序来分析数据，以产生洞察力。

5）数字孪生——图中的"数字世界"部分为数字本身，它是一个将上述组件组合成物理世界和流程的近实时数字模型的应用程序。

6）执行器——如果在现实世界中需要采取行动，数字孪生将通过执行器产生动作，受人为干预，从而触发物理过程。

（7）数字孪生与产品全生命周期管理　产品全生命周期管理（Product Lifecycle Management，PLM）是从人们对产品的需求开始，到产品淘汰报废的全部生命历程。确切地说，不能认为 PLM 是对产品"全"生命周期的管理，因为对于一个产品从论证、设计、制造，到使用、维护、报废的全过程而言，PLM 显然是没有参与全部的阶段。数字孪生的出现，由于对物理产品的全程（包括损耗和报废）进行数字化呈现，这使得产品的"全生命周期"透明化、自动化管理概念，成为货真价实的实际方法。这意味着只有在物联网时代，PLM 才能真正成为现实，如图 4-28 所示。

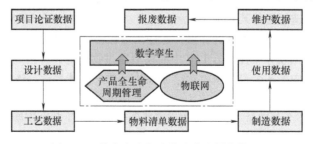

图 4-28　数字孪生与产品全生命周期管理

○　引自 https://www2.deloitte.com/us/en/insights/focus/industry-4-0/digital-twin-technology-smart-factory.html。

随着数字孪生的技术的普及，PLM 终于可以简单地回归它的软件和数据件（Dataware）概念。全生命周期管理成为数字孪生、物联网等众多技术和商业模式合力实现的一个新的盈利模式。

（8）数字孪生与赛博物理系统　赛博物理系统（Cyber-Physical Systems，CPS），是一个包含计算、网络和物理实体的复杂系统，通过 3C（Computing、Communication、Control）技术的有机融合与深度协作，利用人机交互接口实现和物理进程的交互，使赛博空间以远程、可靠、实时、安全、协作和智能化的方式操控一个物理实体。

要描述这二者之间的关系，需要先谈另外一个工业 4.0 非常重要的支撑概念：资产管理壳（Asset Administration Shell，AAS），如图 4-29 所示。它可以使得物理资产有了数据描述，从而可以跟其他物理资产实现在数字空间的交互。

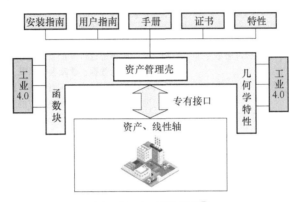

图 4-29　资产管理壳⊖

根据德国 Drath 教授的 CPS 三层架构模型（图 4-30），可以看出数字孪生是 CPS 建设的一个重要基础环节。未来，数字孪生与资产管理壳可能会融合在一起⊖。

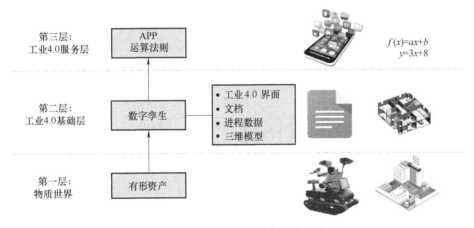

图 4-30　CPS 三层架构与数字孪生

4.2.3　数字孪生的应用场景

数字孪生是一个普遍性适用的理论技术体系，可以用于产品设计、产品制造、工程建设、城

⊖ 引自 https://www.aijianmo.com/news/index/detail/id/113.html。

⊖ 引自 https://www.sohu.com/a/237296945_488176。

市管理等领域。表 4-1 为现阶段国内外供应商数字孪生技术的应用情况（应用场景布局），随着物联网的应用更加广泛，各个领域越来越多的企业开始计划数字孪生的部署。

表 4-1 现阶段国内外供应商数字孪生技术应用情况

供应商		使用情况	案例
国外	西门子、GE、达索和 Bentley	基础平台软件研发和推广	空客通过在关键工装、物料和零部件上安装 RFID，生成了 A350XWB 总装线的数字孪生，使工业流程更加透明化，并能够预测车间瓶颈、优化运行绩效
	空客、DNVGL、Volvo 等	产品研发和资产管理	
国内	比亚迪、三一集团、特斯联、中船重工等	积极部署数字孪生系统	三一集团基于 IoT 的数字孪生技术，结合售后服务系统，将服务过程的几个关键指标作为竞争指标，如工程师响应时间、常用备件的满足度、次性修复率、设备故障率等进行评价服务的好坏，通过对每一次的设备实时运行数据、故障参数以及工程师维修的知识积累，对数据进行建模，还原设备、服务等相关参与方的数字化模型，来不断地改进对应的服务响应与质量

目前，各界比较认可的数字孪生架构，一般分为物理层、数据层、模型层、功能层以及应用层五个层级。其中，物理层指的就是"物理实体"，是实现数字孪生的基础支撑，包括设备及基础设施等；数据层包括数据的采集、处理、传输、交互以及协同等，其中涉及的数据传输、人机交互等都是实现数字孪生的重要技术；模型层通常包括建模与仿真，目前数字孪生建模（离散时间仿真、基于有限元的模拟等）通常基于通用编程语言、仿真语言或专用仿真软件编写相应的模型；功能层主要包括描述、诊断、预测以及决策等；应用层则主要涉及智能工厂、车联网、智慧城市、智慧建筑、智慧医疗等。

1. 数字化设计：数字孪生+产品创新

达索、PTC、波音等公司综合运用数字孪生技术打造产品设计数字孪生体，在赛博空间进行体系化仿真，实现反馈式设计、迭代式创新和持续性优化。目前，在汽车、轮船、航空航天、精密装备制造等领域已普遍开展原型设计、工艺设计、工程设计、数字样机等形式的数字化设计实践（图 4-31）。

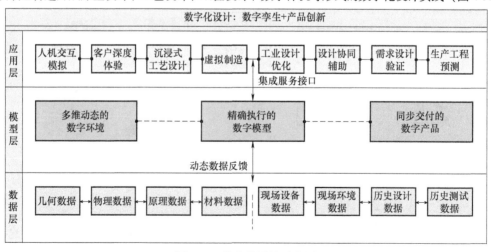

图 4-31　数字化设计示意图

⊖ 引自 https://blog.dzsc.com/unionblog/2019-12-20/214823.html。

数字化设计的核心在于模型层，根据第一性原理（可以理解为某些硬性规定或推演得出的结论）得到一个物理几何模型，结合数据层获得的数据（包括几何数据、原理数据、现场设备数据等），进行数学模型验证，然后进行模型的试验仿真，并不断进行优化迭代，最终可以得到一个满意的产品数字模型展示给客户，同时得到的生产加工模型可以转交给生产部门进行批量生产，从而实现数字化的产品创新设计（图 4-32）。

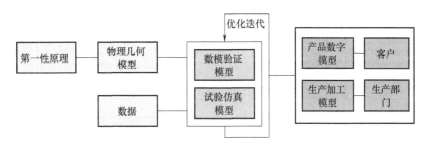

图 4-32　模型层实现产品创新的流程图

2. 虚拟工厂：数字孪生 + 生产制造全过程管理

数字孪生技术的发展将 PLM 的能力和理念从设计阶段真正扩展到了全生命周期。数字孪生以产品为主线，并在生命周期的不同阶段引入不同的要素，形成了不同阶段的表现形态。

（1）设计阶段　在产品的设计阶段，利用数字孪生可以提高设计的准确性，并验证产品在真实环境中的性能。这个阶段的数字孪生，主要包括如下功能：

1）数字模型设计：使用 CAD 工具开发出满足技术规格的产品虚拟原型，精确地记录产品的各种物理参数，以可视化的方式展示出来，并通过一系列的验证手段来检验设计的精准程度。

2）模拟和仿真：通过一系列可重复、可变参数、可加速的仿真实验，来验证产品在不同外部环境下的性能和表现，在设计阶段就验证产品的适应性。

（2）制造阶段　在产品的制造阶段，利用数字孪生可以加快产品导入的时间，提高产品设计的质量、降低产品的生产成本和提高产品的交付速度。产品阶段的数字孪生是一个高度协同的过程，通过数字化手段构建起来的虚拟生产线，将产品本身的数字孪生同生产设备、生产过程等其他形态的数字孪生高度集成起来，实现如下的功能：

1）生产过程仿真：在产品生产之前，就可以通过虚拟生产的方式来模拟在不同产品、不同参数、不同外部条件下的生产过程，实现对产能、效率以及可能出现的生产瓶颈等问题的提前预判，加速新产品导入的过程。

2）数字化产线：将生产阶段的各种要素，如原材料、设备、工艺配方和工序要求，通过数字化的手段集成在一个紧密协作的生产过程中，并根据既定的规则，自动地完成在不同条件组合下的操作，实现自动化的生产过程，同时记录生产过程中的各类数据，为后续的分析和优化提供依据。

（3）服务阶段　在产品的服务阶段，随着物联网技术的成熟和传感器成本的下降，很多工业产品，从大型装备到消费级产品，都使用了大量的传感器来采集产品运行阶段的环境和工作状态，并通过数据分析和优化来避免产品的故障，改善用户对产品的使用体验。这个阶段的数字孪生，可以实现如下的功能：

1）优化客户的生产指标：对于很多需要依赖工业装备来实现生产的工业客户，工业装备参数设置的合理性以及在不同生产条件下的适应性，往往决定了客户产品的质量和交付周期。而工业装备厂商可以通过海量采集的数据，构建起针对不同应用场景、不同生产过程的经验模型，帮助其客户优化参数配置，以改善客户的产品质量和生产效率。

2）产品使用反馈：通过采集智能工业产品的实时运行数据，工业产品制造商可以洞悉客户对产品的真实需求，不仅能够帮助客户加速对新产品的导入周期、避免产品错误使用导致的故障、提高产品参数配置的准确性，更能够精确地把握客户的需求，避免研发决策失误[⊖]。

"虚拟工厂：数字孪生+生产制造全过程"示意图如图4-33所示。

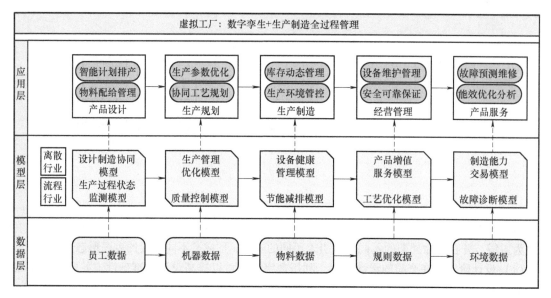

图4-33 "虚拟工厂：数字孪生+生产制造全过程"示意图

3. 设备健康管理：数字孪生+设备管理

当前工业生产已经发展到高度自动化与信息化阶段，但由于其在生产过程中产生的大量信息具有多源异构、异地分散特征，容易形成信息孤岛，在工业生产中未能发挥出应有价值，例如当前设备健康管理主要依靠人工巡检，孤立的设备数据仅能为工厂提供预防性维护或响应式维修方案，非必要或临时停机检修给工厂带来巨大的成本损失[⊖]。数字孪生为设备健康管理提供了解决方案，首先将物理设备的各种属性映射到虚拟空间中，然后建立相应的管理模型，最后工程师根据模型模拟各种情况，对设备进行异常评估和健康监测等。设备健康管理示意图如图4-34所示。

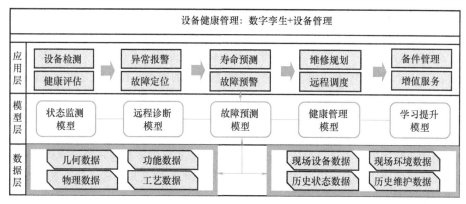

图4-34 设备健康管理示意图

⊖ 引自 https://mp. weixin. qq. com/s/ONZn3Rp3VvK_H3dx9lOcdQ。
⊖ 引自数字孪生赋能设备健康管理. https://mp. weixin. qq. com/s/NZovS5HX05s4eHY5J3rWrQ。

4. 智慧城市：数字孪生+城市运行管理

随着物联网、云计算等新一代信息技术的快速发展，2008年11月，IBM公司首次提出"智慧地球"（Smart Planet）的概念，并于2009年1月向美国联邦政府正式提出这一概念。"数字地球"传到国内，于是出现了"数字城市"的概念，而"智慧地球"传到国内，就出现了"智慧城市"（Smart City）的概念。简单来说，智慧城市是指通过广泛采用物联网、云计算、移动互联网、大数据等新一代信息技术来提高城市规划、建设、管理、服务、生产、生活的自动化、智能化水平，使城市运转更高效、更敏捷、更低碳。

随着世界经济社会的快速发展，全球二氧化碳等温室气体大量排放，气候变化越来越引起世界各国的高度重视。我国积极参与气候变化的多边进程，坚定不移地维护全球气候治理进程。在2020年9月22日，在第七十五届联合国大会一般性辩论上我国首次提出，中国将提高国家自主贡献力度，采取更加有力的政策和措施，二氧化碳的碳排放力争于2030年前达到峰值，努力争取到2060年前实现碳中和。这是一个非常紧迫且相当有力度、有承担的减排目标。"碳达峰、碳中和"不是强制减排或者停止减排就能做到的，它意味着我们的产业结构、生产方式、生活方式都要发生根本性的改变。建筑业作为与工业耗能、交通耗能并列的三大"耗能大户"之一，必然承担着节能减排的重任，利用智能建造技术建设"智慧城市"将会是未来的趋势，而数字孪生技术就是一项重要的智能建造技术。

目前，数字孪生技术在城市层面的广泛应用就是数字孪生城市，通过构建城市物理世界及网络虚拟空间——对应、相互映射、协同交互的复杂系统，在网络空间再造一个与之匹配、对应的孪生城市，实现城市全要素数字化和虚拟化、城市状态实时化和可视化、城市管理决策协同化和智能化，形成物理维度上的实体世界和信息维度上的虚拟世界同生共存、虚实交融的城市发展新格局。数字孪生城市既可以理解为实体城市在虚拟空间的映射状态，也可以视为支撑新型智慧城市建设的复杂综合技术体系，它支撑并推进城市规划、建设、管理，确保城市安全、有序运行。通过建设城市数字孪生体，以定量与定性结合的形式，在数字世界推演人口土地、天气环境、基础设施、产业交通（表4-2）等要素的交互运行，绘制"城市画像"，为决策者在物理世界实现城市规划"一张图"、城市难题"一眼明"、城市治理"一盘棋"的综合效益最优化布局提供有力支撑。

表4-2 "动态+静态"多源数据构建城市数字孪生体的相关数据

地理信息		人口信息		基础设施信息		天气信息		交通信息		建筑信息	
地表	地下	数量	比例	水	电	温度	气压	道路	汽车	房屋	景观
空中	水域	年龄	籍贯	热	气	湿度	污染	飞机	轮船	设备	设施

4.2.4 数字孪生的发展前景

数字孪生是一种利用数字化方式创建与物理实体实时镜像映射的虚拟模型，基于数据和模型联合驱动在虚拟环境中仿真预测物理实体的行为、状态和运行结果，并通过数据融合分析、在线决策优化等智能服务以及闭环迭代反馈、同步映射控制等虚实交互机制，为物理实体扩展新能力、赋予新价值的实体运维管控新模式，与实体经济、数字经济融合发展的理念不谋而合。

数字孪生体系包括了物理实体、虚拟实体、孪生数据、连接和服务五个重要维度[一]。从物理实

[一] 引自 https://mp.weixin.qq.com/s/ONZn3Rp3VvK_H3dx9lOcdQ。

体本身及其运行过程中采集并汇聚大数据，利用云计算、人工智能、区块链等信息技术对原始数据进行加工存储、融合降维，浓缩数据价值，提高数据的价值密度。结合表征虚拟实体的数字孪生模型，基于数模联动仿真的方式对物理实体进行安全、高效、经济、绿色的设计验证、预测评估和运行优化，并基于物联网、工业互联网等介质实现对物理实体的实际管控，实现物理实体增值和优化。将上述实体、模型、数据、连接封装为可请求、可调用、可复用、可组合、可重构的服务，提高资源的流通和使用效率，并借助虚拟现实、增强现实等可视化技术，以具象化、直观化的呈现形式提高相关人员的工作效率，间接促进实体优化和相关技术发展的进程。与此同时，海量真实数据和结果反馈也将为信息技术本身的发展提供珍贵的资源。数字孪生通过整合实体、数据、技术三大核心要素，统筹规划了"实体+技术"创造价值和数据、"数据+技术"引导实体增值优化、"实体+数据"支持技术进一步发展的闭环迭代、互补优化的良性循环，为实体经济和数字经济深化融合提供了可行思路。

近年来，数字孪生相关理论快速发展，目前已初具理论体系，并已在航空航天、制造、医疗、能源、城市建设等领域推广应用，形成了数字孪生卫星、数字孪生车间、数字孪生医疗、数字孪生城市、数字孪生电厂等一批具有代表性的新业态，为加速产业数字化建设进程和促进数字产业化发展摸清了道路，指明了方向。今后，随着利好数字化发展的政策进一步落地，数字化、网络化基础建设进一步加强，新一代信息技术进一步发展，以及相关高端人才引进与培养工作的进一步推进，阻碍"孪生"的障碍将被一一铲平，数字孪生将助力实体经济与数字经济深度融合，快速驶入共生发展的光明大道。

对于传统的商业和政府的重大工程，如水电大坝、化工厂、飞机制造或大型企业等，在构建项目时，各部分通常是根据项目特征量身定制的，具有高度的特殊性而非模块化，这限制了学习优化的可能，并增加了出现问题时集成和返工的成本；新技术和个性化设计的频繁出现又进一步减缓了进度和模块化的扩展。前面提到数字孪生可以对一个物理实体进行全息复制，倘若利用数字孪生的可复制性，加之优化迭代，或许能在不久的将来解决这一难题。

4.2.5 数字孪生的应用实例

目前，数字孪生在国内关注度最高、研究最热的是智能制造领域，而应用最深入的就是工程建设领域，近年来大火的智慧城市、智慧园区等，就是依托于数字孪生技术。

1. 智慧园区

华为全球总部坂田园区属于总部基地标志性园区，是深圳市高新技术产业带的重要组成部分。数字孪生平台公司51WORLD通过数字孪生技术和IOC业务融合为其打造整体框架级应用，包含综合态势、综合安防、便捷通行、资产管理、能效管理、设施管理、环境空间、智能预警等模块。其中涉及的ICO-MAX可视化运系统是基于CIM的精细化运营管理平台，加以运营数据管理服务平台和摄像头数据集成平台，通过三维场景展示园区模型，并且将园区综合态势等各个功能模块叠加在CIM上，通过三维可视化的方式向管理人员提供直观的管理手段。此外，平台采用大数据、人工智能分析技术，为智能预警提供数据预测、支持和决策参考。

2. 数字孪生城市建设

虽然我国数字孪生城市建设尚处于起步阶段，但是"数字孪生城市"这一概念已经逐渐深入人心，目前已经步入落地实施阶段，各地不同程度地推进数字孪生城市规划建设和行业应用创新实践。

（1）山西太原当代城MOMA 通过数字孪生还原城市场景，实现城市公司在售楼盘的多盘联动；对于项目本体，通过模型导入、渲染输出完成完全孪生的呈现，还原园林漫游将未来环境提前呈现；工艺工法展示科技住宅的绿色体验（图4-35）。

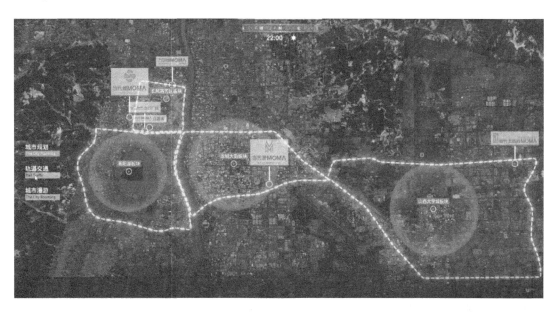

图4-35 山西太原当代城 MOMA

（2）西安中海寰宇天下 以数字孪生技术还原省、市行政区域数字底板，对城市的行政规划、地理环境、交通辐射进行深入理解，通过数字孪生对城市进行更有深度的数据挖掘，提升城市发展政策，加强项目所在区域的城市格局（图4-36）⊖。

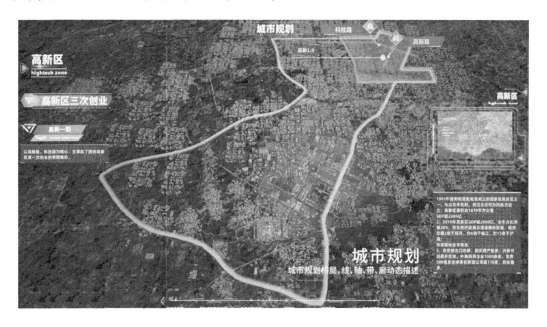

图4-36 西安中海寰宇天下

⊖ 引自 https://www.51aes.com/。

■ 4.3　物联网

4.3.1　物联网简介

1. 物联网的起源

物联网概念的提出已经有二十余年的历史，并在世界范围内引起了广泛的关注。在国内，随着政府对物联网产业的持续关注和大力支持，以及无线传感器等相关产业的日趋成熟，物联网已经逐渐从产业愿景走向现实应用。

物联网技术的概念起源于 1999 年麻省理工学院（MIT）的 Auto-ID 研究中心提出的将网络无线射频识别（Radio Frequency Identification，RFID）技术应用到日常物品，从而实现智能化识别和管理。2005 年，国际电信联盟（International Telecommunication Uniont，ITU）正式提出了"物联网"的概念，并在"ITU Internet reports 2005：the Internet of things"报告中介绍了物联网的特征以及未来的机遇与挑战，表达了在未来物联网能够将任何时间和地点的任何物体联系起来，传感器技术、智能终端技术将会有深入的研究和发展空间。2008 年，IBM 提出"智慧地球"的概念，将传感器设备安装到物体上，从而普遍连接形成网络。2009 年，欧盟委员会发布了物联网战略，介绍了 20 年物联网的发展趋势，同年，物联网技术在我国正式拉开了帷幕。物联网技术在医药物流、智能农业、车辆综合管理、钢铁仓储等领域中得到广泛运用[⊖]。

2. 物联网的定义

物联网是通过射频识别、红外感应器、全球定位系统、激光扫描器等信息传感设备，按约定的协议，把任何物品与互联网连接起来，进行信息交换和通信，以实现智能化识别、定位、跟踪、监控和管理的一种网络[100]。

简单来说，物联网是让日常物品连接到互联网并且互相通信，以前彼此孤立的物体，现在则有了"大脑"，可以进行数据传输甚至是逻辑分析。物联网使人们在信息与通信技术的世界里获得了一个新的沟通维度，从任何时间、任何地点可以连接任何人，扩展到连接任何物品[101]。

4.3.2　工程物联网技术

1. 工程物联网的定义

将面向工程管理的物联网定义为工程物联网，以区别于应用于制造业的工业物联网。工程物联网是数据感知、传输、分析和决策控制的关键性技术。工程物联网对工程建造过程中的各种工程要素（包括"人、机械设备、材料、方法、环境"）实现泛在感知、互联及监控。作为物联网技术在工程建造领域的拓展，工程物联网通过各类传感器感知工程要素状态信息，依托统一定义的数据接口和中间件构建数据通道。工程物联网将改善施工现场管理模式，支持实现对"人的不安全行为、物的不安全状态、环境的不安全因素"的全面监管。

2. 工程物联网国内外应用现状

国外工程物联网在建造领域应用方面具有较成熟的经验。例如：日本明石海峡大桥、法国米约大桥、挪威阿斯克岛桥等都建立了桥梁结构健康监测物联网系统；瑞士圣哥达基线隧道构建了由 2600km 电缆、20 万个传感器以及 7 万数据节点组成的自动监控物联网平台。

我国工程物联网在桥梁、超高层结构健康监测以及地铁工程施工中人员定位、工程环境监控等方面均有应用案例。特别是在建筑工程施工领域应用比较广泛。例如：对塔式起重机、电梯、

⊖　引自 https://mp.weixin.qq.com/s/kTVGG0ulmtUHrFbARSnRHA。

脚手架等机械设备内部应力、振动频率、温度、变形等参量变化进行测量和传输，实现对施工机械设备的运行情况动态监控；通过构件上 RFID 标签信息读取，获得构件的位移、变形、裂缝等数值，利用 RFID 定位技术快速找到危险构件，及时进行加固、修复；利用 BIM 技术和工程物联网技术的结合，根据时间、部位、工序等维度进行统计，制订详细的物料采购计划，并对物料批次标注 RFID 标签来控制物料的进出场时间和质量状况。

当前，我国工程物联网的技术水平和国外相比仍有较大差距。美国、日本、德国的传感器品类已经超过 20000 种，占据了全球超过 70% 的传感器市场，且随着微机电系统（Micro-Electro-Mechanical System，MEMS）工艺的发展呈现出更加明显的增长态势。我国 90% 的中高端传感器依赖进口。除传感器外，现场柔性组网、工程数字孪生模型迭代等技术均亟待发展。此外，我国工程物联网的应用主要关注建筑工人身份管理、施工机械运行状态监测、高危重大分部分项工程过程管控、现场环境指标监测等方面，然而研究调研结果显示，工程物联网的应用对超过 88% 的施工活动仅能产生中等程度的价值。在有限的资源下提高工程物联网使用价值将是未来需要解决的重要问题[⊖]。

3. 工程物联网技术体系

工程物联网技术需适应工地复杂多样的环境和工程要素的动态变化的要求，能处理数量种类繁多的传感器和巨量的通信数据。工程物联网技术体系架构较成熟，关键解决数据感知、传输及管理应用问题。国内外面向工程管理的物联网技术开发均有成功的案例，未来的技术向着集成化、标准化、智能化发展。

工程物联网技术开发涉及现代传感器技术、嵌入式计算机技术、分布式信息处理技术、现代网络及无线通信技术等多个领域，关键技术体系可分为四个层次：智能感知技术（感知层）、高可靠的安全传输技术（网络层）、综合应用技术（应用层）和公共技术（技术层）。

（1）智能感知技术（感知层） 工程物联网主要是利用射频识别（RFID 标签）、二维码、各类传感器、视频监控等感知、捕获、测量技术实时地对监控对象进行信息采集和获取。RFID 标签与 RFID 读写器间的通信一般封装为中间件供系统开发调用。复杂工程环境下传感器种类众多（包含应力、应变、温度、水位等），人员、材料、设备的 RFID 标签数量大，智能感知技术需解决传感器的供电、电磁屏蔽、巨量通信数据等问题。

（2）高可靠的安全传输技术（网络层） 该技术实现把感知信息无障碍、高可靠性、高安全性地进行短距离传输、自组织 LAN（Local Area Network）网和广域网传输。工程物联网把传感器网络、移动通信技术和互联网技术相融合。复杂工程环境下为提高数据传输效率，需根据传感器的类型和管理要求，设置不同的采样频率和传输时间间隔，对于人员、设备的移动轨迹监控，同样需要满足数据采集、传输和监控指令反馈的技术要求。

（3）综合应用技术（应用层） 工程物联网应用可分为监控型（桥梁健康状况监控）、查询型（人员身份识别）、控制型（设备移动轨迹控制）等。综合应用技术包含用于支撑跨行业、跨应用、跨系统之间的信息协同、共享、互通的通用技术，通过部署 ONS（Object Name Service）服务器、PML（Physical Markup Language）服务器和 EPS/IS（Enterprise Parallel Server is Server）服务器建立一个应用支持平台子层，实现技术层隔离；在之上构筑应用服务子层，面向智能交通、智能建造、智能物流，提供行业应用。

（4）公共技术（技术层） 公共技术包括数据解析、数据安全、网络管理和服务质量（Quality of Service，QoS）等具有普遍意义的技术，这些技术应用于工程物联网各个技术层次。

从工程物联网技术架构看：基于 EPC global（Electronic Product Code）标准、基于泛在传感网（Ubiquitous Sensor Network，USN）和基于 M2M 物联网三种主流架构方式已经比较成熟。未来的物

⊖ 引自 https://mp.weixin.qq.com/s/kTVGG0ulmtUHrFbARSnRHA。

联网将会向几个重点方面发展：巨量感知数据压缩技术、三维视频智能分析技术、物联网与 BIM 集成技术、基于物联网的大数据分析技术、物联网与 5G 移动通信技术等。从我国工程物联网技术发展看：面向全生命周期工程物联网集成技术；支持边缘计算和云计算协同的工程物联网体系架构设计理论；宽覆盖、超链接、低功耗、低成本组网技术等将成为今后的研究方向⊖。

4.3.3 工程物联网与智能建造实践

1. 智慧运维平台

（1）智慧运维平台架构 智慧运维平台架构如图 4-37 所示，它共分为四层：SaaS 应用层、PaaS 服务层、边缘网关服务层和感知层[102]。

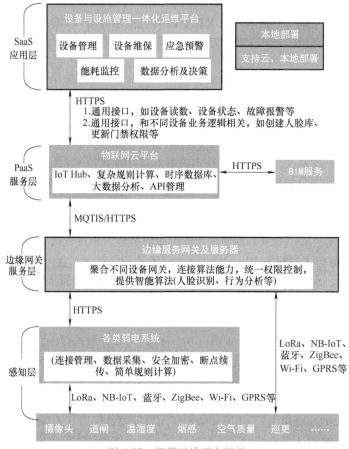

图 4-37 智慧运维平台架构

1）SaaS 应用层：设备与设施管理一体化运维平台，包括设备管理、设施维保、应急预警、能耗监控、数据分析及决策五大模块。

2）PaaS 服务层：分布式、高可用、弹性扩展的企业级物联网云平台（支持公有云、私有云、混合云及本地部署），支持设备影子技术在云平台中复制和模拟设备实时运行状态。将边缘侧采集到的数据存储至时序数据库，并进行数据映射和聚合，以满足 SaaS 应用层的相关数据需求。内置机器学习引擎和规则引擎，可进行各种复杂规则计算，支持大数据分析。结合 BIM 创建空间信息模型，对建筑物真实空间结构进行映射并叠加设备信息，支持设备数据查询。

⊖ 引自 https://mp.weixin.qq.com/s/kTVGG0ulmtUHrFbARSnRHA。

3）边缘网关服务层：连接不同协议和不同数据格式的硬件设备及各类弱电系统，可配置数据采集频率，并对采集到的数据进行存储、过滤去重、加密等处理。支持本地控制策略与联动等功能，提供安全可靠、低延时、低成本、易扩展的边缘数据存储及计算服务，实现即时可靠的设备控制操作。支持时效要求高，计算能力低，不涉及对历史时序数据的分析，仅对当前人像或行为做出判断的智能算法应用（如人脸识别、指纹比对、行为分析等）。

4）感知层：适配各类物联网传输协议，将各种弱电系统和智能设备集成到一起，使功能、信息和数据等资源充分共享，实现集中、高效、便利的管理。

（2）智慧运维平台业务场景

1）安全管理。

① 门禁管理。基于 IoT、生物识别、人脸识别、AI 等技术，为工业园区、商业楼宇、住宅小区开发门禁管理系统（图 4-38），实现从感知层、接口层到应用层端到端的智能门禁解决方案。

② 人员统计。根据门禁传感器采集的数据，结合基站定位技术，实现人员定位，不仅可以统计人员数量，而且可以对人员的分布做出分析，为人员和现场管理提供即时数据。

图 4-38 智慧门禁管理系统

③ 行为分析。如图 4-39 所示，在视频监控的基础上，为不同摄像机的监控场景预设不同的报警规则，一旦在监控场景中出现违反预设规则的行为，监控工作站就会自动弹出报警信息并发出警示音，以便管理人员及时采取相关措施。

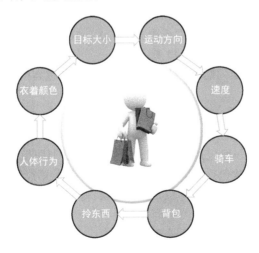

图 4-39 行为分析

④ 入侵报警。入侵报警系统由探测器、信道和报警控制器三部分组成。常用的探测器有激光对射探测器、主动红外探测器、电子围栏等。当非准入人员入侵防范区域时，系统能够及时将入侵信号发送到值机人员的技术系统。

2）环境监测。

① 常规环境监测。利用传感器对环境温度、湿度、风速、光照度、噪声，以及 PM10、PM2.5 等常规指标进行实时监测，并根据监测数据控制相关设备的工作状态，确保环境条件满足相关要求。

② 有毒有害气体监测。在某些场合，必须利用传感器对有毒有害气体的浓度进行监测，以保障人员及设备安全。当空气中的一氧化碳体积分数达到 0.16% 时，会对人的大脑造成不可逆的伤害，甚至导致死亡。因此，必须利用一氧化碳传感器监测一氧化碳的浓度。为了保证工作稳定性，一氧化碳传感器不能出现漏液的现象，个体之间的误差不能高于 1% FS，并且功耗低。

二氧化碳体积分数达到 9% 时会造成人员死亡。二氧化碳传感器要求功耗低，个体之间的误差不能高于 6×10^{-5}。硫化氢体积分数达到 10^{-5} 时会造成气管刺激、结膜炎。氧气体积分数低于 18.5% 时会降低工作效率，并可导致头部、肺部和循环系统问题。硫化氢传感器和氧气传感器的要求是不能出现漏液的现象，功耗低，个体之间的误差不高于 2% FS。当 TVOC（Total Volatile Organic Compounds）浓度为 3.0~25mg/m³ 时，会对人体产生刺激，与其他因素联合作用时会使人出现头痛。对 TVOC 传感器的要求是不能出现漏液的现象，功耗低，个体之间的误差不高于 2% FS。当甲醛浓度大于 0.1mg/m³ 时，会造成眼结膜充血发炎、皮肤过敏、鼻咽不适，甚至引发急、慢性支气管炎等呼吸系统疾病。

③ 水位监测。利用水位监测传感器对雨水井、集水井、废水井、污水井，以及饮用水箱和生活及消洗水箱的水位进行监测。

④ 结构监测。为了确保建筑安全，在室外出入口与主体结构连接的沉降缝、衬砌裂缝，以及结构受力的墙、梁、柱等处布置相应的传感设备，对结构接缝张开、重要裂缝、硐室渗漏、结构沉降等进行实时监测。

3）能耗管理。

① 照明管理。在不同位置布置不同的传感器和控制器，实现灯具亮度自动调节和场景模式自动切换，从而达到节能降耗的目的。

② 空调控制。利用温度传感器采集室内环境温度并与系统预设值进行对比，根据对比结果控制空调自动制冷或制热，从而达到智能调温的目的。

③ 能耗计量。对传统能耗计量设备进行改造，在水、电、气三表中内置 IoT 计量功能，随时随地监测能耗数据。电力计量系统如图 4-40 所示。

④ 能耗预警。对监控、采集的能耗数据进行处理，对能耗过高的区域、设备、系统进行排查和分析，及时进行能耗预警。

4）停车管理。

① 车牌识别。车牌识别是利用车辆的动态视频或静态图像进行牌照号码、牌照颜色自动识别的模式识别技术。其硬件基础一般包括触发设备、摄像设备、照明设备、图像采集设备、处理设备（如计算机）等，其核心算法包括车牌定位算法、车牌字符分割算法和光学字符识别算法等。

② 车位统计。车位统计是指在每个车位布置传感设备，对车位数量和空车位进行统计，以便为车辆室内导航应用提供条件。

③ 反向寻车。在大型停车场内，由于停车场空间大、环境及标志物类似、不易辨别方向等原因，车主很容易在停车场内迷失方向，找不到自己的车辆。这时就要用到反向寻车系统。通过刷

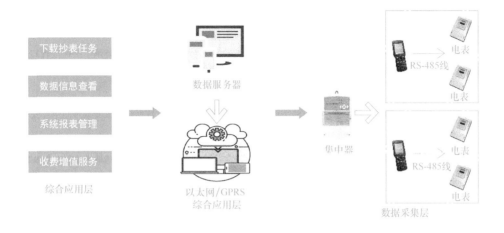

图 4-40 电力计量系统

卡、扫描条形码,车主能查找自己车辆所处的位置,从而尽快找到车辆。该系统还具有车位引导功能,可以自动引导车辆快速进入空车位,消除车主寻找车位的烦恼,加快停车场的车辆周转,提高停车场经济效益和管理水平。

2. 智慧工地安全管控体系

(1)智慧工地安全管控体系内容 物联网在智慧工地安全管控中的应用点有:人、机、料定位;作业、管理人员权限识别;物料跟踪和检测验收;结构变形检测;机械设备运行参数监测;工地可视化和视频监控;环境危险源监控。物联网在智慧工地安全管控中的应用内容见表 4-3[102]。

表 4-3 物联网在智慧工地安全管控中的应用内容

应用点	应用内容
人、机、料定位	施工人员定位可监控人员工作位置,一旦人员进入危险或禁入区域,就启动报警装置
	施工车辆定位跟踪可合理完成车辆运营调度,防止车辆进入危险区和禁止通行区域,也可实时跟踪垃圾车的驾驶路线,对垃圾的卸载倒放进行监控
	施工机械定位可掌握机械位置及运动轨迹,优化资源调配和场地布置,防止机械碰撞物料定位可监控物料堆放后是否合理,也可实时跟踪运送过程中的物料位置
作业、管理人员权限识别	在施工现场及生活区应用生物识别技术对进入人员进行权限识别,记录人员进出情况,防止非工作人员进入扰乱工作秩序,保证工地财产物资的安全
	在大型机械或重要作业区应用生物识别技术对人员身份进行验证,防止无证上岗,减少事故发生
物料跟踪和检测验收	通过 RFID、二维码等技术对物料和预制构件的采购信息、流转状态、检测报告进行录入和读取,实现材料的计划、采购、运输、库存全过程追踪,提高建筑材料质量安全和进场验收效率,减少人力投入
	通过 RFID 等自动识别技术与 BIM 的集成应用来大大提高装配式建筑的生产和装配效率,提高装配精度和结构安全

（续）

应用点	应用内容
结构变形检测	基于激光测距原理，应用 3D 激光扫描技术对建构筑物的空间外形、结构进行扫描，形成空间点云数据，以此建立三维数字模型并与建筑信息模型进行比较，实现高精度钢结构质量检测和变形监测
	通过位移传感器等监测结构或基坑的位移变形，通过数据超标预警来预防生产安全事故的发生
机械设备运行参数监测	通过在塔式起重机、升降机、工人电梯、卸料平台等危险性较高的大型施工机械隐患点安装传感器，实时监测机械的应力、高度和位移等数据，并将监测数据通过图表和模型进行可视化展示，实时监测机械运行状态，在数据超标时及时预警
工地可视化和视频监控	通过机器视觉高效辨别作业人员位置并追踪人员工作状态，对违规行为进行自动识别和报警，如在危险工作区域吸烟，未戴安全帽，未系安全带等
	通过机器视觉自动识别场地内塔式起重机、挖掘机等重大机械及危险源，对其位置、变形等要素进行可视化监控，自动辨识异常状态
	通过视频监控记录工地出入口、料厂和仓库的人员及车辆进出，以便在出现生产安全及财产安全问题时进行责任追溯
环境危险源监控	通过传感器对工地风速、湿度、温度等环境数据进行感知和监控，以保障施工作业的环境适宜性
	通过监测烟雾、有害气体、水阀、电缆末端等，减少工地作业环境的安全隐患
	通过扬尘、噪声监测以及超限报警和喷淋设备联动来降低环境对作业人员健康的损害

基于物联网的智慧工地安全管控体系架构如图 4-41 所示。该体系先利用物联网终端设备

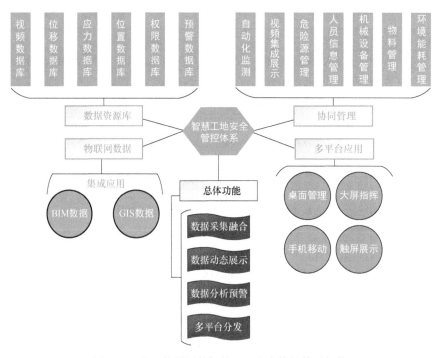

图 4-41　基于物联网的智慧工地安全管控体系架构

对施工现场监管要素进行数据采集，然后通过数据接口、传输协议将施工现场监管数据传送到数据处理层，形成视频、位移、应力、位置等数据，以完善安全监管数据库。对预警数据进行统计分析，可有效预防安全风险发生；将物联网数据与 BIM、GIS 等数据集成展示，可实现更高效的智慧工地协同管理，并支持大屏、固定终端和移动终端等多平台分发和轻量化展示。

智慧工地安全管控体系技术架构如图 4-42 所示。

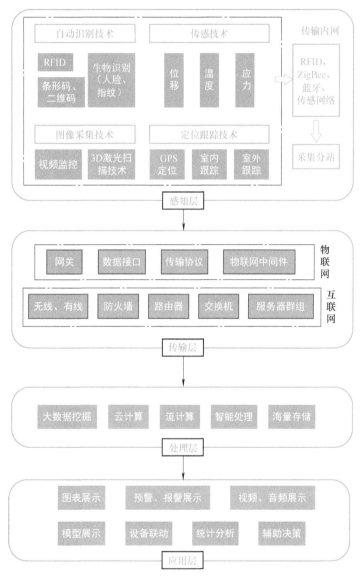

图 4-42　智慧工地安全管控体系技术架构

1）感知层。利用自动识别技术、传感技术、图像采集技术和定位跟踪技术等物联网技术，通过物联网终端采集各类数据，通过内网将数据传递给采集分站，由采集分站通过无线网络传输给网关，由网关负责统一上传。

2）传输层。利用各种网络技术将感知层采集的各类数据传输到物联网中间件服务器，再传输到应用软件系统。

3）处理层。利用云计算、大数据挖掘等技术对原始数据进行解析与处理，以供应用层使用。

4）应用层。提取各类有价值的数据，通过模型、图表、视频等形式进行展示，同时实现自动统计分析和辅助决策，方便管理人员实施监管。

智慧工地安全管控体系应用架构如图4-43所示。

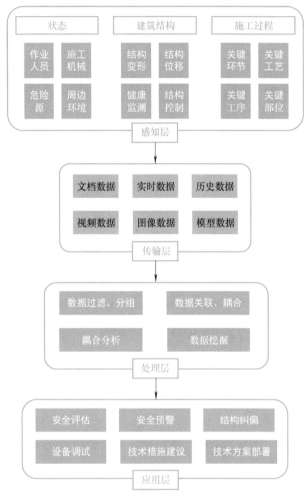

图4-43　智慧工地安全管控体系应用架构

3. 海康威视智慧工地系统

海康威视公司是以视频为核心的智能物联网解决方案和大数据服务提供商，主要为公共服务领域用户、企事业用户和中小企业用户提供服务，致力于构筑云边融合、物信融合、数智融合的智慧城市和数字化企业[102]。

海康威视智慧工地系统由传统安防系统扩展而成，可实现施工现场统一管理和控制。

（1）设计原则　设计原则主要包括系统可靠，能实现视频类数据大流量、远距离可靠传输；系统可用，功能可落地、可复制，能以最小的代价满足最迫切的应用需求；系统安全，人员权限清晰可控；系统易用，能满足工地基层人员简单操作需求；系统易维护；系统易扩展；系统开放，可接入其他业务系统或平台。

（2）总体架构　海康威视智慧工地系统总体架构如图4-44所示。

（3）系统功能

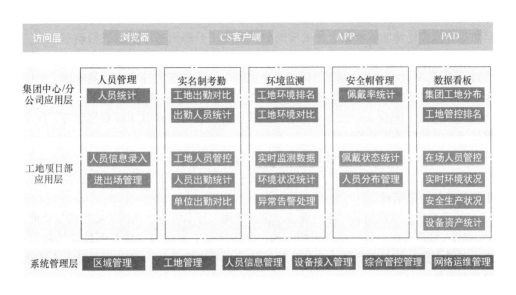

图 4-44 海康威视智慧工地系统总体架构

1）总部数据看板。总部数据看板的主要功能包括展示工地数量、工人数量、物资和设备数量；展示工地环境状况；展示工地安全帽告警事件总数、近 30 天告警事件处理率、告警事件数排名、告警事件处理率排名、安全帽佩戴率排名以及工地分布情况等。

2）项目部数据看板。项目部数据看板的主要功能包括展示工地基本信息、各班组到岗人数统计信息、近 30d 出勤人数变化信息；展示环境监测数据，包括近 30d 环境监测数据和近 24h 环境变化趋势；展示安全帽告警事件数据、安全帽状态数据、物资管控数据；展示工地视频画面和地图。

3）视频联网系统。视频联网系统主要用于项目工地现场施工安全管理和质量管理，可展示工程总体情况和施工过程，通过视频抓拍与视频告警排除施工现场安全隐患。

4）实名制考勤系统。实名制考勤系统可展示实时考勤统计、考勤结果统计、人员出勤统计、工地出勤状况等信息。

5）安全生产系统。安全生产系统具有安全帽管理、戴帽情况统计、异常事件统计和危险源越界统计等功能。安全帽管理可展示安全帽序列号、关联人员、佩戴状态、是否启用、剩余电量等信息；戴帽情况统计可统计各单位的戴帽率，统计结果可导出。异常事件统计是对与安全帽有关的异常事件进行统计，统计结果可导出；危险源越界统计是对越界告警事件进行统计，统计结果可导出。

6）塔式起重机安全监控系统。该系统可实时监测塔式起重机载重、小车幅度、起吊高度、回转角度、作业高度、风速等参数，具有超限报警、超载控制、数据远程存储、区域防碰撞和 GPRS（General Packet Radio Service）远程监控功能。

7）施工升降机安全监控系统。该系统可实时监控施工升降机作业情况，并能将施工升降机运行工况数据和报警信息实时发送到远程监控平台，同时自动向相关人员发送手机短信，从而实现施工升降机的实时动态监控，该系统主要包括以下几个模块：

① 升降机备案资料管理模块。根据建设工程质量安全监督工作的业务流程及管理要求，涵盖从施工升降机产权登记、安装告知、使用告知到拆卸告知全过程的监督管理内容，加强监督站对施工升降机使用过程的跟踪、汇总、统计和分析。

② 实时监控管理模块。控制器采集施工升降机运行状态数据并实时传输到管理中心服务器。施工升降机远程监控终端能够根据上传的实时数据及施工升降机基本参数进行动态模拟，也可实现施工升降机作业过程的回放操作。

③ 信息管理模块。该模块是施工升降机安全监控系统的基础管理模块，具有施工升降机基本资料管理、工地信息管理、企业信息管理、用户权限管理、信息查询等功能。

④ 数据管理模块。该模块对监控设备上传的数据进行管理，具有实时数据管理、历史数据管理、故障统计、报警记录统计等功能。

⑤ 报警管理模块。该模块根据报警规则进行报警数据的处理，通过自动短信报警提醒施工升降机责任主体单位，并且提供施工升降机操作责任主体单位和施工升降机操作监督单位针对施工升降机报警联动的处置流程。

⑥ 系统管理模块。该模块具有用户管理、角色管理、日志管理、系统参数管理等功能。

⑦ 车辆出入管理系统。利用视频监控技术，在各建筑工地出入口装备图像抓拍和识别设备，记录各类车辆进出信息和状态信息，结合车辆黑名单预防车辆事故，同时将车辆出入信息推送至地磅等第三方系统。

⑧ 环境监测系统。环境监测系统可对工地的环境进行集中监测，具有组织机构管理、服务器管理、设备管理、环境量配置、环境数据监测、数据记录与查询等功能。该系统通过环境监测设备对温度、湿度、噪声、粉尘、气象等数据进行监测、收集和报警联动。环境监测数据包括实时数据、小时数据、日数据。环境监测数据可实时显示，支持表格和图片的切换模式，也可将数据导出到 Excel 中。

■ 4.4 人工智能

4.4.1 人工智能概述

1. 人工智能的定义

人工智能是一门在多个学科相辅相成基础上发展起来的新型综合交叉学科，已逐渐发展成为社会各行业的关注重点及研究热点，并对社会健康可持续发展起到举足轻重的作用。人工智能技术在工程项目的各个阶段中被广泛应用，为工程的建造及使用带来诸多便利。该技术自产生以来，已经得到了较为长足的发展，但还没有统一的定义，下面列举了几个较为经典的定义。

美国计算机科学家和发明家约翰麦卡锡在 1955 年的达特茅斯会议上将人工智能定义为研制智能机器的一门科学与技术，并提出人工智能就是让机器的行为看起来就像是人所表现出的智能行为一样[⊖]。

人工智能就是机器展现出来的智能，所以只要机器有智能的特征和表现，就将其视为人工智能，并认为人工智能是计算机科学的一个分支。现阶段，比较热门的研究方向包括机器人、语音识别、图像识别、自然语言处理等几个方面[⊖]。

我国《人工智能标准化白皮书（2021 版）》中给出了人工智能的定义：人工智能是利用数字计算机或者由数字计算机控制的机器，模拟、延伸和扩展人类的智能，感知环境、获取知识并使

⊖ 引自 https://m.elecfans.com/article/1529141.html。

⊖ 引自 https://zh.wikipedia.org/wiki/%E4%BA%BA%E5%B7%A5%E6%99%BA%E8%83%BD。

用知识获得最佳结果的理论、方法、技术和应用系统⊖。

由中国科协科普中国审核的定义：人工智能（Artificial Intelligence，AI）。它是研究、开发用于模拟、延伸和扩展人的智能的理论、方法、技术及应用系统的一门新的技术科学⊜。

2. 人工智能的发展历程

（1）人工智能的起源　人工智能的思想起源于希腊神话以及幻想小说，如卡雷尔·恰佩克的《罗素姆万能机器人》中探讨的机器通过自然选择进化出智能的可能性。20世纪30年代—20世纪50年代，随着形式推理和逻辑数学的研究，"神经网络"概念被提出，并在20世纪60年代引发了人工智能的呼声。

（2）人工智能的诞生　1956年达特茅斯会议举行，讨论主要议题为：自动计算机、编程语言、神经网络、计算规模理论、自我改造（即机器学习）、抽象、随机性与创造性。会议上麦卡锡说服与会者接受"人工智能"一词作为本领域的名称，自此AI技术诞生。

（3）人工智能的初次暴发（1956年—1974年）　达特茅斯会议后，计算机具备了以下能力：解代数应用题、证明几何定理、学习和使用英语。1957年，罗森布拉特（Rosenblatt）提出"感知器"（Perceptron），这是第一个用算法来精确定义的神经网络，是日后许多新的神经网络模型的始祖。美国、日本、英国等政府机构对这一新兴领域投入大笔资金支持。

（4）人工智能的第一次低谷（1974年—1980年）　随着时间的推移，研究者乐观情绪被研究课题复杂性所困扰，面临着"计算机运算能力不足""常识推理、数据库资源的匮乏"等技术难题，以及运营资金面临困境，人工智能进入行业发展的低谷阶段。

（5）人工智能的再次繁荣（1980年—1987年）　20世纪80年代，一类名为"专家系统"的AI程序被全世界的公司所采纳，"知识处理"成为AI研究焦点。人工智能由理论研究走向实际应用，模拟通常由领域专家才能解决的复杂问题。人工智能迈进第二次繁荣。

（6）人工智能的第二次低谷（1987年—1993年）　20世纪80年代晚期美国削减了对AI的资助，认为AI并非下一个科技浪潮，将拨款转向更容易出成果的项目，此外日本的AI第五代工程也未实现，相继停止人工智能产业上的投入。

（7）人工智能的第三次觉醒（1993年—现在）　互联网的兴起积累了海量数据信息，摩尔定律以及智能代理系统等多项技术积累使得计算机性能不断提升。大数据、云计算、量子计算机推动了深度学习以及人工智能领域的普及，我国出台《新一代人工智能产业发展规划》，国家创新平台依托阿里智慧城市、腾讯智慧医疗、百度自动驾驶、科大讯飞智能语音等建设而成[103]。

4.4.2　人工智能相关技术

1. 人工智能核心技术

对于人工智能核心技术体系而言，主要涉及以下六个方面：机器学习、自然语言处理技术、图像处理技术、人机交互技术、计算机视觉技术及知识图谱。在机器学习上，机器学习的能力是人工智能技术最为凸显的一种表现手段，其直接来源于早期的人工智能领域。自然语言处理是融合了计算机科学、语言学和人工智能于一体的交叉研究方向，它的目的是"让计算机理解自然语言"，更高效地完成工作任务。图像处理技术是将图像处理技术与人工智能相结合的方法。在原有自动识别的基础上，人机交互技术使用户与计算机系统通过人机交互界面进行交流，机器显示大量提示与请求，用户通过输入设备给计算机提供有关信息，从而达成人机互动。计算机视觉技术

⊖　引自中国电子技术标准化研究院.《人工智能标准化白皮书（2021版）》。

⊜　引自https://baike.baidu.com/item/%E4%BA%BA%E5%B7%A5%E6%99%BA%E8%83%BD/9180。

是人工智能的一个重要学科分支，它使用人工智能的方法模拟人类视觉。知识图谱作为近几年在大数据时代下新颖的知识组织与检索技术，其知识组织和展示的优势逐渐体现出来，受到众多领域的关注。随着人工智能技术的发展和应用，知识图谱逐渐成为关键技术之一，现已被广泛应用于智能搜索、智能问答、个性化推荐、内容分发等领域。

（1）机器学习　机器学习指的是计算机通过分析、学习、归纳大量数据，达到拥有能够自主做出最佳判断与决策的能力，简单地说，机器学习是一种 AI 技术在不同应用场景下的"命令行"语句或者方法。机器学习主要内容包括深度学习、深度人工神经网络、决策树、增强算法等。机器学习对于人工智能技术十分重要，而算法的发展也对人工智能技术的发展起到了作用[104]。

（2）自然语言处理技术　自然语言处理技术包含两个方面，一是将人类语言转化为计算机可以处理的形式，二是将计算机数据转为人类语言的自然形式，以此达到计算机能够理解人类语言的目的。目前，市面上已有应用该技术的产品，例如 Apple 的 siri、微软的 Cortana，这些产品能够协助人们完成许多任务，其核心技术不仅包括自然语言技术，也包含了深度学习。自然语言处理综合了语言学、计算机科学、数学等学科，该技术内又包含了信息检索、信息抽取、词性标注、语法分析、语音识别、语法解析、语种互译等技术。

（3）图像识别技术　图像是人类获取信息的主要途径，人工智能技术要实现模拟人类分析问题、解决问题的功能，图像处理技术不可缺少。图像处理技术使计算机拥有视觉，可以处理、分析图片或多维的数据。在大数据时代，如何对海量图像数据进行信息挖掘和提取是当前 AI 技术研究的热门课题之一。例如，基于开源的分布式计算和存储框架（Ha Doop）模式下的空间大数据挖掘，在智慧城市的建设和规划等领域十分具有潜力。

（4）人机交互技术　人机交互技术是指用户与计算机之间相互交换信息，目的是使计算机更高效地帮助人们更可靠安全地完成任务，但其不能在没有人控制的情况下独立完成任务，它同样受到人的支配、控制。人机交互技术主要涉及计算机图像学、交互界面设计、增强现实等。人机交互技术发展迅速，不少相关产品已经问世，如柔性显示屏、3D 显示器、多触点式触摸屏、手写汉字识别、数字墨水技术[⊖]。

（5）计算机视觉技术　计算机视觉技术可分为人脸识别、图像检测、图像检索、目标跟踪、风格迁移等几大板块，典型应用场景如图 4-45 所示。其中，人脸识别、图像分类等功能计算机视觉技术已经比人类视觉更精准、更迅速。在医院，一般早期食管癌检出率低于 10%，而腾讯觅影通过扫描上消化道内镜图片筛查食管癌，检出率高达 90%，且用时不到 4s。商汤科技宣称，利用其计算机视觉技术，视频内容审核能够节省 99% 的人工成本。然而，虽然在解决识别、检测、聚类等问题上，计算机视觉技术已经可以超越人类，但其发展仍面临挑战。

首先，缺乏可用于人工智能模型训练的大规模数据集。缺乏标注数据是几乎所有应用场景普遍存在的挑战。当前的应用场景多以项目制形式落地，数据仍然在项目建设方，数据不能共享也无法形成闭环，从而导致技术进步分散在各个企业的各个项目中，难以带来行业整体跨越。

其次，缺乏从技术到产品到规模化应用的工程化经验。计算机视觉技术的应用已不再是单一的软件应用，涉及新型基础架构、新的数据分析流程，以及智能硬件如摄像头的安装等。每一个环节都可能会影响识别效果。

（6）知识图谱　知识图谱最初是由 Google 公司在 2012 年提出来的一个概念。从学术的角度，可以对知识图谱给一个这样的定义："知识图谱本质上是语义网络（Semantic Network）的知识库"。从实际应用的角度出发可以简单地把知识图谱理解成多关系图（Multi-relational Graph）。如果说以

⊖ 引自 https://mp.weixin.qq.com/s/N7SjFcTCADlRKfdmEOZ1vQ。

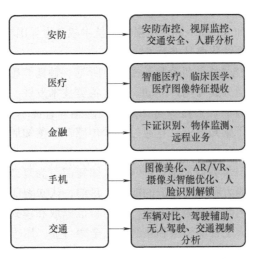

图 4-45 计算机视觉技术典型应用场景

往的智能分析专注在每一个个体,知识图谱则专注于这些个体之间的"关系"。知识图谱用"图"的表达形式,最有效、最直观地表达出实体间的关系,是最接近真实世界、符合人类思维模式的数据组织结构,图 4-46 为知识图谱示意图。相较于传统的智能分析,知识图谱是基于图的数据结构,即知识图谱需要从海量信息中抽取多个维度的特征信息,并在这些特征信息素材的基础上,通过智能推理实现从数据到可视化图像深加工,从而能够直观易懂地展现给用户,并与用户交互。

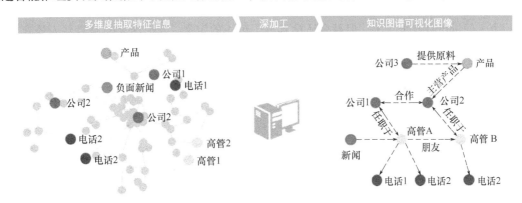

图 4-46 知识图谱示意图

目前,知识图谱主要应用于互联网搜索、推荐、问答等业务场景,成为以商业搜索引擎公司为首的互联网公司重兵布局的人工智能技术之一。同时,它开始在金融、医疗、电商及公共安全保障等领域得到广泛的探索。在反洗钱或电信诈骗场景,知识图谱可精准追踪卡与卡间的交易路径,追本溯源识别洗钱、套现路径和可疑人员,并通过他们的交易轨迹,层层关联,分析得到更多可疑人员、账户、商户或卡号等。

然而,目前知识图谱尚处于发展初期,受制于抽取数据的样本量限制、深加工准确率和效率较低、数据噪声大等因素,应用场景非常有限。在未来随着研究的深入,会有越来越多的应用场景被发掘出来,知识图谱所能发挥的价值可期。

2. 人工智能核心能力

从技术层面来看,人工智能的核心能力可以分为计算智能、感知智能和认知智能三个层面。

(1)计算智能 计算智能即机器具备超强的存储能力和超快的计算能力,可以基于海量数据进行深度学习，利用历史经验指导当前环境。随着计算力的不断发展，存储手段的不断升级，计算智能可以说已经实现。例如 AlphaGo 利用增强学习技术战胜世界围棋冠军；电商平台基于对用户购买习惯的深度学习，进行个性化商品推荐等。

（2）感知智能　感知智能是指使机器具备视觉、听觉、触觉等感知能力，可以将非结构化的数据结构化，并用人类的沟通方式与用户互动。随着各类技术发展，更多非结构化数据的价值被重视和挖掘，语音、图像、视频、触点等与感知相关的感知智能也在快速发展。无人驾驶汽车、波士顿动力机器人等就运用了感知智能，它通过各种传感器，感知周围环境并进行处理，从而有效指导其运行。

（3）认知智能　相较于计算智能和感知智能，认知智能更为复杂，它是指机器像人一样，有理解能力、归纳能力、推理能力和运用知识的能力。目前，认知智能技术还在研究探索阶段，如在公共安全领域，对犯罪者的微观行为和宏观行为的特征提取和模式分析，开发犯罪预测、资金穿透、城市犯罪演化模拟等人工智能模型和系统；在金融行业，用于识别可疑交易、预测宏观经济波动等。要将认知智能推入发展的快车道，还有很长一段路要走[⊖]。

4.4.3　智能机器人概述

在建筑施工中，建筑机器人是自动执行建筑工作的机器装置。它可以接受人类指挥，又可以运行预先编排的程序，也可以根据以人工智能技术制定的原则纲领行动，协助或取代人类在建筑施工中工作。对于建筑机器人而言，其基本组成结构和一般性工业机器人并无特殊之处。建筑机器人以其施工安全性、高效性，降低工程造价等优势，成为保障施工人员安全、提升建筑工作品质的必然选择。

机器人问世已有几十年了，但至今还没有一个统一的定义，其原因之一是机器人还在发展，另一个主要原因是机器人涉及人的概念，成为一个难以回答的哲学问题。也许正是由于机器人没有统一的定义，才给了人们充分的想象和创造空间。

国际标准化组织在 1987 年给出的工业机器人定义是：工业机器人是一种具有自动控制的操作和移动功能，能完成各种作业的可编程操作机[⊜]。

由中国科协科普中国审核的机器人定义是：机器人是自动执行工作的机器装置，它既可以接受人类指挥，又可以运行预先编写的程序，也可以根据人工智能技术制定的原则纲领行动。它的任务是协助或取代人类的工作，如制造业、建筑业或危险的工作[⊝]。

1. 智能机器人的产生背景

（1）技术环境对建筑施工装备发展的影响　建筑是伴随着人类文明的发展而发展起来的，建筑上的各类工程设施反映出各个历史时期社会、经济、文化、科学、技术的发展面貌，因此可以说建筑是人类文明进步的重要标志，而建筑的进步是建筑工具进步和发展的一个历程，即建筑工具推动了建筑的发展。例如，发明了锛凿斧锯，才有了榫卯结构，进而决定了我国古代木架建筑的发展。建筑施工装备的发展受到技术环境的影响。从历次工业革命形成的技术环境特点来看，经历了从蒸汽技术、电气技术、自动化技术到智能技术的演进，这也决定了建筑施工装备相应的发展方向[105]。

（2）建筑发展对建筑施工装备的要求　建筑的发展从最初的土阶（简陋的房子），到第二次工业革命之后的摩天大楼，建筑的形式越来越趋向于高层化，建筑的造型趋向于多样化，对建筑

⊖　引自 https://wiki.mbalib.com/wiki/%E8%AE%A4%E7%9F%A5%E6%99%BA%E8%83%BD。

⊜　引自 http://www.clii.com.cn/lhrh/hyxx/202107/t20210727_3950359.html。

⊝　引自 https://zhidao.baidu.com/question/938750506256310172.html。

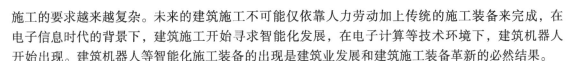

施工的要求越来越复杂。未来的建筑施工不可能仅依靠人力劳动加上传统的施工装备来完成,在电子信息时代的背景下,建筑施工开始寻求智能化发展,在电子计算等技术环境下,建筑机器人开始出现。建筑机器人等智能化施工装备的出现是建筑业发展和建筑施工装备革新的必然结果。

2. 智能机器人的分类

建筑机器人的发展和类型的形成受建筑工程施工需要的影响。从理论上来说,建筑工程施工中所有复杂工序都可以由相对应的建筑机器人进行替代或辅助施工,这也是建筑机器人未来的开发潜力和开发方向。从建筑工程施工来看,其施工工艺主要包括土方工程、地基与基础工程、砌筑工程、钢筋混凝土工程、防水工程、装饰工程等几大类,各类工程中又包括大大小小的各种工序以及具体的施工作业,因此建筑机器人在建筑工程施工中可以开发的种类十分丰富。然而,现有建筑工程施工中投入使用的建筑机器人的种类依然有限,一些建筑机器人的性能仍然有很大局限性,因此建筑机器人的开发潜力可谓巨大。就现有建筑机器人而言,按照具体性能分为坑道作业机器人、主体工程施工机器人和建筑检查机器人。

1)坑道作业机器人在建筑工程施工中主要用来处理建筑主体工程施工前的场地问题,包括基坑穿孔、凿岩、扩底孔、涵拱合装和混凝土浆喷涂等。全自动液压凿岩机、涵拱自动合装机器人、混凝土浆喷涂机器人等都属于坑道作业范畴内的建筑机器人。

2)建筑主体工程是建筑工程中最主要的工程,因此用于主体工程施工的建筑机器人种类最多,主要有焊接作业机器人、挂钩作业机器人、钢筋搬运机器人、配筋作业机器人、耐火材料喷涂机器人、砌砖机器人、混凝土浇筑机器人、混凝土地面磨光机器人、去疵和清扫机器人、刻网纹机器人、顶棚作业机器人、外壁面喷涂机器人和幕墙安装机器人等。

3)建筑检查机器人主要用于建筑完工后的壁面检查和清洁作业,如瓷砖剥落检查机器人、净化间检查机器人都是用来完成建筑检查作业的。此外还有桥梁作业机器人和深海作业用机器人。可见,目前已有的建筑机器人已经涉及建筑工程中的基础工程、主体工程和装饰装修工程,但是建筑工程工序繁多,建筑机器人的性能优化和种类开发仍然具有很大潜力。

3. 智能机器人在建筑业中的使用场景

按照建筑工程施工的工序特点,建筑机器人在建筑施工中主要应用在建筑施工场地处理、建筑主体工程施工、建筑装饰装修工程三大方面以及对建筑的检查清洁。

(1)建筑机器人应用于施工场地处理 建筑施工场地处理上主要包括测量放线、基坑挖掘、岩石开凿、管道排水、基坑支撑面喷涂和场地平整等,对应工序都开发有相应的机器人进行施工。

(2)建筑机器人应用于主体工程施工 主要的主体工程施工包括混凝土的搅拌浇筑、钢筋的配置、墙体的砌筑等。主体工程工作程量大,施工复杂,是建筑工程施工过程中耗时最长、用量最多的程序,建筑机器人的使用能提高施工效益,缩短工期,降低工程造价。

(3)建筑机器人应用于建筑装饰装修工程 在建筑工程中,装饰装修工程包括地面平整、抹灰、门窗安装、饰面安装等。建筑装饰装修工程对于作业精度要求非常高。以抹灰为例,其平整度不得超过3%,人工作业要达到相应要求常常需要反复检查和返工。用建筑机器人进行作业精度高,以抹灰机器人为例,其平整度能达到1%,基本一次完成,避免了返工,从而提高工效。

(4)建筑检查、清洁机器人 高层建筑表面装饰很容易出现开裂、破损,如果完全依靠人工来进行检查,一方面由于其检查频率高带来较大工作量,另一方面人工通过眼睛或借助工具很难发现问题,使用建筑自动检查系统能全面精确地发现建筑存在的问题。此外,随着建筑高层化的发展,建筑使用玻璃幕墙十分频繁,但玻璃幕墙沾染灰尘后影响透光度和建筑整体形象,因此需要对其进行清洁。传统清洁依靠人工系挂安全绳或搭载安全工作面从上而下进行,存在高空坠落的安全隐患,且人工清洁效率低下,工作效果不佳,需要反复进行。依靠自动清洁机器人能安全、

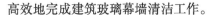

高效地完成建筑玻璃幕墙清洁工作。

（5）海洋建筑、太空建筑机器人展望　早在20世纪，人类就开始了对海洋建筑的探索。1962年9月6日，法国人制造的世界上第一个水下居住室"海中人"号，在法国的里维埃拉海域水下60m试验成功，一位潜水员在里面生活了26h。海洋建筑施工与陆地截然不同，借助建筑机器人进行施工能避免人工施工对环境不适应的问题。随着世界人口的膨胀，陆地空间的缩减，人类将向海洋和太空要空间，很多海上和海底建筑将在21世纪出现在海洋上。此外，随着人类对太空的探索，太空建筑在未来或许会成为现实。

4. 智能机器人在建筑业中的应用优势

（1）施工安全性　建筑业发展至今，高层化和复杂化的特点日益突出，再加上建筑业本身露天作业和高空作业的要求，以及施工环境差、作业条件差和劳动强度大，造成建筑施工不安全因素随着工程进度呈现动态变化，难以防控，建筑业生产安全事故时有发生，使建筑业成为公认的高危行业，伤亡率仅位于矿山与交通事故之后。例如，在美国，建筑业每年造成约40万人死伤，已成为严重的社会问题。繁重的操作，充斥着泥浆、粉尘、噪声、震动等的工作环境，极大地危害着从业人员的身心健康，导致职业病高发。建筑机器人是保障施工人员安全、提升工作品质的必然选择。若要将建筑工人从中解脱出来，就现有技术发展水平来看，机器人技术或是破解这一难题最佳也可能是唯一的途径。除此之外，借助于建筑机器人可以毫不费力地把建筑活动扩展到人所不适的新场所和新领域，如水下、化学或核辐射污染、高温、高压等区域，并能带来巨大的经济效益。

（2）施工高效性　目前建筑施工中，虽然已有大量机械设备参与，但更多的工序还是有赖于手工作业，导致建造周期漫长，少则数月，多至数年。采用机器人技术，可使建造效率大幅提升。以欧美的标准民居为例，传统人工作业的平均建造周期约为6~9个月，若采用最新的机器人3D打印技术，建造周期可大幅缩短至1~2d。建筑机器人高效的施工不仅在普通工程中能缩短工期，在应急工程如遭遇地震、恐怖袭击、泥石流等灾难后，也可以快速完成临时居所建设，保障居民的基本生存条件。建筑机器人可以使传统的工序现代化并提高效率。

（3）降低工程造价　建筑业造价中人工费用占了很大比例，在一些传统领域可使用机器人替代建筑工人，在新的建筑工序中，也可以设计出更有效的机器人，降低人工成本。此外，建筑业属于资源需求极为密集的行业，而传统的手工作业方式流于粗放，建材使用不能精确控制，导致建造过程的材料浪费巨大。据美国有关部门测算，一栋普通民居建造过程的材料浪费率高达40%。此外，老旧建筑的拆除目前还未形成资源化回收的观念，除钢筋等少数金属材料外，其他材料均被作为建筑垃圾填埋，这种资源浪费的规模难以估量。事实上，若采用建筑机器人代替人工施工，通过合理规划和精细化作业，可大幅减少原材料浪费，甚至实现零浪费，利用机器人技术也可以实施老旧建筑材料的回收再利用。这将大大降低建筑成本，也符合构建节约型社会的时代价值要求。从工程造价角度而言，建筑机器人是高效益的选择；从资源利用的角度出发，建筑机器人满足了构建节约型社会的时代诉求[106]。

4.4.4　人工智能应用实例

人工智能正对各个领域带来革命性的影响。相较于医疗、金融、家电产业而言，AI技术在建筑业的应用相对较晚。但由于其在收集、处理、分析数据方面的优势，目前已经在建筑业有着较为广泛的应用，下面将一一详细介绍。

1. 深圳市建筑工程人工智能审图试点

2020年6月24日，住房和城乡建设部办公厅发布了《关于同意深圳市开展建筑工程人工智能审图试点的复函》，要求深圳市认真梳理相关法律法规和工程建设强制性标准，以住宅工程作为试点工作切入点，利用人工智能和大数据等技术，研发智能化施工图审查系统，形成可靠的智能审图能力，减少人工审查工作量，提升审查效率和质量，为施工图审查改革和工程建设项目审批制度改革工作提供可复制可推广经验[⊖]。

（1）项目介绍　AI审图是万翼科技独立自主研发的一款人工智能审图产品，旨在帮助建筑设计师提供智能强审和精审服务，大幅减少图样审查的繁复工作量，显著提升设计质量。目前已支持企业标准和国家标准规范的智能审查，覆盖住宅工程的建筑、结构、给水排水、暖通、电气五大专业。2020年6月，经国家住房和城乡建设部批准，深圳市率先开展建筑工程人工智能审图试点工作，万翼科技作为技术提供方全程参与，共同推动施工图审查改革。目前，该系统已完成40家中大型设计院、53个项目的内测工作。经验证，AI查出的问题数量是人工审核发现问题数量的近7倍，审查效率相较人工提高近9倍。深圳AI审图上线后，试运行3个月，深圳市原有施工图质量监管"双随机"原则仍保持不变，市区住建部门对抽查到的房建类项目，将首先应用人工智能进行审查，再进行人工审查、复核，并将最终审查结果发至相关单位，督促其完成整改工作[⊜]。

（2）技术原理　由于人工审图不可避免地存在人为操控、尺度不一、低效漏项等问题，AI审图技术基于云结构，多专业规则集，几何图形库和知识抽取、知识推理等技术，提取出建筑图样中的BIM通用交互格式、工业基础类数据及相应规则规范并将其与建筑实体快速匹配，从而实现一键校核，输出审查结果。此外，该技术无须重新部署应用即可完成审查规范更新，从而可以解决规范标准更新迭代周期短的问题。其可以为政府主管部门、审图机构、设计院、业主方等提供辅助审查，提高审查效率、准确度，降低工程建设阶段设计变更风险，提升图样、模型的质量与应用价值。

2. 人工智能在郑万铁路项目中的应用

（1）项目概况　郑万铁路项目属于国家确定的2015年开工的60个重大铁路项目之一。郑万铁路是郑渝高铁的重要组成部分，沿途经过河南、湖北、重庆，全线建筑长度为818km，设计行车速度为350km/h，是联系中原地区和西南地区的主要高速客运通道，对补充完善我国铁路"四纵四横"客运专线网具有重要战略意义。其中，河南段总投资440亿元，线路全长350.825km，已于2019年12月1日正式开通运营。该段线路自郑州东站引出，西南行经长葛、禹州、郏县、平顶山，越过伏牛山区余脉至南阳，经邓州进入湖北省境内，全线岩堆、岩溶、断层破碎带等不良地质较多，地质情况复杂，施工安全风险高、难度大。为确保施工质量，保障后期运营安全，以标准化、信息化、工厂化、专业化为支撑，大力引进各种新技术、新设备，其中包括TBM智能支护机器人、智能型三臂凿岩台车等，一系列新工艺、新技术的运用，确保了项目安全质量。除此以外，项目部致力于推进标准化和信息化建设，用心打造"数字高铁""智慧工地"，努力把郑万铁路河南段建成标准示范线和精品工程[⊜]。

（2）技术介绍

1）智慧工地智能系统。郑万铁路河南段进行了智慧工地智能系统建设升级，通过信息化手段，采集项目施工信息数据，实现工程可视化监测；智能系统通过人脸识别汇总所有进场的人员的年龄、性别、工种、当天工作时长等关键信息，对劳动时间明显超长的作业人员发出提醒。智慧工地系统还有自动报警功能，作业人员突发倒地、施工场地突然起火冒烟、翻墙进入非法入侵等工地上的异常状况，全部都在智慧工地高清摄像头的监控范围之内，配合AI智能算法技术，可以自动侦测14种安全隐患场景，实时发出警报。工地塔式起重机全都配备"人脸识别"功

⊖ 引自 https://mp.weixin.qq.com/s/ZCq4Iu1mI-btxWpNlfT6UA。

⊜ 引自 https://sz.house.163.com/21/0118/14/G0KLQ85N000788D9.html。

⊜ 引自 https://news.lmjx.net/2021/202102/20210203190955540.shtml。

能,非持证人员无法启动和操作;大臂回转角、幅度、载重、高度、倾角、风速等数据全都在系统实时监测下,对塔式起重机每次作业进行实时监控,对吊装超载、塔式起重机间碰撞提供实时预警,并自动进行制动控制。智慧工地通过实时监测特种设备运行、施工作业人员等工地数据情况,不仅强化了规范操作,预防了很多安全隐患,还比过去单纯人工巡查效果更全面、更高效。

2) 隧道施工特种智能机器人。隧道施工特种智能机器人是用于复杂隧道环境下实施围岩开挖、支护等作业的系列关键装备,它集自感知、自学习、自决策、人机协作等功能于一体,是推动隧道建造过程机械化、信息化、数字化、智能化深度融合并最终实现隧道智能建造的核心。针对传统隧道钻爆法施工面临的技术难题,中国铁建重工集团股份有限公司通过自主研发,实现了智能凿岩台车的智能感知、自主决策、自主避障、自主导航与人机协作,形成了人-机-岩互联互通新模式,引领了全球地下工程装备智能化发展,并打造全球首个智能地下工程装备产业化基地;同时,针对极端复杂恶劣环境下全断面硬岩隧道掘进支护的难题,铁建重工率先研发了 TBM 智能支护机器人(图 4-47),实现了集围岩识别、钢拱架支护、钢网片、快速喷混于一体的智能作业系统,达到快速、安全、高效、高质量支护,抢占新一代隧道装备智能技术制高点,并实现产业化应用推广[注]。

图 4-47 TBM 智能支护机器人

3. 人工智能技术在建筑节能中的应用

(1) 项目背景 随着"碳中和"目标的提出,建筑节能的意义也愈发重要。然而,建筑能耗比例却在不断地增加。建筑能耗是一个跨学科的研究方向,由多种影响因素组成。各种因素之间存在着复杂的关联性,随着建筑能耗的比例越来越大,合理、有效的建筑能耗预测逐渐受到关注。随着人们对室内生活和活动的满意度不断提高,如何提高建筑使用者的生活质量、室内热环境的智能化得到了越来越多的关注。在新一代信息技术,特别是人工智能技术发展的影响下,利用智能方法预测并控制建筑能耗得到越来越多的重视。

随着人工智能技术的发展,按需控制模式愈发受到关注。通过人工智能算法,可以对大量历史和实时数据进行分析,从而判断或预测出用户的实时需求和设备的最佳运行状态。这种新兴技术,能真正实现能源管理系统的"智能"。根据实际操作经验,节能潜力可达 20%~40%。

(2) 案例介绍 为实现柏林市政建筑及园区的 2050 年之前碳中和的目标,柏林参议院于 2016 年成立了其下属全资子公司,柏林市政能源管理有限公司。为了保证柏林公共建筑舒适度,实现节能减排,柏林市政能源管理有限公司于 2019 年在其所管理的一些公共建筑(如警察局、学校等建筑)投入使用了基于物联网技术的室内自动温控系统。该系统的核心是自学型温控器,由于集成了传感器,可以识别各个房间的使用时间和方式、控制阀、网关、云平台处理器及可视化与平台等(图 4-48)。

该系统主要组成部分包括建筑智能化监控系统、人工智能控制系统及建筑自动化系统。其中,建筑智能监控系统,主要基于信息传感器,实时采集室内温湿度、人数、CO_2 的体积分数、窗户开关状态等舒适性相关参数,及供能设备(如泵、锅炉)的运行参数,通过智能网关,上传至云端服务器,并在云平台上实现可视化。

⊖ 引自 http://www.rail-metro.com/index.php? c=content&a=show&id=9691。

电池管理系统

建筑

蓝牙信标　　　　数据　　　　传感器

图4-48　人工智能控制系统

为了实现系统真正意义上的智能化，该系统采用了机器学习算法控制模型，基于系统投入使用前采集到的以往室内人员流动和温度数据，以及房间物理参数，对建筑不同房间的使用情况建模，预测接下来一个小时的负荷，以及某时刻所需的阀门开度，自动调节阀门开关，而新采集的数据可作为训练数据，强化学习系统的控制算法。其中，温度控制的难点除了预测其负荷以外，还有预测所需的阀门开度，以及房间温度的变化，由于温度变化具有延迟性，需要在房间人员到达之前，便开启阀门，以便在工作人员或学生到达之前，便能到达设定的舒适温度。

整个系统的基本控制流程如下，室内温湿度传感器及温控器上的传感器会收集室内人员及设备的各种信息，并上传云端，在算法的帮助下，结合供能设备的使用情况以及天气数据，最终计算出一个动态控制测量，温控阀则会根据这个策略调节室内温度。利用在阀门集成的传感器及室内温度传感器，结合人工智能，恒温调节阀只在需要的时候开启，并自动调节到所需的开度，在没有人的时候自动以节能的方式降低温度。建筑的管理人员可以通过手机或者网页端对房间直接进行控制，最终的用户也可以直接在恒温器上设置个人所需的温度，很好地适应每个房间人员的需求。在寻求用户许可的情况下，一般可将房间温度设定值降低一些，理论上，如果室温降低1℃，则节省约6%的热能。此外，系统可以自动根据天气情况调节，例如：在房间内日照充足的时候，阀门会提前关闭。设定之后，系统就开始自行学习，理论上可以完全自动运作。目前，智能恒温阀在智能家居领域已经有一定程度的应用，能够达到准确和远程调节温度的效果，有效减少建筑的使用能耗。

4. 人工智能技术在智慧工地中的应用

（1）项目背景　传统建筑施工现场生产作业环境复杂，人员复杂，多工种交叉作业、协作方多，呈现出施工地点分散、施工现场管理难等特点。施工企业很难通过传统的管理方式进行科学、有效、集中式的管理。随着我国新型城镇化的大规模推进，建筑业高消耗、高风险、高投入、低收益的问题日益突出。

倍特威视以落实安全责任、推动安全发展为目标，推出智慧工地解决方案，创造性地将施工企业现场视频管理、现场从业人员管理、物料管理、扬尘监测管理有机、有效、科学规范地结合起来，大大提高施工企业的工作效率和管理力度，彻底颠覆原有的传统施工现场管理模式，使施工企业的竞争力有了质的跨越。

（2）技术介绍

1）劳保防护用品穿戴识别。在施工区域等监控范围内对工地人员进行安全帽、反光衣、安全带穿戴识别，当检测到有人员未穿戴安全帽、反光衣、安全带时，及时预警并抓拍，并联动现场语音提示。通过实时视频监测和预警，识别在岗工人是否按照要求做好安全防范措施，减少生产安全事故的发生⊖。

2）施工区域危险行为识别。对工地作业危险场景进行检测与识别，如周界入侵、危险区域闯入、重点区域人员徘徊、攀爬、人员摔倒等，一旦发现异常，立即抓拍并触发警报；还可联动现场语音进行提示，方便及时制止和采取救援措施，有效协助管理人员的监管工作，减少人力监管成本，降低工地生产安全事故发生。

3）烟雾、火灾识别。对工地作业区域烟雾、火焰实时监测，一旦发现异常情况立即触发告警，并将报警信息推送至管理人员，及时处理，从源头防范火灾事故。

4）人员工作状态识别。工地监管职能部门的工作不容懈怠，基于智能视频分析，可针对工地管理中的重要岗位进行工作状态异常监测，对监控区域内的人员离岗、玩手机、抽烟等行为进行识别，一旦发现，立即触发告警提醒，有效提高岗位工作人员的工作责任心⊖，并对施工区域重大事故提前做好预防，在事故发生前预警，通知相关人员及时处理，确保安全，防止重大事故发生。

■ 4.5 元宇宙

4.5.1 元宇宙概述

元宇宙（Metaverse）最早起源于科幻小说，它定义了一个平行于现实世界的虚拟世界。科幻作家尼尔·斯蒂芬森在1992年的小说《雪崩》中首次提出Metaverse的概念。后续的《黑客帝国》《刀剑神域》等知名影视作品中也拥有类似元宇宙概念的设定。从字面来看，Metaverse由Meta（超越）+Universe（宇宙）两部分组成，即通过技术能力在现实世界基础上搭建一个平行且持久存在的虚拟世界，现实中的人以数字化身的形式进入虚拟时空中生活，同时在虚拟世界中还拥有完整运行的社会和经济系统。

目前，互联网产业对于元宇宙概念已经有所共识，基于现实世界的虚拟空间成为元宇宙的核心，元宇宙在此基础上仍有更高要求。总结当前产业人士对于元宇宙的理解，元宇宙概念见表4-4。综合这些定义，可以发现，元宇宙是一个在现实世界基础上的持久稳定的实时虚拟空间，拥有大规模的参与者，在虚拟空间中可以完成现实世界的几乎所有行为，拥有公平的闭环经济系统，同时用户通过内容生产可以不断丰富和拓宽虚拟空间边际。

表4-4 元宇宙概念

来源	观点
Roblox CEO Baszucki①	元宇宙是一个将所有人相互关联起来的3D虚拟世界，人们在元宇宙拥有自己的数字身份，可以在这个世界里尽情互动，并创造任何他们想要的东西。元宇宙有八大特征，分别是：身份、朋友、沉浸感、低延迟、多元化、随时随地、经济系统和文明
MatthewBall②	Metaverse应具有以下六个特征：永续性、实时性、无准入限制、经济功能、可连接性、可创造性，Metaverse不等同于"虚拟空间""虚拟经济"，或仅是一种游戏或UGC平台。在元宇宙里将有一个始终在线的实时世界，有无限量的人们可以同时参与其中。它将有完整运行的经济、跨越实体和数字世界

⊖ 引自 https://mp.weixin.qq.com/s/FHyPv9ngEwWVm2E3ocUpoQ。

⊖ 引自 https://mp.weixin.qq.com/s/vx1OIv-SOFatfXT1Gc20og。

（续）

来源	观点
Epic Game CEO Tim[③]	元宇宙将是一种前所未有的大规模参与式媒介，带有公平的经济系统，所有创作者都可以参与、赚钱并获得奖励
Tencent[④]	虚拟世界和真实世界的大门已经打开，无论是从虚到实，还是由实入虚，都在致力于帮助用户实现更真实的体验
Facebook[⑤]	元宇宙是一个可以自己创造和探索，并且可以和朋友们一起创造和探索的虚拟世界
Wiki	元宇宙是一个拥有3D虚拟的、空间的、可持续运营的、可共享的、可感知的虚拟宇宙
清华大学新媒体研究中心[⑥]	将元宇宙定义为虚拟世界乘以现实世界。它不是一个简单的并行的关系，也不是一个加号的关系，而是一个现实世界和虚拟世界是互相影响、互相促进的世界

① 引自 http://www.gamelook.com.cn/2021/03/415748。
② 引自 https://cloud.tencent.com/developer/article/1878959。
③ 引自 https://new.qq.com/omn/20210930/20210930A05K9400.html。
④ 引自 https://www.163.com/dy/articl e/GJ9OHP8C0519UA0G.html。
⑤ 引自 https://www.ccvalue.cn/article/1335995.html。
⑥ 引自 https://new.qq.com/omn/20220124/20220124A08Q2A00.html。

2003年，美国互联网公司LindenLab推出基于Open3D的《第二人生》（SecondLife）。之后，2006年Roblox公司发布兼容了虚拟世界、休闲游戏和用户自建内容的游戏"Roblox"；2009年瑞典MojangStudios开发《我的世界》（Minecraft）这款游戏；2019年Facebook公司宣布"Facebook-Horizon"成为社交VR世界；2020年借以太坊为平台，支持用户拥有和运营虚拟资产的"Decentraland"，都构成了"元宇宙"的主要的历史节点。"元宇宙"源于游戏，超越游戏，一方面，游戏为主体的"元宇宙"的基础设施和框架趋于成熟；另一方面，游戏与现实边界开始走向消融，创建者仅是最早的玩家，而不是所有者，规则由社区群众自主决定[107]。

4.5.2 元宇宙相关技术

1. 元宇宙的技术基础

元宇宙是整合多种新技术而产生的新型虚实相融的互联网应用和社会形态，基于扩展现实技术提供沉浸式体验，以及数字孪生技术生成现实世界的镜像。通过区块链技术搭建经济体系，将虚拟世界与现实世界在经济系统、社交系统、身份系统上密切融合，并且允许每个用户进行内容生产和编辑[⊖]。

（1）区块链技术 区块链技术是一个分布式的共享账本和数据库，具有去中心化、不可篡改、全程留痕、可以追溯、集体维护、公开透明等特点。通过智能合约、分布式账本等应用保障元宇宙用户虚拟资产、虚拟身份的安全性，支撑去中心化的经济体系。区块链技术在元宇宙中的应用有实现点对点的金融交易、数字版权确认、提升供应链管理效率等方面。区块链将会扮演虚拟世界和现实世界的桥梁，提供去中心化的结算平台和价值传递机制。区块链技术支撑着元宇宙的经济体系，将会成为重要的建立信任的中心化的基础设施和治理工具，为元宇宙的用户提供一个开放式的生赋能机会。具体来说，区块链技术将在数字身份、数字货币、数字资产、元宇宙事务方面发挥重要作用（图4-49）。

（2）物联网技术 物联网技术通过信息传感设备，按约定的协议，将任何物体与网络连接。

⊖ 引自 https://new.qq.com/omn/20211114/20211114A07OEX00.html。

图 4-49　区块链技术在元宇宙中的应用

物体通过信息传播媒介进行信息交换和通信，以实现智能化识别、定位、跟踪、监管等功能。未来的元宇宙将会是虚拟世界和现实世界相互影响、相互促进的形式，因此物联网技术就可以实现物与物、物与人、人与人之间的广泛链接，也是未来元宇宙世界不可或缺的一部分。

（3）网络技术　第五代移动通信技术和第六代移动通信技术具有高速度、低功耗、低延时特点，在目前智能设备、可穿戴设备越来越多地接入互联网的趋势下，也让人们的生活更快进入智能时代。未来，虚拟现实、增强现实和混合现实作为元宇宙的重要入口，需要有低延时的移动通信技术作为技术支撑，才能够满足用户随时接入、低延时的需求。同时，元宇宙离不开算力的支撑，尽管云计算已经走过了十几年的历程，但是随着物联网的快速发展，数据传输量的增大，信息传输延时，数据安全性等问题日益凸显，于是边缘计算、云计算的作用日益凸显。未来元宇宙一定会伴随着巨量的数据处理、图像渲染需求以及高拟真的用户体验，这些计算能在不同的环境和场景中提供不同的功能，是元宇宙发展中不可或缺的一环。网络技术在元宇宙中的应用如图 4-50 所示。

 云计算:利用互联网将数据上传到远程中心进行分析、储存和处理，为全世界提供服务

 边缘节点:实现雾计算，也即本地化的云计算，可以减轻云计算的承载压力，运算速度更快，延时更低

 边缘设备:通过智能手机、ATM机、智能家居等设备完成边缘计算

 元宇宙

➢ 数据处理

➢ 图像渲染

➢ 高拟真

➢ 低延时网络

 5G具有高速度、低功耗、低延时、万物互联的特点，随着智能设备可穿戴设备等联网需求的增加，万物互联能够让人们更好地迈入智能时代，VR、AR、MR为打开元宇宙大门的第一把钥匙，5G一定是实现元宇宙落地的基础

 6G的流量密码和连接速度比5G至少提升10倍，除此以外，还能在5G万物互联的基础上实现万物智联，在物理世界和虚拟世界的交互中，进一步增强沉浸化、智能化、全域化，尽管6G技术还在布局中，但它一旦实现，将会带领元宇宙实现跨越性的进步

图 4-50　网络技术在元宇宙中的应用

（4）人工智能技术　尽管在元宇宙中，用户原创内容已经成为重要的内容生产形式，以人工智能技术作为支撑的内容生产方式将成为元宇宙内容生产的强有力补充。人工智能技术可以自动生成相关的内容，辅以用户微调就可以成为元宇宙的重要内容，大幅压缩了未来内容的生产周期和成本。此外，人工智能还能够对用户的行为作出实时反馈，从而自动编辑和补充分支内容，节省大量开发成本。

（5）交互技术　虚拟现实、增强现实和混合现实将成为真实的物理世界和虚拟的数字世界结合的载体，用户可以通过一种更加简便易得的方式进入元宇宙的世界。目前面向普通用户服务的虚拟现实设备呈现出用户体验升级、一体机化和消费级三个趋势，为虚拟现实设备的普及奠定基础。在用户体验方面，虚拟现实设备的清晰度、沉浸感、流畅性、交互感、舒适度是影响虚拟现实体验感的五大因素，如图 4-51 所示。虚拟现实技术可以为元宇宙用户带来更沉浸的体验，增强现实技术则可以帮助用户们感知到原本在现实世界的一定时间空间范围内很难体验到的实体信息，达到超越现实的感官体验。

图 4-51　VR 设备用户体验影响因子

2. 元宇宙与数字孪生技术的关系

元宇宙是一个开放、复杂、巨大的系统，它涵盖了整个网络空间以及众多硬件设备和现实条件，是由多类型建设者共同构建的超大型数字应用生态。简单地说，元宇宙就是数字世界在网络中复制现实世界或者重新构建全新世界。这也意味着元宇宙借助数字孪生技术，将现实世界映射到虚拟世界[⊖]。

近几年新型智慧城市、数字中国蓬勃发展，带动了数字孪生技术的快速发展，已经形成了一定的产业规模。目前，数字孪生技术已经在城市、交通、能源、国土、应急管理、工业制造等领域应用。这些领域中，数字孪生技术在基础设施建设和数字底座支撑方面起到了极其重要的作用，其运用遥感、无人机、激光点云、倾斜摄影、BIM 等技术，构建地下、地表、地上、高空、低空全空间多维可视化场景，达成数字城市与真实城市的"虚实互动"，实现"数"与"实"的融合。

基于数字地球，引申出的新型智慧城市，或是最终的元宇宙，数字孪生技术的作用显而易见。通过对多源数据汇集、空间一体化展示、时空大数据分析，数字孪生技术实现了虚拟世界从抽象到真实，从静态到时序，从平面到立体，从按要素、分尺度到按实体、分精度，从陆地表层到全空间的巨变。

4.5.3　元宇宙应用实例

1. 元宇宙在智慧园区中的应用

伴随着国内智慧城市建设步伐的加快，越来越多的园区投身于智慧园区的建设中。智慧城市带动智慧园区的发展，智慧园区的投资规模也保持着稳步增长的态势。EasyEarth 智慧园区系统充分发挥了三维 GIS 平台的多源数据整合能力、可视化展示能力和三维空间分析能力，实现了对产业园内的感知、监测、分析、控制，并整合园区各个环节的资源数据，实现了数据的实时同步和实时监测。

1）将各子系统集成到统一平台，集约管理，联动数据，降低成本。EasyEarth 智慧园区系统运用智慧技术，将园区安防、消防、通信网络、一卡通、信息发布、管网设备能源监控、停车管理、自动化办公等诸多系统整合到一个统一的平台，实现动态的三维可视化展示，达到各个系统的信息交互、信息共享、参数关联、联动互动、独立共生。通过将各系统的运行数据信息汇总，既可实现高效、便捷的集中式管理，又降低了运营成本。

2）集成园区运维可一键操作，电子信息可查可追踪，提升办公效率。针对资产管理、设备管理、能耗管理等复杂的园区管理工作，EasyEarth智慧园区系统将其全部整合到系统中，摒弃传统的纸质化办公管理，实现信息化高效管理，同时可实现智慧安防、智慧办公、智慧生活等特殊化需求，实现科学化、智能化的管理。

3）设备信息实时监控，提前预警，提高基础设施运行保障能力。通过EasyEarth智慧园区系统的三维展示，用户可获知设备运行状况及地理位置，并在三维视图中定位设备位置点，了解设备详情，实现了基础设施在其生命周期内的高可用性、高效率、高负荷、高安全性和高可靠性的运转。针对基础设施正常的损耗和可能故障，也可做到提前预警、实时监控、自动反馈，甚至可以自动处理或者提前处理，实现园区基础设施高效使用，个性管理。

4）车辆与人员实时监管，提升园区安全与稳定系数。通过全覆盖的监控网络和智能化分析，可以实现车辆和人员的监管。访客记录和车辆追踪有效节省了园区运行所需的能源和人工成本的消耗，提高了工作效率，增强了园区服务质量和建筑环境的利用率并保障了园区的安全、稳定、持久发展。

5）人、车、物完美互联，适配个性化服务，打造优秀用户体验。EasyEarth智慧园区系统可通过互联网IoT平台、数字孪生BIM系统、物业管理系统，使电力、空调、照明、防灾、防盗、运输设备协调工作，实现建筑物自动化、通信自动化、办公自动化、安全保卫自动化、消防自动化。通过对整个智能化系统的全局管理，最大限度地实现了各个子系统之间的联动控制，在网络融合和数据融合的同时，真正实现了人、车、物的完美互联。信息化成为园区品牌推介的主要手段，也成为提高管理水平，提升企业运行效率的有效途径⊖。

2. 元宇宙在智慧城市建设中的应用

（1）全域视角的监控　城市管理者对于城市基础信息和状态的掌握受限于数据的收集和统计的时间，存在延时性和不准确性。如果充分利用元宇宙实时、沉浸、低延时等特性，可以让城市管理者置身于其管理的城市中，以全域视角感知城市状态，全面获取城市信息，充分发挥城市管理者的能力。

（2）城市治理问题的模拟决策　在元宇宙，基于与现实世界实时映射的属性，现实中所有人和物都可以在元宇宙中体现，将所有城市问题全量映射到元宇宙中，通过在元宇宙中观察事件的动态，提前发现态势的变化，模拟问题处置，为现实世界提供预处置。

（3）应急事件处置演练　应急事件的处置能力提升以演练为主，参与人员均为政府人员，演练以脚本方式进行，全部是按计划按脚本开展，缺少随机性、真实性、全面性。在元宇宙的世界，模拟一场真实的火灾、水灾等应急事件，是轻而易举的事，其中政府仍起主导作用，但全民均可接入参与到这场应急事件处置中。整个过程可以充分体现真实的场景、多变的态势、全员的参与，将应急能力进行全面提升。

（4）城市规划建设模拟　由于城市管理部门权责划分不同，城市规划建设过程中容易出现难以全局统筹，协调性欠缺的问题。在元宇宙的世界，对于规划可能存在的问题可以及早发现，并且可以基于模拟的方式或者AI的分析提供更新、更有效的规划建议⊖。

⊖ 引自 https：//mp. weixin. qq. com/s/nupeYBSlzGxxqkgAxnu-Vw。

⊖ 引自 https：//mp. weixin. qq. com/s/s7oCnGOK3ukf-6YZ9rW71w。

4.6　3D 打印

4.6.1　3D 打印技术概述

1. 3D 打印技术的定义及工作原理

3D 打印技术的正式名称为"增材制造"，可指任何打印三维物体的过程。它起源于 20 世纪 80 年代，是指通过连续的物理层叠加，逐层增加材料来生成三维实体的技术（增材制造）。与传统的去除材料加工技术（减材制造）不同，它综合了数字建模技术、机电控制技术、信息技术、材料科学与学等诸多方面的前沿技术知识，具有很高的科技含量。3D 打印技术的工作原理是先在计算机上使用计算机建模软件（如 3Dmax 等）塑造虚拟 3D 立体模型，然后将模型文件转换成与 3D 打印机匹配的格式，并根据切片程序将模型整体划分为很多个横截面。最后，3D 打印机通过将横截面堆叠成 3D 模型，完成打印工作[108]。3D 打印技术与计算机建造模型技术相互结合，极大加快了信息化制造技术向网络定制化和数字化方向发展的进度，已经逐渐成为我国国民经济中不可或缺的一部分。复合材料和金属材料等现有材料的打印技术是 3D 打印发展的重要方向，也是其他许多生产制造领域定制产品的主要工作形式。

2. 3D 打印技术起源

3D 打印思想起源于 19 世纪末的美国，又被称为三维打印，由于技术条件的限制直到在 20 世纪 80 年代开始才得到进一步的发展与推广。经过几十年的发展与不断改进，3D 打印技术已经从最早的光固化技术，发展出熔融沉积成型技术、选择性激光烧结技术、三维印刷技术等，其中运用激光烧结技术、熔融沉积成型技术的 3D 打印技术由于无须机械加工和任何模具，可以从计算机图形数据中直接生成各种零件，节省了生产成本与研发时间，大幅提高了生产效率，因而在机械零件、珠宝模具、定制版产品以及医学器官等多个领域都得到了广泛的应用。

随着 3D 打印技术概念的不断深入推广和材料设备的不断更新，运用 3D 打印技术的应用领域将会逐渐不断扩大，3D 打印技术必将成为引导又一次工业革新的关键技术，也必将成为未来智能建造产业的重要力量之一⊖。

4.6.2　3D 打印相关技术

1. 3D 打印技术种类

经过近年来的不断发展，3D 打印技术日臻完善，3D 打印的产品和服务销售额也不断上升。较为常见的 3D 打印技术有以下几种⊖。

（1）立体光固化成型技术（Stereo Lithography Appearance，SLA）　SLA 的原材料是液态光敏树脂，其工作原理是：将液态光敏树脂放入加工槽中，开始时工作台的高度与液面相差一个截面层的厚度，经过聚焦的激光按横截面的轮廓对光敏树脂表面进行扫描，被扫描到的光敏树脂会逐渐固化，这样就可以产生了与横截面轮廓相同的固态的树脂工件。此时，工作台会下降一个截面层的高度，固化了的树脂工件就会被在加工槽中周围没有被激光照射过的还处于液态的光敏树脂淹没，激光再开始按照下一层横截面的轮廓来进行扫描，新固化的树脂会黏在下面一层上，经过如此循环往复，整个工件加工过程就完成了，然后将完成的工件经

⊖ 引自 https://mp.weixin.qq.com/s/iQgCMVayiuDDCdqyZoLDzw。

⊖ 引自 https://zhuanlan.zhihu.com/p/38635694。

打光、电镀、喷漆或着色处理，即得到要求的产品。立体光固化成型技术原理图如图 4-52 所示。

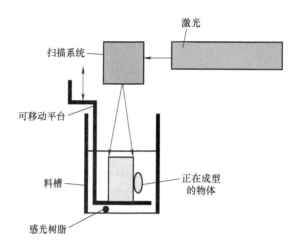

图 4-52　立体光固化成型技术原理

（2）选择性激光烧结技术（Selective Laser Sintering，SLS）　选择性激光烧结技术是采用激光有选择地分层烧结固体粉末，并使烧结成型的固化层叠加，生成所需形状的零件。整个工艺过程包括 CAD 模型的建立及数据处理、铺粉、烧结以及后处理等。整个工艺装置由粉末缸和成型缸组成，工作时粉末缸活塞（送粉活塞）上升，由铺粉辊将粉末在成型缸活塞（工作活塞）上均匀铺上一层，计算机根据原型的切片模型控制激光束的二维扫描轨迹，有选择地烧结固体粉末材料以形成零件的一个层面。粉末完成一层后，工作活塞下降一个层厚，铺粉系统铺上新粉。控制激光束再扫描烧结新层。如此循环往复，层层叠加，直到三维零件成型。最后，将未烧结的粉末回收到粉末缸中，并取出成型件。对于金属粉末激光烧结，在烧结之前，整个工作台被加热至一定温度，可减少成型中的热变形，并利于层与层之间的结合。选择性激光烧结 3D 打印技术原理如图 4-53 所示。

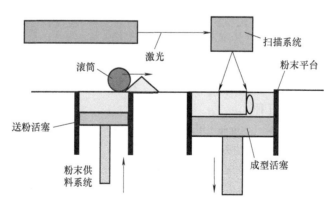

图 4-53　选择性激光烧结技术原理

（3）分层实体制造法（Laminated Object Manufacturing，LOM）　它以片材（如纸片、塑料薄膜或复合材料）为原材料，激光切割系统按照计算机提取的横截面轮廓线数据，将背面涂有热熔胶的纸用激光切割出工件的内外轮廓。切割完一层后，送料机构将新的一层纸叠加上去，利用热黏压装置将已切割层黏合在一起，再进行切割，这样一层层地切割、黏合，最终成为三维工件。LOM 常用材料是纸、金属箔、塑料膜、陶瓷膜等，此方法除了可以制造模具、模型外，还可以直接制造结构件或功能件。

（4）熔融沉积成型法（Fused Deposition Modeling，FDM） 该方法使用丝状材料（石蜡、金属、塑料、低熔点合金丝）为原料，利用电加热方式将丝材加热至略高于熔化温度（约比熔点高1℃），在计算机的控制下，喷头作 x-y 平面运动，将熔融的材料涂覆在工作台上，冷却后形成工件的一层截面，一层成型后，喷头上移一层高度，进行下一层涂覆（也有文献中写的是工作台下降一个截面层的高度，然后喷头进行下一个横截面的打印），如此循环往复，热塑性丝状材料就会一层一层地在工作台上完成所需要横截面轮廓的喷涂打印，直至最后完成。熔融沉积成型过程简图如图 4-54 所示。FDM 工艺可选择多种材料进行加工，包括聚碳酸酯、工程塑料以及二者的混合材料等。这种工艺不用激光，使用、维护简单，成本较低[109]。

图 4-54　熔融沉积成型过程简图

2. 3D 打印技术优势

3D 打印技术避免了传统制造业的切割程序，不需要通过模具进行制造，加工速度也较快，生产周期相对较短，更重要的是 3D 打印在制造体积小、结构复杂的物体时具有很大优势。通过一体成型的打印技术，不需要二次加工，通过与计算机联机结合操作，实现了批量生产和远程操控。3D 打印技术中最具代表性的是熔融沉积成型技术，其工作原理是将热熔长丝材料通过送丝装置送入喷嘴，在计算机软件的控制下，将喷嘴加热，挤出已经软化的材料，喷嘴开始沿着物体的轮廓移动，直到半流动材料的填充和凝固完成，形成三维印刷产品。现阶段熔融沉积成型技术可以对金属、石蜡、聚乳酸和人造橡胶材料等进行打印，生产出的 3D 模型、机械零部件、日常用品等，被广泛应用于建筑、汽车、航空航天和医疗领域。相比于传统机械加工生产，FDM 技术具有成本低、材料广泛、原料利用率高、污染小等优势。

4.6.3　3D 打印技术应用实例

1. 在建筑设计中的应用

3D 打印技术在建筑设计方面的应用不但能够反映各类人群对于建筑设计的需求，还能够切实地表现出建筑的自身价值。此外，从建筑的整体上分析具有良好的经济效益，且在建筑施工和设计中 3D 技术可以开展建筑特殊性设计工作，保证工程计价的方便性，获得比较客观的预算，促使人们具有非常直观的感受，对其进行辅助，并且从根本上对存在的问题进行有效解决，促使建筑施工的质量和安全得到保证[110]。

2. 在建筑施工中的应用

3D 打印技术在建筑的施工阶段应用，可很好地控制施工误差，提高施工效率。通过控制系统控制 3D 建筑打印设备按照不同的切片方案进行打印，打印精确度可控制到毫米级别。在建筑打印过程中可以随时终止，再次打印时，3D 打印系统可精确定位之前打印位置[111]。

■ 4.7 无人机

4.7.1 无人机技术相关概述

1. 无人机技术定义

无人机（Unmanned Aircraft，UA），是由遥控站管理（包括远程操纵或自主飞行）的航空器，也称遥控驾驶航空器（Remotely Piloted Aircraft，RPA）[⊖]。

2. 无人机分类

随着科学技术的迅速发展，现代的无人机种类繁多、形态各异。但目前还没有统一、明确的无人机分类标准，较为常见的分类标准如下：

1）根据无人机所能承担的任务，可将无人机分为靶机、无人侦察机、通信中继无人机、诱饵（假目标）无人机、火炮校射无人机、反辐射无人机、电子干扰无人机、特种无人机、对地攻击无人机、无人作战飞机等。

2）按照无人机的飞行方式或飞行原理可将无人机分为固定翼无人机、旋翼无人机、扑翼无人机、动力飞艇、临近空间无人机、空天无人机等。

3）根据运行风险大小，《无人驾驶航空器飞行管理暂行条例》（征求意见稿）中将民用无人机分为微型、轻型、小型、中型、大型几类。微型无人机是指空机质量小于 0.25kg，设计性能同时满足飞行真高不超过 50m、最大飞行速度不超过 40km/h、无线电发射设备符合微功率短距离无线电发射设备技术要求的遥控驾驶航空器。轻型无人机是指同时满足空机质量不超过 4kg，最大起飞质量不超过 7kg，最大飞行速度不超过 100km/h，具备符合空域管理要求的空域保持能力和可靠被监视能力的遥控驾驶航空器，但不包括微型无人机。小型无人机是指空机质量不超过 15kg 或者最大起飞质量不超过 25kg 的无人机，但不包括微型、轻型无人机。中型无人机是指最大起飞质量超过 25kg 不超过 150kg，且空机质量超过 15kg 的无人机。大型无人机是指最大起飞质量超过 150kg 的无人机。

无人机主体和地面控制站的信息传递如图 4-55 所示。

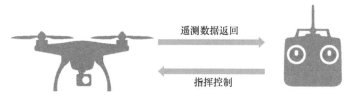

图 4-55　无人机主体和地面控制站的信息传递

4.7.2 无人机相关技术

1. 无人机组件及属性

无人机可以详细划分为多个子系统，它的飞行距离和速度受到载荷等基本属性的限制。本节针对无人机的推进系统、飞行控制器、无人机负载和遥测数据对无人机组件及属性进行具体介绍[⊖]。

⊖　引自 https://baike.baidu.com/item/%E6%97%A0%E4%BA%BA%E6%9C%BA/2175415? fr＝aladdin。

⊖　引自 https://mp.weixin.qq.com/s/5TrK0SDP_933Glzf0Lw8Ng。

（1）推进系统　大多数小型无人机都是螺旋桨驱动，并由一个或多个电动机提供动力。电力由机载充电电池提供。军用的小型无人机也可以由内燃机提供动力，或采用发电机为电池充电，并且采用电动机提供推进的混合气电系统。

（2）飞行控制系统　多数无人机采用微型机载计算机作为其飞行控制器，微型机载计算机即为无人机的指挥枢纽，主要用于输入遥控指令和下达无人机控制指令。通常情况下，飞行控制器包括多个内置传感器（如陀螺仪、加速计）和全球定位系统。飞行控制器指挥无人机的所有行为，包括连接和操作无人机的飞行控制面（如机翼、螺旋桨等）。

（3）无人机负载　小型无人机的载荷较小，但是依然可以携带一些设备作为负载，这些负载有可能是无害的，但也有可能是恶意负载，会对公共安全造成恶劣的影响。常见的负载包括摄像机，传感器，气溶胶雾剂，医疗用品，爆炸物，化学、生物或放射性物质或其他武器，有害物质，射频发射器或接收器，监控设备及其他货物等。一些无人机的携带负载是可以进行远程操作的，例如，许多无人机标准配备一个或多个内置摄像头，而摄像头的移动和变焦是可以远程操作的。

（4）遥测数据　遥测数据用来描述无人机与地面控制站之间的传输数据信息，这些信息包含以下内容：①视频和音频数据；②电池状态；③飞行高度；④飞行速度；⑤飞行方向；⑥空气温度；⑦起飞位置。遥测数据通过机载传感器对无人机内部的监测获得，例如：①惯性测量单元；②加速度计；③陀螺仪；④温度传感器；⑤相机；⑥红外传感器；⑦射频接收器；⑧声呐传感器。

2. 地面控制系统组件

地面控制系统通过手动控制器、笔记本计算机、可视显示器等部件的组合实现，以完成向无人机发送命令并接收来自无人机的遥测数据的任务。控制器包含了无人机的人机交互界面，通过使用控制器，操作者可以远程监视和控制无人机的电动机功率、飞行控制系统、机载摄像机和其他传感器。当无人机处于禁飞区或发生飞行故障时，无人机的状态警告通知可以在界面展示，命令控制和控制协议是 GCS 两个最重要的属性。

（1）命令控制　命令控制（Command and Control，C2）是用来描述从地面控制站传输到无人机的命令集的术语，这可以实现无人机飞行状态的调整，如飞行速度、飞行方向和飞行高度。C2 传输也可用于操纵无人机上的其他负载设备和传感器（如机载摄像机的俯仰、倾斜、变焦和抓拍）或在不同类型的飞行导航模式之间转换。

（2）通信协议　通信协议是一套实现两个通信终端信息交互的系统规则，它允许一个协议的两个或多个终端节点网络来交换信息。通信协议定义了节点之间的通信规则、语法、语义及同步规则。此外，通信协议还包括数据压缩、加密或从错误数据中恢复的信息规则方法。对于无人机系统，协议定义了控制、遥测和视频数据如何编码、传输和解码，以方便 GCS 和无人机之间的通信。GCS 和无人机之间的通信可以使用标准或专有协议。

通信协议使用特殊的格式化方法来确定消息结构，大多数协议消息包含三个主要部分：

头部标签（Header）：数据帧中位于消息数据之前的部分。它通常包含以下信息：发送方和接收方、消息格式控制协议以及接收方处理信号同步方式等。

信息数据（Message Data）：有时称为"有效载荷"，它是实际的消息或要传输的较长的消息的片段。例如，它可以是一个从地面控制站发送到无人机的命令，或从机载无人机摄像机返回到地面控制站的视频帧。

尾部标签（Footer）：数据包中该部分内容可能包含控制字段和信息字段，Footer 通常用于验证接收设备对信息的准确无错误接收。

通信协议需要传输媒介，无人机系统采用电磁波实现信号的发送和接收，美国商用无人机的无线发射频率为 3kHz~3GHz（2003 年）。大多数民用无人机及其 GCS 多使用与 Wi-Fi 兼容设备相同的无线电波段（2.4GHz 和 5.8GHz）来控制无人机和传输遥测信息。更先进的商用无人机可以配备调制解调器在 433MHz 或 915MHz 频段实现的数据发送和接收。上述四个无线电频段中，2.4GHz、5.8GHz 和 915MHz 采用了美国工业、科学和医疗（ISM）无线电用频频段，不要求使用许可证传输。433MHz 频带在美国是管控频带，保留给业余无线电操作者使用。根据国际标准，这一频段被认为是 ISM 无线电波段的一部分。除了这四个常用频带之外，在理论上来说，其他任何无线电频段都可以在定制系统中使用。

（3）飞行导航模式　常见飞行导航模式包含以下三种：

1）手动导航：在手动导航模式下，无人机由遥控操作者实时操作控制器上的操纵杆、按钮或旋钮。手动导航依赖于无人机和控制器之间不间断和连续的无线电通信。手动导航通过操作者和机载相机的配合实现无人机视角的第一人称接收，无人机的显示面板直接安装在遥控器上或者通过手机等终端设备与遥控器连接完成无人机的操作。

2）GPS 导航系统：无人机可以被预先编程，自动飞到指定位置（也称为航路点）或使用指定的飞行路径。这种导航模式可以在无人机或 GCS 没有任何无线电发射的情况下实现。某些无人机出于安全的考虑，会在 GPS 导航飞行的过程中发射"心跳信号"，偶尔将遥测信号传输回控制器。然而，"心跳信号"功能仅作为安全功能存在，可以关闭以避免发射无线电信号。

3）自主导航：一些无人机仅使用自身的传感器也可以完成导航任务，而不是依赖 GPS 系统接收的信号。这些传感器可以包括加速度计、陀螺仪、磁力计、摄像机等。在这种模式下，无人机可以跟踪移动的物体或人，依靠自主导航的无人机不会发射任何无线电信号，甚至完全不受无线电干扰的影响。

4.7.3　无人机技术应用实例

建筑业作为我国传统行业，具有建筑施工周期长，资源消耗量大，施工现场环境繁杂，建筑产品体积庞大等特点，因此该行业存在能耗巨大但效率相对较低的问题。无人机在建筑业的应用，既有利于提高工程施工质量、加快施工进度、降低劳动力成本，又顺应了建筑业信息化、工业化、智能化发展的要求。

1. 地测绘

在建筑工程的勘察设计阶段和施工阶段，都需要进行测绘。传统的测绘方式是用全站仪、水准仪在地面上人工测绘，然后根据测量的数据，绘制出地形地貌图，这种方法耗时长、劳动量大。相较传统的测绘方法，无人机测绘法具有劳动量小，获取地貌速度快，成本低和技术含量高等特点。用于测绘的无人机航摄系统由遥感设备、数据传输系统、飞行导航与控制系统、飞行平台和地面监控系统组成，使用无人机可以在数千米高度范围内获得施工现场及周边环境的高分辨率影像，利用数据传输系统将航摄影像传输至影像处理系统或软件即可以获得高质量的测绘图。在规划资源数据获取以及小范围快速成图方面，无人机测绘为以下基础建设领域提供了有力支撑。

（1）城镇规划与管理　基于无人机的测绘系统，可对大比例尺土地利用图、地形图进行修测和补漏工作，从而为 1∶2000、1∶5000、1∶10000 的规划制图提供经济、快速的数据源。

（2）道路建设　无人机在道路建设中的应用包括利用航拍影像进行各种专题内容判断及测图，为线路方案比选和线路勘测设计提供资料支撑，同时结合航拍影像进行地质、水文判断，以配合线路方案比选，满足道路设计初测用图的需求。无人机测绘技术的应用，对道路建设工程前期的线路选定及桥渡方案，后期工程的泥石流、崩塌、滑坡调查都能起到很好的作用[注]。

[注]　引自 https://mp.weixin.qq.com/s/Iao9KAm4M066ryY3Ojjuhw。

（3）建筑工地勘察　无人机能为建筑师和建筑商提供细致、全面的大型建筑项目工地测绘数据。通过飞行规划和 3D 建模软件，施工团队可以轻松快速地收集数据，评估工地情况。

（4）设计施工和选址　无人机通过对道路、水源、电力线及管道的判释，为施工便道、用水、供电等提供设计参考资料；通过对地形的判释，为拟订施工运输方案提供依据；通过对航摄影像中河沟、洪水位点、水坡点等的立体判释资料，助力施工现场防洪设计[112]。

2. 施工过程管理

无人机不仅可以根据现场管理需求，对施工现场进行实时监测与分析判断，从而为现场管理人员提供管理决策建议，也可通过移动终端申请访问数据库，调取历史施工现场信息，并连接报警装置，有针对性发出警报。此项技术具体可以应用在安全管理、进度管理、质量管理、文明施工及形象宣传、施工前准备工作、现场测量、新技术联合等工作中。

（1）安全管理　现场安全管理涉及人和物两个方面。人的安全在各建筑施工管理过程中是非常重要的。无人机主要通过施工人员是否正确佩戴安全装备及人员所处位置判断施工人员安全状况。

（2）进度管理　通过无人机的摄像功能，按照一定的时间安排，拍摄现场施工情况，识别现场当前形象进度；通过对比图像的前后变化判断现场人员的工作状态，分析施工现场的窝工情况，从而适当调整劳动人员配置，优化现场施工结构[113]。

（3）文明施工及形象宣传　通过无人机摄像，可以检查施工现场是否干净整洁，是否符合文明施工要求。对拍摄的图片和视频进行整理，可以用于项目或者公司的形象宣传。

4.8　虚拟现实

4.8.1　虚拟现实概述

1. 虚拟现实技术定义

虚拟现实技术（Virtual Reality，VR）是一种可以创建和体验虚拟世界的计算机仿真系统，它利用计算机生成一种模拟环境，使用户沉浸到该环境中。虚拟现实技术就是利用现实生活中的数据，通过计算机技术产生的电子信号，将其与各种输出设备结合使其转化为能够让人们感受到的现象。这些现象可以是现实中真真切切的物体，也可以使人们肉眼所看不到的物质，通过三维模型表现出来。因为这些现象不是人们直接能看到的，而是通过计算机技术模拟出来的现实中的世界，故称为虚拟现实。

2. 虚拟现实技术发展历史

（1）探索阶段　20 世纪 50 年代—20 世纪 70 年代末，是 VR 技术初步探索的一个时期。1957 年，美国多媒体专家莫顿·海利希研制出一套能够给观众多感官刺激的立体电影系统，被称为 Senorama，它能产生立体声音和不同的气味，座位也根据剧情的变化摇摆振动，还能感觉到有风在吹动。但是 Senorama 只能供单人使用，并且它是机械式设备，而不是数字化系统。1966 年，第一个头盔式显示器"达摩克利斯之剑"问世。1968 年伊凡·苏泽兰研制出了第一个计算机图形驱动的头盔显示器。1970 年，美国的麻省理工学院林肯实验室研制出了第一个功能较为齐全的头盔式显示器系统。

（2）系统化阶段　20 世纪 70 年代初期—20 世纪 90 年代初期，是 VR 技术系统化、从实验室走向实用的阶段。美国分别于 20 世纪 70 年代末—20 世纪 80 年代初开展"飞行头盔"和军事现代仿真器的研究。1983 年，美国为坦克编队作战训练开发了实用的虚拟战场系统 SIMNET。1984 年，美国研发的虚拟环境显示器构造了三维的虚拟火星表面，随后又成功研制出具有现代

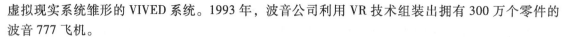

虚拟现实系统雏形的 VIVED 系统。1993 年，波音公司利用 VR 技术组装出拥有 300 万个零件的波音 777 飞机。

（3）高速发展阶段　20 世纪 90 年代中后期至今，VR 技术进入高速发展时期。迅速发展的计算机软、硬件技术和系统，使得基于大型数据集合的声音处理和图像的实时动画制作成为可能，人机交互系统的设计不断创新，新颖实用的输入输出设备涌入市场，网络的飞速发展也为 VR 技术的普及奠定了基础。VR 技术已进入普通民众的生活，在世博会、春晚、文化创意产业、3D 电影等场合都有 VR 的身影。

4.8.2　虚拟现实相关技术

1. 虚拟现实系统的组成

一般的虚拟现实系统主要由专业图形处理计算机、输入和输出设备、应用软件和数据库等部分组成。虚拟现实技术的特征之一就是人机之间的交互性，因此，为了实现人机之间信息的充分交换，必须设计出特殊的输入和输出工具，以识别人的各种输入命令，且提供相应反馈信息，实现真正的仿真效果。不同的项目根据实际的应用可以有选择地使用这些工具，主要包括头盔式显示器、跟踪器、传感手套、屏幕式立体显示系统、三维立体声音生成装置等。

（1）计算机　在虚拟现实系统中，计算机起着至关重要的作用，可以称之为虚拟现实世界的心脏。它负责整个虚拟世界的实时渲染计算和用户和虚拟世界的实时交互计算。由于计算机生成的虚拟世界具有高度复杂性，尤其在大规模复杂场景中，渲染虚拟世界所需的计算机数量极为巨大，因此虚拟现实系统对计算机配置的要求非常高。

（2）输入/输出设备　虚拟现实系统要求用户采用自然的方式与虚拟世界进行交互，传统的鼠标和键盘是无法实现这个目标的，这就需要采用特殊的交互设备，用以识别用户各种形式的输入，并实时生成相对应的反馈信息。目前，常用的交互设备有用于手势输入的数据手套、用于语音交互的三维声音系统、用于立体视觉输出的头盔显示等。

（3）应用软件　为了实现虚拟现实系统，需要很多辅助软件的支持。这些辅助软件一般用于准备构建虚拟世界所需的素材。例如：在前期数据采集和图片整理时，需要使用 AutoCAD 和 Photoshop 等二维软件和建筑制图软件；在建模贴图时，需要使用 3DMax、MAYA 等主流三维软件；在准备音视频素材时，需要使用 Audition、Premiere 等软件。为了将各种媒体素材组织在一起，形成完整的具有交互功能的虚拟世界，还需要专业的虚拟现实引擎软件，它主要负责完成虚拟现实系统中的模型组装、热点控制、运动模式设立、声音生成等工作。此外，它要为虚拟世界和后台数据库、虚拟世界和交互硬件建立起必要的接口联系。成熟的虚拟现实引擎软件还会提供插件接口，允许客户针对不同的功能需求自主研发一些插件。

（4）数据库　虚拟现实系统中，数据库的作用主要是存储系统需要的各种数据，如地形数据、场景模型、各种制作的建筑模型等各方面信息。对于所有在虚拟现实系统中出现的物体，在数据库中都需要有相应的模型。如今市面上的虚拟现实眼镜、虚拟现实头盔都为基于头盔显示器的典型虚拟现实系统。它由计算机、头盔显示器、数据手套、力反馈装置、话筒、耳机等设备组成。该系统首先由计算机生成一个虚拟世界，再由头盔显示器输出一个立体现实的景象。用户可以通过头的转动、手的移动、语言等与虚拟世界进行交互。计算机能根据用户输入的各种信息实时进行计算，对交互行为进行即时反馈。头盔式显示器能够更新相应的场景显示，耳机能够输出虚拟立体声音、由力反馈装置产生触觉（力觉）反馈。虚拟现实系统中应用最多的交互设备是头盔显示器和数据手套。但是如果把使用这些设备作为虚拟显示系统的标志就显得不够准确。这是因为虚拟现实技术是在计算机应用和人机交互方面开创的全新领域，当前这一领域的研究还处于初步阶段，头盔显示器和数据手套等设备只是当前已经研制实现的交互设备，未来人们还会研制出其他更具沉浸感的交互设备。

2. 虚拟现实系统的关键技术

（1）动态环境建模技术 虚拟环境的建立是 VR 系统的核心内容，目的就是获取实际环境的三维数据，并根据应用的需要建立相应的虚拟环境模型。

（2）实时三维图形生成技术 三维图形的生成技术已经较为成熟，那么关键就是"实时"生成。为保证实时，至少保证图形的刷新频率不低于 15 帧/s，最好高于 30 帧/s。

（3）立体显示和传感器技术 虚拟现实的交互能力依赖于立体显示和传感器技术的发展，现有的设备不能满足需要，力学和触觉传感装置的研究也有待进一步深入，虚拟现实设备的跟踪精度和跟踪范围也有待提高。

（4）应用系统开发工具 虚拟现实应用的关键是寻找合适的场合和对象，选择适当的应用对象可以大幅度提高生产效率，减轻劳动强度，提高产品质量。想要达到这一目的，则需要研究虚拟现实的开发工具。

（5）系统集成技术 由于 VR 系统中包括大量的感知信息和模型，因此系统集成技术起着至关重要的作用，集成技术包括信息的同步技术、模型的标定技术、数据转换技术、数据管理模型、识别与合成技术等○。

4.8.3 虚拟现实技术应用实例

虚拟现实系统是由计算机生成的通过视、听、触觉等作用于用户，使其产生身临其境感觉的交互式虚拟环境。应用虚拟现实技术，目标客户可以在虚拟系统中自由行走、任意观看，突破了传统三维动画被动观察无法互动的瓶颈，给目标客户带来难以比拟的真实感与现场感。

1. 建筑设计领域

建筑设计既要进行空间形象思维，又要考虑用户的感受，是一系列的创新过程，包括规划、设计等。建筑物的实际效果受设计者的艺术素养、生活阅历、知识水平、设计水平、设计经验等主观因素的影响和限制，不同的设计者对于同样功能要求的建筑所设计的作品在外观上、环境的协调上可能截然不同。然而，如果应用基于真实感三维图形的虚拟现实技术则可以将设计者心目中的建筑方案以可视、可触、可听的方式展现给专家、用户，使他们能"身临其境"，提出自己宝贵的意见，达到优化设计的目的；同时能大大减轻设计人员的劳动强度，缩短设计周期，提高设计质量，节省投资○。

2. 建筑施工领域

虚拟现实技术在建筑施工方面，也大有用武之地，可以进行大量方案的比较和优选。例如，进行大型土方工程挖运系统的设计，最优设计是在日挖土量一定的情况下，如何确定挖土机与运土载重汽车的最优匹配，使挖运系统取得最好的整体效益。大型土方工程挖运系统的挖土机与载重汽车的匹配有很多方案，若要把全部方案的效益都计算出来进行比较，几乎是不可能的。对这一类问题采用虚拟现实技术来比较、优选，则很容易实现。再如，对于有风险的大型工程项目，一旦投资失败，将会遭到巨大的经济损失。对这一类问题，可以利用虚拟现实仿真技术，先进行仿真试验和评估，然后做出决策，还可以对不确定因素进行预先模拟[114]。

○ 引自 https://mp.weixin.qq.com/s/lwKL1BkOMZmEO3xIJoI1jQ。

○ 引自 https://mp.weixin.qq.com/s/ovf4ZnKeIKxSttsH6SqBig。

○ 引自 http://www.chinaqking.com/yc/2020/2530571.html。

3. 建筑装修领域

建筑装修设计是一个复杂的综合过程。在传统的设计过程中，装修设计师根据建筑图样构造出虚拟的室内模型，并将其设计理念应用于室内模型，最后以多面视图、效果图、家具图、大样图和结构图等手段表达设计效果。然而，这种离散的平面表现模式使得客户和施工方难以全面地了解装修效果。此外，烦琐的工程量和造价估算过程使客户难以准确、快速地对装修方案进行评选。如果在计算机中输入实际房间的模型，设计者身处所需装饰的房间，按照自己的构思去装饰、修改，并且可以变换自己在房间中的位置，去观察装饰的效果，直到满意为止，一切就将变得简单轻松。可以设想，在未来的装饰工程中虚拟现实技术将会代替现有的实际模型而显示出其强大的生命力。利用虚拟现实技术有效地提高了装修设计的效率，并且能够增强设计师和客户之间的沟通，增加客户对设计方案的满意程度[115]。

■ 4.9 增强现实

4.9.1 增强现实技术概述

1. 增强现实定义

增强现实（Augmented Reality，AR）技术是一种基于计算机实时计算和多传感器融合，将现实世界与虚拟信息结合起来的技术。该技术通过对人的视觉、听觉、嗅觉、触觉等感受进行模拟和再输出，并将虚拟信息叠加到真实信息上，给人提供超越真实世界感受的体验，具有虚实结合、实时交互、3D 定位等显著特性⊖。

2. 增强现实技术起源

AR 技术的起源可追溯到 20 世纪 50—60 年代。由于 AR 技术的颠覆性和革命性，AR 技术获得了大量关注。早在 20 世纪 90 年代，就有 AR 游戏上市，但由于当时的 AR 技术价格较高，并且具有自身延迟较长、设备计算能力有限等缺陷，导致这些 AR 游戏产品以失败收尾，第一次 AR 热潮就此消退。到了 2014 年，Facebook 以 20 亿美元收购 Oculus 后，AR 热再次袭来。在 2015 年和 2016 年两年间，AR 领域共进行了 225 笔风险投资，投资额达到了 35 亿美元，原有的领域扩展到多个新领域，如城市规划、虚拟仿真教学、手术诊疗、文化遗产保护等。如今，AR、VR 等沉浸式技术正在快速发展，一定程度上改变了消费者、企业与数字世界的互动方式。用户期望更大程度上从 2D 转移到沉浸感更强的 3D，从 3D 获得新的体验，包括商业、体验店、机器人、虚拟助理、区域规划、监控等，人们从只使用语言功能升级到包含视觉在内的全方位体验。而在这个发展过程中，AR 将超越 VR，更能满足用户的需求。

4.9.2 增强现实技术概述

1. 增强现实关键技术

增强现实系统中，通过对输入图像的处理和组织，建立起实景空间。计算机生成虚拟对象按照几何一致性嵌入实景空间中，形成虚实融合的增强现实环境，再输入到显示系统中，呈现给使用者，使用者通过交互设备与场景环境进行互动。其中，虚实结合的注册技术非常关键，它和最后的显示输出端一起决定了使用者对环境的最终感知效果。而虚拟对象的生成也直接影响着使用者的体验效果。因此，虚实结合的跟踪注册技术、虚拟对象生成技术和显示技术是增强现实系统的三大关键技术。

⊖ 引自 https://www.vrnew.com/index/index/xinwena/id/168.html。

（1）跟踪注册技术 为了实现虚拟信息和真实场景的无缝叠加，这就要求虚拟信息与真实环境在三维空间位置中进行配准注册。这包括使用者的空间定位跟踪和虚拟物体在真实空间中的定位两个方面的内容。移动设备摄像头与虚拟信息的位置需要相对应，这就需要通过跟踪技术来实现。跟踪注册技术首先检测需要"增强"的物体特征点以及轮廓，跟踪物体特征点自动生成二维或三维坐标信息。跟踪注册技术的好坏直接决定着增强现实系统的成功与否，常用的跟踪注册方法有基于跟踪器的注册、基于机器视觉跟踪注册、基于无线网络的混合跟踪注册技术三种。

（2）虚拟对象生成技术 增强现实的目标是把虚拟世界套在现实世界并进行互动，所以在跟踪注册技术的基础上，不仅要提高增强现实系统的效果，还需要保证所生成的虚拟物体真实感和实时性强。

（3）显示技术 典型的增强现实应用除了上述技术之外，还依赖于设备的显示技术，为了达到逼真的展示效果，高效率的显示技术和显示设备必不可少。目前，增强现实系统中的显示器可以分为头盔显示器（HMD）和非头盔显示设备。

2. 增强现实研究内容分解

（1）显示技术

1）近眼式显示设备。近眼式显示设备主要是指头盔显示器。头盔显示器主要分为两种：光学透射式头盔显示器和视频透射式头盔显示器。如果按照显示器件数量，也可以划分为单目头盔显示器和双目头盔显示器。这里主要讨论光学透射式头盔显示器（图4-56a）和视频透射式头盔显示器（图4-56b）的区别，两种显示器的结构分别如图4-56所示。

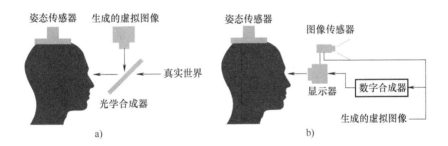

图4-56 光学透射式头盔显示器和视频透射式头盔显示器

光学透射式头盔显示器是直接透射外界的光线，并且反射微投影器件产生的虚拟图像到人眼中，达到虚实融合的效果。它的优点是可以保证正确的视点和清晰的背景，缺点是虚拟信息和真实信息融合度低，且人眼标定比较复杂。目前市面上典型的光学透射式头盔显示器有Hololens和Meta2等。

视频透射式头盔显示器是将固定在头盔上的摄像头所捕获的图像，通过视点偏移来显示到眼前的显示器上，其优点是虚实融合效果好，无须标定人眼，缺点是视点难以完全补偿到正确的位置，且与镜片范围外的环境不能完美衔接。将上面的光学透射式头盔显示器加上摄像头，并且把带有增强信息的视频直接全屏显示，就成为视频透射式设备。现实生活中很多光学透射式设备也在其机身上加装了这种摄像头，使这种类型的摄像仪器可作为跟踪模块来使用。

2）手持式显示设备。手持式显示设备，顾名思义就是拿在手上的显示设备。最常见的就是智能手机和平板计算机。这类设备具有很好的便携性，也是AR设备。它们的摄像头可作为图像输入设备，有自带的处理器，有显示单元，具备了进行AR开发的所有条件。在目前市面上，很多增强现实 APP 都是围绕这类设备开发的。

3）固定式显示设备。固定式显示设备包含桌面级显示器和虚拟镜子等。桌面级显示器是人们日常生活中最常见的一类显示器。给它添加一个网络摄像头，就可以完成 AR 任务了。该摄像头可以捕捉空间中的图像，然后估计摄像头的位置和姿态，最后计算生成虚拟信息，并进行虚实融合，输出到桌面显示器上。这类设备适合做一些科研类的开发，对于商业应用显得有些笨重，比起智能手机和平板计算机来说稍逊一筹。

虚拟镜子是先利用摄像头对着人进行拍摄，然后输出到一个类似于镜子的大型显示器上，给人一种照镜子的感觉。它还可以进行虚拟换装，或者添加一些虚拟物件，达到 AR 效果。

4）投影式显示设备。投影机是一种重要的虚拟现实和增强现实设备。最常见的基于投影的增强现实系统是在展会上的各种绚丽的投影展品，包括虚拟地球、汽车表面投影等。这类系统属于空间增强现实系统。此外，柱幕、球幕、环幕投影也可以归为基于投影的空间增强现实设备。投影机还可以用于构建 CAVE 系统。手持式投影机结合图像捕捉设备，还可以建立动态的空间增强现实系统。

（2）跟踪技术　跟踪理论会涉及一些空间坐标转换的基础知识，以摄像机跟踪为例，分为模型坐标空间、世界坐标空间、摄像机坐标空间和图像坐标空间。由于比较细节，这里不展开讨论，相关知识可以查阅计算机视觉书籍。这里以不同种类的跟踪系统为例来讨论跟踪技术。

1）固定式跟踪系统。固定式跟踪系统包含机械跟踪器、电磁跟踪器和超声波跟踪器等。机械跟踪器通过控制机械臂各个关节的转动来跟踪机械臂末端的空间位置，属于比较老的跟踪方式，但是精度可以控制得比较高。电磁跟踪器是通过一个固定的发射源发射出三维正交的电磁场，接收端通过检测接收到的电磁场的方向和强度来确定位置。超声波跟踪器则是通过测量一个声音脉冲从发射源到传感器的飞行时间来测量距离。

2）移动式跟踪系统。移动式跟踪系统包含移动式传感器、无线网、磁力计、陀螺仪、线性加速度计和里程计等。全球定位系统（GPS）在智能手机上应用很普遍。它通过接收多颗卫星信号来确定当前所处的位置。对于户外大范围增强现实有着重要意义。无线网是通过检测移动设备接入点信息来粗略确定移动设备所处位置的。它可以配合 GPS 使用。磁力计也称电子罗盘，通过检测地球的磁场来确定方向。陀螺仪和线性加速度计都是依靠惯性来进行测量的。陀螺仪测量三轴角度变化，线性加速度计测量位置变化。它们通常会配合使用，并且常以微机电系统（Micro-Electro-Mechanical System，MEMS）的形式存在。里程计是通过轮式或者光电编码器来测量所走过路程的一种传感器，常用在机器人或者交通工具中。

3）光学跟踪系统。

① 跟踪模式。有些跟踪需要对被跟踪的目标预先建模，如一些图像跟踪工具箱；有些则不需要提前建模，如同步定位与跟踪技术（Simultaneous Location and Mapping，SLAM）。多数跟踪是需要先建立一个待跟踪模型数据库，然后在运行中实时提取特征并且与数据库中的数据进行比对。而 SLAM 则可以实时根据获得的特征，自主建立空间地图，并且确定摄像头相对于环境的位置。

② 照明种类。跟踪的稳定性与环境光有关，尤其是基于视觉的跟踪。有些跟踪系统不需要自主添加光源，只是利用环境光，称为被动照明；有些跟踪需要主动发射某种照明光线，来实现其跟踪，称为主动照明。被动照明是比较常见的，例如平面标志跟踪就是在普通的环境照明下实现的。主动照明最典型的就是结构光照明，例如 Kinect。还有一种主动发射红外光的 OptiTrack 系统，在姿态跟踪场景中十分适用。

③ 人工标志与自然特征。人工标志指的是人造的用于跟踪的图像标志等，如二维码、棋

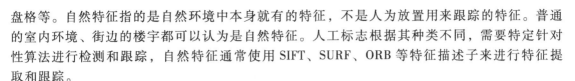

盘格等。自然特征指的是自然环境中本身就有的特征，不是人为放置用来跟踪的特征。普通的室内环境、街边的楼宇都可以认为是自然特征。人工标志根据其种类不同，需要特定针对性算法进行检测和跟踪，自然特征通常使用 SIFT、SURF、ORB 等特征描述子来进行特征提取和跟踪。

④ 传感器融合。互补式融合：不同的传感器测量不同种类的参数，参数之间可以互相补充。竞争式融合：不同传感器测量同一个种类的参数，并使用某种方式将它们结合起来，产生一个更好的测量结果。协作式融合：不同传感器之间是协作关系，其中某个传感器可能依赖于其他的传感器才能得出结果。

（3）标定和注册　跟踪、标定和注册是 AR 系统研究的三个核心问题，下面将从摄像机标定、显示器标定及注册的相关类型及涉及的技术等方面进行介绍。

1）摄像机标定。

① 标定内参数。摄像头是基于视觉的 AR 系统的重要组件。所以在使用中必须先标定摄像头的内参数。对于普通的摄像头，可以采用 Matlab 自带的摄像头标定工具箱来标定。该工具箱不仅可以标定出摄像头的内参数，还能标定出镜头畸变。它采用的是棋盘格标定法。

② 校正镜头畸变。镜头畸变可以分为径向畸变和切向畸变两种。它们都可以通过标定来确定畸变参数。镜头畸变是普遍存在的，所以在使用之前要记得先进行标定。

2）显示器标定。

① 单点主动对准法。对于光学透射式头盔显示器，若要进行 AR 开发，必须加上一个摄像头。摄像头与头盔显示器之间的位置关系需要标定。最常用的一种方法是单点主动对准法（Single Point Active Alignment Method，SPAAM）。这个方法要求用户佩戴头盔显示器，并且将屏幕上的一些十字光标与真实世界中的物体进行多次对齐，多次对齐需要通过头部转动完成。获取数据后，通过直接线性变换法（Direct Linear Transform，DLT）构建方程组求解投影矩阵。

② 使用瞄准装置。该方法需要将瞄准装置与显示器上的十字叉丝对准，而不是使用在 SPAAM 中用到的静止标定点。这种瞄准装置经常是作为 AR 设备的一部分，并且包括一个触发器来确认对准完成。瞄准装置有一个优势，用户不必再移动头部来完成对准，取而代之的是，可以通过移动手臂来完成。

3）注册。跟踪系统在进行测量的时候，会存在测量误差，导致位置估计不准。这种误差会导致注册的虚拟物体与真实物体之间会存在不匹配的情况。所以，在每一个步骤要严格控制误差，不要让误差在后面的环节中传播。

对于光学透射式增强现实设备来说，还有另一个非常重要的问题，那就是延时。由于真实的环境背景是直接透射进入人眼的，可以认为是零延时的。但是虚拟信息是通过摄像头捕捉环境，建立跟踪注册信息，然后渲染输出到头盔显示器上。这个回路的处理时间导致虚拟信息的渲染比头部转动会有延时。

（4）视觉一致性

1）几何一致性。增强现实系统呈现的效果应该是虚实高度融合的，让人分不清哪里是虚的，哪里是实的。高度融合体现在虚拟物体被放置在正确的位置上，没有与真实物体产生错误的重叠。几何一致性还要求在时间变化中保证几何一致。例如，在光学透射式头盔显示器中，快速的头部运动会导致虚拟图像的渲染落后于真实的环境，导致图像延时现象。这就违反了几何一致性要求。此外，虚实遮挡也要保持一致。有的时候虚拟的物体在空间上应该被渲染到真实物体的后面。但是默认情况下，虚拟的物体总会挡在真实物体的前面。因此，必须先使用额外的传感器，探测出真实物体的空间位置，然后决定哪些虚拟图像是应该被遮挡起来的。还有一些研究人员对增强现实头戴式显示器的深度感知一致性做了研究。他们分析了使用双目头盔显示器看到的虚拟物体与真实物体在深度感知上的一致性。

2）光照一致性。虚拟世界的光线往往是人为设定的，但是真实世界的光线是非常复杂的。因此渲染的虚拟物体怎样保持与真实环境一致的光照效果，也是需要注意的。若光照效果如果不一致，尤其是阴影的渲染不一致，会导致非常糟糕的效果。解决这个问题的途径是，通过某个方式获得真实环境中的光源分布，然后在虚拟世界中模拟这个光照效果。

（5）交互技术　交互听起来有些陌生、抽象，但却是一个非常常见的过程。例如，人们日常使用鼠标和键盘就是在与计算机进行交互。人机交互就是人与机器之间进行信息沟通的过程。按照交互方式的不同，增强现实中的人机交互技术可以分为多种，下面一一介绍。

1）设备交互。传统的交互最被大众熟知。鼠标键盘的几十年发展证明这种人机交互方式非常有效。但是对于增强现实应用，却不一定是最好的结果。一些被广泛用于虚拟现实的设备，例如数据手套、力反馈装置、数据衣等，也可以应用在增强现实中，但是加入这些装置后，会明显觉得环境不协调，对增强现实应用的效果有影响。

2）肢体交互。随着 Kinect 等设备的推出，肢体交互在投影式增强现实中获得广泛应用。肢体交互不仅解放了双手，而且促进了全身的均衡运动，是一种非常健康时尚的交互方式。因此，肢体交互在游戏娱乐领域获得了广泛的应用。

3）手势交互。很多桌面级的应用也可以选择手势交互作为一种交互方式。手势交互依赖于手势检测设备，现有的手势检测设备有 Leap Motion 和 Real Sense 等。这类设备极大地促进了手势在人机交互中的推广。

4）语音交互。语音交互指的是人类与设备通过语音进行信息的传递，其应用领域十分广泛，如汽车、智能家居、计算机操作系统等。语音交互具有检索高效、跨空间便捷及跨场景便捷等优势。

5）触摸交互。触摸交互针对专门的触摸设备。触摸交互是比较早发展起来的。例如，大部分智能手机的触摸屏支持触摸操作，有些智能眼镜也在镜框上设置了触摸区域。

6）眼动交互。通过图像设备捕捉人眼运动，也可以实现人机交互。只不过这种方式仅仅适用于非常特殊的情况下，长时间的眼动交互会使人比较疲惫。

7）脑机接口。最新的人机交互方式莫过于脑机接口。它通过读取人大脑的活动，传递控制信号，对外界的设备进行控制。目前，脑机接口只能实现比较初级的控制，完全解读人脑意念信息仍然任重而道远。

（6）可视化　增强现实中的可视化主要是对场景中的物体进行标注和解释。对于标注和解释的合理性和正确性，需要经过仔细探究。一个场景中可能有很多东西可以标注，也有很多来自数据库的信息可以呈现。但是如果将这些信息不加选择地全部显示出来，会发成数据冗余、屏幕混乱的情况。因此，需要对数据进行过滤，考虑两个方面的问题：第一，标注的合理性；第二，数据推送的智能性。

4.9.3　增强现实技术应用实例

增强现实技术是一种能够将相应的数字信息植入虚拟现实世界界面的技术，能够实现信息管理可视化，从而促进建筑业及设备管理行业朝着数字化信息管理的方向不断发展。

1. 建筑设计

建筑设计是指设计者在建造建筑物之前，分析施工过程和使用过程中所存在的或可能发生的问题并提出解决方案，最后用图样和文件表达出这些解决方案的过程。

随着生活水平的不断提高，人们对于建筑设计的要求也相应提高。在这样的情况下，原先所使用的技术已经不能提供相应的帮助，于是，增强现实技术被引入建筑设计中。

引入增强现实后，建筑仿真设计并不需要对建筑物周边景物进行建模处理，而是对设计建筑物进行建模处理，之后可以应用增强现实技术对模拟环境进行跟踪处理，借此实现虚拟与现实的完美结合。同时，AR 能够将二维图样升级到三维程度，在正式施工前就实现了可视化，明显提高了设计效率[116]。

2. 施工过程

使用增强现实技术后，施工人员在施工现场就不再需要一直对照着设计图操作，而是能够直接借助 AR 眼镜或者手机端直观读取建造指示。此外，借助 AR 眼镜或者手机端，施工人员可以将图样三维化，实现与施工现场的一比一重合，从而通过三维对比找到施工过程中存在的问题。此举不仅为施工人员提供便利，还提高了工程的质量保障[117]。

3. 建筑教学

在传统的教学手段中，建筑工程专业的学生或工作人员只能接触二维图样和课本理论知识，因此可能会导致实际工程与理论学习存在差异。此时，AR 就发挥了它的作用。通过 AR 技术，学生或工作人员可以在计算机或特定设备上多角度地观察施工现场的 3D 影像，从而更好地提升专业知识和技能[118]。

思 考 题

1. 区块链技术是什么？
2. 区块链技术有哪些特征？
3. 智能合约是什么？
4. 简述什么是数字孪生。
5. 简述数字孪生的特点。
6. 数字孪生的相关领域有哪些？
7. 物联网的定义是什么？你是如何理解物联网的？
8. 工程物联网技术体系分为哪几个层次？它们各自的含义是什么？
9. 查找资料，介绍一下你所了解的应用物联网的智能建造案例。
10. 简述人工智能的核心技术。
11. 简述人工智能的核心能力。
12. 列举人工智能在智慧工地中的应用场景。
13. 简述元宇宙的概念。
14. 简述元宇宙的技术基础。
15. 简述元宇宙在智慧城市建设中的应用场景。
16. 简述 3D 打印技术的工作原理。
17. 简述 3D 打印技术的种类。
18. 简述 3D 打印技术在建筑施工过程中能够发挥的作用。
19. 简述无人机技术的定义。
20. 无人机技术地面控制系统有哪些组件？
21. 简述无人机技术在建筑业中的应用场景（至少 3 个）。
22. 简述虚拟现实技术的定义。
23. 列举虚拟现实系统的关键技术。
24. 简述虚拟现实技术在建筑业的应用场景。

25. 简述增强现实技术的定义。

26. 简述增强现实技术的关键技术。

27. 简述增强现实技术在建筑业中的应用场景。

28. 法国科学家苏埃尔说："机器人高度拟人化，将重新定义人的价值"。你怎么看待这个问题？

第 5 章

智能建造多场景实例

内容摘要

　　本章以贯穿工程全生命周期的实际案例为导向，展示智能建造技术多场景的应用现状。智能建造多场景实例部分选择了广东省、湖南省、上海市和北京市等地区的实际案例，涉及住宅项目、厂房项目、古建筑修复和速滑馆工程，分别研究了建造阶段、全过程阶段和运维阶段的智能建造技术应用及产品特点、实施情况和应用效果。

学习目标

　　掌握不同智能建造的应用场景分类，熟悉不同智能建造场景的技术特点、要素、实施过程和应用成效，了解新型智能建造场景的未来发展趋势。

■ 5.1　人工智能在广东省佛山市凤桐花园项目中的应用

5.1.1　基本情况

　　广东省佛山市凤桐花园项目应用了多款建筑机器人，探索了建筑机器人在主体结构、二次结构、室内装修、室外工程等环节的工程实践。通过采用基于 BIM 技术的施工策划、智慧工地管控系统及自动计划排程系统，项目较好地发挥了机器人施工效率高、工序配合紧密、高效作业等优势，在提高施工效率、减少用工、减少环境污染等方面取得了一定的成效$^{\ominus}$。

5.1.2　案例应用场景及技术产品特点

1. 产品方案要点

　　建筑机器人主要由运动底盘、工艺上装机构、定位导航、动力驱动、调度及控制单元五大部分组成，综合运用多种不同类型的执行机构、融合了多种定位导航及避障技术、不同的网络通信方式和不同的动力源等，以适应不同的施工工艺和场景环境，寻求高效、低成本、高柔性度之间的最佳平衡。

　　建筑机器人的研发是多学科、跨行业的融合与挑战；多机器人的联合作业又是更高维度的集成和运用，不仅仅对建筑机器人本体的标准化、可靠性提出了要求，对施工环境、物流通道、物资配给、辅助装置等也提出了新的要求和挑战。所以，建筑机器人的研发不只是研发一款工具，而是一个大系统的研发。

　　$\ominus$　引自 http://jzsc.mohurd.gov.cn/example/detail? id=2112071932 24059343。

2. 关键技术难点及创新点

通过自研的移动底盘、定位导航技术、操作系统、各种工艺上装机构、关键的核心部件和传感器部件等，初步解决了目前工业部件直接组装所面临的底盘稳定性差、导航定位精度低、环境适应性低、运动部件可靠性低及关键技术参数无法达标等问题。

项目团队通过深入研究材料特性、工艺参数、环境因素及人体施工模型，运用 AI 及其他先进的检验、测试手段，较为完整地复刻了施工工艺的数字化，进而转化为机器人施工工艺程序和工艺参数。通过参数匹配和自主学习，自主优化作业路径和作业过程参数，达到最佳的施工质量。

这些共性的创新技术包含但不限于激光及视觉定位导航技术、自扫图、自建图和自我路径规划、建筑数字虚拟仿真系统、建筑环境下自适应底盘技术、多机器人调度系统、卫星及惯性组合导航、基于视觉及超声波的自动避障和绕障技术、视觉处理共享内存技术、分布式实时机器人系统。

3. 产品特点

项目应用 BIM 技术，前期进行整体策划部署，建筑机器人科学工序排布，多系统、多维度、多线条穿插作业。在 BIM 地图引导下可实现自动施工作业、转场和回库维护等功能，使整个机器人"施工队伍"劳动力高效投入，有效减少项目的工期空档和资源消耗，展现工业化和数字化时代的新型施工工地，图 5-1 展示的是建筑机器人产品。

（1）混凝土施工类机器人　智能随动布料机结合地面整平机器人实现完全无人化布料整平作业；地面整平机器人、地面抹平机器人及地库抹光机器人的组合使用，借助激光水平仪作为高精度标高体系，实现混凝土成形面的高质量要求，稍加打磨修整即可达到高精度地面要求，直接进行地砖薄贴和木地板铺设。

（2）混凝土修整类机器人　解决了过程作业中劳动强度大、粉尘和噪声污染严重等问题，工作效率是人工作业的 2 倍以上，粉尘量降低 10 倍以上，噪声降低 10dB 左右，打磨效果一致性好，墙体极差与人工打磨相比有明显改善。

（3）墙面装修类机器人　此类根据规划路径可实现自动行驶、自动完成喷涂作业。与传统人工施工相比，墙面装修类机器人能长时间连续作业，提高作业效率，降低施工成本，同时极大地减少了作业过程中有害粉尘和挥发物对人体的伤害。

（4）外墙施工类机器人　用于建筑外墙装饰工程施工，通过代替人工施工，大大提高了施工效率，提高涂装质量，降低了高空作业风险。

（5）地坪施工类机器人　可结合设计要求选择不同的地库、地面、地坪工艺，具有质量优、效率高的特点，除可实现的工艺除原浆收光外，还可实现金刚砂耐磨地面、密封固化剂地坪以及地坪漆涂敷地坪等。机器人自带吸尘系统，很大程度上减少了施工过程中的环境污染。

（6）智能运转机器人

楼层清洁机器人通过自主研发的激光 SLAM（Simultaneous Localization and Mapping）技术、3D 视觉识别技术、融合料位检测传感器技术实现复杂场景的激光高精地图建立、定位、自主导航和停障等功能，主要解决建筑施工楼面小石块及灰尘清扫难题，重点解决清洁行业人力资源紧张、成本上涨、清洁效率低下问题。智能施工升降机用于建筑工地垂直物流、配置自动门、可响应楼层外呼和笼内选层指令，也可通过垂直物流调度系统响应智能机器人的搭乘请求，并在指定楼层自动平层停靠、自动开关门。

4. 应用场景

建筑机器人除了可应用于传统的住宅建筑外，还可以应用于大型工厂、交通枢纽工程、大型体育场馆和商业建筑等场景。

混凝土施工类机器人

智能随动式布料机

地库抹光机器人

地面整平机器人　　地面抹平机器人

混凝土修整类机器人

混凝土内墙面打磨机器人

螺杆洞封堵机器人

天花打磨机器人

墙面装修类机器人

室内喷涂机器人　　墙纸铺贴机器人

地下车库喷涂机器人

外墙施工类机器人

卷扬式外墙乳胶漆、多彩漆喷涂机器人

爬升式外墙乳胶漆、多彩漆喷涂机器人

地坪施工类机器人

地坪研磨机器人

地坪漆涂敷机器人

智能运转类机器人

楼层清洁机器人

智能施工升降机

图 5-1　建筑机器人产品

5.1.3 案例实施情况

1. 案例基本情况

凤桐花园项目位于广东省佛山市顺德机器人谷，总用地面积为 41966m²，总建筑面积为 137617m²，共 8 栋 17~32 层高层建筑，最大建筑高度为 98.35m，分两期建设，其中住宅面积为 104196m²，商业面积为 5000m²（图 5-2）。

2. 应用过程

（1）设计阶段　为更好地发挥建筑机器人的优势，项目建设方前期与设计院深度协同，对机器人产品参数进行数据同步，在结构设计的预留预埋、高精度地面的标高体系变更、荷载校核、通过性审核、降板优化等方面进行工作，提高了机器人施工效率和覆盖率。项目从设计阶段就启

图 5-2　凤桐花园项目

用 BIM 正向设计，投标阶段就导入机器人施工的一些特殊要求，为机器人导航系统提供建筑信息模型，并做了适配性的设计优化。

（2）施工阶段　产品应用团队完成了建筑机器人从个体试验到成规模、成体系穿插作业的验证。相较于传统的施工流程，需要对建筑机器人做好适配的施工策划、智慧工地管控系统及自动计划排程系统的导入，更好地发挥机器人施工效率高、工序配合紧密、高效作业等优势。

1）混凝土施工类机器人。施工前，需要完成前置工作条件验收，包括钢筋绑扎质量、预埋件、降板高度、清洗水源、网络信号、塔式起重机吊装能力、混凝土坍落度、环境条件（包括辐射强度温度和湿度等），进行施工相关机器人的出库、运输、吊装，然后安装调试准备、布料机、激光发射器、适配尺寸的振捣板，接着进行标高标定、创建作业范围及起始位置，此时机器人开始作业（布料、整平、抹平、抹光），施工完成后应对机器人及时清洗、退场入库。图 5-3 所示为混凝土施工类机器人作业流程。

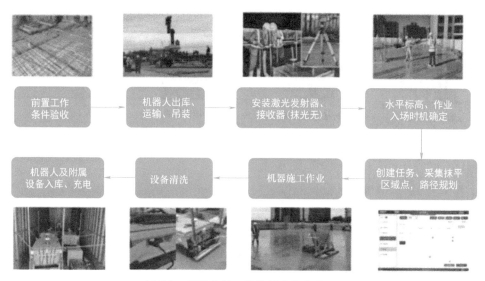

图 5-3　混凝土施工类机器人作业流程

在各环节工序之间，需借助相关工具或仪器，掌握机器人入场时机，以便达到最佳的作业效果。作业完毕后，机器人需及时清理作业时粘上的混凝土，避免对机器人后续作业造成影响。具体项目可以选配不同尺寸的布料机、整平和抹平的作业模组，以提升作业效率。

2）混凝土修整类机器人。螺杆洞封堵机器人封堵孔洞约 21115 个，综合效率为 102 个/h，约为人工作业效率的 2 倍。作业前对前置条件、作业区域和导航原点进行确认，装载物料进场作业，完成后通过质量验收，清理场地并退出，产品可实现自动和手动作业模式的切换，具有较高的灵活度。

验收时也可结合测量机器人，自动完成建筑施工点、建筑缺陷扫描，利用多机器人调度系统，实现一人多机操作，依据作业条件及工序不同，可匹配一人三机（螺杆洞封堵、内墙面打磨和天花打磨机器人）联动作业。

3）墙面装修类机器人。墙面装修类机器人主要有腻子涂敷和打磨机器人、室内喷涂机器人和墙纸铺贴机器人，涂料工艺和传统人工大致相同（图 5-4），部分基层目前需要人工进行处理，由机器人完成腻子涂敷、打磨、"一底两面"的涂漆工艺，大面积采取机器人喷涂作业，小面积采取人工涂刷或者辊涂作业。腻子涂敷机器人目前单遍涂敷综合工效为 $62m^2/h$，单机 24h 可施工 650～750m^2，喷涂作业净功效约为 $150m^2/h$，作业覆盖率超 94.5%，并可实现单机 3 班 24h 施工 2200～3200m^2（图 5-5）。墙纸铺贴工效为 $25.8m^2/h$，为传统人工的 3.5 倍。一般户型覆盖率可以达到 60% 以上，部分可以做到 80% 以上。

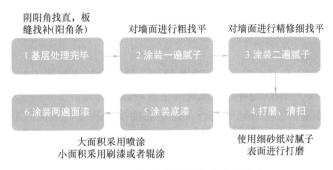

图 5-4 墙面装修类机器人作业流程 1

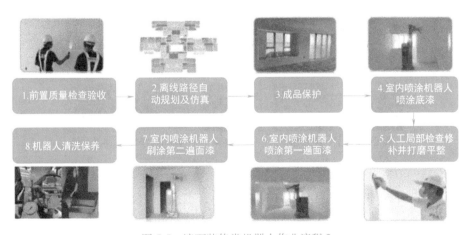

图 5-5 墙面装修类机器人作业流程 2

4）外墙施工类机器人。项目塔式起重机拆除前，可以选择卷扬式外墙喷涂机器人作业。作业前需对喷涂区域的门窗、护栏等区域做保护处理，根据外墙设计作业路径并启动作业，作业质量验收合格后完成机器人清洗并退场。外墙施工类机器人作业流程如图 5-6 所示。

图 5-6　外墙施工类机器人作业流程

施工前需要对作业面进行划分。

5）地坪施工类机器人。主要有地坪研磨机器人、地坪漆涂敷机器人和地库车位画线机器人，可完成密封固化剂地坪、金刚砂地坪和环氧地坪漆地坪施工作业。

地坪研磨机器人作业前需要对地面进行裸露钢筋的排查和供电条件的准备。地坪研磨机器人作业具备自动路径规划和导航、自主避障、自动收线和放线、自动吸尘和监控集尘质量等功能，真正做到高效、环保施工，极大地降低了对作业人员的职业伤害。地坪研磨机器人作业流程如图 5-7 所示。

图 5-7　地坪研磨机器人作业流程 1

地坪漆涂敷机器人解决的是 VOC 危害人体健康这一痛点。传统作业模式下，项目交付使用前地下车库未开启通风，油漆施工积累的 VOC 很长时间都难以消散掉，即便工人佩戴了防护面罩还是会受到不同程度的有害物质的伤害，而无人化作业的机器人就可以彻底解决这一问题。地坪漆涂敷的各涂层施工的时间间隔大于 8h。作业前需要对前置工作面进行核查和处理。依据不同的工艺选择备料，添加涂料后下发作业路径、启动作业，作业完毕后对机器进行清洗，在涂料固化之前对管路进行清理。经对比，机器人底漆用料比人工节省 28%；工作效率约为人工的 2 倍。具体操作流程如图 5-8 所示。

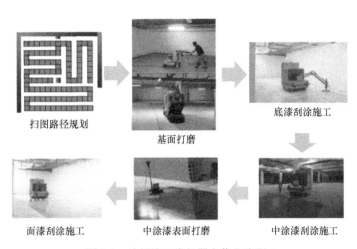

扫图路径规划　基面打磨　底漆刮涂施工　面漆刮涂施工　中涂漆表面打磨　中涂漆刮涂施工

图 5-8　地坪施工类机器人作业流程 2

地库车位画线机器人可以完成单车位、双车位、三车位、子母车位、车道线和车中线的喷涂作业。在项目中自动作业覆盖率为 98.33%，车位工效为 10.5 个/h。

5.1.4　应用成效

在凤桐花园成规模商用的建筑机器人有 17 款（表 5-1），总计投入工地试用的机器人达 46 款。

表 5-1　在凤桐花园项目中使用的机器人情况

产品名称	工作效率	覆盖率	成本（与人工相比）	环保优势	劳动强度	施工质量（与人工相比）
智能随机布料机	高	100%	略优	无	低	提升
地面整平机器人	高	≥85%	持平	无	低	提升
抹平机器人	中	≥90%	优	无	低	提升
地库抹光机器人	中	≥90%	持平	无	低	持平
螺杆洞封堵机器人	高	≥70%	略优	降低耗材	低	提升
天花打磨机器人	持平	≥90%	低	低噪声、无粉尘	低	提升
内墙面打磨机器人	高	≥50%	优	低噪声、无粉尘	低	提升
腻子涂敷机器人	高	≥90%	优	低耗材	低	提升
腻子打磨机器人	高	≥70%	优	无粉尘	低	提升
室内喷涂机器人	高	≥96%	优	低耗材、无污染	低	提升
墙纸铺贴机器人	高	≥75%	略高	无	低	提升
外墙喷涂机器人	高	≥98%	优	无高空作业危险	低	提升
外墙多彩漆喷涂机器人	高	≥98%	优	无高空作业危险	低	提升

（续）

产品名称	工作效率	覆盖率	成本 （与人工相比）	环保优势	劳动强度	施工质量 （与人工相比）
地坪研磨机器人	高	≥99%	优	无粉尘污染	低	提升
地坪漆涂敷机器人	高	≥95%	优	无 VOC 污染	低	提升
地库车位画线机器人	高	—	优	无 VOC 污染	低	提升
地库喷涂机器人	高	≥98%	优	无 VOC 污染	低	提升

1. 作业场景图片展示

图 5-9 展示的是部分建筑机器人施工作业场景。

图 5-9　部分建筑机器人施工作业场景

2. 作业效果对比展示

（1）混凝土施工类机器人　施工面积：智能随机布料机完成 63955m²，地面整平机器人完成 249337m²，抹平机器人完成 27904m²，地库抹光机器人完成 9040m²。

（2）混凝土修整类机器人　螺杆洞封堵机器人完成 101040 个螺杆洞封堵，天花打磨机器人完成 110971m²，内墙面打磨机器人完成 42477m²，作业效果如图 5-10 所示。

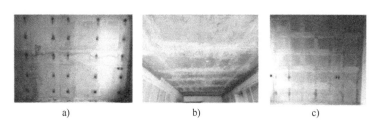

a)　　　　　　　　　　b)　　　　　　　　　　c)

图 5-10　混凝土修整机器人施工情况
a）螺杆洞封堵后效果　b）天花打磨施工后效果　c）内墙面打磨后效果

（3）墙面装修类机器人 室内喷涂机器人作业面积超 25 万 m^2，腻子涂敷、打磨机器人完成 13 万 m^2，地库喷涂机器人完成 6.6 万 m^2，墙纸铺贴机器人完成超 1.2 万 m^2。

（4）外墙施工类机器人 外墙施工类产品目前可作业于山墙面、窗洞口、异形面和保温板面。外墙施工类机器人作业场景图如图 5-11 所示。该项目施工面积达 32459m^2。

| 山墙面施工 | 窗洞口施工 | 异形面施工 | 保温板面施工 |

图 5-11 外墙施工类机器人作业场景

（5）地坪施工类机器人 该项目地坪研磨施工面积为 23186.3m^2，地坪漆涂敷机器人施工面积超 4000m^2。地库车位画线机器人施工长度超 1200m。

5.2 "互联网+平台"在湖南省智慧工地中的推广应用

5.2.1 基本情况

湖南省"互联网+智慧工地"管理平台是由劳务管理、质量安全数据预警、施工现场视频实时监控、重大危险源和文明施工监控、BIM 技术应用等板块构成的模块化一站式的工地信息化管理平台，分为基于 BIM 技术的 PM 项目管理和基于 IoT 技术的现场监测管理两大板块（图 5-12）。

基于BIM技术的PM项目管理		基于IoT技术的现场监测管理	
7 大管理岗位	9 大管理要素	6 大基础模块	X 项可选模块
技术员	集成管理	劳务实名制	能耗监测
施工员	进度管理	视频监控	雾炮联动
材料员	范围管理	环境监测	智能地磅
预算员	采购管理	塔式起重机监测	塔式起重机喷淋
质量员	成本管理	升降机监测	电子巡更
安全员	质量管理	智能安全帽	……
	安全管理		
资料员	资料管理		
	协同管理		
提升项目精细化管理水平		扩充项目信息化管理手段	

打造一站式的信息化管理平台，构建多方联动的可视化"智慧工地"

图 5-12 湖南省"互联网+智慧工地"管理平台

5.2.2 案例应用场景和技术产品特点

1. 技术方案要点

湖南省"互联网+智慧工地"管理平台分为业务数据展示层、数学分析模型层、开放式数据协议层、数据感知层4层架构（图5-13）。业务数据展示层涵盖质量管理、进度管理、安全管理、范围管理、物资管理、成本管理、风险管理、人力资源管理、沟通管理等，实现可视化动态浏览；数学分析模型层综合文本、算法、反馈机制、交互等技术搭建为各类应用提供算法支持与数据交互；开放式数据协议层基于HTTP（Hyper Text Transfer Protocol）数据请求协议、物联网数据总线、Web Socket全双工通信协议建设；数据感知层拥有劳务实名制、环境、升降机、塔式起重机、视频、智能安全帽6大基础模块，后续还可添加能耗监测、雾炮联动、地磅等应用模块。

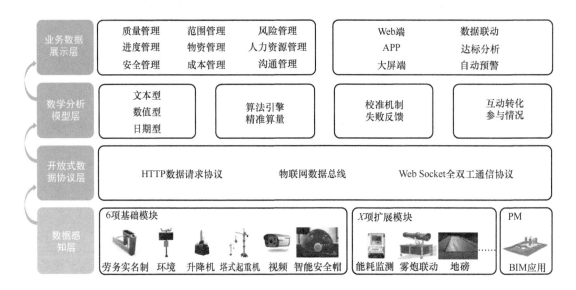

图 5-13　湖南省"互联网+智慧工地"管理平台

2. 产品特点及创新点

（1）多类型硬件设备的数据对接　许多在建项目均已安装了劳务实名制硬件设备，但是数据却无法被采集和应用。通过研究多协议硬件设备的数据标准化转译，在不更换硬件设备的情况下，帮助更多的项目完成数据的采集和应用。支持更多设备的接入，进一步促进全国劳务实名制管理工作的推进。

（2）项目管理规范的语义转换　通过对建筑业项目管理规范的梳理、分析、抽离，将与劳务人员配置、关键岗位人员配置等相关条文进行拆解，进行自然语言处理，将其变为内嵌规则置于平台中，自动根据项目人员出勤统计判断项目人员配置是否合理，关键岗位履职是否到位，实现自动监管。

（3）自定义完成数据的多方转发　劳务实名制建设过程需要满足智慧工地、建筑工人实名制管理平台等多个系统的数据需求。数据对接工作量非常大、数据对接难度高、成功率低。该平台整合常见平台的数据对接协议，将功能内嵌进项目级管理平台中，只需要输入项目在对应平台的唯一标识码，即可快速完成数据对接，满足多方监管需求。

（4）以大气环境为关键要素的建筑工地扬尘治理　通过颗粒物传感器获取建筑工地的扬尘排放值，以一定的周期计算扬尘排放平均值。从生态环境部获取监测点位所在区域的颗粒物浓度值。

将同时间段的平均值与发布值进行比较，若平均值超出发布值一定比例，则判定建筑工地扬尘排放超标。

（5）以周边功能区为关键要素的建筑工地噪声治理 通过噪声传感器获取建筑工地实时的瞬时声级，转换为周边功能区的影响值，再将影响值与对应功能区的噪声限值进行比较，若影响值超过了功能区的限值，则判定建筑工地的噪声排放超标。这种方式以是否对周边环境造成噪声污染作为判定建筑工地噪声值是否超标的依据，更加契合噪声控制的目的，判定结果也更加合理。

（6）基于 IoT 技术的特种设备安全性能监测 通过分析物联网监测对象及监测数据的特点，将特种设备安全预警划分为工装设备运行状态趋势预测和离线长期设备安全状态预警；建立熵值分配及神经网络修正的灰色综合预警特种设备状态参数趋势，并采用归一化的数据处理方法综合不同特种设备性能退化特征值对特种设备运行风险进行预测，在性能下降前进行预警。

3. 应用场景

湖南省"互联网+智慧工地"管理平台是借助物联网、大数据、云计算、BIM 等技术，搭建包括：劳务管理、质量安全数据预警、施工现场视频实时监控、重大危险源和文明施工监控、BIM 技术应用等板块构成的模块化、一站式的工地信息化管理平台，提升项目精益化管理水平，适用于房屋建筑施工项目。

5.2.3 实施情况

1. 工程项目基本情况

建工·象山国际项目位于长沙市岳麓区象嘴路与含浦大道交汇处，是高层住宅及配套商业的综合型小区，项目净用地面积约为 25 万 m²。一期工程规划净用地面积为 59271.00m²；总建筑面积为 201943.24m²；地下建筑面积 54802.06m²。一期工程中的 A5~A9 栋为高层住宅楼（建筑高度在 100m 以内）、S2~S10 栋为商业楼，整个建筑群底部为 2~4 层地下室。项目作业面广，参与人员众多，对信息化管理需求大。

2. 应用流程

（1）前期筹备阶段

1）账号注册与开通。项目信息化管理人员通过直接访问湖南省"互联网+智慧工地"管理平台，录入管理员手机号、项目名称、公司名称、施工许可证号等基本信息，完成项目级智慧工地账号的注册与开通。

2）建筑信息模型创建。项目 BIM 工程师根据设计图、采用统一坐标系创建项目建筑、结构、机电、场地模型，针对项目重点管控材料对象自定义添加资源名称、型号规格、计量单位三条属性，便于后期进行 BIM 工程量的统计。

（2）系统部署阶段

1）硬件部署。项目根据自身建设管理需要，确定湖南省"互联网+智慧工地"管理平台硬件模块建设内容为劳务实名制、视频监控、扬尘监测、噪声监测、塔式起重机监测、升降机监测 6 项基础模块。由相应硬件供应商按照相关布点要求完成硬件设备的安装（图 5-14）。

2）数据对接。硬件供应商按照湖南省"互联网+智慧工地"管理平台统一开放的数据对接文档进行数据对接，将相应模块的实时数据传输至项目管理平台，并设置好相应的控制红线，设定好预警指标。

3）建筑信息模型管理。按照项目单体建筑进行划分，分专业上传对应的建筑信息模型至平台，并进行轻量化处理。平台根据模型自带的项目基点坐标信息，自动合并为项目整体模型（图 5-15）。后续可根据建筑信息模型优化情况进行线上轻量化模型的替换与更新。

图 5-14　硬件设备安装

图 5-15　建筑信息模型轻量化与整合

4）进度计划设定。通过平台制作项目进度计划表，也可直接导入 project 进度文件，生成项目进度计划表（图 5-16）。将进度计划与建筑信息模型进行关联，生成项目的 4D 进度模型，指导项目进行进度管控。

图 5-16　进度计划

5）成本红线设定。由建筑信息模型直接提取 BIM 工程量（图 5-17），辅助进行项目材料管理红线的设定，也可通过导入工程量清单与建筑信息模型构件进行关联，指导项目后续实施过程中的材料采购、成本管控等工作。

图 5-17　建筑信息模型自动生成工程量清单

6）关键节点设定。根据项目进度计划安排划分关键性的任务节点，设定任务节点的截止时间、提醒周期、完成事项、存档资料等内容，提示项目抓好关键工作主线（图 5-18）。

图 5-18　关键节点任务设置

（3）管理应用阶段

1）三维浏览。通过计算机、手机端均可查看轻量化后的建筑信息模型，可以进行漫游、剖切、测量等多种操作，在实际应用过程中，即时给予三维视图辅助项目实施（图 5-19）。

2）进度管理。根据进度计划模型所设定的任务节点，通过上传现场实景照片进行当前进度的百分比认证。平台自动比对分析当前任务的进度状态，并在模型中通过不同颜色进行显示区分，总共分为 8 种状态：正常、滞后、正常开始、正常完成、提前开始、提前完成、滞后开始、滞后

图 5-19　三维浏览

完成（图 5-20）。可通过单击图例切换显示模型样式，辅助项目快速定位当前任务滞后区域，增强对进度的把控。

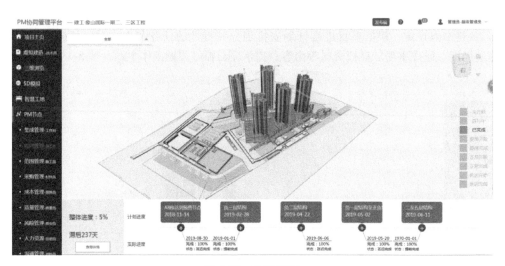

图 5-20　进度管理

3）采购管理。施工员结合建筑信息模型，利用构建树筛选出对应施工区域的模型构件，通过一键同步导出对应区域的 BIM 工程量（若系统部署阶段是导入工程量清单并与模型进行关联，则该步骤导出的即为实际工程量），通过线上流程发送至材料员进行采购（图 5-21）。材料员根据需求进行对应材料的采购、入库、出库、退还管理，生成对应统计报表。

4）成本管理。平台通过对已设定的目标工程量、实际消耗量自动进行实时比对，并通过建筑信息模型以不同颜色进行区分，直观反映材料消耗情况，也可导出表单进行详细查看，辅助项目进行节超（材料、资金等的实际消耗比预算节省或超量）分析（图 5-22）。

5）风险管理。巡检过程中发现的施工安全风险与隐患，可通过手机端拍照发起整改流程，指定责任人进行整改。责任人收到整改任务后，可在截止日期前完成对应整改项，并做出相应整改认证操作，上传整改完成后的照片，实现风险管理的闭环（图 5-23）。

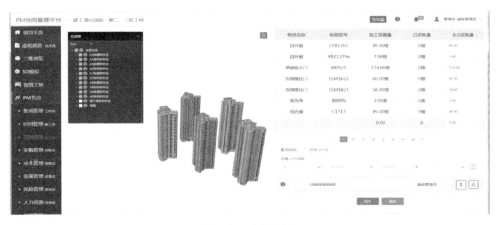

图 5-21 采购管理

图 5-22 建工象山国际一期第二、三区工程成本管理平台界面

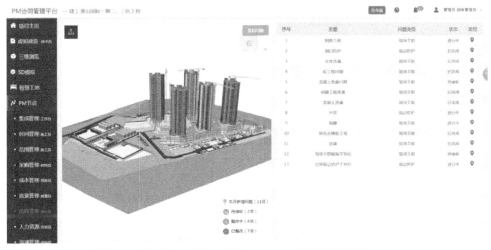

图 5-23 建工象山国际一期第二、三区工程风险管理平台界面

5.2.4 应用成效

1. 解决的实际问题

1）打破信息孤岛，达成岗位串联，实现协同管理。平台以建筑信息模型为中心，柔性化配置项目协同工作网络，覆盖项目管理关键岗位（施工员、预算员、质量员、劳资员、资料员、安全员、材料员），乃至项目各参建方。从而形成一个协同工作的网络空间（图 5-24）。针对项目参与人员众多，沟通协作难的问题，按项目参建单位配置项目的职能部门、岗位、人员以及管理范围，按照岗位来划分人员的管理权限和工作职责。在项目实施过程中，可以由施工方按照项目管理岗位向参建各方分级授权开放使用，实现项目多方管理数据的交互和协同。

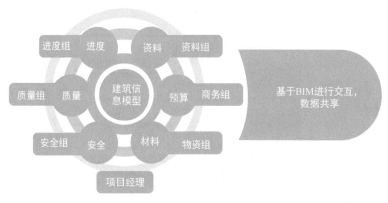

图 5-24　建筑信息模型与模块数据交互

2）根据 PM 项目管理要素，助推工程项目精细化管理。按照 PM 项目管理要素和工作目标划分应用职能（图 5-25），配置岗位工作职责，以明确项目管理各项事务的责任主体，从而最大化地发挥各岗位的工作职能，避免因管理交叉发生矛盾冲突，实现"专业的人做专业的事"，保障项目精益建造；平台也支持工作职能个性化配置，能够满足不同管理企业不同管理模式的诉求。

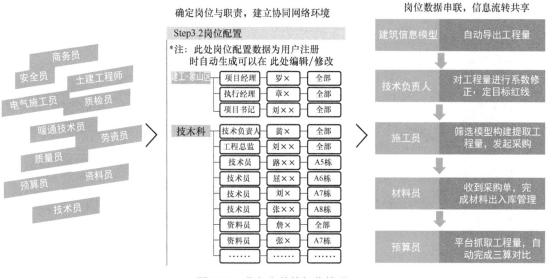

图 5-25　劳务人员精细化管理

3）设备辅助提升效率，数据联动支撑管理。针对管理需求日益增长，信息化程度低的问题，平台开放标准协议接口用于接入物联网监测模块，包含劳务实名制、扬尘监测、噪声监测、视频监控、塔式起重机升降机监测等，用户可根据需求进行自定义拓展配置及采购。除此以外，通过工程项目协同管理平台还能够基于施工深化设计模型，进行多专业碰撞检查和设计优化，提前发现设计问题，减少设计变更，提高深化设计质量。

2. 实际效果

（1）项目管理效益 湖南省"互联网+智慧工地"管理平台作为湖南省智慧工地官方平台免费在全省范围内进行推行。2022年，湖南省智慧工地已注册1400余个项目，完成数据接入的项目达857个。

（2）社会效益 湖南省"互联网+智慧工地"管理平台获得了湖南省企业管理现代化创新成果一等奖，通过智慧工地在湖南省的实施与推广，促进了项目信息化管理水平的提升，引导了一批建筑企业积极推行数字化转型，建立了智慧工地省、市、项目三级监管体系，有效提升了湖南省建筑业的信息化水平，平台采集的数据资产也为湖南省的建筑业转型升级提供了宝贵的数据资源。

■ 5.3 智慧工地全过程管理在建设项目中的应用

5.3.1 基本情况

中铁建工集团有限公司研发的智慧工地项目信息管理系统主要用于波音737MAX飞机完工及交付中心厂房项目管理。该系统围绕施工过程管理，将数据在虚拟现实环境下与物联网采集到的工程信息进行数据挖掘分析，提供过程趋势预测及专家预案，为项目管理提供更智能、高效的施工现场管理手段，建立互联协同、智能生产、科学管理的施工项目信息化生态圈，实现工程施工可视化智能管理，提高工程管理信息化水平⊖。

5.3.2 案例应用场景和技术产品特点

1. 技术方案要点

该系统部署在整个项目的实名制一卡通、视频监控、用电监测、噪声扬尘监测、塔式起重机运行监控等子系统（图5-26），通过物联网大数据传输的方式将采集到的数据传至云端中心服务器进行数据整理、汇总、计算等处理，涵盖人员、安全、质量、环保、材料、技术、协同管理等领域，实现项目部、分子公司、集团公司各个管理层的远程监管，有效提高了项目的施工质量、安全、成本和进度管理控制水平。

2. 产品特点及创新点

（1）管理过程灵活高效 通过信息采集系统，将劳动力、材料、机械、现场实际进度等信息收集，通过智慧工地云平台进行高效计算、存储并提供服务，采用五项技术，通过三个支撑，以达到统一平台、业务量化、集成集中、智能协同，满足多方现场管理需求，解决场区占地面积大、安保管理难度大、管理要求高等相关问题，让项目参建各方访问数据、工作协同更加便捷。

（2）系统应用深度整合 "智慧工地"项目管理系统将传统的碎片化单系统应用进行了全面而深度的整合，同时提出"项目中控调度指挥中心"的概念，实现在一个系统平台下对整个项目施工的人员进出场情况、物资材料进场情况、机械设备运行情况、安全质量管理情况、工地环境

⊖ 引自 http://jzsc.mohurd.gov.cn/example/detail? id=211207133524046270。

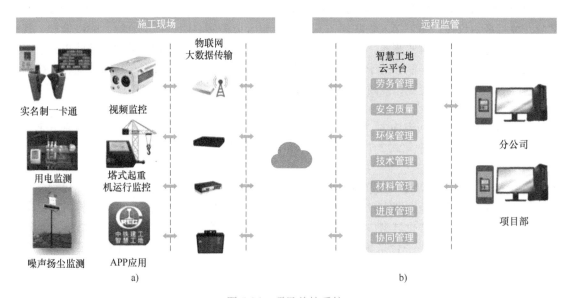

图 5-26　项目总控系统

a）智慧工地系统组成　b）远程监控系统应用构架

状况，以及整个施工现场运转的实时画面进行监控、掌握和调度。

（3）数据分析有的放矢　基于"智慧工地"项目管理系统对各碎片化应用的整合，通过对采集数据的汇总、分析和处理，项目管理过程中可以对管理系统数据进行回调和分析，还原项目管理实施的客观历史情况，还可对其未来预期的发展进行有限的预测。有了这些经过大数据分析得出的结论，项目在工程管理过程中就能做到有理有据、科学合理、有的放矢，从而显著提升项目工程管理水平，提高项目管理实施效果，为工程项目管理降本增效。

5.3.3　实施情况

1. 工程项目基本信息

浙江省舟山市波音 737MAX 飞机完工及交付中心定制厂房项目是美国波音公司在我国设立的首家飞机厂房，项目占地面积约为 40 万 m^2，总投资约 35 亿元。项目建设全过程波音公司按照美国标准要求主导工程管理，在安全、健康、环境、国际劳工、安保等方面管理要求高，且项目工期紧（总工期 370 日历天），所需劳动力、机械设备耗用巨大，人员组织施工和机械安全管理难度大。

2. 应用过程

（1）实名制一卡通系统　实名制一卡通系统是在工人进场教育通过后，读取身份证内的人员实名信息，补充完整工人所在单位、工种等，而后制作发放实名制一卡通卡片，进而实现持卡门禁、考勤、就餐、消费、巡更、违规、签到等应用。通过实名制一卡通系统可以统计分析进驻工人数量、年龄结构（图 5-27）、工种结构、劳动力来源等。通过出入口门禁系统实时掌握工人进出场情况，统计分析现场各工种劳动力是否满足生产需求；同时根据进出场刷卡记录建立工人出勤与工资支付台账，预防劳资纠纷。

（2）车辆号牌识别管理系统　车辆号牌识别管理系统（图 5-28）通过 RFID 技术，对场区内所有车辆进行智能且有效的管理。车辆首次进场时，人工检查车辆性能，将合格的车辆信息录入管理系统，出入口摄像机自动抓拍车牌信息，并进行存档，车辆在识别号牌完成后自动抬杆放行，同时在后台记录出入信息。

劳动力年龄结构分析

- 小于或等于20岁
- 21～30岁
- 31～40岁
- 41～50岁
- 51岁及以上

图 5-27 现场劳动力年龄结构情况

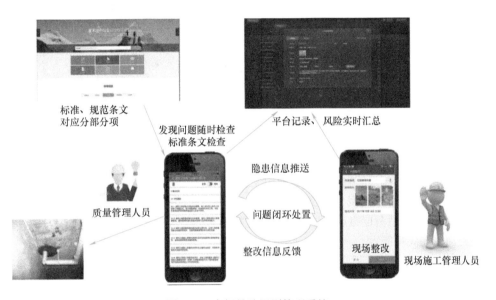

标准、规范条文
对应分部分项

发现问题随时检查
标准条文检查

平台记录、风险实时汇总

隐患信息推送

质量管理人员

问题闭环处置

整改信息反馈

现场整改

现场施工管理人员

图 5-28 车辆号牌识别管理系统

（3）无人值守自动洗车系统 无人值守自动洗车系统（图 5-29）通过二次研发在传统洗车机的基础上改装实现。工程车辆在到达洗车机就位时，通过重力感应系统自动启动洗车机工作并与智慧工地系统云平台数据连接，实时查看洗车车次，保证现场车辆按秩序自动进行清洗，达到减少环境污染、减少洗车劳动力投入的效果。

a)

b)

图 5-29 自动洗车装置

（4）互联网视频安防监控系统　项目在整个施工现场、场区出入口、项目办公区、工人生活区，以及工人宿舍走廊、工人食堂、工人超市等部位布设视频安防监控，做到视频监控全方位覆盖，对施工现场及办公区、工人生活区动态实时了解。监控系统实现计算机端视频监控多画面切换、移动侦测录像、视频抓拍等功能（图5-30），发生突发情况时可及时响应，发生纠纷后也可有据可查，给项目安全管理提供保障。

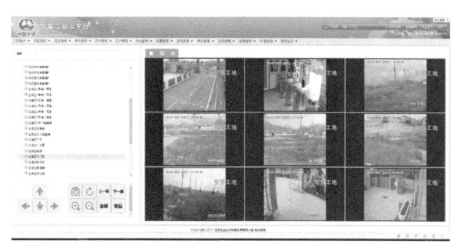

图5-30　计算机端视频监控画面

（5）碗形鹰眼视频监控系统　碗形鹰眼视频监控系统通过设置在塔式起重机（或施工现场场地中心区域制高点）的碗形鹰眼摄像机，利用无线网桥进行数据传输（图5-31），在会议室终端设备或触控一体机均可进行沉浸式实景操作（图5-32）。鹰眼摄像机的平移、倾斜、缩放（Pan、Tilt、Zoom）功能可任意角度拖动、放大、旋转监控画面，实现对施工现场360°无盲区、无死角全景监控，提高现场决策能力。

图5-31　碗形鹰眼视频监控系统

a）　　　　b）

图5-32　碗形鹰眼视频监控画面及触控一体机终端设备

（6）塔式起重机运行监控系统 塔式起重机运行监控系统是通过安装在塔式起重机驾驶室内的监控控制黑匣子和塔机上的角度传感器、幅度传感器、吊重传感器、无线通信模块等设备，对塔式起重机的运行情况进行实时监测，对塔式起重机禁行区域设置保护，对群塔防碰撞进行制动，对小车、大钩、吊重等进行监控和超限警示制动等（图5-33）。

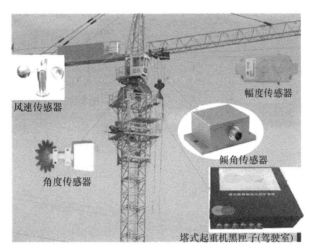

图5-33 监测塔式起重机安全运行传感器安装布置

通过监控黑匣子记录和传输回来的塔式起重机运行及报警数据，机械安全管理人员通过查看智慧工地云平台数据（图5-34），对现场塔式起重机司机的工作情况进行分析，并有针对性地进行教育和交底，防止违规操作而引发安全事故。

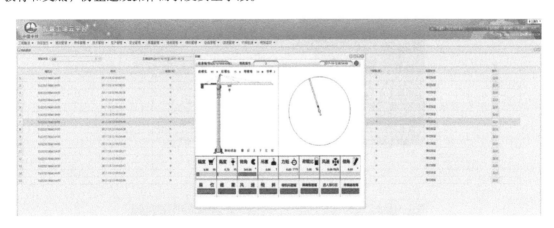

图5-34 黑匣子记录和传输的塔式起重机运行数据

（7）用电监控系统 项目在办公生活区及施工现场各选定一个一级配电箱进行用电监控，通过在配电箱安装的电参数采集模块，准确测量各路交流电路中的电压、电流及功率等用电参数；数据通过物联网云平台自动传输至监测中心终端及服务器（图5-35），自动记录并显示用电情况，超过功率上限时自动报警，减少用电安全隐患。

（8）环境监测系统 在施工现场高处安装环境监测仪器，自动监测噪声、粉尘（PM2.5、PM10）、温度和湿度、风速、风向等参数，通过物联网无线 GPRS 方式传输数据至服务器进行分析处理，可实现计算机端云平台系统、手机端 APP 软件实时查看现场环境数据。当扬尘数据超过预警值时项目立即启用洒水车、道路喷淋系统等进行降尘控制（图5-36 和图5-37），防止造成环境污染；当气温超过预警值时立即启用防暑降温应急预案，采取相应的防暑降温措施，保障现场作业人员安全。

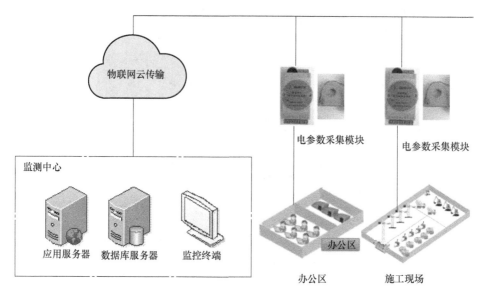

图 5-35　用电监控系统原理

图 5-36　道路喷淋系统扬尘控制

图 5-37　洒水车对道路扬尘控制

（9）智能地磅物料系统 项目智能地磅物料系统对进场材料真正实现智能化、科技化、信息化管理。物料系统对进场材料运输车辆进行称重，自动记录相关数据，并实时抓拍车前、车后、车厢及磅房等的照片；卸货完成后对空车进行称重除皮，自动计算进场材料质量并打印过磅单（图5-38）。所有过磅数据自动形成电子化物资台账，分类进行统计管理和分析，随时随地监控、跟踪材料进场称重，所有数据实时自动记录，规避亏方、少称问题，有效保证物资进场数量。

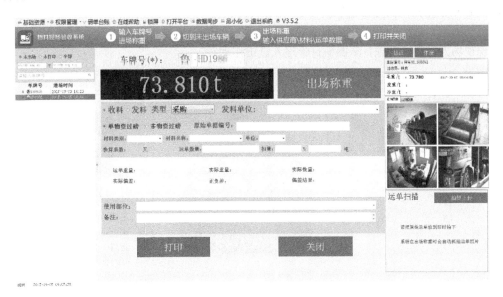

图5-38 智能地磅物料系统

（10）二维码应用系统 二维码应用系统结构如图5-39所示。在系统中完成单体建筑及施工部位信息后，即可生成相应的安全、质量、技术、设备管理二维码，施工日常管理中，利用手机APP扫码巡检，下发整改记录并监督整改。

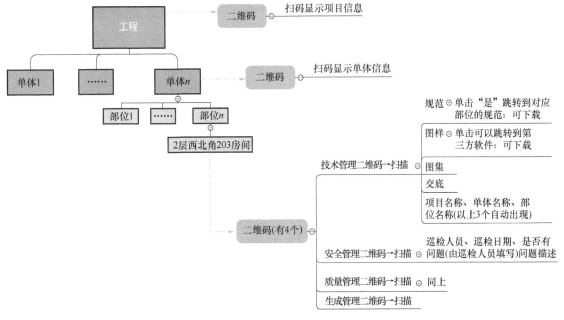

图5-39 二维码应用系统结构

　　进场人员完成实名制登记后，即可生成人员信息二维码，扫码后可查看人员实名制信息（如进场日期、体检、教育和违规记录等情况）。通过二维码系统应用，能够更好地实施和执行SHEILSS（Safety，Health，Environment，International Labor Standards，Security）手册相关管理要求，提高管理效率。

　　（11）人员分区管理及定位系统　项目采用广联达人员定位系统，从进入施工现场沿途设置"工地宝"，用于采集人员定位信息，管理人员配备具有RFID芯片的智能安全帽（图5-40），与人员信息进行绑定，能从手机APP和计算机端对管理人员进出场动态及工作移动轨迹进行监控及记录。实现现场人员分区管理，掌握项目管理人员工作动态。

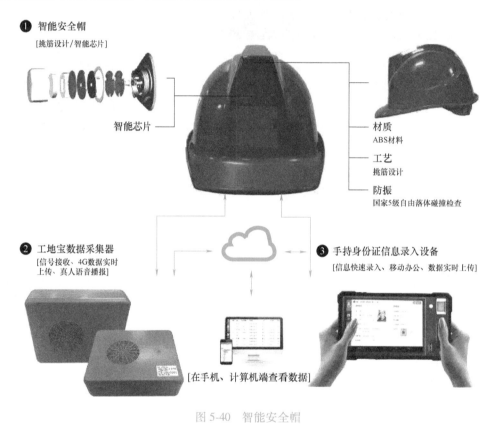

图 5-40　智能安全帽

■ 5.4　AI+数字孪生技术在上海音乐厅修缮工程中的应用

5.4.1　项目背景

　　上海音乐厅始建于1930年，是全国第一座音乐厅，是上海第一座由中国建筑设计师设计的西方古典风格建筑。2003年，上海音乐厅进行了整体移位工程，音乐厅向东南方向移动了66.46m，并抬高3.38m，抵达新址。由于上海音乐厅长期满负荷运转，使得建筑各种配套设施都有不同程度的损伤，严重影响场馆的正常排演，自然老化等原因导致建筑外立面污损，更影响了上海音乐厅的对外形象乃至上海中心城区的城市面貌。2019年，上海音乐厅正式启动整体修缮工程，由上海建工四建集团有限公司总承包该修缮工程，由同济大学建筑设计研究院（集团）有限公司负责设计。修缮工程于2020年7月完工，完好地保留了音乐厅原貌。近百年来，建筑与音乐的和谐交融使其在我国近代建筑史上具有重要的地位。图 5-41 所示为上海音乐厅外观概览。

图 5-41   上海音乐厅外观概览

5.4.2   项目概况

上海音乐厅的建筑总面积为 12986.7m²，其中"文保区域"面积有 2000 多 m²，该音乐厅的北厅、东厅走廊、演奏厅、外立面等，均被列为重点保护部位。重点保护区域要求"修旧如旧"，坚持最小干预，不改变文物原状，保持其原式样、原结构、原材料和原工艺。修缮工程坚持以"保护为主、抢救第一、合理利用、加强管理"的文物保护原则为指导思想，以修复文物保护建筑的原貌、提升老剧场的安全合规性为主要修缮方向。下面以上海音乐厅重点保护部位为主介绍修缮前后概况。

1. 上海音乐厅北厅

上海音乐厅北厅是一个古典主义风格的空间，这里 16 根气度非凡的罗马式装饰柱修缮前出现仿大理石纹起壳、起翘的情况，表面已严重发黄、质地松软。修缮工程为确保罗马柱仿石漆修复质量，全部铲除基层后，由内至外逐一按原材料、原工艺、原风格进行全面修复，确保仿石漆效果的一致性、颜色整体性、面层黏结的牢固性[一]，重新绘制 16 根罗马柱（图 5-42）。

图 5-42   上海音乐厅北厅罗马柱

2. 上海音乐厅东厅走廊

上海音乐厅东厅走廊修缮前铺设的亚麻油地板并非历史原物，而是 2004 年修缮时新做饰面部分。在此次修缮过程中，工程队于二楼东厅走廊发现一块 1930 年残缺的水磨石，考虑到与相邻保

○ 引自 https://www.bjnews.com.cn/detail/159903451315683.html。

护空间的整体协调,按照水磨石历史地面恢复。施工方通过4次比选,成功恢复了富有音乐厅历史特色的水磨石拼花地面(图5-43)。

图 5-43　水磨石拼花地面

3. 上海音乐厅演奏厅

演奏厅修缮包括声学设计、照明设计、视觉设计。

(1)声学设计　声学设计包括音质设计、建筑隔声设计以及机电噪声控制设计等内容。演奏厅采用"房中房"结构,增设混凝土隔板,缓解噪声干扰;结合双层隔声墙体、声闸,以及暖通系统噪声控制等措施,有效控制了厅内背景噪声。演奏厅内部采用非平行的波浪造型墙面,墙面上装饰有数字化设计的四叶草立体图案,花瓣凹凸深度约为50mm。波浪墙面与不重复的立体花饰图案相结合,能够对250Hz以上频率的声波产生良好的散射作用,可有效抑制平行墙面所产生的颤动回声,促进了声场的扩散与均匀分布,避免镜面反射所产生的回声、梳状滤波等声缺陷。修缮后实测中频混响时间为1.0~1.2s,变幅为0.2s,可充分满足多媒体音乐和室内乐两种演出的需求。

(2)照明设计　基于"垂直面照明"的原则,在满足音乐厅水平面功能照明需求的基础上,重点照亮墙面。演奏厅的四边墙面采用四叶草图形的玻璃纤维加强石膏板(Glass Fiber Reinforced Gypsum,GRG)材料,凹凸的肌理,形成灵动的造型。非对称配光的线形洗墙灯安装于吸声帘和墙面之间,距离弧线墙面凸出点150mm,凹进点250mm的位置。光从上方洒下,不仅强化了弧形墙面的形态,表达起伏连续的效果,也使花瓣造型的艺术墙面形成明暗对比的效果,从而强化整个墙面肌理。通过照明控制可以实现照明模式的变化,配合观众入场、观演、中场休息、离场等场景,满足了不同的使用要求(图5-44)。

图 5-44　演奏厅概览

(3)视觉设计　针对视觉设计,演奏厅采用VR技术辅助设计,大大增加设计师和业主对成品效果的把控程度。基于埃舍尔拼贴(Escher Tessellation)伪随机拼贴算法生成的墙面,通过参数化方法调节各模块比例和随机分布倾向,得到人眼自然的平滑无缝拼贴效果。同时,采用实时渲染技术(Real-time Rendering)搭建的720°可观察的视觉环境,以满足设计师或业主对于环境的改动诉求[⊖]。

4. 上海音乐厅外立面

外立面由两部分组成，建筑主体二层以上大部分为泰山砖饰面，以下为花岗石（图 5-45）。工程队在现场调查和分析发现，建筑表面污染较为严重，泰山砖部分有断裂，局部地方面砖损坏，脱落等现象。施工方首先修补了墙面的孔洞、残缺、裂缝、剥落等损坏，并清除了墙面残留物，然后当污染物清洗时在清水中加入活性酶，用碳硅尼龙刷进行人工刷洗。消除污染物后对风化部分进行加固、孔洞修补、防风化保护，最后采用无色透明渗透型憎水性保护液对整个墙面进行全面保护。外立面木窗在维持原有风貌的同时，根据声学隔声要求增加双层中空玻璃的隔声窗。从而既确保外立面不渗水和建筑隔声的需求，又达到修旧如旧的效果。

图 5-45　外立面修缮前风貌

5. 上海音乐厅大厅穹顶

大厅的海上蓝雕花穹顶建于 1930 年（图 5-46）。2004 年，平移期间穹顶得以完全保留。穹顶贴上了 800 多处金箔，更加富丽堂皇。修缮的过程当中要考虑到原来大顶的结构安全，在结构安全测试的符合安全条件的前提下，进行了纯手工的原样的修复和加固。此外，对于穹顶造型天花及顶角线出现老化、变形、饰面开裂的问题，在此次修缮中，进行了修补与加固。

图 5-46　大厅穹顶

6. 上海音乐厅非重点保护区域

对于非文保区域，进行了重新装饰装修，以提升演出及配套的专业性、提升空间使用的有效合理性为主要修缮方向，重新梳理了空间流线、优化消防，整合演奏厅、辅助用房、地下室的功能布局。非保护区域的改造工程重点为地下二层小厅新增钢结构内胆和内部重新装修改造，解决长期以来小厅与观众厅之间的隔声差、串音等问题，对地下二层功能区优化调整后，小厅每年可增加演出一百余场。同时，对地下一层演出配套空间如化妆间、卫生间等区域进行重新布局和装修优化，更好地服务观众和演出人员。

⊖ 引自 http://www.tjad.cn/。

在此次上海音乐厅修缮工程中，根据现行消防规范，结合上海音乐厅的实际情况，对上海音乐厅的消防措施做了提升，包括增加了防火门监控、消防电源监控及火灾自动报警系统、防排烟系统、消火栓系统、喷淋系统，提升了消防安全的可靠性。演奏厅声学的要求较高，通过与声学的密切配合，空调系统采用低风速管道送风系统，同时采用多级消声器、消声风管、消声弯头等管件满足声学要求。此外，音乐厅采用智能照明控制系统、楼宇智能控制系统，提升使用舒适性[一]。

5.4.3　AI技术赋能项目科学修缮

历史建筑修缮工程长期存在着建筑查勘难、安全检测难、形制复原难、修缮作业难、效果评价难等问题。随着人工智能时代的到来，AI技术为上述问题提供了新的解决方式，如何将现代技术合理运用到传统历史建筑修缮工程中，是个值得深入思考的重要问题。在上海音乐厅的短短一年的修缮工程中，处处可见的是AI技术赋能下的工程实践。

由上海建工四建集团有限公司自主研发的首个建筑业AI算法集成开放应用产品"四建AI云大脑"，产品内置12个核心多源AI算法（图5-47）。该产品将极大提高解决建筑施工阶段"结构损伤查勘""建筑材料查验""施工安全管理"三大主要应用场景面临的实际问题的效率。用户仅需依次上传图像、编辑图像、运行程序、生成和下载图像结果、预览和下载PDF报告等简单操作，便可在几十秒内快速实现混凝土表面裂缝、钢筋锈蚀、清水砖风化等多种类型损伤区域的定位，大批量钢筋、钢管数量的点数以及安全帽佩戴、反光衣穿戴、烟雾明火危险源的检测。与传统采用人为经验判断、人眼视觉记录、人工现场管理等工作方式相比，解决了损伤识别精度低、人工点数效率低、安全管控不及时等问题。上海建工四建集团以"四建AI云大脑"为重要技术手段开展AI技术赋能下的上海音乐厅科学修缮[二]。

图5-47　"四建AI云大脑"平台

1. AI技术赋能关键结构性能评估

历史建筑年久失修，如何实现其关键结构安全性能的快速精准评估是一个亟待解决的关键问题。在上海音乐厅修缮工程中，上海建工四建集团利用三维计算机视觉技术与有限元分析方法，研发了历史建筑关键结构点云模型高效处理技术，提出了基于真实损伤的有限元材性自动赋值与智能分析流程，建立了有限元数字化逆向重构模型，实现了历史建筑关键结构安全性能鉴定与评

　　⊖　引自 http://www.tjad.cn/。

　　⊖　引自 http://cloudbrain.shjzgj.com/subpPage/20。

估（图5-48）。例如，对音乐厅中观众厅穹顶构造和完损状况进行专项检测，并对损伤材料取样分析，获取各项性能参数。同时，构建穹顶三维有限元模型，分析穹顶变形和构件应力状况。通过分析发现，穹顶木屋架构件应力水平较高，局部位移较大；此外，装饰面部分竖向位移较大，主要位于两榀木屋架中央区域正下方。

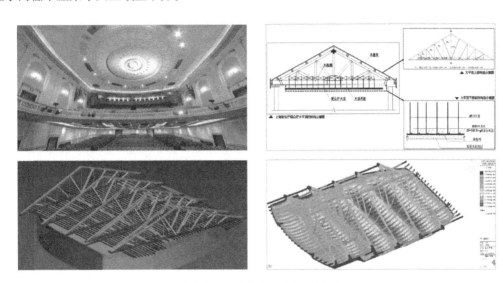

图5-48 场馆大顶逆向重构模型

有限元数字化逆向重构模型需要通过数字化测绘技术进行实现：

（1）通过三维激光扫描、无人机航拍、近景测量等数字化测绘技术，获取建筑外部空间点云数据，运用逆向几何重建、建筑信息模型转换等技术进行深度逆向实景建模，构建历史建筑整体空间数字化模型。通过全景影像技术采集内部空间图像信息，利用纹理映射的方式生成全景模型，真实还原历史建筑内部空间场景。

（2）通过多重叠加扫描获取特色保护部位构件点云数据，结合古典图样，精准重构特色部位形制；基于现代检测技术，分析特色部位材料组分、粒径配比和相关分布特征，获取特色部位典型特征信息；围绕特色构件饰面层进行不同角度图像采集，获取饰面损伤信息；基于多源数据的深度融合，构建反映特色部位构件整体尺寸、细部特征和表面损伤的三维数字化模型。

（3）以上海音乐厅文物建筑保护为示范，目前已经建立了建筑整体空间数字化模型，以及北大厅、东厅走廊等建筑内部全景模型，和科林斯柱、外立面柚木木窗、水磨石地面、大厅穹顶、爱奥尼柱式、北厅十字廊等主要特色部位构件的三维数字化模型。

2. AI技术赋能施工现场安全管控

由于历史建筑的重要文化价值与社会影响力，更应加强修缮工程现场安全管理，尤其是烟雾明火等重大危险源的及时预警与应急处理，防止火灾事件的发生。鉴于此，研发人员利用深度学习与并行计算技术，建立了面向复杂目标任务的多源AI算法集成应用模型，可实现施工安全智能巡检与实时决策（图5-49）。

3. AI技术赋能特色部位材料复原

水磨石作为历史建筑是特色材料，如何实现其配比信息的精准获取是保证历史建筑原真性修复的关键。目前，水磨石配比信息获取主要有两种方式，一是采用人眼观察、手工测绘与人工评价方法，开展水磨石组分获取、粒径测量、小样制作、效果比对等多重工序，需要长达数十天的

图 5-49 施工安全智能检测的实现方式——反光衣的穿戴

多次重复试配校核，且存在着骨料粒径测量不精确、试配过程费时费力、小样制作标准因人而异等问题；二是利用实验室扫描电镜分析方法，切割提取现场水磨石原样，实现水磨石组分分析与粒径精密测量，但从历史建筑保护角度出发，由于分析用的样品取样过程对保护建筑相关装饰层具有破坏性，因此该方法的使用具有局限性。

针对上述问题，研发人员编写了一种轻量级快速聚类与连通域测量算法，建立了多尺度特征融合的标准数字图像测量尺，研发了水磨石配比信息智能分析仪，仅需 1min，便可自动获取水磨石详细配比分析报告（图 5-50）。该产品属于便携式现场检测类仪器，基于计算机视觉、机器学习算法、光学原理与 3D 打印技术，融合科学修缮与绿色建造理念，旨在实现可移动式水磨石配比无损快速分析与复原效果评价。

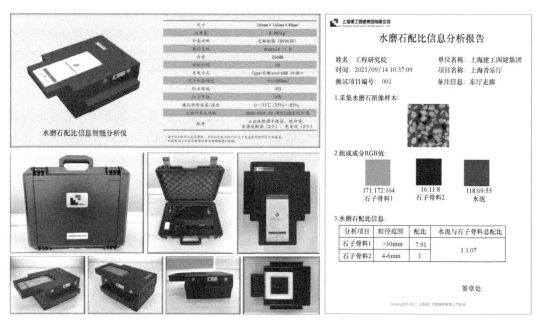

图 5-50 水磨石配比信息智能分析仪及分析报告

为适应工地作业环境，控制研发成本，同时保证加工精度，研发人员采用了强度高、韧性好的工业级树脂材料以及下沉式立体光固化成型法三维（Stereo Lithography Appearance-3D）打印技术完成了产品加工，并搭建了由稳定光源、隔光板、透光板、反光板与高清拍摄镜头组成的图像采集系统，形成了可模拟固定参数自然光照的拍摄环境。此外，研发人员严格控制产品尺寸、质量及续航时间，保证防水、防尘等级均满足现场使用要求，并配置便携工具箱，让水磨石复原施工更便捷、快速、精确⊖。

4. AI技术赋能裂缝精准识别

在剧场屋面大顶修缮施工中，需要准确定位并测量大顶裂缝的位置与长度。传统方法需采用人工搭设满堂脚手架的方式，逐一区域进行查找，效率低下。使用裂缝智能识别模块，结合全景摄影测量技术，实现了剧场屋面大顶裂缝的自动定位与测量，显著节省了施工工期与人工成本（图5-51）。

图5-51 大顶裂缝检测图

5.4.4 项目数字孪生平台的实现

工程总承包单位上海建工四建集团有限公司根据上海音乐厅保护修缮工程概况，研发了基于5G+BIM的上海音乐厅全生命周期数字孪生平台（图5-52），为历史建筑数字模型整合、历史信息集成、传统工艺传承、特色部位保护、健康安全监测、智慧运维管理提供整体解决方案，相当于在计算机中模拟建造一座一模一样的上海音乐厅，这在行业内尚属首次。其中人工智能和仿真等数字化技术，实现历史建筑及特色部位几何、物理、损伤信息多源数据采集，建立全尺度、多数据构件级数字化模型与数值仿真分析，实现历史建筑及其特色部位损伤的智能诊断和评估，通过建立仿真分析模型实现历史建筑结构性能的实时分析和可视化展示；5G和物联网技术，实现历史建筑结构及特色部位全生命周期智能安全监测与动态安全评估；数字测绘和BIM技术，实现历史建筑多尺度多场景数字化模型整合、历史信息集成、传统修缮工艺可视化传承、特色部位价值展示与公共建筑运维管理⊖。

针对原始资料缺失、传统材料及工艺难以考证造成的修缮难问题，基于多源数据融合的几何信息、语义数据获取技术，采集历史建筑原状信息，通过逆向建模技术，构建历史建筑及其特色部位数字化模型，同步建立建筑数字化信息库，包括历史人文库、材料库、损伤库、工艺库等，将数字模型与数据库进行联动，实现上海音乐厅特色部位数字孪生。通过平台三维展示历史建筑空间、重点特色保护部位、特色构件构造材料和工艺等特征信息。

图5-52 上海音乐厅全生命周期数字孪生平台

⊖ 引自 https://mp.weixin.qq.com/s/pVnC1l4wqIJU3gTkzzdAtQ。

⊖ 引自 https://mp.weixin.qq.com/s/UhaoWm7_RvEKRzO62d9xig。

上海音乐厅全生命周期数字孪生平台主要由以下几个模块组成：

1. 特色部位数字化

基于多源数据融合的历史建筑几何信息、语义数据获取技术，采集历史建筑原状信息，通过深度逆向建模技术，构建历史建筑及其特色部位数字化模型，同步建立历史建筑数字化信息库，包括历史人文库、材料库、损伤库、工艺库等，将数字模型与数据库进行联动，实现历史建筑特色部位数字孪生。平台三维展示历史建筑空间、重点特色保护部位、特色构件构造材料和工艺等特征信息。

2. 安全监测管理

音乐厅观众厅穹顶形制精美、构造复杂，为文物重点特色保护部件，历经近百年使用，存在一定的安全隐患。基于现代检测技术，对穹顶安全性进行数值分析，并布置动态监测传感器，进行穹顶全生命周期运营状态实时监测。开发穹顶服役状态性能分析与评估算法，建立穹顶安全状态实时评估机制。将监测数据与数字化模型联动，通过平台，实现穹顶运营状态可视化展示与管控（图5-53）。

图 5-53 安全监测平台界面效果图⊖

3. 智慧运维管理

历史建筑保护以全生命周期为目标，从原始建造到历次修缮的相关信息均会对其保护修缮与持续利用产生价值，且应该开展长期服役状态下的实时运维与预防性保护。在"上海音乐厅"修缮工程中，利用IoT、5G及BIM技术，搭建了神经网络预测模型与多源异构信息管理数据库，建立了上海音乐厅全生命周期数字孪生平台，实现了价值特征信息展示、修缮施工记录追溯与运行状态安全预警。同时，建立建筑三维实体模型，结合剧场功能，整合BA、能源管理、视频安防、物业管理系统等建筑动态信息，形成建筑全生命周期大数据，支持三维可视化、集成化运维管控，提升现有运维信息系统的集成化和智慧化水平，实现音乐厅文物剧场智慧运维管理。

上海音乐厅不仅是一幢建筑，也是体现上海文化品牌的一个重要机构。经过这次修缮，让这座近百岁的上海音乐厅焕发出新的生命力，完整地保留了一个城市的文化印记，同时又努力为上海提供了一个符合现代文化发展潮流，能够使广大社会公众赏心悦目的音乐艺术殿堂，给观众提供更高品质的音乐文化产品和服务。修缮后的上海音乐厅既弘扬经典，又加强创新，以更加丰富的艺术文化表现方式，增添文化内涵，为推动上海城市文化大发展、大繁荣增添更多的活力源泉。智能建造技术支撑下修缮工程的成功，不仅让上海音乐厅继续焕发建筑美，还让这幢老建筑更有温度，融合音乐之美、艺术之美、智能之美，实现真正"文化客厅"的作用。

⊖ 引自 https://mp.weixin.qq.com/s/UhaoWm7_RvEKRzO62d9xig。

5.5 基于"智慧建管养"一体化的北京冬奥国家速滑馆项目

5.5.1 项目背景

国家速滑馆（National Speed Skating Oval）又称为"冰丝带"，位于北京市朝阳区奥林匹克公园林萃路2号，是2022年北京冬奥会北京主赛区标志性场馆、唯一新建的冰上竞赛场馆（图5-54）。在冬奥会期间，它承担了速度滑冰项目的比赛和训练。"冰丝带"从技术工艺、材料选取、施工技法等多个方面都实现了创新和突破，形成了科技亮点纷呈、可供国际借鉴的"中国方案"。

图5-54 国家速滑馆外观概览

2018年2月，国家速滑馆公司成立，国家速滑馆工程开始建设。2018年9月30日，国家速滑馆混凝土主体结构完成。2019年年底，国家速滑馆项目基本完成。2021年1月22日，国家速滑馆首次制冰顺利实施，成功制出速度滑冰赛道；同年4月7日至4月10日，国家速滑馆举办速度滑冰比赛。

5.5.2 项目概况

国家速滑馆工程及红线内配套设施建设，规划总用地面积为166396m²，包含速滑馆、东侧地下停车场及西侧地下停车场，总建筑面积约为129800m²，南北长约为240m、东西宽约为174m，地下二层，地上四层，建筑高度为33.8m，总座席12058座。国家速滑馆的屋盖呈马鞍形，外立面幕墙延续"冰丝带"的设计理念，由22根"冰丝带"随外立面环绕而成。

国家速滑馆采用了双曲面马鞍形单层索网结构屋面设计，是目前世界上规模最大的单层双向正交马鞍形索网屋面体育馆，就好像一个巨大的呈马鞍状的羽毛球拍"绷"在了场馆的上方，速滑馆建设团队将这张索网称为"天幕"。采用这种结构设计，国家速滑馆的用钢量仅为传统屋面的四分之一。国家速滑馆索网结构是典型的柔性结构，屋盖结构跨度大，给索网结构的合理设计、精准仿真、安全稳定以及高效施工带来了巨大的技术挑战，通过对索网成型理论分析、多工况下数字仿真、1∶12模型试验、环桁架预拼装以及环桁架和索网智能安装等研究，在国内首次设计出最大跨度单层索网+环桁架+幕墙拉索异面网壳高性能结构体系，研发了环桁架低高位变轨滑移、索网地面编索整体提升张拉建造技术，实现了超大跨度索网结构屋盖的平行施工和高效、高精度建造。

5.5.3 关键技术

国家速滑馆的建设主要包括两项关键技术：超大跨度索网高性能结构建造技术，超大二氧化碳跨临界直冷制冰系统技术。

1. 超大跨度索网高性能结构建造技术

（1）单层索网+环桁架+幕墙拉索异面网壳高性能结构体系 索网结构是典型的非线性结构，由于国家速滑馆体量巨大的屋盖结构，需研发适用的超大跨度高性能结构体系，并确保结构设计方案合理可靠、仿真分析计算准确、受力性能良好和整体牢固以及施工安装便捷。通过全过程仿真分析和模型试验，研发了适用于国家速滑馆的超大跨度高性能结构体系，相较于空间结构常用的网架和桁架，该体系可降低标高 8～10m，大幅度降低幕墙、空调投入，节省施工措施费，缩短工期，达到了力学性能优、材料省、施工便利、造价低廉、耐久性好的高性能结构体系，用钢量仅为传统钢结构钢材使用量的四分之一（图 5-55）。

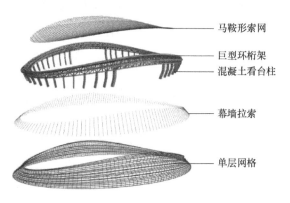

马鞍形索网

巨型环桁架

混凝土看台柱

幕墙拉索

单层网格

图 5-55 索网结构体系示意图

为满足建设成本和工期，项目方首次自主研制建筑用大直径高钒密闭索，提出了索体、Z 形钢丝、受力锚具等技术方案，建立了完整的构件加工制作工艺流程和完整的生产与质量保证体系，实现国产高钒密闭索量产。通过设计调整、施工控制，将全国产密闭索首次应用于国家重点建筑工程，带动了国产密闭索在建筑领域大面积地推广应用。全国产密闭索性能达到欧洲标准，打破了国外同类产品垄断，使密闭索单价由整体进口索的 14 万/t 下降至约 3.5 万/t，供货期缩短近一半。项目方还研发了全新的超大跨索网找形方法，考虑边界形状、拓扑关系、预应力和屋顶质量分布等因素的共同影响，使索网初始态位形相对理论抛物面最大偏差距离不超过 5mm，基本吻合双曲抛物面；考虑弹性边界的形态控制，通过环桁架预变形和修正索网初应变，使主受力体系初始态中的索网形态与固定边界结果一致，实现了弹性边界下的索网形态控制，使索网相对目标位形最大偏差由 502mm 降低到不超过 5mm。

（2）环桁架低高位变轨滑移、索网地面编索整体提升张拉建造技术 建筑功能的特定需求决定了结构的复杂程度，结合工程施工现场情况、工期紧张等特点给工程建设带来了极大的挑战，国家速滑馆主体结构主要包含钢筋混凝土结构、钢结构环桁架、索网结构，从受力关系上看，型钢混凝土结构是钢结构的支座、钢结构是索网结构的支座，三者互为前置条件和后置条件；从时间上考虑，钢结构施工是连接混凝土结构和索结构的纽带；从空间上考虑，钢结构受屋盖下部构造施工安装的影响，且索网结构也影响着屋盖下预制看台的安装，为满足安全、质量、工期、场地、投资的要求，项目方对关键工序钢结构进行了方案比选及优化。国家速滑馆屋面环桁架安装最终选取高空滑移的施工方案，且在实施阶段结合现场的实际情况，对高空滑移方案进行优化，最终确定"东西侧滑移+南北侧原位吊装"的安装方案，在东西侧滑移过程中首创了基于计算机控制的大落差马鞍形环桁架高低位变轨滑移安装技术，拉索耳板偏差小于 10mm，节约滑移胎架 2800t。

2. 超大二氧化碳跨临界直冷制冰系统技术

长期以来，在制冰技术方面，冰雪场馆的设计标准、规范以及相应的制冷和环境控制系统核心技术均被美欧日本等国垄断，尤其是冬奥会、冬残奥会等大型赛事的制冰技术及核心设备。为此，项目方开展了国家速滑馆快速滑道冰面形成理论与多功能超大冰面冰池构造、多功能二氧化碳跨临界制冰系统、室内环境精细控制、冰面与室内环境自动化监控等关键技术的研究。图5-56所示为国家速滑馆内景。

为实现"绿色"办奥理念，国家速滑馆研究选择了多功能、全冰面设计方案并采用二氧化碳跨临界直冷制冰系统，无色无味、不助燃、不可燃、破坏臭氧层潜能值（Ozone Depletion Potential，ODP）为0，相较于传统制冷剂全球变暖潜能值（Global Warming Potential，GWP）由3985骤减至1，同时能效提升20%以上，是环保性和可持续性最好的冷媒之一。在"冰丝带"全冰面运行的情况下，一年大约可节电200万kW·h。同时，项目方通过建立冻冰过程的动态三维传热模型，搭建冻冰过程的试验台，

图5-56　国家速滑馆内景

对浇冰厚度、初始水温等动态传热过程中的影响因素进行分析，总结硬度、厚度、温度、湿度等相关基础研究数据，建立了国家速滑馆快速滑道冰面形成理论，将1.2万 m^2 的全冰面温差控制在±0.5℃，远低于国际速滑比赛场馆±1.5℃的温差要求。国家速滑馆成为世界上首个采用二氧化碳跨临界直冷制冰技术的冬奥速滑场馆，得到了国际奥委会和国际滑冰联盟的高度评价[⊖]。

5.5.4　基于BIM技术的智慧建造

国家速滑馆项目方边科研边建设，在12位院士以及行业专家的指导下，充分利用绿色化、信息化、工业化等现代技术，研发了高性能结构体系、复杂曲面幕墙系统、单元式屋面板块、超大二氧化碳跨临界直冷制冰系统，开展了基于BIM技术的智慧场馆建造，智慧场馆集成应用，实现了建筑和结构的完美统一，创造了建筑工艺美学的新高度，并得到了国际奥委会和国际滑冰联盟的高度评价。

1. 基于三维可视化的施工进度管理

针对施工周期短、工期紧等问题，项目方研发了针对该工程的智建SaaS化管理平台。通过将Project计划进度关联到多维信息的轻量化云端建筑信息模型，工程师现场采集数据、拍摄照片并实时上传，实现实际进度与计划进度实时对比、多层级进度信息展示、关键线路及里程碑节点管控、轻量化三维模型施工进度管理（图5-57）。施工管理人员可通过计算机端、手机微信端直观掌握工程建设进度情况，辅助调配现场人、机、料等资源。

2. 基于仿真模拟的复杂结构高效施工

通过对土建结构、钢环桁架、索网进行基于多专业平行施工的仿真模拟，论证施工方案的可行性，最大限度地缩短工期。环桁架采取"南北区吊装+东西区滑移"的总体施工方案，索结构采取"地面拼装+整体提升"的总体施工方案。平行施工即地下车库封顶后，在车库东西两端进行环桁架拼装；南北看台上部的环桁架则待看台结构施工完成后，立即采用履带式起重机插入原

$\phi16@100/150$

图5-57　基于BIM的三维可视化交底

⊖　引自 https://mp.weixin.qq.com/s/EJdAiq5c6FTpzTWSj_VeuA。

位分段吊装；地上结构施工的同时进行预制看台板安装；东西看台结构施工完成后，采用同步滑移施工方案将环桁架安装就位，与此同时，对已完成的预制看台采取防护措施，进行地上展索铺装；最终实现混凝土结构、预制看台结构、钢环桁架、索网的平行施工。

3. 基于 3D 扫描的幕墙加工

在幕墙加工前，需先对主体结构进行扫描复测，扫描复测是指 S 形钢龙骨与幕墙索和环桁架连接点的定位测量（图 5-58）。复测工作分 2 个阶段进行：第 1 阶段在屋面索网张拉完成后立刻进行幕墙索平面投影的定位复测工作，验证屋面索网张拉过程中幕墙索的变形轨迹是否符合理论计算；第 2 阶段在屋面临时配重加载完成且环桁架支座锁死后，对幕墙索夹及环桁架预埋件位置进行复测，以确定 S 形钢龙骨支座牛腿的尺寸长度及建筑信息模型是否需要调整。通过扫描结构实体，生成实测点位模型，依据实际点位进行 S 形钢龙骨 BIM 定位及深化。通过建筑信息模型将 S 形钢龙骨由原来的带侧向弯曲的双弯构件优化成易于加工的单弯构件，提高钢结构加工可控性和可操作性，质量更易保障。考虑幕墙玻璃安装需求，将 M10 螺栓的机丝孔开孔大小及位置在 170mm×70mm×10mm 横向龙骨建筑信息模型上体现出来。将 S 形钢龙骨建筑信息模型通过插件导出为数控设备可用文件，将数控加工技术与数字设计技术对接，实现数据传递，保障异形钢板加工精度。S 形钢龙骨遵循"三点放平"原则，采用仿形胎架、三维坐标法进行构件组装，并在焊接过程中控制变形[一]。

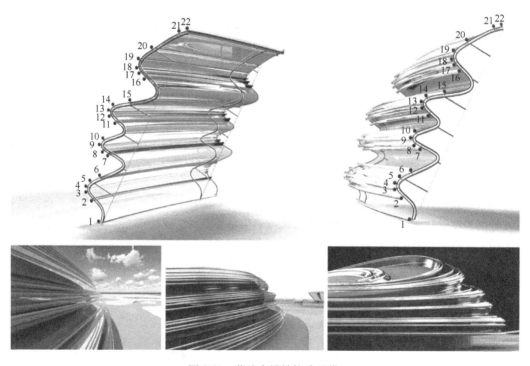

图 5-58　幕墙支撑结构冰丝带

4. 基于大数据和人工智能的精细化管控

（1）基于人工智能的劳务管理　应用人脸识别技术，实现人脸识别与闸机联动，取代门禁刷卡等传统劳务管理手段；基于机器学习，实现系统自动识别工人不戴安全帽、抽烟等不文明行为，联动广播及后端管理人员及时进行处理；通过以脸搜脸界面，拍摄作业人员照片并上传，实现实

㊀　引自 https://mp. weixin. qq. com/s/q3u3N-E0MdsfZ0HgDwcHrQ。

时人脸匹配，从数据库中调出该作业人员所有录入信息及人员轨迹，形成集团层面工人大数据挖掘和应用。

（2）智能化安全管理　实现施工现场、工人生活区、办公区的监控全覆盖及主要道路、重点区域的监控。塔式起重机上球机配合云台实现 720°旋转及变焦，实现运筹帷幄于千里之外；通过风速报警、防倾斜、禁行区域设置保护、防碰撞、制动控制、黑匣子等多种功能，辅助塔式起重机安全运行[119]。

有"冰丝带"之称的国家速滑馆，更是一个全生命周期的智慧化场馆，它引入了全新的 BIM 运维系统、一体化定位导航系统、数字孪生系统等，就像是给场馆配备了精于计算的"大脑"。在工程建设阶段，场馆应用 BIM 技术、机器人技术，先后破解索网屋面、幕墙系统、制冰系统等建设难题。

5.5.5　智慧场馆实现

奥运会的举行离不开场馆的支撑，应用互联网、智慧科技，国家速滑馆构建成了一座智慧场馆（图 5-59）。在智慧场馆方面，奥运会历来被视为展示举办国科技水平的舞台。近 3 届奥运会上，电视转播的模式由传统电视逐步覆盖到智能终端；高速 Wi-Fi 网络、移动通信网络场馆范围全覆盖；远程监控设备（无人机）的使用逐渐增多；AI 技术在交通、管理、餐饮方面在逐步尝试运用。

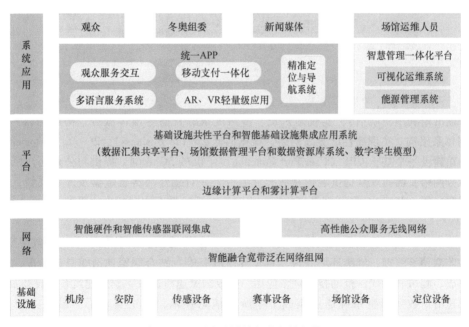

图 5-59　国家速滑馆智慧场馆架构

国家速滑馆通过集成智能融合宽带泛在网络和高性能公众服务无线网络、数据汇集融合共享和子系统功能联动、多能源系统和多种能源环节全生命周期的优化调度、可视化运维技术、室内精准定位与室内外导航、基于 VR、AR 的通用型轻量级增强现实和虚拟现实奥运技术等的先进研究成果，为速滑馆 4 类主要人群（观众、冬奥组委、新闻媒体及场馆运维人员）提供智慧化管理服务[120]。

1. 智慧管理一体化平台

以数据为导向提供管理服务，针对国家速滑馆多个子系统和产生的海量数据，智慧管理一体化平台通过数据融合和数据挖掘技术，收集多个系统的数据，以空间、地理信息、系统功能为分析基础，通过数据点位相关性、控制点位关联性等手段，建立分析模型。同时，开发一站式 APP，满足 2022 北京冬奥会、冬残奥会办赛、参赛、观赛需求；满足速滑馆日常管理、运营需求；满足各类人群服务冬奥、欣赏冬奥的需求；向世界各国官员、运动员、媒体、观众展示冬奥、速滑馆提供的极致服务、智慧管理以及交互体验[121]。智慧管理一体化平台架构如图 5-60 所示。

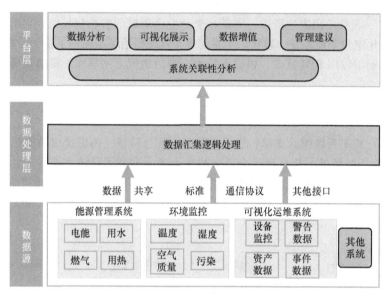

图 5-60　智慧管理一体化平台架构

2. "云-网-雾-端" 网络架构

国家速滑馆利用 5G 回传，实现多机位、多角度跟踪直播等媒体服务，构建 "云—网—雾—端" 网络体系架构。实现高性能无线网络。根据面向 2B（to Business）、2C（to Customer）两类场景，为场馆建设一个基于 UPF（User Port Function）下沉的 5G 专网，提供与公众用户区相隔的媒体转播服务网络，面向观众提供场内视频分流服务，并对接外部赛事数据及外场视频，实现场内个性化观赛应用，基于 5G 和云网雾端的架构将观赛时延降低至国际领先水平的 0.3s。

3. 数字孪生操作系统

国家速滑馆以现有智能化建设为基础，围绕 BIM 空间建模、AI 算法引擎构建数字孪生平台、暖通设备监测预警管理、健康环境管理、视觉导航服务等，结合国家速滑馆具体情况，通过关键技术的集成、测试和迭代，推动技术创新应用，完成国家速滑馆数字孪生建筑系统设计及实施。

国家速滑馆数字孪生系统通过集成上述所有信息技术，真正实现了 "最强大脑" 的作用（图 5-61）。例如，"冰丝带" 屋顶设置的气象站数字孪生系统实时感受外界的阳光风雨。室外空气品质好、总热量适宜时，会让场馆大量吸入新鲜空气，减少冷机用量，降低场馆能耗；室外空气品质不好时，会让场馆的净化系统开启，保障运动员、观众的环境质量；室外光线过强时，会降下场馆的电动遮阳帘；光线过弱时，它会及时反应，升起电动遮阳帘、开启大厅灯光，保证室内照明。在接入 36 个系统、近 10 万点实时数据后，场馆做到了 "有感觉，会呼吸，有记忆，会思考"。有感觉：场馆建筑布设各类物联网传感器，以多种网络方式实时捕捉室内外温度、湿度、空气质量、光照度等场馆运行数据。会呼吸：通过场馆屋顶气象站实时数据，场馆可根据空气质量主动吸入空气开启室内新风系统，根据室外光线强弱自动升降电动遮阳帘或启闭大厅灯光。有记忆："超级大脑" 会记录场馆各项运行指标，经数据挖掘分析后，主动提出场馆各空间合理运行参数。在保障人员安全、健康、舒适的前提下降低场馆耗能。会思考："超级大脑"会根据不同比赛场景、竞赛需求、观众数量、防疫形势，自动控制座椅送风系统、制冰温度、场地除湿系统、屋顶电动窗系统、防疫消杀系统，在保障赛事进行的同时，服务观众舒适观赛。

图 5-61　国家速滑馆数字孪生操作系统

2022 年冬奥会对国家速滑馆不仅是"科技冬奥"的展示台，也是各项工作的检验场。智慧化场馆的建设，使它赛时安全可靠运行，并满足赛后长期发挥其节能减排、高效运营的要求。在后奥运时代，增强使用人便捷、舒适的感受，创造场馆全新的运维管理模式，推动智慧场馆数字化、人性化、智慧化的转变。

思　考　题

1. 请谈一谈你对书中介绍的哪一个案例印象最深刻，请说明原因。
2. 你认为未来还可以有哪些智能建造技术的前瞻性应用？
3. 除了施工阶段，建筑机器人还能运用于哪些建造过程？请查找资料说明。
4. 建筑机器人的发展背景及意义是什么？请查找资料说明。
5. 目前国内建筑机器人发展的困境是什么？请查找资料说明。
6. 除本章介绍的几个智能建造案例外，你还知道哪些？

第6章

智 慧 城 市

内容摘要

本章追溯了智慧城市的起源、发展情况和发展模式，提出了智慧城市的定义、内涵和顶层设计框架，总结了智慧城市发展的基本要求、首要条件、基础支撑和重要手段（智能建造），介绍了智能建造技术在政务、交通、环保、医疗、教育、物流、社区和水务8大领域的应用，阐述了CIM的相关概念、发展和软件、城市未来和平台应用。

学习目标

了解智慧城市的内涵、发展历程和发展模式，熟悉智慧城市概念设计的要点和过程，理解智慧城市助力城市建设的要素，掌握智慧政务、智慧交通、智慧环保、智慧医疗、智慧教育、智慧物流、智慧社区、智慧水务8大领域的核心，了解BIM-CIM智慧城市构建的逻辑关系。

建造活动不论经历怎样的历史变迁、技术变革、智慧升级，其终极意义都是服务于人类更高水平的需求和更高质量的生活目标，智能建造技术也是如此。智能建造技术从自动化、数字化、再向智能化、智慧化发展，一步一步向着实现终极目标靠近。2008年智慧城市概念的出现，以及随后蓝图愿景的出现，让智能建造的目标有了一个更清晰、更明确的框架。智慧城市建设的目标依旧是服务于人类未来更美好的生活，从智慧政务、智慧交通、智慧环保、智慧医疗到智慧教育、智慧物流、智慧社区、智慧水务等城市建设的方方面面都是智慧城市不可或缺的部分。在这每一个智慧领域的实现路径上，处处可以见到智能建造技术的"身影"：智慧政务大厅的建设、智慧医院的建设、智慧教室的建设、智慧物流园区的建设、智慧社区的建设等。因为任何一座城市规划和蓝图的落地，都是从单体建筑开始的，智慧城市的建设必然离不开智能建造技术的支撑。作为智能建造的基石——BIM技术，也因为智慧城市的出现而有了新的发展目标——CIM技术。这是智能建造技术在辅助智慧城市建设的道路上进行的一次超越化的自我革新。通过将BIM技术升级到CIM技术，宽领域、多项目、全周期、长寿命的智慧城市实现已不再是遥不可及的蓝图，而是正在一砖一瓦变得触手可及。

近几年，在智能建造技术加速发展的背景下，智慧城市已有了雏形。在我国，多个城市相继建立了集成化的CIM平台。本章将以智慧城市作为核心内容，透过智慧城市的概念、愿景目标，以及落地的应用，看智能建造是如何在这背后发挥其不可替代的价值和功能。最后，智慧城市的落地与实现，并不意味着智能建造技术就已完成其使命；在未来，智能建造技术将长期地、发展地为人们美好生活的目标服务。

■ 6.1 智慧城市概述

6.1.1 智慧城市的内涵

1. 智慧城市的起源

智慧城市是在数字城市的基础上发展起来的城市信息化的较高阶段，城市的传感技术、GIS、数据处理等信息技术的应用水平比以前有所提高。

"数字城市"这个概念来源于"数字地球"，是美国前副总统戈尔于1998年在美国加利福尼亚科学中心提出的。他当时描述的"数字地球"是一种可以嵌入海量地理数据的、多分辨率的地球，可以用三维表示。当时这个概念一经提出，就在世界范围引起了极大的反响，同时也引起了城市管理者的高度重视，为城市管理者探寻解决日益突出的城市管理难题提供了一条新的途径。"数字城市"主要应用于城市灾害的防治、城市交通的智能管理与控制、城市资源的监测与可持续利用、城市环境管理与保护、城市通信的建设与管理、城市人口、经济、环境的可持续发展决策制定、城市生活的网络化和智能化等领域。数字城市具有使城市地理、资源、生态环境、人口、经济、社会等复杂系统数字化、网络化、虚拟仿真、优化决策支持和实现可视化表现等强大功能。它有利于提高政府决策的科学性、规范化和民主化水平，使城市规划具有更高的效率，更高的分析能力和准确性，更具前瞻性、科学性和及时性[122]。

国外"数字城市"的发展基本上经过了四个阶段：第一阶段是网络基础设施建设；第二阶段是城市政府与企业内部信息化建设；第三阶段是城市政府与企业之间的互联网连接；第四阶段是完成数字大厦、数字社区、数字城市的建设。

"智慧城市"的概念，最早起源于"智慧的地球"这一愿景。2008年11月，国际商业机器公司（IBM）发布了《智慧的地球：下一代领导人议程》主题报告，提出了"智慧的地球"这一理念。2009年2月，IBM更以"点亮智慧的地球，建设智慧的中国"为口号宣传"智慧的地球"，引起了社会各方的广泛关注。"智慧的地球"，实际上就是在各行各业中充分应用新一代的IT技术，把感应器嵌入和装备到全球各个角落，将电网、铁路、桥梁、隧道、公路等各种物体普遍连接，形成"物联网"，再通过"互联网"将"物联网"整合起来，使人们能以更加精细和动态的方式管理生产和生活，实现全球的"智慧"状态。IBM认为，所有装备了计算机和传感器的物体，不是孤立存在的，而是互联的，这些物体被连接起来形成的"物联网"，将推动整个世界变得更小、更加平坦，也变得更加"智慧"。换句话说，"互联网+物联网＝智慧的地球"。

作为"智慧的地球"的重要组成部分，"智慧城市"无疑是最贴近民生的内容之一。在IBM的《智慧的城市在中国》白皮书中，"智慧城市"被定义为这样一个城市：能够充分运用信息和通信技术手段感测、分析、整合城市运行核心系统的各项关键信息，从而对于包括民生、环保、公共安全、城市服务、工商业活动在内的各种需求做出智能的响应，为人类创造更美好的城市生活⊖。

2. 智慧城市的定义

智慧城市是物联网、感知网、云计算等集感知、获取、传输、处理于一体的信息技术在城市基础设施以及在政治、经济、文化、社会生活等各个领域广泛、深入应用[123]，信息资源得到高度整合和深度开发利用，并服务于城市规划、建设和运行管理，服务于政府、企业、公众，服务于城市人民生活的"城市信息化的较高阶段"。智慧城市是信息化向更高阶段发展的表现，具有更强

⊖ 引自《智慧的城市在中国》。

的自我学习、自我修正、自我完善和创新发展的能力。智慧城市是以智慧技术、智慧产业、智慧人文、智慧服务、智慧管理、智慧生活等为重要内容的城市发展新模式。

智慧城市的四大特征归纳如下：

1）全面感测。遍布各处的传感器和智能设备组成"物联网"，对城市运行的核心系统进行测量、监控和分析。

2）充分整合。"物联网"与互联网系统完全连接和融合，将数据整合为城市核心系统的运行全图，提供智慧的基础设施。

3）激励创新。鼓励政府、企业和个人在智慧基础设施之上进行科技和业务的创新应用，为城市提供源源不断的发展动力。

4）协同运作。基于智慧的基础设施，城市里的各个关键系统和参与者进行和谐高效的协作，达成城市运行的最佳状态。

智慧城市 "2N41" 的概念架构如图 6-1 所示[124]。其中，"2" 是指 "智慧城市" 建设的硬设施和软环境，硬设施包括遍布各处的各类感知设备、云计算基础设施、移动终端以及各类便民信息服务终端等，软环境为政策法规、标准规范、工作机制和保障措施、创新人才培养等；"N" 是指多个行业和领域智慧应用，包括交通、人口、农业、环保、民生等，各地区根据实际情况开展；"4" 是指 "智慧城市" 的 4 个目标，即市民生活幸福、城市科学管理、企业创新发展、社会运行和谐；"1" 是指通过 "智慧城市" 建设，达到城市运行最佳状态，通过加强物联网、云计算、视频监控等技术手段在城市运行中的应用，实现智慧城市运行监测和智能安保应急，提高政府精准管理能力，使城市运行更加安全、高效。

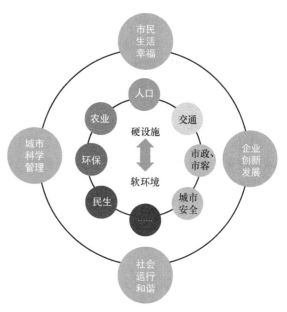

图 6-1 智慧城市 "2N41" 的概念架构

3. 智慧城市的发展背景

城市是国家的重要组成部分，是国家现代化建设的主力军，是提升国家可持续发展的行动重点和战略支点。随着人口膨胀与城市化快速发展，城市在规划布局、经济发展方式、管理和服务水平、生态环境等方面面临日益严峻的发展难题。新一代信息通信技术的快速应用和发展为城市的可持续发展提供了新的思路。智慧城市以城市可持续发展为目的，综合考虑城市运行中的各种资源、关系，从整体上形成一个有机的、有生命的城市运行体系。发展智慧城市是实施国家战略的必然要求，也是解决城市化引发的各种问题的有效途径之一。本节详细分析了智慧城市的发展背景，提炼总结了城市发展中面临的普遍问题和挑战，指出了智慧城市是在国家战略的必然要求和信息技术的蓬勃发展背景下提出的[125]。

（1）实施国家战略的必然要求　当今是知识经济时代。知识作为一项特殊的生产要素，在现代社会价值创造的功效已远远高于人、财、物等传统的生产要素，成为所有创造价值要素中最基本的要素。在知识经济的模式中，知识、科技先导型企业成为经济活动中最具活力的经济组织形式，代表了未来经济发展的方向。在这个时代中，最活跃的是计算机信息技术。以物联网、云计算为代表的新一代信息技术正在深刻地改变世界。

智慧城市是一种充分应用物联网、云计算、无线通信技术谋求城市发展的新理念，给环境、社会政治和经济、人们生产生活带来变革。智慧城市能够增强政府服务能力，提高企业生产效率，提升市民生活质量。智慧城市需要新一代信息技术的大量应用。因此，从与国家层面的关系来说，智慧城市是城市贯彻国家科技战略的必然要求和综合体现。

从城市本身来说，智慧城市是一种城市战略的选择，能解决城市当下的众多问题，谋取长期发展能力。北京、上海、广州、深圳、宁波、南京、佛山、扬州等城市率先提出发展智慧城市。有些城市已经颁布了智慧城市专项文件，如《智慧北京行动纲要》《上海市推进智慧城市建设2011—2013年行动计划》《宁波市"智慧城市"发展总体规划》《南京市"十二五"智慧城市发展规划》。

（2）城市化呼吁新城市模式　在我国，城市提供了80%的财政收入，贡献了70%的GDP，产出90%的高等教育和科研成果。我国城市化虽然带来了丰硕成果，但城市化率增加，意味着城市人口增多，这对城市而言是一把双刃剑。"城市病"是我国各级城市管理部门最关心的现实问题之一。如何兼顾城市化的快速发展和解决城市化发展过程中所面临的各种实际问题，探索有效的城市可持续发展模式和发展途径，是摆在每一个我国城市管理部门和管理者面前的一项现实问题。

智慧城市建设立足于整个城市，综合考虑城市的各个系统，协调和优化配置各种资源，获得整体上的利益最大化，以使整个城市协调、持续发展。据世界银行测算，一个百万以上人口的"智慧城市"的建设，在投入不变的情况下，实施全方位的智慧管理，将能增加城市的发展红利2.5~3倍，这意味着"智慧城市"可促进实现可持续发展目标，并引领未来世界城市的发展方向。

（3）信息化促进城市走向"智慧化"　人类社会经历了前工业社会、工业社会、后工业社会发展阶段，现正步入信息社会。信息社会发展大体上可分成五个阶段：起步阶段、转型阶段、初级阶段、中级阶段、高级阶段。在不同的发展阶段，信息社会发展将表现出不同的特点，面临不同的任务和问题。我国社会处于加速转型阶段。以物联网、云计算、无线网络为代表的新一代计算机信息技术加速发展，驱动城市信息化进入一个更高的阶段。城市信息变得更加深入、全面，无所不在。信息技术的应用深入城市管理、生产、生活的各个领域，取得了良好的效益。

智慧城市将加快新一代信息技术等先进技术的发展和应用的发展进程，促进新兴产业的快速发展，提升城市产业结构，推动城市经济转型升级。面临这样的机遇，城市要抓住机遇，加快新技术研发、引进和推广应用，促进以智慧型装备与产品制造业为代表的先进制造业的培育和传统产业的提升，大力发展新的经济形态，加快产业转型升级，形成现代产业体系。

新一代信息技术在公共服务领域、城市经济的普遍应用使城市生活更加安全、舒适、便捷、丰富。总之，信息化在城市的深入、全面应用，给城市原有的运行模式带来巨大的冲击，其发展必然进入一个新的发展阶段——"智慧化"。

6.1.2　智慧城市的发展情况

1. 国外智慧城市的发展情况

在全球信息浪潮的影响下，世界各国和政府组织都提出了依赖信息技术来改变城市未来发展的计划，智慧城市建设已经成为各国抢占新一轮信息产业制高点、推进城市低碳化进程、促进本国经济结构调整的重要抓手。目前，全球有超过600个城市在进行智慧城市的试点、规划和建设，表现形式多样[126]。

（1）美国　智能电网是美国智慧城市建设的重点。2009年2月，美国提出投资110亿美元，建设可安装各种控制设备的新一代智能电网，以降低用户能源开支，实现能源独立性和减少温室气体排放。2009年6月，美国发布了第一批智能电网的行业标准，这标志着美国智能电网项目正式启动。图6-2所示为美国智能电网的示意图。

图 6-2　美国智能电网示意图

2009 年 9 月，美国迪比克市与 IBM 宣布共同建设美国第一个智慧城市。IBM 在迪比克市采用一系列新技术，将该市完全数字化并将城市的所有资源都连接起来，可以侦测、分析和整合各种数据，并智能化地响应市民的需求，降低城市的能耗和成本，更适合居住和商业的发展。

在美国，出现了一些智能化的城市仿真系统。例如，UrbanSim 系统是一套基于城市交通需求模拟分析和城市土地开发综合分析的新型城市发展仿真软件，该系统界面如图 6-3 所示。该系统综合了城市土地使用、交通运输和城市政策的交互作用。该系统包含一套基于敏感度分析的研究方法，用于城市土地利用和交通需求、空气质量、水供给和需求及基础设施成本等的综合作用的模拟分析，协调土地利用规划、交通运输规划和环境保护三者的关系，模拟城市发展出现的问题[127]。

图 6-3　UrbanSim 系统界面[127]

总体来说，美国智慧城市建设的特点是选择重点领域进行突破，政府注重与商业机构的合作，强调对城市空间发展的优化。

（2）欧盟　欧盟早在 2007 年就提出了一整套智慧城市建设目标，并付诸实施。2010 年 3 月，欧盟委员会出台《欧洲 2020 战略》，提出了三项重点任务，即智慧型增长、可持续增长和包容性增长。智慧型增长意味着要强化知识创造和创新，要充分利用信息技术。《欧洲 2020 战略》把"欧洲数字化议程"确立为欧盟促进经济增长的七大旗舰计划之一。在欧洲，阿姆斯特丹、斯德哥尔摩、哥本哈根、维也纳等城市的智慧化水平较高。

1）阿姆斯特丹。2008 年，阿姆斯特丹启动了阿姆斯特丹智慧城市（Amsterdam Smart City，ASC）计划。该计划包括可持续的工作、生活、交通和公共空间 4 个专题。在可持续的工作方面，阿姆斯特丹建成了先进的智能建筑——ITO Tower 大厦；在可持续的生活方面，通过实施 West Orange 和 Geuzenveld 项目，实现了家庭节能；在可持续的交通方面，实施了 Energy Dock 项目，便于汽车和船舶充电；在可持续的公共空间方面，把 Utrechtsestraat 街道改造为气候大街（The Climate Street）。2011 年，ASC 计划增加了在线监控市政大楼（Online Monitoring Municipal Buildings）、太阳能共享、智慧游泳池、智能家用充电器、商务区全面使用太阳能等内容，到 2015 年把阿姆斯特丹建设成为一个真正的绿色智慧城市。

2）斯德哥尔摩。斯德哥尔摩在通往市中心的道路上设置了 18 个路边监测器，利用 RFID、激光扫描、自动拍照等技术，自动识别进入市中心的车辆，在周一至周五（节假日除外）6：30—18：30 对进出市中心的车辆收取拥堵税，使交通拥堵水平降低了 25%，温室气体排放量下降了 40%。

3）哥本哈根。2010 年，哥本哈根开始推广一种智慧自行车，如图 6-4 所示。这种自行车的车轮装有电池，电池可以存储能量，制动的力量可以回收成帮助爬坡或加速的能量。轮子上的传感器会测量骑行的方向，当往前踩时，传感器会控制车轮的电动机帮自行车往前冲；当制动时，电动机帮助自行车慢下来，并重新为电池充电。这种自行车受到人们的喜欢，越来越多的市民拉长骑自行车的距离，以减少使用产生温室气体的交通工具。

图 6-4 哥本哈根智慧自行车

4）维也纳。2011 年初，维也纳提出了智能城市发展目标，目的是让维也纳具备应对未来城市发展所面临的能源和气候挑战并实现经济和科技现代化。维也纳的智能城市发展计划由该市的市长直接负责，下设专门的行动领导委员会，具体事务主要由负责城市发展规划和负责城市能源发展规划的部门实施，来自公共、私营和研究领域的 8 家机构共同参与。

总体来说，欧盟国家的智慧城市建设比较强调低碳、环保、绿色发展，体现了其"以人为本"的思想。

（3）澳大利亚　2009 年，澳大利亚政府投入 1 亿澳元启动智慧电网和智慧城市项目的实施。2011 年 6 月，澳大利亚宽带、通信和数字经济部发布了《国家数字经济战略》（National Digital Economy Strategy），旨在利用信息化手段提高澳大利亚的生产力。该战略包含智慧电网、智慧城市等方面的内容。

布里斯班是澳大利亚第三大城市，昆士兰州的首府和工商业中心。近年来，布里斯班市政府开展了"绿心智慧城市计划"，建设绿色交通系统、绿色基础设施等，将布里斯班打造成为澳大利亚最为节能环保的城市之一。布里斯班每年举办全澳洲的"智慧城市创新节"，通过构建开放的绿色智慧城市建设创新网络，高效推进绿心智慧城市计划的实施。

澳大利亚把智慧城市纳入国家数字经济战略，体现了澳大利亚政府的战略眼光。与欧盟国家类似，澳大利亚的智慧城市建设也比较强调低碳、环保和绿色发展。例如，为了减轻对道路拥堵和减少二氧化碳排放量，澳大利亚政府鼓励企业允许员工进行远程工作。

（4）韩国　2004年3月，韩国政府推出了u-Korea发展战略，希望使韩国提前进入智能社会。"u"是英文ubiquitous的缩写，译为"泛在"。u-City是一个可以通过泛在技术把市民及其周围环境集成起来的城市发展模式，它把IT包含在所有的城市元素中，使市民可以在任何时间、任何地点、从任何设备访问和应用城市元素。

在城市设施管理方面，利用无线传感器网络，管理人员可以随时随地掌握道路、停车场、地下管网等设施的运行状态。例如，城市供水系统的管道漏水会浪费宝贵的水资源。利用基于无线传感器网络的u-设施管理系统（u-Facility Management System，u-FMS），可以实时监测流量、水压和水质，以便对漏水情况及时进行处置。

在城市安全方面，传统火灾监测需要配备高清晰度摄像机，而且很难区分火灾烟雾和自然雾气。利用红外摄像机和无线传感器网络，在监测火灾时，可以突破人类视野限制，提高火灾监测自动化水平。u-中心由传感器监测系统、集成数据分析系统、广播系统、外灯控制系统、门控系统、基于位置的短信服务系统、通风控制系统、三维GIS等组成。当大楼遇到紧急情况时，u-中心可以监测现场，控制门、通风系统、灯等，通过广播、短信告知险情。

在城市环境方面，u-环境系统可以自动给市民手机发送是否适宜户外运动的提示，市民还可以实时查询气象、交通等方面的信息。利用u-环境系统，可以根据空气可吸入颗粒物浓度，自动开启道路洒水系统，不但可以减少可吸入颗粒物，还可以降低城市热岛效应。u-环境系统一般由空气污染监测系统、清洁道路系统、水循环系统组成，如图6-5所示。

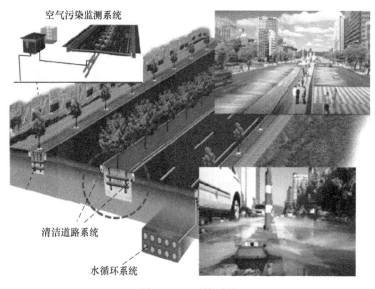

图6-5　u-环境系统

在城市交通方面，u-交通系统一般包括公交信息系统、残疾人支持系统、公共停车信息系统、智能交通信号控制系统、集成控制中心组成，并与u-家庭、u-安全、u-设施管理、u-门户、u-服务等系统互联互通。安装在公交车上的GPS系统可以给公交车实时定位，并计算与下一站的距离，然后将公交车位置和距离信息发送给公交车站电子显示屏，乘客可以知道某路车预计到达时间。安装在路口的传感器可以感知路口车辆，智能交通信号控制系统可以根据各路口的车辆数来决定红绿灯时间，提高路口通行效率。市民开车到某地，就可以通过公共停车信息系统知道附近停车位信息。如果某个市民想去某地，u-交通系统可以根据交通情况选择一条最优线路，并给市民实时导航。韩国在许多斑马线上安装有传感器，当带有RFID的老人、残疾人或小孩过马路时，u-交通系统就能感知，适当延长红灯时间，保证老人或小孩顺利通过，如图6-6所示。路边还安装有电子测速传感器。如果某汽车在接近路口时速度超过规定速度，系统就会报警，提醒驾驶人减速慢行。

图6-6　u-交通系统

在城市生活方面，韩国首尔不少街道或广场安装有一种生态友好的显示屏，这种显示屏利用电子芯片，可以使 LED 的能耗降低 26.7%。通过不同环境背景下的亮度控制，可以使显示屏能耗降低 18%。首尔有条媒体街，街道两边立有许多媒体柱，如图6-7所示。媒体柱包括了街灯、视频监控探头、LED、网络摄像头、触摸屏、脚灯、安全后灯、麦克风。媒体柱具有上网、拍照、玩电子游戏具有等娱乐功能，还可以进行电子投票。

图6-7　首尔媒体街

（5）新加坡　新加坡 iN2015 战略在 2015 年提出了三大愿景，分别是创新（Innovation）、集成（Integration）和国际化（Internationalization）。在创新方面，iN2015 通过提供一个支持企业和人才的信息通信平台提升企业、个人、社区的创造力和创新能力。在集成方面，iN2015 连接企业、个人和社区，给它们一种在不同的业务领域和地区迅速、有效地驾驭资源和资本的能力。在国际化方面，iN2015 是一个使新加坡人民能够简单、快速地访问世界资源，同时把新加坡的理念、产品、服务、企业和人才输出到全球化市场的渠道。

新加坡 iN2015 战略包括四个方面的内容：一是通过使用更具先进性的和创新性的信息通信技术，促进关键经济部门、政府和社会的转型；二是建立超高速、泛在、智能化和可信的信息通信基础设施；三是发展具有全球竞争力的信息通信产业；四是开发信息通信技术娴熟的劳动力和具有全球竞争力的信息通信人力资源。

（6）日本　日本的智慧城市建设始于 2009 年。2009 年 7 月，日本推出了到 2015 年的中长期信息技术发展战略——"i-Japan（智慧日本）战略2015"。"i-Japan战略2015"的重点是大力发展日本的电子政府和电子地方自治体，力求推动智慧城市在日本的发展。

日本在i-Japan中提出的智慧城市战略包括建立电子政务、医疗保健和人才教育核心领域信息系统，培育新产业，整顿数字化基础设施。日本的智慧城市实施路径是先在大城市周边地区建立智慧城市的样板，待初步成熟和市民基本认可后再向市区推广。日本还把举办与智慧城市有关的展览会作为另外一个智慧城市建设的战略，以智慧城市展览等形式提高日本在国际智慧城市建设市场上的影响力。这些举措为日本在未来全球智慧城市的标准化和规范化建设中奠定了坚实的基础。

日本智慧城市建设的战略可以归纳为：智慧城市建设主要是向节能和环保方向发展，从汽车交通和基础信息网络两大方面入手，建立智慧城市的雏形，再向其他方面扩展，企业和地方政府共同成为智慧城市建设的主力军，以国内试点城市积累经验和成果，注重国际合作和推广。

2. 国内智慧城市的发展情况

2008年智慧地球概念提出后，世界各国给予了广泛关注，并聚焦经济发展最活跃、信息化程度最高、人口居住最集中、社会管理难度最大的城市区域，先后启动了智慧城市相关计划。我国也高度重视智慧城市建设，并且随着物联网、云计算、人工智能等信息技术的发展，智慧城市逐步成为我国城市建设的新方向[注]。

（1）我国智慧城市的发展历程　整体来看，我国智慧城市的发展历程分为以下四个阶段：

1）第一阶段：初步探索阶段（2008年—2012年）。从2008年底智慧城市概念提出，我国进入智慧城市的初步探索阶段。随着云计算、物联网等技术应用加速，智慧城市概念逐步得到广泛认可，上海、南京等城市在2011年制定了相关规划，初步探索智慧城市建设发展。但整体上该时期智慧城市发展速度较为缓慢。

2）第二阶段：试点发展阶段（2012年—2014年）。自2012年，我国智慧城市建设进入深入探索阶段，相关部委、各省及市级政府相继出台具体领域的细化政策，支持智慧城市建设。其中，在住建部的推动下，智慧城市试点示范工作正式启动，相继发布第一批试点城市名单（90个市、区县、乡镇）和第二批试点城市名单，并配4400亿元授信额度支持智慧城市建设。此外，科技部、发改委、工信部等部委也陆续发布智慧城市试点。

3）第三阶段：统筹发展阶段（2014年—2016年）。该阶段，经国务院同意，国家发展和改革委、工业和信息化部、科学技术部、公安部、财政部、国土资源部、住房和城乡建设部、交通运输部等八部委印发《关于促进智慧城市健康发展的指导意见》，要求各地区、各有关部门落实本指导意见提出的各项任务，并在国家层面成立了"促进智慧城市健康发展部际协调工作组"。此后，各部门开始协同指导地方智慧城市建设，智慧城市建设进入统筹发展阶段。

4）第四阶段：加速发展阶段（2016年至今）。该阶段提出了新型智慧城市理念，明确了新型智慧城市的发展目标：形成无处不在的惠民服务、透明高效的在线政府、融合创新的信息经济、精准精细的城市治理、安全可靠的运行体系。分级、分类推进新型智慧城市建设，打造智慧高效的城市治理，推动城际互联互通和信息共享，建立安全可靠的运行体系。

与此同时，智慧城市的建设标准和相关技术标准更加明确，各地新型智慧城市建设加速落地，智慧城市样本城市初步成型，建设成果逐步向区县和农村延伸，使智慧城市成为国家新型城镇化的重要抓手，政务信息系统整合共享不断加强，逐步打破信息孤岛和数据分割。

（2）我国国家层面的智慧城市政策　2012年以来，我国智慧城市建设步伐加快，国家每年都根据智慧城市的发展情况出台相应政策，从智慧城市的建设标准、建设内容、技术大纲等多个维

⊖ 引自 https://zhuanlan.zhihu.com/p/201414574。

度进行支持，建立了良好的政策体系，进一步促进我国智慧城市又快又好地发展。

（3）现阶段我国智慧城市发展规划目标 2020年，"新基建"被首次写入政府工作报告，如何让"城市大脑"变得更聪明成了智慧城市建设破局的关键。2021年，关于新型智慧城市建设的讨论持续升温。

"十四五"规划和2035年远景目标的内容之一就是：统筹推进传统基础设施和新型基础设施建设。加快数字化发展，打造数字经济新优势，协同推进数字产业化和产业数字化转型，加快数字社会建设步伐，提高数字政府建设水平，营造良好数字生态，建设数字中国。图6-8所示为我国智慧城市建设规划目标体系。

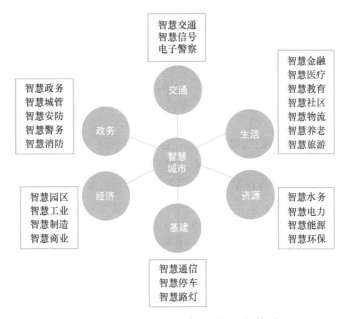

图6-8 我国智慧城市建设规划目标体系

（4）重点城市智慧城市发展规划 2021年，北京、上海、深圳等智慧城市领头示范城市发布了相关政策，制定了相关规划，将智慧城市写入了2021年的首要发展任务，正式拉开了"十四五"开局之年的智慧城市新篇章。例如，深圳市政府在2021年1月发布《深圳市人民政府关于加快智慧城市和数字政府建设的若干意见》，提出到2025年，打造具有深度学习能力的鹏城智能体，成为全球新型智慧城市标杆和"数字中国"城市典范。

在政策的大力推动下，智慧城市的建设在一线城市和发达的二线城市已经进行。然而，各个城市的发展水平和信息化程度千差万别。对于发达城市来说，会重点发展民生相关的智慧城市建设，以智慧城市提高城市创新和竞争能力；而对于中型城市，则会更注重智慧城市与当地旅游、港口等资源的结合。表6-1展示的是典型城市的智慧城市建设规划侧重点。

表6-1 典型城市的智慧城市建设规划侧重点

典型城市	智慧城市建设规划侧重点
深圳、上海等	以建设智慧城市作为提高城市创新能力和综合竞争实力的重要途径
武汉、宁波等	以发展智慧产业为核心
海口、桂林等	以发展智慧港口、智慧旅游为重点

（续）

典型城市	智慧城市建设规划侧重点
佛山、昆山等	以发展智慧管理和智慧服务为重点
杭州、南昌等	以发展智慧技术和智慧基础设施为路径
成都、重庆等	以发展智慧人文和智慧生活为目标

6.1.3　智慧城市主要发展模式

智慧城市是以全面信息基础设施和平台为基础，由政府投资拉动和居民需求结合驱动的多层次综合应用体系。作为将先进技术全面融入城市精细化管理中的有效手段，智慧城市本身就是一个涵盖了新一代信息技术各个领域的综合应用体系。"智慧城市"的建设分为前期基础设施建设、中期数据处理设施建设和后期的服务平台建设，相关的建设涉及通信设备制造企业、系统集成企业、数据采集分析企业、通信运营商和数据服务企业，对整个产业链将起到巨大的拉动作用。我国智慧城市建设的三种模式如下[128]：

（1）以物联网产业发展为驱动的建设模式　重点发展物联网相关产业，出台物联网产业扶持政策，大规模建设物联网产业聚集园区，吸收、培养科研人才，扶持一批重点企业，形成一批示范项目，按照先培育产业发展，再拉动社会应用的模式来进行智慧城市的建设。代表城市有：天津、广州、杭州、无锡、成都等。

（2）以信息基础设施建设为先导的建设模式　大力建设城市信息基础设施，敷设光纤骨干网，实现有线网络入户、无线网络覆盖公共区域，增加网络带宽，提高网络覆盖率，推进三网融合，大规模部署无线信息设备，以建成无论何时何地都可以互联互通的城市信息网络。代表城市有：上海、南京、福州、大连等。

（3）以社会服务与管理应用为突破口的建设模式　重点建设一批社会应用示范项目，在公共安全、城市交通、生态环境、物流供应链、城市管理等领域开展一大批示范应用工程，建设一批示范应用基地，重点突破、以点带面、逐步深入地进行智慧城市的建设。代表城市有：北京、宁波、武汉、沈阳、石家庄等。

从政府与市场的不同组合上看，智慧城市建设可分为三种模式，即政府主导型发展模式、市场主导型发展模式和混合型发展模式，具体如下：

（1）政府主导型　在政府主导型模式下，城市政府制定明确的智慧城市发展战略，制定和颁布促进智慧城市建设的政策措施，不断加大基础设施投资，推动国际、国内的相关资源要素向城市集中，支持和鼓励政府、企业、市民等主体之间形成互动和网络关系，营造有利于创新的文化氛围，引导全社会参与智慧城市建设。政府主导型的发展模式主要依靠自上而下的力量，金融业不发达、风险投资不足的城市可以采用此模式。

（2）市场主导型　市场主导型的智慧城市发展模式，是在市场机制配置资源的前提下，通过营造城市发展的环境，间接引导智慧人文要素和智慧产业要素向城市集中，建设主体在各自的利益需求和市场竞争压力下，不断寻求技术上的突破和科技创新，自发地在城市地区形成智慧产业集群和有利于创新的环境。这种市场导向型发展模式主要来自自下而上的力量，发达工业化国家一般采用此模式。

（3）混合型　混合型的智慧城市发展模式，是在智慧城市建设中同时吸收政府与市场两种力量。目前，我国正处于智慧城市建设的起步阶段，实践中应综合两种模式的长处。在政府促进城市信息化基础设施完善的同时，智慧城市建设与发展尚需充分利用市场机制推动建设要素向城市集聚与流动，特别是增大社会资本对城市 ICT 基础设施和科技、知识竞争力的基础投入。城市的智慧发展需要市场与政府、自发性与目标性等综合力量的推进。有关专家指出，长远意义的智慧城市的建设和发展，将逐渐趋向混合型发展模式，实现自上而下和自下而上的有机结合。

■ 6.2 智慧城市概念设计

本节首先明确开展智慧城市顶层设计的必要性和意义，继而分析智慧城市三大服务主体——市民、企业和政府的需求，从全局高度，统筹提出智慧城市框架的三大层次，即战略目标层、支撑保障层和核心功能层，并对每一层的建设意义、建设内容、基本特点、具体要求等进行具体阐述，特别是针对智慧城市的核心功能层，从功能概念角度和技术系统两大角度进行了详细分析，最终形成智慧城市概念框架的基本架构。

6.2.1 框架设计必要性

智慧城市建设是一项庞大的、具有全局性和长期性的系统工程，涉及城市建设发展的方方面面，涵盖领域广泛，为明确智慧城市的各阶段目标，分步骤有序实施，必须构建起智慧城市概念架构，综合考虑各领域的发展特征和管理需求，分领域规划、分层次设计。可以说，智慧城市设计工作是开展智慧城市建设的先决条件和必然要求。对于智慧城市这类涉及多个单位、多类信息子系统、多领域的重大工程，如果缺乏从城市整体运行角度的全盘统筹考虑和调度，缺少框架设计、详细设计等的支撑，整个智慧城市建设将陷入条块分割、利益割裂、自建自用的困境，无法实现城市高度智能化对居民普惠服务的提供、对经济产业发展的拉动和城市运行效能的提升。缺乏设计的指导，建设过程中还可能出现建设思路和方向不明晰，偏离智慧城市目标主线导致中途返工等问题。

武汉市在进行智慧城市概念设计时，对智慧城市的通用模型、总体框架、技术体系、指标体系等方面进行了综合设计，其通用模型和总体框架构建了一个由城市基础设施、资源、运行服务，以及相关支撑环境和产业等构成的有机体系。武汉市智慧城市模型框架如图 6-9 所示。

图 6-9　武汉市智慧城市模型框架

由此可见，为科学、高效地推动智慧城市建设，有序地组织实施智慧城市试点示范城市创建工作，形成因地制宜的智慧城市建设实施方案，必须要设计好智慧城市的框架和各领域框架体系，为智慧城市的具体部署、有序推进和实施提供依据和指导。

6.2.2 框架设计原则

在智慧城市设计的统筹规划中，应把握好以下六个方面的设计原则：一是应做好智慧城市建设规划与经济社会发展、城市建设、资源利用、信息化发展等规划的衔接；二是综合考虑人口增长、经济发展与土地、资源、环境的有效保护，促进城市人口布局与资源环境更加协调；三是统筹城乡发展，加快以工促农、以城带乡、城乡一体发展步伐；四是统筹下一代信息基础设施与其他公共基础设施的规划设计和集约建设，实现城市基础设施的智能化提升；五是在充分科学研究的基础上，统筹技术研发、标准制定、产业发展和行业应用，以应用为导向开展信息技术、产品、服务和商业模式创新，形成应用、技术、产业协调推进的良性循环；六是协同考虑智慧城市建设的硬环境和软环境，加强发展理念、文化氛围、信用环境、法规标准等软环境建设，形成智慧城市健康发展的格局。

6.2.3　框架设计过程

框架设计必须在全面分析智慧城市建设和服务主体基本需求的基础上，制定城市战略目标，综合考虑城市管理、运行、服务功能、城市建设运营模式、推进保障、长效机制等多方面因素，进行分层次的综合性统筹设计。智慧城市的设计不是各领域设计的简单堆砌，目前一些城市的智慧化推进中仍依照交通、能源、环境、电力、医疗等应用领域分别考虑的思路，独立建设各信息化系统，领域之间的关联性设计不足，缺乏统筹的总体设计或顶层设计[129]。

智慧城市的设计应综合考虑，从横向加强其各组成部分之间，以及部分与整体之间的关联性，将城市看作一个以新一代信息技术为基础支撑，以应用系统、信息系统的大综合、大集成为特点的城市级"系统"，按照全面互联、充分整合、协调运作的思路，进行智慧城市概念设计，构建以"保障措施为支撑，以运行操作为核心，以目标评价、动态调整为掌控"的智慧城市总体架构。图 6-10 所示为智慧城市设计总体框架。

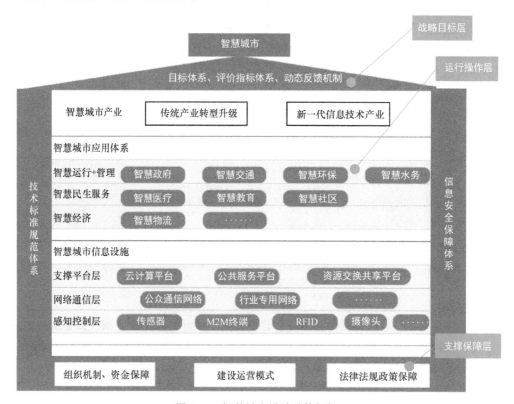

图 6-10　智慧城市设计总体框架

战略目标层是智慧城市建设不可或缺的组成部分，它指引智慧城市的发展方向，同时，对智慧城市建设、运行情况进行评价和反馈，确保智慧城市的发展不偏离发展目标。

运行操作层是指智慧城市的规划和建设重点，按照功能内聚、层次划分的思想，进一步形成"三横两纵"的基础架构。"三横"是对智慧城市产业、智慧城市应用体系、智慧城市信息设施进行总体设计；"两纵"是指智慧城市技术标准规范体系和信息安全保障体系，贯穿"三横"的始终，确保"三横"发展有序、完整。

支撑保障层是推进智慧城市建设的保障，提供了智慧城市战略发展的基础支撑环境，包括组织机制保障、资金保障、法律法规等政策保障，同时对智慧城市建设运营模式提供有效建议。

运行操作层满足智慧城市中三大主体——市民、企业、政府——的具体需求，战略目标层和支撑保障层确保智慧城市建设和发展的有序和协调，三者统筹，从全局的视角，协调各种关系和要素，共同为智慧城市建设打下坚实基础。下面对总体框架中的各组成部分展开进一步阐述。

1. 战略目标层

城市智慧化发展建设建立在对各领域信息感知的基础之上，是一个长期协调运行和综合决策的过程。智慧城市可被看作一个巨大的认知信息系统，具备认知系统的基本特征，具有"认知-决策-反馈-学习"这一稳定的认知系统基本模式。面对各行各业自身及行业之间信息沟通与交互的快速发展，有必要在智慧城市战略目标的基本架构中，引入目标评价体系、动态调整和反馈机制，解决各类发展和管理问题，推动智慧城市这一复杂认知系统在稳定中向着"智慧生长"的中长期战略目标迈进，开辟城市智慧化发展新路，实现智能技术高度集中、智能经济高端发展、智能服务高效便民。

（1）目标体系　智慧城市的目标设定不能脱离城市战略发展重点和城市自身特色，必须根据城市的财力、资源、人才等综合实力和经济社会发展的基本战略部署，确定智慧城市建设的目标。例如，北京市将"文化智能传承"作为智慧城市建设目标之一，充分体现了北京作为全国文化中心的需求；东莞市充分结合其"世界工厂"的工业基础优势，重视智慧应用建设与智慧产业协同发展；绵阳市作为国家重要的电子信息科研生产基地，将电子信息产业打造成为绵阳市的龙头产业，引领全市经济创新发展；扬州市则突出以人为本，以服务大局、服务发展、服务民生为中心，深化信息技术在城市服务领域中的应用，在智慧民生领域全力打造国家级示范工程。

总体而言，智慧城市的目标要围绕城市的经济产业发展、城市运行与管理、市民生活服务、城市环境、信息基础设施等方面进行设计。

值得注意的是，智慧城市的目标设定要体现服务市民、企业和政府的效果，不要盲目追求最新技术手段，设定一些华而不实的目标。同时，智慧城市的目标不是设定之后就可以一劳永逸，必须既着眼当前紧迫问题，又注重长远发展。智慧城市的建设依靠信息和通信技术的支撑，而后者目前本身还在日新月异地迅速发展，信息技术的快速发展使得信息系统、应用软件等每隔 3~5 年就必须升级，因此智慧城市的中长期目标应该随着科学技术的不断进步进行动态调整。

（2）指标评价体系　智慧城市的指标评价体系，对智慧应用和服务发展、智慧基础设施建设、智慧产业发展等方面给出定性和定量的评估指标，及时、有效、准确地评价智慧城市发展水平，对建设进展中的系统状态、存在问题及时发现，迭代制订切合智慧城市发展需求的建设重点任务，帮助政府进行科学、合理的决策，确保智慧城市健康、有序地发展。

智慧城市的指标体系作为智慧城市发展阶段和建设目标完成进度的重要评价依据，要求它在构建过程中，要结合智慧城市的特性，与信息城市、数字城市、知识城市等城市发展理念有效区别开来；要紧密结合城市的现状和未来发展需求，与城市的特色紧密结合起来；还要坚持以定量指标和定性指标相结合，全面、真实地反映智慧城市的发展程度。

智慧城市评估的对象主要包括智慧城市运行评价对象和智慧城市基础支撑评价对象，智慧城市运行评价对象是指智慧城市整体运行监测,主要是指监测分析子系统所涉及的指标评价对象,包括感知与网络层、平台与集成层、各平台决策与表现层及整体检测与分析;智慧城市基础支撑评价对象是运行监测的基础和支撑。例如,可设计智慧基础设施、智慧运行和管理体系、智慧公共服务体系、智慧城市产业体系等评价对象。

(3)动态调整和反馈机制 为了更好地实现智慧城市的发展目标,有必要在顶层设计中引入决策反馈机制,及时修正智慧城市推进过程中的问题,推动智慧城市这一复杂认知系统在稳定中向着既定目标不断迈进。

基于智慧城市对建设状况、发展水平的目标评价,可以进一步对智慧城市基础支撑层和核心功能层进行相应的配置优化处理。这一过程可称为智慧城市目标层的学习反馈过程。学习是对当前智慧城市各领域、各层面的现状、环境和决策的信息获取和学习,反馈是为了达到智慧城市最终目标的优化决策。智慧城市是一个庞大且长期推进的系统工程,所涉及项目和工程数量多、规模大小不一,只有制定切合实际需求的项目管理机制,加强项目管理和推进,才能实现项目的长期持续有效推进。智慧城市学习反馈系统要实现与项目管理充分结合,对前期项目进行过程中存在的问题,采用完善和优化推进机制,不断推进和优化项目管理,有效保障智慧城市目标的实现。

2. 运行操作层的功能视图

从城市功能的角度来看,运行操作层是智慧城市的重点部分,构成了智慧城市的核心主题,根据对智慧城市的主要需求功能,可将其划分为"三横两纵"的功能框架体系,如图6-11所示。

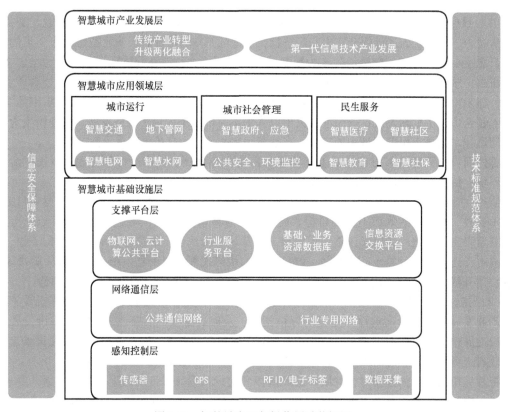

图6-11 智慧城市运行操作层功能视图

(1)产业发展层 智慧产业是智慧城市建设的物质支撑和重要支柱,智慧产业的快速发展将推动城市经济向智慧、健康、高效化发展。一方面，智慧产业有利于促进经济发展方式从劳动资源密集型向知识、技术密集型转变，提高知识与信息资源对经济发展的贡献率；另一方面，智慧产业可促进信息技术与传统产业的融合发展，推动产业结构优化升级。

从广义层面来看，智慧产业体系主要包括新一代信息技术产业和传统产业的优化升级，后者又包括先进制造业、现代农业。从狭义层面来看，智慧产业体系专指以信息技术为先导的高新技术产业，包括电子信息制造产业、软件与信息服务业、通信业等。智慧经济产业建设内容主要包括电子商务、智慧物流、智慧金融等。

（2）应用领域层　智慧城市的建设和发展将涉及影响城市经济、社会发展的多种信息系统，在一个城市的智慧应用项目具体建设过程中，要充分考虑当地的经济发展水平、城市战略重点、信息化基础环境、自然资源禀赋等，合理设计相关的智能化应用。通过分析国内外智慧城市建设重点内容和主要应用，可将智慧应用领域分为以下三个层面。

1）智慧民生服务体系。智慧民生是智慧城市中需要重点关注和解决的问题，它直接影响到智慧城市的建设效果，不仅关系到人们的切身利益，更是成功与否的关键。智慧民生服务要为公众在衣食住行等日常生活方面提供便捷、良好的服务，主要建设内容包括智慧医疗、智慧教育、智慧社保、智慧社区、智能家居等。

2）智慧城市运行体系。智慧城市运行体系支撑城市健康有序运作的基础设施智能化转型，为智慧城市有条不紊地运行打下基础，包括智能水、电、气、道路、桥梁、机场、车站等基础设施的感知化、智能化建设，实现高度一体化、智能化的基础设施等。

3）智慧城市管理体系。智慧城市管理体系包括智慧政府以及公共管理体系建设，智慧政府的实施有助于提升决策执行能力，提高管理服务透明度，加强业务协同水平；开展智慧公共服务体系建设可增强社会参与管理意识和加强政府公共管理能力建设，主要建设内容包括智慧公共安全、智慧城市应急、智慧环境保护等。

（3）基础设施层　信息基础设施是城市信息资源开发利用和智能应用普及的硬件基础，是支撑智慧城市民生服务应用、政府管理、产业支撑平台的核心部件，也是提升城市市政基础设施智能化水平的关键要素。建设智慧城市，必须把提升城市信息网络综合承载能力、设施资源综合利用能力和信息通信集聚辐射能力作为重点任务来抓。

随着信息技术日新月异的发展，信息基础设施的内涵也在不断丰富和扩展。智慧城市的信息基础设施，是在原有城市信息基础设施（网络基础设施、物理支撑设施）的基础上，分别向上层和下层的扩展延伸，形成感知设施、物理设施、网络设施、应用支撑设施的整体城市基础设施，从而增强城市的感知、交互、智能判断、协同运作等能力，为智慧应用和服务提供有效支撑。

（4）技术标准规范体系　通过对新一代信息技术，以及感知化、互联化、智能化方式的充分利用，智慧城市可以将城市中的物理基础设施、信息基础设施、社会基础设施和商业基础设施紧密连接起来，形成新一代的智慧化基础设施，使城市中各领域、各子系统之间的关系显性化，就像给城市装上网络神经系统，使之可以指挥决策、实时反应、协调运作。

为实现上述目标，智慧城市必须建立统一的标准规范，实现系统间低成本、高质量的互联互通。其技术规范可以表现为：系统网络接口和协议规范的统一设计；系统互通共享接口、协议、总线引擎和数据的统一设计；系统中间件和各个能力引擎的统一设计；系统表现层的统一设计；系统决策分析方法的统一设计；系统评价体系规范的统一设计等。

（5）信息安全保障体系　随着智慧城市中信息资源获取、传输和处理规模急剧扩大，经济社会领域信息外泄的风险增大，并且在智慧城市高度集成应用和智能化发展的大趋势下，原先各自独立的信息系统将进一步互联互通，信息资源和数据更进一步汇聚、共享和整合，智慧城市将成为一个复杂的超大规模"巨系统"，其复杂度远远高于任何单个信息系统，局部缺陷可能引发系统性风险,重要信息基础设施存在发生故障和被攻击破坏的隐患。因此,智慧城市的信息安全保障不容忽视。

　　3. 运行操作层的技术视图

　　为切实推动智慧城市建设,停留在功能层面的概念还不够,必须要在"三横两纵"的功能框架下进一步细化,将智慧城市视为一个复杂的"信息大系统",从技术系统的角度出发,构建一个各领域智能应用系统能有效交互、整合协同的有机技术体系。

　　从运行操作层的技术角度,要加强智慧城市顶层架构各层面间的纵向衔接和各领域架构之间的横向互通。智慧城市的建设强调城市整体的信息化建设的进一步深化和推进,因此在整个架构设计和制订的过程中,必须要考虑整体和局部的相互配合,充分考虑在各领域之间的有效衔接,充分发挥整体的优势。

　　通过功能模块进一步细化,可将其分为感知与网络、系统与集成、表现与决策三个层面,同时,要有纵向跨层的数据总线将各个层面、各个系统有效地贯通起来(图6-12)。

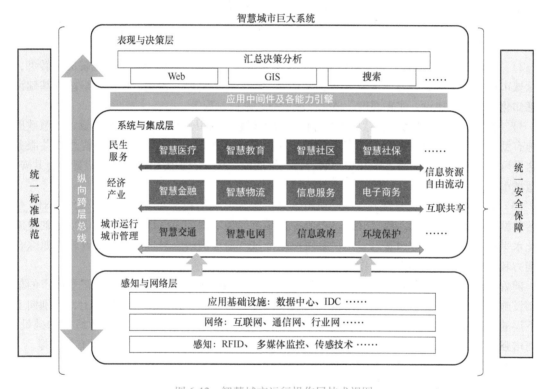

图 6-12　智慧城市运行操作层技术视图

　　(1) 感知与网络层　信息的感知主要依托网络接入层以下设施和设备来实现:根据感知对象的内部特征和外部环境,在信息网络底层部署具备视频监控、RFID 和传感等感知手段的设施设备,进行城市多个领域多种数据和事件的实时测量、采集、事件收集、数据抓取和识别,并实现信息的上传下达。由此可见,感知子系统的主要内容包括设施设备布局和部署、感知系统协议及接口设计、数据和事件的测量与采集、数据的抓取、识别和预处理分析等。

　　感知层提高了人与物、物与物的接入、控制和通信能力,即当前概念下的物联。感知层要构架于现有通信网络之上以实现信息的广泛传递,包括固定或移动互联网、通信网以及行业应用专网等。网络层的主要功能是实现信息的智能高效传递,包括接入控制、分层汇聚、网络互联互通、协议和接口设计、安全可信传送等。网络层涉及的技术很宽泛,如以"更大"为特征的下一代网络技术，以"更快"为目标的宽带网络技术，以"更安全"为目标的网络安全技术，以"更可信、可管"为目标的可信网络技术，以"更精细、及时"为目标的网络控制技术，以"更方便"为目标的泛在网络、三屏融合技术等。

智慧城市的实现，要求处于网络末端的感知系统与处于网络层的互联网、通信网、行业网等实现信息共享和协调发展，形成泛在的智慧物联网络。

（2）系统与集成层　各类智能应用是智慧城市的展示窗口，是政府提供普惠服务，市民、企业享受各类服务的主要界面，这些应用涉及政府公共服务平台、智能交通系统、智慧电网系统、城市环境监测与管理、智慧建筑系统、智慧医疗、城市公共安全等城市的多个领域，其应用平台是智慧城市的重要组成部分。

系统与集成层实现的主要功能如下：

1）应用平台内部运行。智能应用系统将来自感知与网络层的实时数据、静态信息等业务数据存储于各应用平台的数据系统中，各系统还应具备对获取数据的分类、分时冗余存储、统计和分析等功能。根据需求，对各种不同时期、不同范畴的应用分析数据，或进一步内部处理，支撑业务运行，或用于跨部门、跨系统的信息资源交换共享。初步分析的信息或原始数据可进一步向上提交给表现与决策层，支撑上层的科学决策。

2）外部共享与集成。各应用系统之间的交互可能涉及大量数据共享交换工作，这就产生了大量的交换数据资源梳理、行政协调、资金和技术保障等需求，需要付出很大的资源共享代价。一些城市已建设了小规模的数据中心，从传统的多对多网状互联共享模式，转向基于平台的一对多星型数据共享结构，大大降低了各应用平台资源共享的代价。

一些城市已建设了局部数据共享中心，一方面它为智慧城市各应用平台的共享提供了宝贵经验，另一方面它是智慧城市实施的重要基础。在智慧城市系统与集成层，应进一步考虑数据中心的完善与建设，实现各应用平台之间信息的高效共享，尽量鼓励新应用数据在数据中心的存储共享。

应用平台的集成是各个应用子系统之间互联互通的枢纽，通过跨越系统间的横向系统服务总线，实现各应用系统之间数据和分析成果的互通共享，推动各应用平台之间按照新的方式协同工作。根据马斯洛哲学论断，整体是部分相加的总和以外的某种东西，所以综合也是其单独分解开的部分相加的总和以外的某种东西。各应用平台之间集成带来的互通共享，能够有效地促进智慧城市的整体能力提升，应用平台集成的设计包括总线能力、权限、通信设计和业务流程编排、数据建模、集成和流转、业务访问控制等。

（3）表现与决策层　通过感知等技术不断收集和聚合的城市运行信息与动态数据充分融入各业务信息系统，不断深加工和开发，并进一步反馈推动政府职能更好履行、城市服务更加高效。更重要的是，城市的运行数据和原始信息通过大数据"挖掘"或"开采"之后，以"通俗易懂"的方式向最终用户和决策者表现出来，成为有价值、有意义的信息，从而更好地帮助城市管理者科学决策；协助置身于智慧城市中的市民，不断优化调整自己的行为，获取最大利益。这就是表现与决策层的核心功能和作用。

（4）信息总线　智慧城市从框架构成来看，符合典型的自然界"认知系统"的基本特征，即它是一个由成体系关联着的系统或系统集合所组成的综合型组织。构成智慧城市的各系统既包括信息化系统、数据平台、数据库等主体，也包括在业务环境中观察到的其他客观对象和感知信息。智慧城市信息系统作为一种认知网络，其各组成层面既不相互孤立，又不仅与相邻层有信息交换，而是需要多个层面的认知信息参与某一层面的优化和重配置。因此，在智慧城市顶层设计中，需要为"信息系统"设立纵向跨层总线和横向信息总线，实现不同系统间的跨层认知、交互。这要求各层、甚至各子层在完成原有层次功能的基础上，具备认知接口，提供该层认知的上下文信息。

通过纵向跨层总线，由总线认知引擎根据各层信息和跨层信息，优化和指导各协议层的配置。

4. 支撑保障层

智慧城市支撑保障层的功能是：综合考虑组织领导、政策、资金、试点示范、人才培育、合理建设运行模式，选择等多方面因素，确定智慧城市综合环境发展建议，为智慧城市的有序、健康推进和发展提供保障。

基础支撑层提供了智慧城市战略发展的基础支撑环境，主要包括组织领导、政策支持、知识产权与标准、试点示范、人才培育、产业培育、人文与经济环境等方面。基础支撑层的发展直接决定了智慧城市战略实施的成败。唯有在有力的组织领导和合理的政策推动下，才能培育出真正适合智慧城市运行的经济、社会发展环境，通过示范、试点、重点工程建设等举措，带动产业发展、人才发展、知识产权和经验积累，为智慧城市发展战略的实施奠定坚实的基础。

■6.3 智能建造助力智慧城市建设

每个人心中都有一座智慧城市。尽管智慧城市一词仿佛是第四次工业革命时代的专属名词，但其实早在几个世纪以前，就有规划者沉迷于智慧城市的蓝图构建。不论在哪个时代，技术或许会日新月异，世界也早已沧海桑田，但人们对生活质量优化的关注却一以贯之，人们对于智慧城市的追求也是永恒存在的。而美好的智慧城市背后，是一个又一个智能建造的实现。在本节中，将为读者"揭秘"智慧城市蓝图下处处可见的智能建造。

6.3.1 智慧城市发展的核心要素

城市的核心价值在于为人们提供高品质生活，智慧城市建设的根本目的是利用先进信息技术满足人们的均等化、多样化、个性化需求。我国智慧城市建设要从数量发展转向质量提升，进而更好地为人们的高品质生活提供保障。

1. 智慧城市的基本要求——共建共享

（1）智慧城市共建共享的新动力——公共需求 20世纪末形成的新城市增长理念，主张通过紧凑集约型用地、鼓励公共和非机动车出行、保护城市开放空间和农业用地、开发多类型混合住宅等措施来促进城市的可持续和公平发展，这些理念来自城市发展的公共需求，蕴含了早期的智慧城市建设思想。纵观智慧城市发展过程，政府、企业和民众等都发挥了重要作用，社会公共需求是推动智慧城市建设的原动力。

在《国家新型城镇化规划（2014—2020年)》中提出的城镇化水平和质量稳步提升、城镇化格局更加优化、城市发展模式科学合理、城市生活和谐宜人、城镇化体制机制不断完善等发展目标体现了城市发展的公共需求。进一步分析可以发现，政府推动新型城镇化、智慧城市建设等新理念的动力，来自城市发展的资源集约、生态友好、经济发展、社会公平、空间协调等公共需求。

（2）智慧城市共建共享的新模式——共享经济

1）政府全资委托企业建设模式。我国智慧城市建设的主要模式是政府出全部资金，以项目形式委托企业建设运营，企业与城市的公共需求之间没有直接的利益关系，这种模式没有充分调动企业的能动性，社会整体的参与度不高。

2）政府和社会资本合作（PPP）模式。考虑到地方政府财政支出压力和债务风险我国在智慧城市建设中引入了PPP模式，以破解建设资金难题。仅靠智慧应用的运营获利具有较大不确定性，PPP模式虽然受到政府欢迎，可以调动企业能动性，但企业却要应对较大的市场风险。

3）政府与企业战略合作模式。这种企业主导的智慧城市建设模式，产生了双赢的效果。企业本身有大量用户和技术平台，增加智慧城市应用服务的成本不高，却可以增加用户黏度（指用户开始使用产品，并在一段时间后该用户还能继续使用该产品），扩大自身市场竞争力，通过智慧服务和其他业务增加收入，并提高企业估值水平。地方政府节省了部分智慧应用服务平台的建设支出，从全国范围来看，可以避免各个城市重复建设，减轻国家财政负担。

4）共享经济模式。共享交通就是共享经济与智慧城市应用的集中体现。例如，网约汽车作为共享交通的先行者，将线下闲置车辆资源聚合到平台上，通过 LBS 定位技术、大数据挖掘和云计算，将平台上需要用车的乘客和距离最近的司机进行匹配，为客户提供差异化的出租车服务的同时，也可以避免传统出租行业的拒载现象。

总体来看，虽然政府主导仍然是智慧城市建设的主要形式，但社会共建模式（即上述 1）~4）四种模式，它包含 PPP 模式）正处于发展期，企业是智慧城市应用创新发展的重要推动力量。

（3）智慧城市共建共享的新举措——公众参与　企业从政府主导模式中的建设运营承担者，发展成主动为公众提供市场化服务的主导者，有效减轻了政府财政压力。采用社会共建模式，通过智慧应用与公众需求、公众参与的互动，可以提高智慧城市建设的实际效果，社会共建所激发的业务创新和对原有秩序的冲击，也有助于政府完善有关管理规定。社会共建模式刚兴起不久，在智慧城市建设中还有较为广阔的发展空间。对于生产经济发展和居民居住生活类应用，社会公共需求直接反映到市场中，企业已经是主力军；对于自然资源环境、政府公共管理、社会公共服务类应用，政府因职责所在而发挥着更重要作用，社会共建的潜力还很大。

首先，政府可以着力完善智慧应用运行及创新所需的基础条件和环境。加强信息基础设施建设，可以支撑企业以较低成本建设智慧应用平台；提高社会信息化水平，可以扩大智慧应用的潜在市场规模；给予智慧应用相应的支持政策，可以降低创业创新成本和风险；推动数据共享，可以鼓励科研机构、企业和个人共同参与衍生产品和服务的开发和创新。

其次，公共需求是推动智慧城市建设的根本动力，公众参与则是提升城市智慧化水平的重要力量，应该广为鼓励。例如，阿姆斯特丹鼓励市民、企业、政府积极合作，让居民和游客成为新技术应用共同创新的主体，强调"5R"原则，即垃圾减量（Reduce）、废物复用（Reuse）、循环利用（Recycle）、资源再生（Recovery）和有偿（Repay）原则，推动智能电网、区域供热、城市设计、智慧家居、太阳能和风能等再生能源的创新与示范应用，让所有自然资源都逐步实行计量使用和有偿消耗，并通过碳当量对废弃物实行交换，共同营造可持续发展的城市环境[130]。

2. 智慧城市的首要条件——IOC 建设

随着城市建设的不断推进，我国智慧城市发展逐渐呈现出一系列新的阶段性特征，为满足新时代下城市管理的需要，智慧城市的发展理念、建设思路、实施路径、运行模式、技术手段等亟须全方位迭代升级。城市智能运营中心（Intelligent Operations Center，IOC）是智慧城市建设的核心要素之一，是未来城市的核心基础设施，已成为现阶段建设数字中国、智慧社会的核心载体。

IOC 作为智慧城市的"神经中枢"，以大数据和系统融合为基础，可有效连接散落在城市管理各个单元的数据资源，将城市各部门海量信息资源进行整合共享，让高价值情报信息快速传递；并充分融合互联网+、大数据、云计算、人工智能、可视化等前沿技术应用，将信息、技术、设备与城市管理需求有机结合，充分发挥态势监测、应急指挥、展示汇报、流程管理、辅助决策等多重作用，是城市管理的决策中心、预警中心、治理中心、指挥中心、展示中心，有效提升跨部门决策和资源协调指挥效率。智慧城市 IOC 应涵盖以下业务内容：

（1）城市综合态势监测　高度融合政府各职能部门现有数据资源，对产业经济、政治文化、资源环境、交通运输、人口民生、公共安全等领域的核心指标进行综合态势监测与分析，辅助管理者全面掌控城市运行态势，提升监管力度和行政效率，推动城市经济建设、政治建设、文化建设、社会建设、生态文明建设各方面相协调。

（2）经济建设态势监测　集成城市发改委、财政、审计、工商、统计等部门现有资源，将城市主要经济指标、产业结构、重点项目等数据进行监测分析，全方位体现城市产业经济运行态势，展现城市经济、产业发展状况，为城市经济发展规划、产业结构调整等提供决策依据。

（3）政治建设态势监测　对政府党建工作态势进行全面展示，包括党建工作体系、队伍建设成果、学习风采、党建活动等，充分展现社会主义核心价值观在党建工作中的践行情况，动态展现城市政治建设态势。

（4）文化建设态势监测　支持与主流舆情信息采集系统集成，对来自境内外各个宣传渠道的敏感信息进行实时监测告警和可视化分析，帮助管理部门掌握当前实时舆情态势，提升对舆情的监测力度和响应效率；整合城市发展、文化建设、外交事务等数据，利用丰富的展现形式对城市历史、旅游资源、文化娱乐等关键指标进行呈现，彰显社会文化建设的成果与成效。

（5）社会治理建设态势监测　整合公安、交通、消防、医疗市政等多部门实时数据，支持从宏观到微观，对城管、公共安全、交通、应急管理、消防、人居环境、政务服务等多业务领域运行态势进行实时监控，对各领域关键指标进行多维度分析研判，辅助管理者全面掌握城市社会治理现状，为管理决策提供有力支持，有效提高社会管理科学化水平。

（6）生态文明建设态势监测　整合气象、生态环境、节能减排等信息资源，对气象信息、空气质量、水源水质、农林土壤、矿产资源、污染源、气象灾害、地质灾害、自然灾害等要素进行实时监测与分析，为管理者解决突出环境问题提供科学的决策依据，助力绿色发展，增强生态保护力度[⊖]。

3. 智慧城市的基础支撑——数字化建设

《中华人民共和国国民经济和社会发展第十四个五年规划和2035年远景目标纲要》提到，迎接数字时代，激活数据要素潜能，推进网络强国建设，加快建设数字经济、数字社会、数字政府，以数字化转型整体驱动生产方式、生活方式和治理方式变革。

人类社会的数据生成方式大多要经历三个阶段：被动获取阶段、主动创建阶段和自动感知阶段。以社交网络和基于位置信息的网络服务为代表的新信息发布方式的出现，以及云计算、移动互联网和物联网等新技术的兴起，使各种数据以前所未有的速度不断增长和积累，在这样的大前提下，大数据时代悄然而至。

2021年，产业数字化升级和行业数字化转型到了新阶段。连接技术（如5G，Wi-Fi6等）、云计算、AI、物联网等数字技术构成的新时代的基础设施，成为数字经济发展的能源动力。城市是经济社会发展的重要承载空间，数字经济发展状况客观反映了我国数字经济的建设水平。同时，数字技术给城市规划、建设和管理带来了新的模式，使城市加速迈向智慧城市建设的目标。

（1）数字化时代的城市建设

1）知识、空间和数据等现实和现象的结构化。任何一个事物，都有一定的内部结构，内部结构决定着外部表现的性质，外部表现出来的性质，又决定着事物与外部环境发生关系时的结构。一座城市是一个开放的复杂系统，因此城镇化和区域开发中的一切问题，从根本上都可以说是尚未结构化或者结构不合理的问题。发展问题也是结构问题。谋发展的前提是承认落后。在城市发展中，老城、老工业区、城乡交错带甚至农村都可以说是成熟的，但往往是落后的或停滞的。城乡交错带问题就是老城区、老问题、老结构低水平复制的结果。即使在城乡交错带投入足够资金，让它显得"高水平"一点，那也是在原有结构上加快复制速度，仍然是低水平发展。这正是"摊大饼"的内在机理。比"摊大饼"稍好的方式是新城新区建设，或者叫作区域开发。新城新区往往距离老城区有一定距离，这首先是为了拉开城市格局，把老城区和新城区都降格为功能组团，从而打造一个更大、更新的城市格局，其次是为了给新城新区营造一个相对独立的发展空间，避

⊖ 引自《浅析新一代智慧城市智能运营中心（IOC）建设》。

免老城区旧结构控制新城新区。

2）要素的量化。区域开发和城市建设向来存在很多变数，即未知变量。站在结构化角度看这些未知变量充满了不确定性，但是如果以一种发展的姿态去看，恰恰是这些未知的变量，才是最具生命力和操作空间的因素；未知变量多的时候，才是建设者们大有作为的时候。

3）发展策略的快递迭代优化。城市是开放系统，是"计划赶不上变化"，若计划都无用，谈何结构化？这是一个需要克服的难题，更是一个挑战。所谓"计划赶不上变化"的问题，本质上是一个算法不优、算力不及的问题。解决问题的思路是按照人机对话模式解决问题，把城镇化问题转变成一个投融资规划问题。投融资规划是一个平台，在这个平台上，既有结构化知识和结构化数据，又有人机对话的接口，还有不断调整的机制在其中，这样既可以与大数据时代有一个很好的衔接，又可以与人类最高的智慧进行对话，把计算机的计算能力、庞大数据的资源以及人类的智慧进行整合。

（2）数字化建设到智能化建设　大数据具有的3大特征：规模性、多样性和高速性，人们通常将大数据定义为所涉及的数据量太大而无法手动集成，但它可以被截取、管理、处理并分类为人类可以在特定时间内经历的信息。因此，大数据的出现，必然促进数据分析的"智能化"发展。而大数据是"智慧城市"各个领域实现"智能化"的基础支撑技术，起到了非常关键的作用，因为"智慧城市"建设离不开大数据这个要素。从政府决策和服务，到人们的生活方式，到城市产业布局和规划，再到城市运营和管理方式，整个城市系统的运作都将在大数据的支持下实现"智能化"，因此，人们也将大数据称为智慧城市的智能动力和引擎。

要推进智能化城市的建设，必须把加快城市数字化转型作为一大战略。

1）要加快推动技术迭代、应用升级、场景更新。全面推进城市数字化转型是一项必须持续用力、持续创新的重大战略。要在已有良好基础上乘势而上，积极布局和抢占数字化赛道，扩大数字化覆盖面和渗透率，加快推动技术迭代、应用升级、场景更新，努力占据数字化转型制高点。

2）探索以整个城市为视角，打造城市级平台。树立平台思维、把握平台逻辑、创新平台模式，充分用好海量应用场景优势，在数字底座的夯实、系统建设的开源、应用开发的跨界、共性技术的支撑、制度规则的统一上下功夫，坚持统一规划，推动开放共享，加快技术创新，强化制度供给，不断提升实际应用效能。

3）推动经济、生活、治理三大领域数字化转型融合发展。经济数字化要在数字产业化、产业数字化上有新突破，对于生活数字化要在高频应用场景开发、改善用户体验上持续下功夫，治理数字化要在全面感知、精细管理、灵敏高效上实现新提升。要推动三大领域数字化有效衔接、相互赋能，在跨领域融合创新上加快突破。

4）推动城市数字化转型，要聚合各方智慧力量，更好地发挥各方作用。政府要把方向、搭框架、立制度，强化数据开放、场景开放，创新参与方式，充分激发市场和社会的积极性，吸引更多优秀企业投身数字化转型实践，营造各方共同参与、同向发力的良好生态⊖。

4. 智慧城市的重要手段——智能建造

（1）智能化时代的城市建设　智能建造是智慧城市有机整体的重要组成部分，是推进智能建造更是我国建筑业转型升级的必然选择。在智慧城市顶层设计中，以全局视角对城市系统的各方面、各层次、各要素进行统筹考虑是十分重要的。智慧城市建设可以带动各个行业的技术升级与创新，持续性提高效益、节约资源、降低成本，实现高质量发展。人类生活、工作和休闲的场所大多在建筑物内，建筑物是城市的基础构件。因此，建设智慧城市需要建造大量的智慧建筑，智能建造应用数字化、信息化技术，使建筑物的建设过程、产品功能和运行状态能够以"数字孪生"

⊖ 引自《加快建设具有世界影响力的国际数字之都》。

的形式呈现，最后在大量智慧建筑的基础上实现智慧城市的建设。

同时，在基础设施运行领域，包括能源供给、地下管网运行，以及道路车辆等，都可采用智能化手段管理。智能化的前提是对城市数据的全面感知。高频度、高时空精度、多维度的数据，才能支持精细化建模和相对准确的短期预测推演。这一阶段，智能算法和算力已不是问题。传统基础设施的智能化改造以实现全面数据采集和反向控制，以及城市感知网的建立，是采集足够数据的前提。智能化应用越来越多地出现于智慧城市建设，但大多非常初级。原因是数据资源不足或质量不高，人工智能无数据可用。只有城市有针对性地主动采集和汇聚大量、高质量的结构化和非机构化数据，才能使人工智能在更多领域发挥更大作用。

（2）智能化建设到智慧化建设　智慧是生命具有的基于生理和心理器官的高级创造思维能力，包含对自然与人文的感知、记忆、理解、分析、判断、升华等。尽管大数据具备多维度、大样本量的特性，加上人工智能技术赋能，人们比以往更接近复杂系统全貌，但这仍不足以拥有驾驭城市系统的真正智慧。技术层面上，以群体智能、类脑智能、神经芯片和脑机接口等为代表的强人工智能的智慧水平会远超现在的人工智能，实现推理和解决问题，这时智能系统才会表现出类似生命体的思考能力。

总体来说，城市的数字化、智能化和智慧化是交错演进的。我国智慧城市建设总体处于数字化建设阶段，已有越来越多的智能化应用出现。但数字化手段的简单利用，不能改变政府原有运行机制，不能从根本上提升政府治理效率和城市运营水平。真正意义上的智慧城市需要通过信息技术，发挥人的智慧来实现：一是要以所有人为本；二是要真正解决人的问题；三是要让人参与；四是不仅要以现在的人为本，还要本着可持续发展的思想。只有这样，才能使智慧城市建设变成城市创新平台，发挥多元主体的创造力，通过数据驱动，再造城市运营与管理的整个流程，最终创造美好的城市未来。

6.3.2　智能建造打造智慧城市八大领域

在我国，城市建设领域被视为未来数年间智能化推进速度最快的领域之一，智慧城市建设在政府大量资金投入支持下保持高速增长态势，智能建筑正成为人们工作、生活的一项新常态。基于场景应用，智能建筑市场可细分为政府和公共基础设施、商业、住宅和工业。应用场景的丰富，决定了智能建筑不会将科技感、技术流局限在各式框架之中。智慧城市是在所有核心要素的共同推动下逐渐形成的，智能建造作为实现智慧城市的重要手段，将在智慧城市的多个领域发挥着至关重要的作用。本节将以智慧城市中智慧政务、智慧交通、智慧环保、智慧医疗、智慧教育、智慧物流、智慧社区、智慧水务 8 大领域为重点，介绍其中智能建造技术的关键应用。

1. 智慧政务

（1）智慧政务蓝图　智慧政务是运用云计算、大数据、物联网等技术，通过监测、整合、分析、智能响应，实现各职能部门的各种资源的高度整合，提高政府的业务办理和管理效率；加强职能监管，使政府更加廉洁、勤政、务实，提高政府的透明度；形成高效、敏捷、便民的新型政府，保证城市可持续发展，为企业和公众建立良好的城市生活环境。智慧政务基本模式包括行政服务、城市管理、政务创新、政府决策等（图6-13）。

（2）智慧政务实现路径

1）基于数据挖掘技术研究智慧政务用户需求行为。智慧政务运行成效的影响因素研究建立在用户体验相关理论基础上。构建智慧政务用户需求识别模型，注重对用户群体需求的精确识别，提供有针对性的服务内容，提高智慧政务的设计、运营及管理水平，成为一个非常重要的问题。通过对访问日志的挖掘，提炼用户在网站上的访问行为模式，可以给智慧政务的建设和维护提供

图 6-13 智慧政务模式概图

依据。随着各级政府门户网站迅速建立，用户通过网站来获取信息的行为日渐普遍，由此积累了大量的日志信息。任何服务器都有访问日志，记录与用户交互的有关信息，包括用户经常访问的页面和路径、页面上的停留时间、浏览时间等，这些信息中隐含用户对特定内容的兴趣度，由于用户访问具有规律性，而且具有历史性和相对集中性，因此可以从大量的日志中发现用户使用模式。

2）运用智慧政务公共服务场景导航理论模型。政府公共服务的供给具有垄断性的特征，使得政府服务很难真正做到从用户需求出发，而更多时候往往是从供给的角度出发。当用户查询政府网上信息或服务时，常常面临"找到的信息不需要、需要的信息找不到"的问题，这导致用户对政府网站的满意度较低。通过研究智慧政务公共服务应当涵盖的主要内容，提出智慧政务公共服务场景导航理论模型，将政府业务事项按照场景式服务的理念，设计服务导航。通过场景式服务要素的选择，引导用户实现对服务事项的定位，策划一站式、一体化的服务，设计人性化的场景导航式方案，以满足用户多样化、个性化的需求[131]。

3）建设城市应急平台。以智慧政务云平台为载体，建设应急云平台，整合相关部门数据，为应对突发事件的决策指挥等工作提供技术、数据支撑。按照安全级别、用途、对象等分对象的数据归集、整合、应用，并按照安全级别进行专用对象的数据管理。提高突发事件现场图像采集和应急通信保障能力，加强各级应急平台之间的互联互通和资源共享，充分利用物联网等新技术，推进风险隐患、防护目标、救援队伍、物资装备等数据库建设。

4）完善政务督察考评体系。第一，建设政府重点工作电子督查平台，通过对重点工作的任务分解、进展过程、完成情况的网络化、电子化管理，为政府重点工作的督查督办提供帮助，实现对重点工作落实情况的全过程动态跟踪、实时督查、及时反馈、绩效考核，切实提高督查督办水平。第二，建设智慧政务监察平台，利用云计算、物联网、互联网、大数据等技术，通过可视化平台，对行政审批、行政处罚、行政征收、工程交易、产权交易、土地出让、政府采购等政务活动，以及政府、事业单位、国有企业资金使用情况和社保、公积金管理等工作，进行全过程实时监控，实现对政务活动的有效监管，并通过大数据的挖掘分析，提供预警、统计分析、绩效评估、信息服务等应用服务。第三，搭建公众监督平台，建立公众参与监察、评价的管理体系。通过政务服务网、服务热线、呼叫中心、政务 APP、微博、微信等渠道，对政府网上权力事项和便民惠民事项的办理，广泛开展公众网上评议、在线调查、意见征集等活动；建立有统计专项调查部门参与的公众意见收集、处理、分析机制，完善评价体系，明确奖惩制度，切实提升公共服务的质量、效率和效能。

（3）智能建造打造一体化智慧政务场所　智慧政务一体化的实现，强调"一个整体、一个门户、一门服务、一窗受理"，努力达成"只跑一次、一次办成"。"一个整体"就是通过政务服务在虚拟空间（线上）的统一和政府部门在物理空间（线下）上的整合，促进政府打破管理的碎片化，打造整体性政府；"一个门户"就是建立统一的电子政务服务网，提供整合的公共服务；"一门服务"是线下将面向企业和公众的公共管理和公共服务集中到一个统一的地点，让企业和公众只要去一个地点就能获得所需要的多种公共服务；"一窗受理"是将涉及民众的行政审批事项集中到单一窗口，让企业和公众能够申请公共管理和公共服务一次办成；"只跑一次，一次办成"是对公众而言的，通过"让信息多跑路，让群众少跑腿"，使民众能够更好、更方便地获得公共服务。通过智能建造技术建设一体化的政务办公大楼，合理分配建筑使用空间。

一体化智慧政务办公楼的建设以信息化建设为主，信息化建设是一项长期、复杂、系统的建设工程，必须利用智能建造技术统筹规划、合理布局、减少重复建设，科学有序地推进各项建设任务。大楼信息化建设主要包含十多套子系统，其中分别是：综合布线、计算机网络系统（内网、外网、设备网），机房建设（微模块、精密空调、UPS），一卡通系统（包含门禁、考勤系统、停车场管理系统），排队叫号及服务窗口服务质量评估系统，安防监控，远程会见中心，会议系统，智慧政务大厅综合管理平台大屏显示及信息接入系统，信息发布系统（音频发布、视频发布系统），无线网络覆盖系统，舞台灯光系统，舞台扩音系统，智能化信息综合管理平台等。

2. 智慧交通

（1）智慧交通蓝图　智慧交通的前身是智能交通（Intelligent Transport System，ITS），ITS是20世纪90年代初美国提出的理念。到了2009年，IBM提出了智慧交通的理念，智慧交通是在智能交通的基础上，融入物联网、云计算、大数据、移动互联等IT技术，通过高新技术汇集交通信息，提供实时交通数据下的交通信息服务。大量使用了数据模型、数据挖掘等数据处理技术，实现了智慧交通的系统性、实时性、信息交流的交互性以及服务的广泛性（图6-14）。

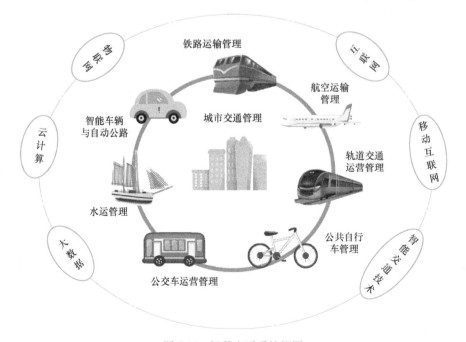

图6-14　智慧交通系统概图

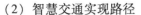

（2）智慧交通实现路径

1）加强核心技术的研发与应用。在研发层面，以企业为主体，联合科研院所，坚持自主创新与开放合作相结合。首选的方式是引进先进技术，在消化吸收的基础上进行创新。在应用层面，需要政府采取措施，加大自主产品的推广应用。由于种种原因，许多国产设备系统（如信号调度系统）的应用很少，发现问题、进行改善的可能性也因此减少，从而形成恶性循环。当前，我国处于城市轨道交通大发展时期，也是国产设备系统发展和应用的战略机遇期。政府应建立新技术、新产品的市场准入和容错机制，综合运用政府采购、科技保险、示范工程、首台重大技术装备示范应用和尽职免责机制等措施，促进自主创新成果的规模化应用。在此基础上，相关企业应加强品牌创建，力求扩大市场，在技术达到国际先进水平的条件下，利用我国市场规模的优势，及时形成标准，引导国际市场接纳和使用中国标准。

2）建设智慧交通管理平台。以城市"数据大脑"项目为试点，整合包括城市公共交通、城际客运、铁路客运、民航客运、水路客运、旅游客运、城市道路状况、公路运行状况、车辆维修等与公众出行和交通管理相关的信息资源，搭建涵盖公安、交通、公交、地铁、住建等各个部门和企业，涵盖电子警察、公交车调度、出租车管理、车辆管理、车位管理、大数据分析等功能模块的智慧交通管理系统。初步建立道路交通物联网、轨道交通物联网、公交车联网、出租车联网、货运车联网、市政车联网、小型车联网和车位网，实现交通流量、平均车速、交通违章、信号灯、高速收费、车辆位置、载客量、停车位等多个层面数据的实时获取。建设基于海量历史数据的大数据综合分析模型，推动大交通领域的规划、建设、管理、服务的决策进程，提升决策服务水平。

3）构建智慧化运营管理和服务体系。智慧化运营管理和服务的主体为政府和城市轨道交通运营企业。城市交通运营企业应该通过各种方式和途径提高运营管理和服务水平，其中重要的方式就是加强智慧化建设。例如，采用新技术进行安检，推广手机支付，将相关信息数据开放，以便第三方为公众提供更好的智慧化信息引导服务等。政府的相关工作有：

① 要以功能为导向，注重实效。

② 建立合适的机制，调动相关企业主体的积极性，具体内容为加强对政府购买服务的考核，将补贴与城市轨道交通运营企业的服务质量挂钩，促进企业提升服务质量。

③ 加强对运营安全的监管，以及对运营企业效率和效益（如单位能耗等）的考核。

4）培育和发展城市交通新业态。城市交通换乘站点和运行途中的巨大客流量，以及由乘客信息服务需求带来的流量经济、枢纽经济、数字经济发展环境，是城市交通建设和运营中必须考虑的重大发展机遇和价值增值领域。培育和发展城市轨道交通新业态需要做到：

① 发挥城市交通客流量大的优势，利用场景应用，积极发展流量经济，充分发掘信息基础设施的潜在价值功能。

② 利用换乘站点客流集中的优势，以及站点上盖建筑物的开发建设机遇，发挥导流系统的作用，培育城市交通枢纽经济。

③ 利用发展流量经济、枢纽经济所形成的大数据积累，提高数据挖掘和抓取能力，发展大数据经济，为其他领域发展大数据经济提供"数据矿产资源"[⊖]。

（3）智能建造推动高质量智慧交通建设 城市交通项目是一项涉及面广、投资巨大、工程极其复杂的项目，交通线路的建设、运营、管理和维护更是一个纷繁浩大的系统工程。随着信息化、大数据、物联网的快速发展，传统意义上的建设单位完成项目建设后移交运营单位进行项目管理的模式，已经满足不了智慧城市交通建设和管理需要以及城市交通智能化建设需要。基于 BIM 技术的建造智能化将城市交通项目通过 BIM 技术转化为一个数字化模型，它包含物理几何信息和功能特征，可在一个城市交通项目的整个建设期中，即从项目设计到项目施工建设及运营，直到最后的拆除，提供可靠的理论科学依据。

智能建造技术推动下的智慧交通建设是指在城市交通项目施工过程中，所涉及的各部分各阶段广泛应用计算机信息技术，对工期、人力、材料、机械、资金、进度等信息进行收集、存储、处理和交流，并加以科学、综合利用，为施工管理及时、准确地提供决策依据。例如，在隧道及地下工程中将岩土样品性质的信息、掘进面的位移信息收集，及时调整并指挥下一步掘进及支护，可以大大提高工作效率并可避免安全事故。智能化施工还可通过网络与其他国家和地区的工程数据库联系，在遇到新的疑难问题时可及时查询解决。同时，工程项目的各个参与方都可以根据各自阶段及需求，在 BIM 数字化模型中输入、获取、自动分析并更新项目信息，实现项目的信息化、精细化、智能化管控，最终提升城市轨道交通建设品质。设计建造运营数字一体化支持轨道交通工程的集成管理环境，可以使交通工程在其整个进程中显著提高效率与质量，大幅降低风险。

3. 智慧环保

（1）智慧环保蓝图　智慧环保是互联网技术与环境信息化相结合的概念。"智慧环保"是"数字环保"概念的延伸和拓展，它是借助物联网技术，把感应器和装备嵌入到各种环境监控对象（物体）中，通过超级计算机和云计算将环保领域物联网整合起来，可以实现人类社会与环境业务系统的整合，以更加精细和动态的方式实现环境管理和决策的智慧。

"智慧环保"的总体架构包括：感知层、传输层、智慧层和服务层（图 6-15）。感知层：利用任何可以随时随地感知、测量、捕获和传递信息的设备、系统或流程，实现对环境质量、污染源、生态、辐射等环境因素的"更透彻的感知"；传输层：利用环保专网、运营商网络，结合 5G、卫星通信等技术，将个人电子设备、组织和政府信息系统中存储的环境信息进行交互和共享，实现"更全面的互联互通"；智慧层：以云计算、虚拟化和高性能计算等技术手段，整合和分析海量的跨地域、跨行业的环境信息，实现海量存储、实时处理、深度挖掘和模型分析，实现"更深入的智能化"；服务层：利用云服务模式，建立面向对象的业务应用系统和信息服务门户，为环境质量、污染防治、生态保护、辐射管理等业务提供"更智慧的决策"。

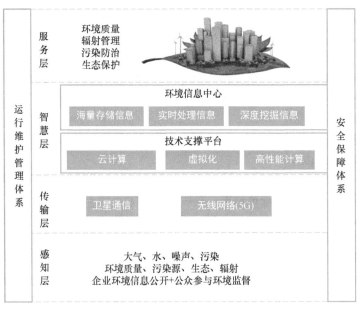

图 6-15　智慧环保系统架构

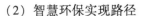

（2）智慧环保实现路径

1）完善生态环境监测网络，实现监测预警智能化。生态环境信息感知能力是开展天空地一体化生态环境大数据分析的前提条件，项目通过在重要污染源、保护点、市界点等地建设空气质量自动监测站点，逐步形成覆盖全域的水环境、空气环境监测网络，借助视频监控等技术手段，实现即时、可视化感知地表水质及空气质量的变化。当监测数据突破监测站点阈值时能够实时预警，提高环境监测效率，为生态环境保护决策、管理和执法提供精确的数据支撑。

2）实时动态追踪污染源，辅助环境综合治理精细化。综合运用时空统计分析以及污染物溯源分析等技术，可以快速研判空气污染和水环境污染的主导和关键因素，进行污染来源动态追踪、污染扩散预测，为环境污染的科学决策和精准施策提供科学依据。

3）多屏可视化对比分析，科学评估环境治理成效。跟踪对比环境污染严重的区域，例如饮用水源地保护、工业污染源、养殖污染、生活污染源治理前后的实际环境质量改善情况，自动计算影响空气质量指数（AQI）和水质类别的各项污染物数值，辅助城市管理者客观、科学地评估区域环境在空气质量和水环境方面取得的治理效果。

4）构建智慧环保体系。以一个云平台为核心，通过云平台实现硬件虚拟和数据资源整合一体化，以面向环保业务人员及管理者的综合应用门户和面向社会大众、排污企业及媒体的公众服务门户为触角，以环境感知体系、标准规范体系、安全运维保障体系等三大体系为依托，以监测监控、环境管理、行政执法、政务协同、公共服务、决策支持等内容为应用，构建完整的智慧环保体系。

（3）智能建造实现绿色化智慧环保目标　智能建造的最终目的是提供以人为本、智能化的绿色可持续的工程产品与服务。智慧建筑、智慧城市，从本质上讲一定也是符合绿色可持续发展内涵的，最后都需要达成智慧环保的目的。智能建造目的是交付绿色工程产品，智慧环保的实现过程则需要智能化、数字化建造技术的支撑。二者从本质上是一致的，实现方式则殊途同归。智能建造具体目标有三个，一是以用户为本，提供智能化的服务，使用户的生活环境更美好、工作环境更高效；二是提升建筑对环境的适应性，实现节能减排、再生循环；三是促进人与自然和谐。智慧的本质是与自然生态、社会文化以及用户需求的体验相适应的，这样才能够构成绿色与智能之间良性的互动关系。智慧建造是实现智慧环保的支撑手段，实现建造过程的绿色化和建筑最终产品的绿色化，根本目的是推进建筑业的持续健康发展。

同时，城市是碳排放的主要来源，城市建设是高排碳行业，应探索深度减排创新路径，响应国家战略目标。从国家层面制定零碳示范城市申报路径，并制订相应政策措施及行动计划，以指引示范城市的建设。建筑物全生命周期中的碳排放具体包括建筑物材料本身，建筑物规划设计、建筑物施工安装、建筑物使用维护及建筑物拆除与清理 5 个部分。通过 BIM 技术改善整个全生命周期的碳排放；通过 BIM 技术实现类似于制造业的标准化设计、精细化施工、信息化管理、产业化生产，从而更多地减少资源消耗，减少碳排放，实现更高水平的节约与低碳。同时，利用 BIM技术进行建筑的模拟数据分析，运用先进技术手段实现节能低碳、质量保障。从根本上降低建筑建造和居民生活中的碳排放，并不是像以往建筑一样盲目追求复杂高能耗的节能技术，而是通过模拟分析，有效地利用自然资源、可再生能源等。例如，利用 BIM 技术对通风、采光、空气质量进行模拟和优化，尽量利用自然通风与采光，从根本上降低建筑建造和居民生活中的碳排放。信息科技的利用使低碳发展可以是低成本的、质朴的，同时形成一套自然循环的"生态系统"，成就新的低碳理念。

4. 智慧医疗

（1）智慧医疗蓝图　智慧医疗是智慧城市巨大系统中的一个部分，是通过医疗物联网、医疗云、移动互联网、数据融合、数据挖掘、可穿戴设备，将医疗基础设施与 IT 基础设施进行融合，并在此基础上进行智能决策，跨越了原有医疗系统的时空限制和技术限制，实现医疗服务最优化的医疗体系。

智慧医疗将以居民健康为核心，通过城市公共卫生基础环境、基础数据库、软件基础平台以及数据交换平台、卫生信息化体系（包括卫生综合运用体系、公共卫生体系、医疗服务体系、医疗机构信息化体系）、保障体系的建设，构建城市智慧医疗信息平台（图 6-16），将分散在不同机构的健康数据整合为逻辑完整的信息整体，满足与该系统相关的各种机构和人员的需求。总体来说，智慧医疗具有互联性、协作性、预防性、普及性、可靠性以及创新性等特性[132]。

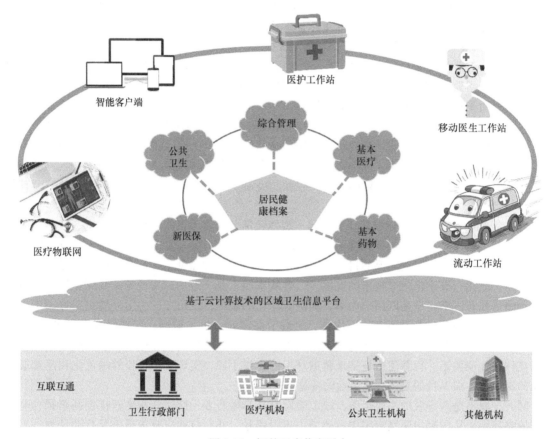

图 6-16　智慧医疗信息平台

（2）智慧医疗实现路径

1）采用信息化技术，建立医疗信息和资源流动通道智慧医疗体系。建设的前提是机构间、区域间数据互通共享，而实现这一基础目标的手段即信息技术。采用先进的云技术搭建覆盖区域的云平台，以云平台为纽带，依托县（区）—乡（街道）—村（社区）医疗机构，建设覆盖"县—乡—村"的三级医疗服务体系，打通上级医院优质医疗资源向基层流动的通道。平台应开放接口，视需要对接县级以上优质医疗资源（如远程会诊、远程诊断等资源），使顶级优质医疗资源可以辐射到基层医院，形成远程医疗协作网，提高基层医院医生业务水平。

2）以慢性病为入口，探索建设面向基层的疾病预防管理体系。我国慢性病患病人数多，慢病患者对基层长期的医疗服务需求巨大，传统的基层公共卫生服务仅针对高血压、非胰岛素依赖型糖尿病（2 型糖尿病）患者，服务内容局限于检查发现、随访评估和分类干预、健康体检，服务质量和效率不高。基于先进信息化技术的基层疾病预防管理体系建设，首先搭建慢性病管理平台，实现慢性病的分级、分层及依据危险等级的警示、自动编制随访计划、规范治疗方案推荐、用药禁忌与危险性警示等。其次,在社区卫生站点安置智能健康检测终端,建立起小型体征监测和生化检查中心,面向居民开展便携式健康数据采集。通过慢性病管理平台与居民电子健康档案的对接,实现站点检查数据自动上传、自动录入管理,打造基层慢性病检查管理的基础单元。

3)借助云平台,通过融合第三方养老服务将区域医疗卫生服务延伸至民政养老体系。基于智慧医疗云平台开发老年居家综合服务系统,并开放标准化接口,对接民政养老系统,打通医疗与民政数据互通通道,老年人医疗健康数据可以在医疗和民政养老平台同步更新。当老年人健康出现异常时,养老管理员和家庭医生可以同步接收到预警信息,并对老年人开展及时施救。在此基础上,引入第三方机构服务,逐步建立起涵盖综合管理、健康保障、健康饮食、紧急救助、生活协助、文化生活6大领域的居家养老综合服务。

4)建立和完善相关配套体系。基于平台逐步融合对接医保平台、支付平台和医疗卫生或基层公共卫生平台,加强对药品耗材的监测使用管理,同时可逐步引入连锁药店服务,建设药物配送等配套体系,打造诊疗服务的闭环。

(3)智能建造协助多方案智慧医疗运维 智慧医疗的医院建筑机电设备复杂,包括通风空调、变配电系统、给水排水系统、医用气体系统、污水处理系统以及楼宇自控系统等,并且医院建筑需要不间断管理,运维管理压力大。目前维护维修系统、空间管理系统等相互独立,不能针对医疗服务需求将建筑本体和运维管理信息有机融合,不便于中、高层管理者的快速决策,运维管理效率低。传统扁平化、台账式管理模型非常不直观,难以对大量的数据信息进行监控和分析决策。

通过集成应用 BIM、BA、数据挖掘等技术,实现基于 BIM 的医院建筑智慧运维,具体如下:

1)基于 BIM 的医院建筑可视化运维管理技术。研究基于 BIM 的空间布局和功能分布展示、机电系统上下游逻辑结构自动提取、设备实时运行状态与预警信息推送等可视化管理技术,以辅助综合运维管理与快速决策。

2)基于 BIM 和人工智能的智慧运维技术。研究基于物联网和 BIM 的数据挖掘技术,为运维服务主动推送医院不同类型房间的设备信息、维修历史和运维需求。应用神经网络等人工智能算法,研究重大设备的性能分析、评价和预警策略,辅助提前发现设备潜在故障,制订设备维护计划。

3)基于 BIM 的医院建筑智慧运维管理系统研发与应用示范。开发基于 BIM 的医院建筑智慧运维管理系统,包括建筑信息管理、空间管理、机电设备管理、维修服务中心、视频安防管理以及综合决策分析模块,支持可视化、集成化、主动式运维管理[⊖]。

5. 智慧教育

(1)智慧教育蓝图 智慧教育即教育信息化,是指在教育领域(教育管理、教育教学和教育科研)全面深入地运用现代信息技术来促进教育改革与发展的过程(图6-17)。其技术特点是数字化、网络化、智能化和多媒体化,基本特征是开放、共享、交互、协作、泛在。以教育信息化促进教育现代化,用信息技术改变传统模式。

(2)智慧教育实现路径

1)确立人机协同的底线思维。人机协同主要体现在6个方面:第一,教学设计是一种创造性工作,涉及创造意识、创造思维、创造行为。从重复性工作到创造性工作的转变只能由教师完成。而在学习过程中,机器可以作为智能导师,提供个性化的精准导学服务。第二,学习难免会遇到挫折和挑战,导致学生产生消极情绪(如焦虑),继而导致学生怕学、厌学。维持学生积极乐观的态度、战胜挑战的勇气属于情感智能,也须由教师完成。问题是学生的消极情绪不易识别。在这方面,机器的表现更出色,通过对面部表情与学习行为的综合分析,机器可以精准地识别学生的

⊖ 引自 https://zhuanlan. zhihu. com/p/75935378。

学业情绪。第三，学习所需智慧资源（含智能学具）的研发以及测量工具的设计和教学设计一样，均属于创造性工作，由教师负责更为明智，而对资源的适性推荐以及依据测量规则自动组题、批阅等，可交由机器负责。第四，除了培养思维能力外，学生想象力与创造力的培养也离不开教师的启发。第五，情感品性也是"AI+"时代重要的核心素养，只有教师能胜任，因为这需要情感交流、人文关怀。第六，身心健康对教学非常重要，在这方面，机器虽然不能完成医师的医治任务，但可以实时监测并反馈每位学生的身心状况。

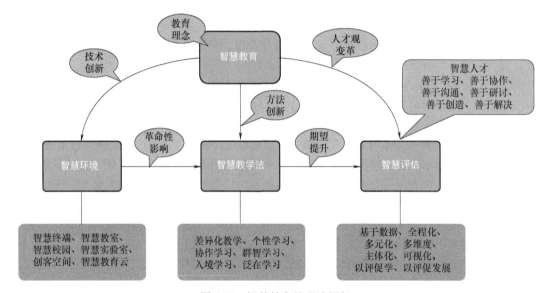

图 6-17　智慧教育的理论框架

2）累积生态化的智慧学习资源。智慧教育遵循"以学习者为中心"的人本主义理念。因此，学习者是智慧教育的出发点和最终归宿。从学习者的角度看，智慧课堂已将传统意义上的"教材"升级为"学材"+"习材"，而智慧学习空间还需加入另一重要学习资源——"创材"。"创材"是智慧学习空间培养学习者行为能力、激发创造潜能的"战术武器"，主要包含"开源硬件开发平台"和"积木式开源硬件"两类。因此，智慧学习空间需要建构优化生态学习资源，"学材""习材"和"创材"三者相辅相成，共同促使学习者智慧能力的发展。其中，"学材"作用于知识的传授，"习材"作用于知识的内化，"创材"作用于知识的外显和迁移。

3）打造智慧公共文化平台。以智慧图书馆、智慧文化馆、智慧档案馆为载体，建设文化资源集聚平台和服务平台，开展远程文化培训，创新群众文化活动方式，促进基层公共数字文化资源的整合利用，推动公共文化服务与市民需求有效对接，为市民和企业提供知识、信息资源的一站式智能服务，拓展公共文化设施服务时间、空间和业务内容，尝试构建市民教育智慧学习平台。打通公共文化平台与市民卡平台，实现公共文化服务一卡通，用一张卡享受包括图书信息服务、演出服务、展览服务、培训服务等所有服务。

（3）智能建造构建信息化智慧教育环境　在巧便设备技术（如智能穿戴设备）与智能技术的赋能下，智慧学习环境具有连通、感知、交互、适配、记录、整合6大功能特征。这些功能使得学生的学习具有更多的灵活性、有效性、适应性、参与性，更具动机和反馈性。智能建造技术可以打造技术融合的生态化学习环境。智慧学习环境含有教育云、"教法-技术-文化"系统两部分环境形态，后者对应定义中的教学智慧、数据智慧与文化智慧，它们由后向前依次定教育导向、定决策支持、定行动优化。智慧学习环境具有6点基本特征。第一，全面感知：具有感知学习情境、学习者所处方位及其社会关系的性能。第二，无缝连接：基于移动、物联、泛在、无缝接入等技术，提供随时、随地、按需获取学习的机会。第三，个性化服务：基于学习者的个体差异（如能力、风格、偏好、需求）提供个性化的学习诊断、学习建议和学习服务。第四，智能分析：记录学习过程，便于数据挖掘和深入分析，提供具有说服力的过程性评价和总结性评价。第五，提供丰富资源与工具：提供丰富、优质的数字化学习资源供学习者选择；提供支持协作会话、远程会议、知识建构等多种学习工具，促进学习的社会协作、深度参与和知识建构。第六，自然交互：提供自然简单的交互界面、接口，减轻认知负荷。期望在这样的学习环境中通过设计多种智慧型学习活动，能够有效降低学习者的认知负荷，提高知识生成、智力发展与智慧应用量；提高学习者的学习自由度和协作学习水平，促进学习者个性发展和集体智慧发展；拓展学习者的体验深度和广度，提供最合适的学习支持，提升学习者的成功期望[133]。

6. 智慧物流

（1）智慧物流蓝图　智慧物流是一种以信息技术为支撑，在物流的运输、仓储、包装、装卸搬运、流通加工、配送、信息服务等各个环节实现系统感知、全面分析、及时处理及自我调整功能，实现物流规整智慧、发现智慧、创新智慧和系统智慧综合性物流系统（图6-18）。

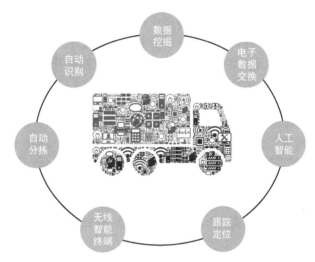

图6-18　智慧综合性物流系统示意图

（2）智慧物流实现路径

1）夯实数智化基础设施，规范发展环境。推进新一代信息技术在物流园区广泛应用，实现物流园区设施设备数字化、在线化、互联化，管理运营线上化、可视化、智能化，产品人员追溯化、在线化、互动化，打造在线互联、可视智能的智慧物流园区，提高物流园区整体运作效率。实施智慧物流人工智能集成工程，加大新一代自动化仓储装备的集成应用，建设精准、柔性、高效的智能仓储服务体系，优化营商环境，深化落实"放管服"改革要求，精简行政审批事项，推进社会信用体系建设，营造统一、开放、规范、有序的物流营商环境。

2）集聚高端化发展要素，打造可持续创新能力。加大资金支持，鼓励金融机构开发支持智慧物流发展的金融产品和融资服务，支持符合条件的智慧物流企业通过发行公司债券、企业债券、短期融资债券等多种方式拓宽融资渠道。加强用地保障，确保智慧物流用地规模、土地性质和空间位置长期稳定，对纳入实施方案的新增物流仓储用地给予重点保障。实施引智工程，充分发挥人才政策作用，引进符合智慧物流发展定位和方向的领军人才，加快推动智慧物流弯道超车。攻关突破关键物流难题，提升云计算、大数据技术应用创新等重点产业，提速人工智能、区块链、虚拟现实、智能机器人、车联网等战略产业，推进水、陆、空多式联运、网络货运平台等智慧物流集成解决方案开发。

（3）智能建造、改造多功能智慧物流园区　物流园区是指在物流作业集中的地区，在几种运输方式衔接地，将多种物流设施和不同类型的物流企业在空间上集中布局的场所。它也是一个有一定规模的和具有多种服务功能的物流企业的集结点。智慧物流园区基于智能及可视的数字化场景，实现了物流设施集约化、物流运作共通化、城市物流设施空间布局合理化，为城市物流企业发展提供了空间，也促进城市用地结构调整。

智慧物流园区构建过程中对土地的集约化利用率要求越来越高，基于该视角需要物流园区的建设过程中构建更高层次的资源共用机制。面对激烈的市场竞争，需借助智能化、数字化苦练内功，提升运营竞争力，通过智能建造技术对整个智慧物流园区的功能调整及改造，将物流园区打造成一个集智能立体仓库、智能配送系统为核心的智能化、自动化物流体系。通过优化物流园区布局，提升土地使用效率，对厂区的建筑结构进行重新规划设计，以及通过采用加固和分隔夹层等手段使其内部空间得到二次利用；通过全面整合归并整个厂区的原材料仓库和成品仓库，实现厂区物流、车间产线物料配送等的智能化，同时对流程进行优化，打通各供应链环节，实现各个节点的信息化和自动化控制，全面提升企业管理水平。

例如，利用数字孪生技术打造物流产业园区，可实现全场景漫游。场景初始化后，通过智能建造可视化技术打造园区全景空间切换，浏览园区不同场景效果。通过对园区内建筑、道路、绿化等进行三维建模，仿真还原园区整体情况。将上下游系统打通并借助智能硬件实现数据联动，从园区日常管理、车流监控、人流监控、物流监控等多维度地呈现，使各流程密切联系，搭建出智慧园区与物流仓储的一体化可视化管理平台，提高物流园区的管理和工作效率，降低人工成本和管理成本。数字化智能化的全领域覆盖，物流园区内的物品流通加工、包装、仓储、装卸搬运，园区外的货物的运输、配送全过程，以及退货和回收物流等逆向物流环节也都应用了 5G、人工智能、RFID、GPS、GIS 传感、视频识别、物物通信（Machine to Machine，M2M）技术、物联网、可视化等新兴技术，改变传统的人工读取和记录货物信息的方式，实现了物流信息的主动"感知"。融合图扑软件 HT 可视化技术使园区内的人、机、车、设备的一体互联，包括自动驾驶、自动分拣、自动巡检、人机交互的整体调度及管理，搭建智能物流的应用场景。

7. 智慧社区

（1）智慧社区蓝图　社区是城市居民生活的基本单元，智慧社区则是智慧城市的基本单元。智慧社区是指通过利用各种智能技术和方式，整合社区现有的各类服务资源，为社区群众提供政务、商务、娱乐、教育、医护及生活互助等多种便捷服务的模式。从应用方向来看，"智慧社区"应实现"以智慧政务提高办事效率，以智慧民生改善人民生活，以智慧家庭打造智能生活，以智慧小区提升社区品质"的目标[一]。智慧社区管理概念示意图如图 6-19 所示。

（2）智慧社区实现路径

1）协同联动发展。智慧社区服务系统是一个涉及多方利益主体的复杂系统。只有政府、居委会、智慧社区各项服务的提供者等不同主体协调联动发展，才能保证智慧社区的建设及运营状况良好，真正发挥作用。首先，在政府的统一规划指导下，现有的居委会及各项社区服务的提供者，如商贸企业、物流企业、物业公司、医护机构、家政服务机构等积极配合、协同联动，共同为智慧社区的建设和运营努力，为实现更加完善的智慧社区服务系统贡献力量。其次，智慧社区涵盖家居、物业、医疗、家政服务、文化娱乐、电子商务等各个层面，小区内部各项服务需要密切配合才能完成。例如，社区电子商务与物流配送的协调配合才能保证居民快速收到所购商品，智慧家居与综合监管的协同联动才能确保室内空间与室外环境的安全。

○　引自《物联网背景下的智慧城市建设》。

图 6-19 智慧社区管理概念示意图

2）产业链发展。产业链发展战略就是从整个产业链的角度分析其发展。智慧社区服务系统包括政府、运营商、解决方案提供商、业务提供商、社区居民等多方面。在政府管理、协调、监督下，积极探索投资小、产出高、可持续发展的智慧社区服务系统，产业链的上下游企业将以智慧社区建设为契机，联盟合作。运营商负责项目的投资、通信网络和硬件设施的建设以及日常的运营维护，业务提供商提供完整的解决方案，根据智慧社区建设的具体情况，提供相关技术支持和服务，业务提供商即商业、物业、物流、医疗、家政等各项服务提供者，直接为居民提供服务，如提供智慧养老的服务，建设具有随时看护、远程关爱等功能的养老信息化服务体系，打造面向居家老人、社区及养老机构的传感网系统和信息平台，提供基于物联网的实时、高效、低成本、智能化的养老服务。

3）服务一体化。一体化战略就是将独立的若干部分加在一起或者结合在一起成为一个整体的战略。它的基本形式有纵向一体化和横向一体化。纵向一体化，即向产业链的上下游发展，可分为向产品的深度或业务的向下游发展的前向一体化和向上游方向发展的后向一体化；横向一体化，即通过联合或合并获得同行竞争企业的所有权或控制权。一体化战略有利于提高经营效率，实现规模经济，提升控制力。对于智慧社区服务系统，纵向一体化即在政府的主导下，运营商、解决方案提供商、业务提供商密切配合，各尽职责，最终为社区居民提供优质的服务；横向一体化即政府、居委会、智慧社区各项服务的提供者等不同主体之间协调联动，共同发展，为智慧社区的建设和运营提供保证[134]。

4）智慧社区的建设重点。智慧社区的建设重点主要包括以下几点：

① 智慧社区安全性。将各周界报警设备，视频监控以及各种传感器共同加入智慧社区平台后，各设备可以互相联动，相互进行补充，一旦当小区住户家中发生任何紧急状况，可以自动联动相关设备，将家中的实时状态传递给用户，并及时通知物业及相关部门。

② 智慧社区用户家居的智能化。用户使用手机等移动智能终端，无论何时身处何地，都可实现家电控制功能，如灯光、空调等与外部传感器的联动，真正意义上实现智能家居生活。

③ 智慧物业服务。通过智慧社区平台，物业可以提供更多优质的服务，不仅可以为物业创收，也可以为业主提供服务。小区住户即使不在小区也可以和物业进行沟通，让物业人员帮忙处理。物业也可以给每位住户发布各类信息，提升物业管理水平。

(3) 智能建造建设可持续智慧社区住宅　智慧社区建设是一个复杂的系统性工程，住宅作为社区中的重要组成部分，集中了人、事、地、物等多重元素，承载了组织、管理、服务等多重功能。推进社区中住宅智慧化建设，是智慧社区中基础设施与建筑环境智慧化的基础，也为智慧社区形成成熟的社区治理模式、便民的公共服务模式等提供支撑。第一，采用"云桌面"的工作方式实现点对面的全专业协同模式。第二，基于 BIM 设计，通过建筑信息模型辅助算量、虚拟建造、全专业建筑信息模型展示及全景 VR 技术，实现全员、全专业的设计变更及流程管理。第三，将线下设计生成的数字孪生建筑通过自主开发的轻量化引擎上传至互联网云平台，支持商务、制造、施工、运维的信息化管理。项目将集成从设计到建成全过程的核心数据，最终交付给业主基于 BIM 的轻量化数字孪生竣工模型，该模型可以提供数字化的住宅使用说明书，借助 VR 技术，可以虚拟各项隐蔽工程及其建造信息，便于住户使用。

智能建造使用绿色健康的装修材料，规模化生产、流水式安装，从源头杜绝装修材料中化学物质的危害，并且减少人工现场作业，节能环保，保证装修质量。智能建造在工期、效率、质量、成本、后期维护等方面均有明显优势，较传统装修而言，施工时间大幅度缩短，后期维护费用也可大幅度降低。智能建造技术通过集成应用绿色、智慧、科技相关技术，积极探索绿色化、工业化、信息化、智慧化的新型建造方式，在推进建设可持续性智慧社区住宅方面发挥了显著优势。

8. 智慧水务

(1) 智慧水务蓝图　水务行业是指由原水、供水、节水、排水、污水处理以及水资源回收构成的产业链。同时水务是我国乃至全世界各个国家最重要的城市基本服务之一，因为人们的生产和生活都离不开城市供水。智慧水务是通过新一代信息技术与水务技术的深度融合，充分发掘数据价值和逻辑关系，实现水务业务系统的控制智能化、数据资源化、管理精确化、决策智慧化，保障水务设施安全运行，使水务业务运营更高效、管理更科学和服务更优质。基于物联网、云计算的城市污水处理综合运营管理平台为污水运营企业安全管理、生产运行、水质化验、设备管理、日常办公等关键业务提供统一业务信息管理平台，对企业实时生产数据、视频监控数据、工艺设计、日常管理等相关数据进行集中管理、统计分析、数据挖掘，为不同层面的生产运行管理者提供及时、丰富的生产运行信息，为辅助分析决策奠定良好的基础，为企业规范管理、节能降耗、减员增效和精细化管理提供强大的技术支持，从而形成完善的城市污水处理信息化综合管理解决方案（图 6-20）。

(2) 智慧水务实现路径

1) 高标准完善水务信息基础设施建设。由于水务数据和工作量快速增长，所以高标准完善水务信息基础设施建设有助于实现智慧水务建设的高效运行。水务信息基础设施建设既要为未来的技术进步预留改进空间，还要建设网络安全，保障水务数据安全。

2) 科学构建供水调度决策系统。以水力模型应用为核心，首先实现"源水+供水"的调度整合，打造一网调度系统。目前，我国的供水调度系统存在三方面的问题：第一，有限的监测手段和数据无法全面反映管网的水力状态。第二，基于人工经验的调度，其全面性、一致性、稳定性、可传承性比较差。第三，传统指令发布的方式可追溯性差，难以进行有效的统计、分析及调度优化。供水调度系统以水力水质模型为核心，集成来自 GIS 系统、SCADA 系统、新装和现维系统、泵站能效评估系统、危机和预案管理系统、大阀门管理系统等的数据；输出在线监测和报警、模型预测、危机和预案管理、图表和报告等辅助决策分析、在线调度和指令管理、应急响应事件管理等信息，实现实时监测、辅助决策和科学调度指令发布等功能。这种以水力模型的应用为基础的科学调度系统，可以根据用水需求实施合理的调度措施，优化管网运行，在确保供水安全的基础上降低管网运营维护费用。

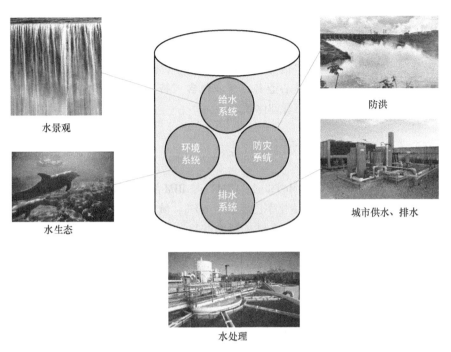

图 6-20　智慧水务场景图

3）构建能源监测和管理系统。从主要的能耗源头、泵站的节能改造和用电监测入手，打造能源监测和管理平台，开展能耗监测、数据集成分析、优化调度、泵效测试、变配电系统改造等工作，可为节能降耗提供信息化和辅助决策，帮助降本增效。能源监测和管理平台可对电、水、气、热等能源，以及泵机（含各式泵、各式风机，电机等）、变配电设备（变压器等）、照明（含办公楼宇、工厂车间等）、供热（锅炉、蒸汽等）等耗能实施综合管理，优化能源的管理使用[⊖]。

（3）智能建造解决高难度智慧水务施工　大部分水利工程建设存在环境较为复杂、工程建设难度较大等问题，故其工程管理工作的难度也比较大。同时，水利工程质量与社会水资源应用质量密切相关，其质量问题会造成巨大影响。水利工程的施工环境、工艺等复杂，工程质量标准高，现场施工难度大，采用智能建造技术可以全面提升智慧水务基础设施施工管理效率、质量、实时性等。智慧引调水，智慧泵站（二次供水泵站、排水泵站等），智慧管网，智慧水厂，给水排水系统（管网、水厂）的智能化运行，水和污水系统基础设施的修复及改造等，都离不开智能建造技术。

例如，使用"无人机"现场勘察方法可对现场环境进行勘察（具体勘察方法要根据勘察指标来选择，但所有勘察结果都可以通过智慧工地平台来进行实时传输），根据勘察结果可知环境是否满足工程标准，若不满足，则利用智能建造技术拟定环境参数标准，依照标准对环境进行治理；利用 BIM 技术建立施工成果模型，通过智能建造技术对模型进行模拟判断，若发现模型存在异常，则说明成果质量不佳，随后进行标准设定来拟定处理方案；通过现场监控设备、智能建造技术可知处理方案是否正常，若有异常可及时修正处理方案^[135]。

智慧水务以物联网、大数据、云计算、人工智能等高新技术为驱动力，通过感知体系实现全面感知气象、河网管网、供水管网、雨水管网、污水管网、地下水的运行状态，采用数据化的方式有机整合水务管理部门与水务设施的相关信息，形成基于 CIM/BIM+ 的"智慧水务物联

⊖　引自 https://zhuanlan.zhihu.com/p/356521869。

网"。基于 BIM 的工程建设管理平台、工程数据中心，可有效支撑工程建设的管理，以此来控制工程质量。"BIM+GIS""BIM+VR"、智慧数字大屏、数字孪生等新技术在智慧城市水务中也将得到广泛应用。

综上，智慧城市管理平台围绕"信息收集、案卷建立、任务派遣、任务处理、任务反馈、核查结案、综合评价"等城市管理的核心业务，建成包含"智能监控、业务管理、应急管理、决策支持、公共服务"等智慧应用的城市管理体系。

■ 6.4 BIM-CIM 与智慧城市构建

城市信息模型（City Information Modeling，CIM）是 BIM 发展的下一阶段，是城市数字化管理的必然趋势。截至 2019 年，我国城镇化率已经超过 60%，城市发展进入城市更新的重要时期，由大规模增量建设转为存量提质改造和增量结构调整并重。随着我国城市规模越来越大，要素越来越多，系统越来越复杂，传统城市管理与运维发展模式已无法支撑未来城市的发展需求。运用大数据、云计算、区块链、人工智能等前沿技术推动城市管理手段、管理模式、管理理念创新，从数字化到智能化再到智慧化，让城市更聪明一些、更智慧一些。以物联网、信息网络为基础的第四代信息技术（ICT）的快速发展为城市治理和社会治理提供了强大的技术支撑。

截至 2020 年，全球启动或在建的智慧城市已达 1000 多个，欧洲、北美、日韩是智慧城市的领先区域。在建设数量上，我国以 500 个试点城市居于首位，且已形成长三角、珠三角等多个智慧城市群，有效改善了公共服务水平，提升了管理能力，促进了城市经济发展。

智慧城市作为一种城市发展理念，越来越受到各级政府、社会各界的高度重视。我国 100% 的副省级城市、89% 的地级以上城市、49% 的县级城市已经开展智慧城市建设，累计参与的地市级城市数量达到 300 余个；智慧城市规划投资达到 3 万亿元，建设投资达到 6 千亿元。例如，深圳市规划投资 485 亿元，福州市投资 155 亿元，济南市投资 97 亿元，日喀则市投资 33 亿元，银川市投资 21 亿元。同时，有 1.2 万余家 ICT 厂商参与到智慧城市建设中，系统集成三级资质以上企业 7000 余家，包括传统 CT 厂商，如华为、中兴，还包括互联网企业，如百度、阿里巴巴、腾讯；有 10 余万家轻应用、微服务商，提供了近 740 万款智慧城市相关的 APP 软件。

但长期以来，智慧城市的建设存在基础数据信息缺失、信息共享不畅、数据孤岛现象丛生、平台重复建设等突出问题，导致城市规划、建设、管理各个环节的数据无法融会贯通，业务无法协同联动。在此背景下，城市信息模型（CIM）应运而生[136]。

图 6-21 所示为智慧城市解决方案全景。

图 6-21　智慧城市解决方案全景

6.4.1　CIM 概述

1. CIM 的定义

城市信息模型（CIM）是以建筑信息模型（BIM）、地理信息系统（GIS）、物联网（IoT）等技术为基础，整合城市地上、地下，室内、室外，历史、现状、未来的多维、多尺度信息模型数据和城市感知数据，构建起的三维数字空间的城市信息有机综合⊖。

城市信息模型是对城市各要素及其时空状态信息的数字化描述和表达。从 CIM 本身的特性来看，它是一种数字化描述方式，其描述对象主要是城市的物理和功能特征；从 CIM 作为资源的角度来看，它是一种可以共享的且需要多方协同维护的信息集，主要体现为在基于面向城市运行管理的 CIM 平台上进行整个城市的信息化运行管理；从面向城市运行管理的 CIM 的整个工作周期来看，它是一个不断为改善城市服务和功能提供相关决策信息的周期循环过程[137]。

2. CIM 的特征

（1）建筑数据可获取　一栋建筑可视为城市的一个细胞，包含有大量的数据和信息，对城市运维不可或缺。因此，靠激光扫描形成的 3D 轮廓城市建筑模型就很有局限性，其数据量远远不够。结合 BIM 数据库可实现数据细度到建筑内部的一个机电配件、一扇门，可从一个整体城市视图，快速定位到一个园区、一栋建筑，可快速查找到一栋建筑里的所有相关数据。

（2）城市数据可计算　城市级数据可计算，才能产生高价值应用。例如，一个街区有多少栋楼、多少建筑面积、容积率是多少、多少人口、多少家单位、多少车辆等，大量数据可以将其计算出来。

（3）空间数据可定义　BIM+GIS 对城市的空间数据库进行了准确的定义。人有两种状态，一种是在建筑外，另一种是在建筑里。对于第一种状态，GPS 技术（GIS 数据库）可以准确定位，对于第二种状态（即在一栋建筑里），现有技术还无法定位，导致许多重要应用无法实现。BIM 作为室内定位的空间支撑数据库，对解决这一问题不可或缺。

（4）应用数据可关联　人口、教育、城市管理等所有数据与 CIM 相关联，可获得更高的城市运维效率，也可实现更低成本。若各领域数据库与 CIM 数据库没有关联，则其应用价值无法得到充分发挥，许多重要应用也将无法实现。

（5）城市可视化　可视化可以提升城市运维的效率和管理体验。一方面，实体建筑和城市设施是可视化的；另一方面，所有物联网数据也是可视的，是与 CIM 对应的。

（6）可感知　所有的物联网数据与城市空间关联，使数据可视化，可用于快速运维。设定好数据控制参数值，系统会自动提醒或报警，以防止严重问题的发生。

（7）开放性　通过授权，数据可以让相关部门人员使用。

（8）安全性　数据所有利用都会被监控，以免被恶意利用。

3. CIM 的价值

（1）CIM 带来的价值　CIM 是可视化、数据化城市运维的支撑系统，它使得城市自动感知能力和城市治理快速反应能力大幅提升。它既可以作为所有城市领域的智慧运营提升基础数据库，也可作为一个城市的大数据的承载平台。

（2）CIM 建设的可行性

1）政策支持。住房和城乡建设部于 2022 年 1 月 19 日发布公告，批准《城市信息模型基础平台技术标准》为行业标准，编号为 CJJ/T 315—2022，自 2022 年 6 月 1 日起实施。

该标准的主要技术内容包括总则、基本规定、平台架构和功能、平台数据、平台运维和安全

⊖　引自 https://tieba.baidu.com/p/7379354157。

保障等内容，适用于城市信息模型基础平台的建设、管理和运行维护。

该标准明确城市信息模型（CIM）基础平台分为国家级、省级和市级三级平台，其中国家级 CIM 基础平台是对全国城市信息模型基础平台建设、应用履行监测监督、通报发布、应急管理与指导等监督指导职能，与国家级其他政务系统、下级 CIM 基础平台联网互通实现业务协同、数据共享的城市信息模型基础平台；省级 CIM 基础平台是纵向对接国家级平台的监督指导、业务协同、综合评价等应用，联通下级 CIM 基础平台，横向同省级其他政务系统对接、信息共享，具有重要数据汇聚、核心指标统计分析、跨部门数据共享和监测下级 CIM 基础平台运行状况等功能的城市信息模型基础平台；市级 CIM 基础平台是纵向对接省级平台、国家级平台，横向同市级其他政务系统对接，具有整合、管理或共享城市信息模型资源等功能，支撑城市规划、建设、管理、运营工作的基础性信息协同平台（图 6-22）。

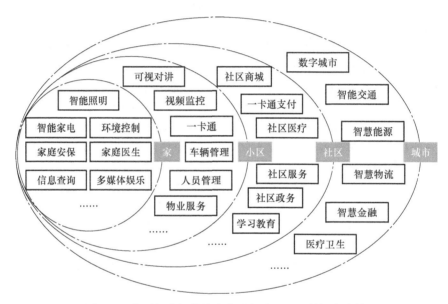

图 6-22　各层级的智慧城市应用都需要 CIM 数据库支撑

该标准规定，CIM 基础平台建设应统一管理 CIM 数据，提供数据和服务访问的接口，满足业务协同、信息联动和应用延伸的要求，满足数据更新和服务扩展的要求。CIM 基础平台和数据应采用 2000 国家大地坐标系（CGCS 2000）或与之联系的城市独立坐标系，高程基准应采用 1985 国家高程基准，时间系统应采用公历纪元和北京时间。三级平台应实现网络联通、数据共享、业务协同，建立协同工作机制和运行管理机制，在纵向之间及与同级政务系统横向之间建立衔接关系。

2）技术可行性。截至 2021 年，CIM 建设技术已无大的问题，成本也已经非常低廉，大规模建设可以控制在 5 元/m² 以内。成本不会成为障碍，主要应注意城市管理者的意识提升。

CIM 的建设主要是做好 GIS、BIM、物联网技术的集成。当前，BIM 数据库、GIS 数据库已经比较成熟，做好集成即可。

6.4.2 BIM 到 CIM 是大势所趋

1988 年—2000 年，建筑信息模型（BIM）出现；2000 年—2010 年，虚拟设计与建造（VDC）问世；2010 年后，出现设备性能优化（Optimize Facility Performance）。此外，BIM 还有一些典型应用，如日照分析、绿色建筑等，但是这远远不能满足一个城市生命体的要求。（如新陈代谢——城

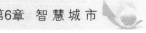

市生命体与外界进行能量、信息及物质的交换）于是，CIM 就出现了。那么，CIM 与 BIM 之间有什么关联呢？既然有了 BIM，为何还要提到 CIM 呢？CIM 与未来城市的发展有什么影响呢？本节将围绕这几点展开论述。

1. CIM 的出现

CIM 尚属于新生概念，与其相关的技术理论还在讨论阶段。在国际上，欧美等发达国家基本没有新建城市的条件，在既有老旧城市中研究测试 CIM 的实施难度大，一些"数字孪生"和"未来城市"的项目和技术也在艰难实践中，CIM 技术的研究和发展受限。在我国，CIM 技术自 2018 年后发展迅速。学者们普遍认为 CIM 是新型智慧城市的重要组成，是 GIS、BIM、IoT 技术的融合。我国众多学者将 CIM 作为底层的数据平台来搭建智慧城市的框架。尽管 CIM 的理论体系和相关技术仍处于起步和发展时期，但 CIM 对于智慧城市的建设和城市精细化治理具有突出作用已被认可，关于 CIM 的信息化项目发展迅速[⊖]。

2. BIM 与 CIM 的关系

BIM 是构成 CIM 的重要基础数据之一，如果说 BIM 技术是信息化技术在建筑业的"点"式应用，那么 CIM 技术就相当于信息化技术浸润于各行业的"面"式应用。基于 GIS 进行信息索引及组织的城市 BIM 信息，可直观地反映出城市的功能划分、产业布局以及空间位置，而 CIM 则将视野由单体建筑拉高到区域甚至是城市，所涵盖的信息渗透至组织、城市基础设施以及各系统之间的生产生活等动态信息，可为大规模建筑群提供基于网络的 BIM 数据管理能力。因此，CIM 与 BIM 的关系是宏观与微观、整体与局部的关系。CIM 与 BIM 的关系如图 6-23 所示。

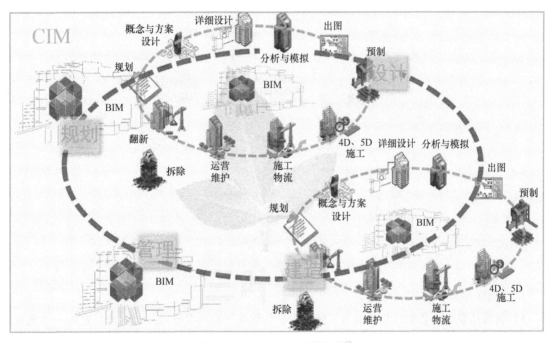

图 6-23 CIM 与 BIM 的关系[⊖]

3. 从 BIM 提升到 CIM

从单栋建筑走到群落，走向环境模拟。例如，水与风的流动极其相关，通过计算机可以进行

⊖ 引自彭明. 从 BIM 到 CIM 助力新型智慧城市建设提质增效. http://www.chinajsb.cn/html/201904/26/2444.html。

⊖ 引自 https://mp.weixin.qq.com/s/1XWTpHhp_Ss8KpvRfnj9MA。

水模拟与风模拟。

如果城市规划管理工作原先落在单体，那么未来的城市管理一定会落在单体之外的系统。若将城市视为生命体，建筑则是细胞，从 BIM 到 CIM，是一个从细胞到生命体的变化。

BIM 的"单个细胞"单体不能解决城市问题，单体之间的联络网络是 CIM 要重点突破的，例如：交通流、水流、气流、固废物的排放等在城市规划管理中很少涉及，而这些正是 CIM 应用的重点，更需要关注。城市中还存在着信息传递的神经系统，如人流、信息流、资金流等。整个城市的生命体每天都在更新，相比建筑的稳定系统，城市每天都在变化。城市规划管理将出现突破性的进展。不但城市规划部门派人去审批，而且社区内每个老百姓都能参与城市公共设施管理。城市从单体建筑，走向全系统运行管理。将所有的智能建造、构建，全部整合起来，形成一个新体系。从"以形定流"走向"以流定型"的群落规划设计——需要先确定各种"城市流动"，再根据流动，再来确定空间的形，这是"智慧"的关键[⊖]。

（1）CIM 的五个方面突破（图 6-24）

1）把 BIM 作为 CIM 的细胞，将建筑作为城市细胞。

2）城市物质子系统建模。建立 CIM 的工作底板，多种数据的导入。

3）城市时空数据接入 CIM。例如世博会，模拟 100 多万人在世博会，通过模拟分析保证世博会的安全。通常而言，空间信息较多，而时间信息相对较少。以上海出租车数据分析为例，通过长时间段的连续分析，可以更加详细地了解城市人的活动状况。

4）城市突发事件预警，包括自然灾害、火灾等，能够及时启动应急管理预案。

5）城市蓝图模拟。对蓝图的描绘，通过不同的情景方案，来应对城市弹性与不确定性。

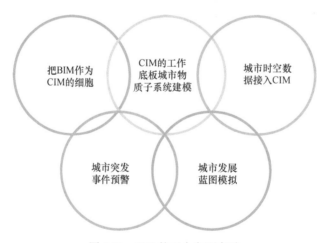

图 6-24　CIM 的五个方面突破

（2）CIM 应用介绍

1）智能市长桌。智能市长桌是为了便于信息化和统一管理而设立的，此外，它的一个重要的目标就是建立数据体系，通过市长对信息工具的使用，推进城市智慧模型。整个城市八大系统的管理框架构成了市长决策系统，形成了智能市长桌（图 6-25）。

2）CIM 在建筑全生命周期中的应用。既然 CIM 与 BIM 的关系是宏观与微观、整体与局部的关系，BIM 可以应用于建筑全生命周期，那么毫无疑问 CIM 也一样可以。CIM 在建筑全生命周期中的应用见表 6-2。

⊖　引自从 BIM 到 CIM——吴志强谈智慧城市. https://mp.weixin.qq.com/s/Z-vVM7TqUtTl_GQdb6bpUw。

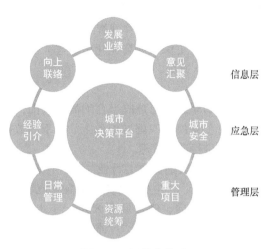

图 6-25　智能市长桌

表 6-2　CIM 在建筑全生命周期中的应用

建筑生命周期	应用	建筑生命周期	应用
规划	方案设计	建造	数字制造
	三维展示		进度管理
	工程勘察		质量控制
	线路规划		成本控制
设计	可视化模拟	竣工	决算配合
	三维协同设计		档案管理
	碰撞检查		变更统计
	虚拟漫游	运维	资产管理
	工程算量		设备维护
	可视化模拟		模拟灾害
建造	场地布置		综合管理
	施工模拟		

4. CIM 的研究与实践

同国外相比,我国更有机会让 CIM 得到实践。例如,在世博会和其他一些重大工程项目中都有 CIM 的身影。在投资管控方面,CIM 可以对项目全生命周期实施全过程管控,从而推动城市发展和城市更新;在住房保障方面,运用 CIM 技术可以搭建保障房规划建设决策指挥平台、项目建设全过程监管与信息共享平台等,从而有效提升保障房的建设速度。CIM 不仅包括建筑、交通、能源、通信等城市基础设施,还包括政府、学校、企业以及家庭等组织和人的活动所产生的一系列信息。

智慧城市是对城市发展的更高层次要求。我国发展智慧城市还需尽快掌握其核心技术。目前,在高科技信息技术方面,我国对外依存度依然很高,多数核心技术仍掌握在跨国公司手中。只有加强关键领域技术的自主研发和集成创新,才有可能建设自主可控的智慧城市。但是,智慧城市建设不能仅强调技术应用而忽视社会经济层面的创新。未来,智慧城市将不断向纵深发展,以构筑创新 2.0 时代的城市新形态。

建设智慧城市要切实贯彻"互联、整合、协同、创新、智能"的智慧城市理念，借助全面集成的智慧技术，建立统分结合、协同运行的城市管理智慧应用系统，通过更全面的互联互通、更有效的交换共享、更协作的关联应用、更深入的智能化，促进人流、物流、信息流、交通流等的协调、高效运行，让城市运行更安全、高效、便捷、绿色、和谐[⊖]。

5. CIM 发展

中国工程院吴志强院士认为，CIM 总体上是应当容纳流结构的，以流定形，形流相成，这是 CIM 发展的重点方向。CIM 的目标要最终把我国城市地上、地下的数据精化、细化、立体化，目前的追求是动态化，对各行业数据进行动态管理。

CIM 可以在更多领域发挥作用，如交通和电力行业。这些行业固有的数据结构是"流结构"，交通行业关注的是在路上跑的"交通流"，电力行业关注的是在电线里面跑的"电流"。关注"流结构"，就是要探索规划布局、道路走向、建筑形态因素。与此同时，城市的生态也有大量的"流"与城市的可持续发展密切相关，例如"风流""水流"这两大自然流动要素是与城市形态密切相关的，据此可以提出对不同条件下的规划方案的相应契合度的评估方法。

吴院士认为，未来应该在 CIM 的基础上提出一个更高层面的概念：空间智能模型（Space Intelligent Modeling，SIM），这里面的"S"指的是国家不同的空间，不论城市、乡村、森林、海洋和农地，本质上都是一种空间。有了空间作为载体，才能承载一个国家的生态、社会、经济、历史和文明，因此软件开发者和使用者应当在充分理解"空间"内涵的基础上架构软件系统。

我国的城镇化转型正从"速度"城镇化走向"深度"城镇化，从"体力"导向走向"智力"导向，劳动生产率也会随之大幅提升。吴院士团队的研究根植于对城乡发展规律的认知，通过传统数据和大数据的采集与分析，揭示存在于各类城乡发展形态下的经济、社会、生态等要素的流动，用以诊断规划问题，从而制定和总结出城市发展模型和方法。"流"意味着城市发展中的力量，其累加或结合产生了势能，构成了空间交互［指的是各类"空间"（如城市、乡村、海洋等）的纵横交错］模型的基础。

CIM 中的"I"一直指是智慧（Intelligent），而不仅仅是信息（Information）。"CIM 必须要有一个学习的过程，否则就只是数字和信息的堆砌。"吴院士谈到 CIM 与"孪生"的区别：数字孪生不能只做城市的"镜像"，还要知道城市的过去、未来，借助 CIM 要能够看到城市的前世今生，更看透过去和未来。工业和工厂建设可以提数字孪生，而城市建设提数字孪生是远远不够的。只关注与现实一模一样的"镜像"，数字技术就失去了更高价值，这就是吴院士一直提倡 CIM 城市智能平台+AI 人工智能推演（CIMAI）的重要性和人工智能深度学习的必要性的原因。

（1）CIM 的深层含义　CIM 相对于"数字孪生"有更深的内涵，主要体现在以下方面：

第一，CIM 以预见未来为目标，而不仅是为了还原真实城市而研制的数字系统。CIM 通过应用智能模型前瞻性地创造出未来场景，以帮助使用者看到明天的城市问题，并据此引导今天的发展路径。第二，CIM 靠智能模型来辅助决策，它不仅是简单的信息管理平台，还是从对城市数据的积累、处理提升为对复杂信息的智能响应，适应现代城市综合治理的需要。通过对建设项目、市政工程、气候环境等城市数据的集成计算，实现对城市发展、交通、市政等关键决策领域资源的智能动态配置，以优化城市设计的效果，辅助城市规划、建设、管理的科学决策。第三，CIM 更加突出人与城市信息的互动，它不仅是针对城市数据的技术平台，还应是能以更智慧的方式将城市信息有效传达给用户的互动系统。借助 CIM 可以使城市规划、建设、管理的过程更轻松、人性化，而在用户的干预和反馈过程中，CIM 系统也得以持续迭代、增强，体现出人的主观意志和

⊖　引自 https://www.doc88.com/p-47047147357994.html。

智慧城市的互动协调。以对城市大数据的智能分析、模拟、推演为基础，人机协同决策，制订更优的解决方案，维护城市全生命周期的健康发展。

（2）CIM不仅仅等于"BIM+GIS+IoT" 随着建筑业信息化逐步成熟，建筑信息模型（BIM）、地理信息系统（GIS）与物联网（IoT）技术得到了广泛应用，与之相关联的CIM成为社会各界多个领域的技术共识。CIM与上述三类技术是怎样一个关系？外界认为CIM = BIM + GIS + IoT（图6-26）。而吴院士认为，BIM像城市的细胞，GIS是提供数据基础的平台，IoT是指城市中所有物质的数字化。CIM将细胞、平台和城市物质数字化融合，产生了三个更有价值的内容——流动、生命规律和动力辨识，而这是超出BIM、GIS、IoT这三项要素的。流动是指空间加上时间以后产生的城市自然和人工要素的流动；生命规律是指城市流动和空间形态之间的互动规律；动力辨识是指理解城市生命发展的动力所在。BIM、GIS和IoT三项技术简单叠加是无法做到这些内容的，CIM须面向更广泛的用户群体，既要让远程访问CIM变为可能，也要提升CIM应用的便捷性。CIM应当能够感知城市中人的活动规律、需求，进而通过大数据的智能模拟、迭代，优化城市规划设计方案，还要有精准服务用户需求的应用端，以满足不同主体在城市规划、建设和管理中的实际需要[⊖]。

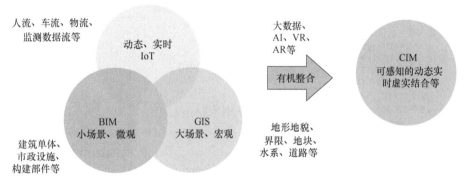

图6-26　BIM+GIS+IoT=CIM

（3）未来CIM　2021年，从国际上的城市数字孪生项目（Digital Twins Project）到"实景三维中国建设"，从CIM定义到应用，从CIM试点到广覆盖，CIM成为智慧城市的操作系统被频繁提起。

智慧城市的操作系统，从严格的学术意义上讲，没有明确的定义。而计算机的操作系统有严格的定义，操作系统是管理计算机硬件与软件资源的计算机程序，也是计算机系统的内核与基石。操作系统需要处理如管理与配置内存、决定系统资源供需的优先次序、控制输入设备与输出设备、操作网络与管理文件系统等基本事务[⊖]。

智慧城市操作系统的大概有四类：

1）来源于数字地球、数字城市（Digital Earth，Digital City）方向，由城市地理空间信息为核心的数字化逻辑而来，提出时空大数据平台是智慧城市建设与运行的基础支撑。城市操作系统是智能城市的基石和底座，可负责管理智能城市中的各项资源，支撑智能交通、智能规划、智能能源等各类垂直应用。操作系统意味着可以安装各种第三方应用。第一，它向不同的云计算平台开放，可以在各种不同的云上运行；第二，向用户开放，用户在城市操作系统上部署、搭建、运行

　　⊖ 引自吴志强院士：CIM与城市未来. https://magazine. supermap. com/view-1000-16109. aspx。

　　⊖ 引自 https://mp. weixin. qq. com/s/1XWTpHhp_Ss8KpvRfnj9MA。

各类应用；第三，向业界开放，业内开发者可以基于城市操作系统开发解决方案，构建共建共生的生态体系。

2）来源于智能物联方向，未来智慧城市的各主要服务系统需要互联互通，来自不同领域的传感器和设备数据，需要在统一而开放的智慧城市操作系统上整合，把智能物联操作系统等同于城市操作系统。

3）人工智能方向，"智能城市操作系统"（AI City OS），为城市的智能化建设提供全面、可靠、开放的架构参考。整个操作系统以可自主进行算法迭代的智能城市计算云为核心视觉中枢，打通业务需求与模型生产的闭环，并协同云、边、端全技术栈的能力，满足智慧城市全场景应用的技术需求。

4）CIM方向，在住房和城乡建设领域，较多的观点认为CIM才是智慧城市的底板，是内核与基石，是操作系统。

CIM成为智慧城市操作系统的路径可以分成三个阶段：CIM基础平台阶段、专题应用阶段与全社会应用（智慧城市操作系统）阶段（图6-27）。

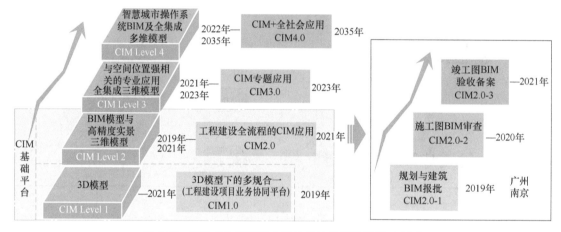

图6-27　CIM成为智慧城市操作系统的进阶逻辑示意图

1）CIM基础平台。以时空大数据平台、"多规合一"信息平台等现有信息平台为基础，提升集成应用海量地理三维空间数据、建筑信息模型、物联网传感器监测等数据的能力，构建起一个二三维一体化、地上地下一体化、室内室外一体化的城市信息模型数据库；提供三维数据引擎、分析模拟、辅助智能化审查审批、时空信息服务管理、开发接口API等功能，并有确保信息安全、操作规范等在内的运行保障机制。CIM基础平台的具体内容包括四点：第一，构建基于时空大数据、"多规合一"等已有空间信息平台。第二，构建一个基础数据库，包括时空基础数据、资源调查与登记数据、规划管控数据、公共专题数据、工程建设项目全流程数据、物联网感知数据等各种数据，其类型可以是数字高程模型、建筑物白模、BIM与高精度实景三维模型、视频与流媒体等。第三，建设一个包括三维数据引擎、分析模拟、辅助智能化审查审批、时空信息服务管理、大数据拓展应用、运维管理等功能的信息系统。第四，建立一套运行保障机制，包括信息安全、操作规范、BIM报批流程、技术指引和办事指南等。

2）CIM专题应用。CIM专题应用是指在CIM基础平台支撑之上，与城市空间信息强相关的非建设行业的CIM应用，可以优先开展城市体检、自然资源管理、智慧社区（完整社区）、智慧旅游、智慧交通（车路协同）、智慧水务、智慧环保、城市管理、城市更新、应急管理等十大专业应用。

3）CIM 全社会应用。在 CIM 专题应用的基础上，推广全社会的应用，即 CIM+应用，如数字中国、智慧社会，让 CIM 成为智慧城市的操作系统。

由 BIG 设计的编织城市（Woven City）规划设计方案，是继 Sidewalk Toronto 之后又一个从街道和出行方式变革出发，探讨未来出行与建筑、居住、工作、生活方式之间紧密关联的城市设想。方案提出了将原有道路断面系统重新分为机动车、非机动车和人行道三套彼此交织的道路系统，满足自动驾驶测试的要求，也是对未来生活方式的测试场。除此之外，AI 和氢燃料电池等技术也为城市提供了安全和可持续发展的保障。

相信在未来，也会有更多类似的城市空间规划层面的探索，为无人驾驶和行人提供更加安全、可靠和舒适的道路环境。传统机动车交通、慢行交通和无人驾驶交通的路权分配变革路径，也将在越来越多的试点城市落地，推动城市规划的变革。

6. CIM 平台软件介绍

由中国地理信息产业协会软件工作委员会组织开展的"2021 年度城市信息模型（CIM）软件测评"包括平台和应用两类[⊖]。城市信息模型（CIM）基础平台名单见表 6-3。城市信息模型（CIM）+应用名单见表 6-4。

表 6-3　城市信息模型（CIM）基础平台名单

软件名称	单位名称
超图城市信息模型（CIM）基础平台 V1.0	北京超图软件股份有限公司
MapGIS 城市信息模型（CIM）基础平台 V1.0	武汉中地数码科技有限公司
正元城市信息模型 CIM 平台 V1.0	正元地理信息集团股份有限公司
GeoScene Geo 城市信息模型（CIM）基础平台 V1.0	易智瑞信息技术有限公司
集景-城市信息模型（CIM）平台 V1.0	重庆市勘察院
飞渡城市信息模型（CIM）基础平台 V1.0	北京飞渡科技有限公司
广联达城市信息模型（CIM）基础平台 V1.0	广联达股份有限公司
奥格城市信息模型 CIM 平台（AGCIM）V1.2	奥格科技股份有限公司
国地科技城市信息模型（CIM）基础平台 V1.0	广东国地规划科技股份有限公司
苍穹城市信息模型（CIM）基础平台 V1.0	苍穹数码技术股份有限公司
众智城市信息模型（CIM）基础平台 V1.0	洛阳众智软件科技股份有限公司
南方智能城市信息模型（CIM）基础平台 V1.0	广州南方智能技术有限公司
吉奥城市信息模型（CIM）基础平台 V6.0	武大吉奥信息技术有限公司
南方数码城市信息模型（CIM）基础平台 V1.0	广东南方数码科技股份有限公司
思维图新城市信息模型（CIM）基础平台 V1.0	北京四维图新科技股份有限公司

表 6-4　城市信息模型（CIM）+应用名单

软件名称	单位名称
数字孪生三维可视化管控平台 V1.0	中测新图（北京）遥感技术有限责任公司
城信城市信息模型（CIM）三维可视化平台 V1.0	广州城市信息研究所有限公司

⊖　来源于中国地理信息产业协会。

（续）

软件名称	单位名称
城信地质灾害动态预警及综合指挥平台管理软件 V1.0	广州城市信息研究所有限公司
青勘防汛调度指挥系统软件 V1.0	青岛市勘察测绘研究院
西海岸新区防汛调度指挥系统 V1.0	青岛市勘察测绘研究院
智慧园区可视化运营管理平台 V1.0	河北雄安市民服务中心有限公司
智慧园区设施设备可视化管理平台 V1.0	河北雄安市民服务中心有限公司
城市规划建设项目景观风貌评审 CIM 辅助决策支持系统 V1.0	长沙市规划信息服务中心
湘江新区城市设计成果要素 CIM 管控系统 V1.0	长沙市规划信息服务中心
智慧住建 CIM 行业应用平台 V1.0	武汉长达系统工程有限公司
成华区衫板桥数字智慧社区系统 V1.0	四川大智胜系统集成有限公司
广联达智慧工地+BIM 施工管理集成应用系统 V2021	广联达科技股份有限公司
三维数字空间场景构建平台 V1.0	软通智慧信息技术有限公司

平台类项目依据中国地理信息产业协会软件工作委员会编写的《城市信息模型（CIM）基础平台测试大纲》，就数据中心、数据融合与治理、可视化与空间分析、数据共享与服务、运维中心、开发接口等六个方面进行测评。

城市信息模型承载着数字中国的新时代、新内涵、新发展。伴随 CIM 相关新技术的不断提升，其促进城市向智慧化方向转型的速度将不断加快，将为生活在城市的人提供更加精准和便捷的服务。

1. 广联达基于 CIM 规建管一体化平台

广联达基于 CIM 规建管一体化平台，围绕城市建筑和市政基础设施全生命周期，以"数字孪生"城市为载体，以 CIM 时空一体化云平台为支撑，为城市建设、园区开发等提供规划、建设和管理全过程一体化解决方案和运营服务[注]。

城市是社会经济发展和人们生产生活的重要载体，是现代文明的标志，高起点规划、高标准建设、精细化治理正成为未来城市建设发展的新方向。坚持规划先行与建管并重相结合，构建以信息化为引领的绿色、智慧和韧性的城市发展新形态。

（1）基于 CIM 的规建管一体化平台　围绕城市建筑和市政基础设施全生命周期，以"数字孪生"城市为载体，以 CIM 时空一体化云平台为支撑，为城市建设、园区开发等提供规划、建设和管理全过程一体化解决方案和运营服务。打通规划、建设、管理的数据壁垒，改变传统模式下各阶段管理脱节的状况，支持城市管理需求在规划、建设的落实，积累城市数据资产并指导反馈规划建设，实现科学规划、高效建设和优质运营的智慧城市。

平台的创新体现在"新理念、新模式、新举措"三方面：第一，基于数字孪生的新理念。数字化技术驱动城市规划、建设和管理全过程升级，"数字孪生"助推城市建设发展新理念；第二，数字技术支撑"三个一体化"（空间一体化、管理一体化、全程一体化），创新城市建设管理新模式，将城市建设和管理提升至"细胞级"精细化治理水平；第三，基于一体化平台的新举措。构建基于 CIM 的规建管一体化平台，是支撑数字城市的新举措。

（2）CIM 平台方案　通过基于 CIM 的规建管一体化平台，实现城市规划、建设、管理全生命周期管理，平台架构为"一个平台+两大中心+三朵云"。"一个平台"是指以 BIM+3D GIS、物联

⊖ 引自 http://www.360doc.com/content/19/0311/20/52638092_820803219.shtml。

网、数据管理等为核心的 CIM 技术平台；"两大中心"是指以城市时空信息模型为核心的时空数据中心、以规建管一体化运营管理为核心的城市智慧中心（图 6-28）；"三朵云"是指城市规划云、城市建造云、城市管理云。

基础地理空间数据		规划数据		建设数据	管理数据
线划电子地图 影像电子地图 高程数据 地下管线	地名地址 行政区划 城市路网	城乡总体规划 控制性详规 土地利用规划 生态环境保护	地下管网规划 其他专线规划 规划审批 地上地下三维	建筑信息模型 市政设施模型 工程项目审批 监管数据	物联网节点地址 物联网感知实时数据 城市运营管理数据

图 6-28 时空数据中心和城市智慧中心

首先，CIM 平台由多源异构数据集成，它将宏观和微观结合，运用时空大数据处理技术，支持 API 接口，具有实时不见编辑和应用数据集成等特点。其次，时空数据中心的 CIM 具有宏观和微观一体、动态增长、可支撑业务应用、增量更新和可追溯等特点，城市智慧中心能够实现规建管数据融合与集成监控，对城市运行态势感知与分析评估，以及基于算法模型的辅助智能决策等。最后，通过多规合一实现城市规划一张图：建立城市信息模型能够有效解决空间规划冲突，推演城市发展，让土地资源和空间利用更集约，方案更科学，决策更高效。通过智慧建造以构建建设监管一张网：通过规建管一体化平台，采用物联网及现场智能监测设备等技术手段，与工程现场数据实时互联，实现对建设工程项目从设计图审查、建造过程监督和竣工交付的全生命周期智慧监管，全面提升工程项目监管效能。通过智慧运营以实现城市治理一盘棋：基于建设交付的城市信息模型，通过规建管一体化平台，实时监测城市运行状态，敏捷掌控城市安全、应急、生态环境突发事件，事前控制，多级协同，将城市管理精细到"细胞级"治理水平。图 6-29 所示为规建管一体化管理中心。

图 6-29 规建管一体化管理中心

2. 奥格城市信息模型（CIM）基础平台

（1）平台简介 奥格城市信息模型（CIM）基础平台（以下简称"AgCIM 平台"）是基于 B/S 端，有机融合建筑信息模型、地理信息系统、物联网、大数据、智能感知、自动识别等技术，整合城市地上地下、室内室外、历史现状未来多维多尺度信息模型数据和城市感知数据，构建起三维数字空间的城市信息有机综合体[一]。AgCIM 平台主要应用在城市规划、城市设计、工程建设项目

⊖ 引自 http://www.augurit.com/agb/2466。

审批业务协同、BIM 报建、施工图审查等工作。基于三维 GIS 和 BIM 等技术集成的 CIM 平台，支持大场景三维模型和建筑信息模型的存储管理和高性能查询展示，满足"规、设、建、管"等应用，推动工程建设项目审批制度改革从行政审批提效向新技术辅助技术审查提速转变，实现"多规合一"智能化、空间管控精准化、项目审批协同化、实施监督动态化，发挥信息化在创新规划理念、改革规划方式、完善规划体系中的重要作用，推进数字城市的建设。图 6-30 所示为奥格 CIM 基础平台示意图。

图 6-30 奥格 CIM 基础平台示意图

AgCIM 平台根据云平台建设标准进行建设，IaaS 层接入政务云等平台，利用多种工具和技术构建 CIM 数据库。PaaS 层是 CIM 的核心引擎，AgCIM 平台在应用上支撑多规合一管理平台、城市设计系统和工程建设审批管理平台的相关功能。

（2）平台架构 AgCIM 平台总体架构如图 6-31 所示。

（3）特色功能

1）高效的图形引擎。以 WebGL 3D 为核心引擎，集成二维数据、建筑信息模型、倾斜摄影数据、激光雷达数据、物联网数据、大数据等海量多源异构成果数据，构建全空间、三维立体的城市数字化模型，满足了城市可视化管理的需求，实现历史现状未来规划一体化、地上地下一体化、室内室外一体化、二维和三维一体化、虚拟现实相结合。

2）轻量化 AgCIM 平台集成。基于 AgCIM 平台，在项目红线范围内，采用高效解析技术，可直接加载轻量化 BIM 格式模型信息，红线范围外采用加载二维和三维瓦片服务的方式，降低内存使用率，提升显示效果和动态加载速度。

3）先进的场景管理。平台有效管理并组织模型成果，以"一张蓝图"为基础，形成从微观到宏观的多尺度、多维度综合治理。

4）计算机辅助审查能力。建筑信息模型在规划报建、设计方案报审、施工图审查、竣工验收备案四个阶段具备计算机辅助审查能力。

5）模拟仿真的能力。在数字城市试错和物理城市执行方面，AgCIM 平台具备从建筑单体、区域级到市级的模拟仿真能力，从而实现城市规划、建设、管理的模拟仿真。

6）可视化分析能力。提供二维和三维一体的可视化分析能力，实现宏观、中观、微观、建筑单位等不同维度的分析，包括叠加分析、空间拓扑分析、缓冲区分析、通视分析、视廊分析、天际线分析、绿地率分析、日照分析等。

7）大数据分析能力。提供城市级计算能力，通过物联网大数据对人口、交通、水位、空气质量等内容进行统计与分析，将特定的信息应用于特定的行业和特定的解决方案。大数据的应用提高城市治理的空间化、精细化、动态化、可视化水平，支撑更深入的智能化分析。

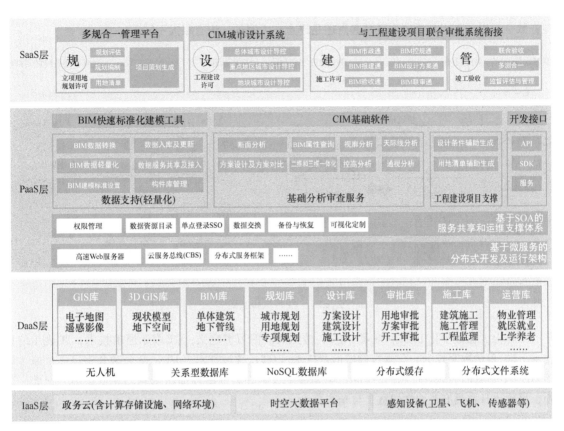

图 6-31　AgCIM 平台总体架构

8）物联网设备接入能力。对接各类建筑、交通工具、基础设施等传感设备，将城市运行、交通出行等城市动态数据信息全面上传至 AgCIM 平台，对城市运行状态进行监控和直观呈现。

9）多视频场景融合能力。对于接入的视频，能够实现自动投影、校准、畸变纠正等摄像测量学算法和多视频衔接的融合。

10）二次开发能力。提供二次开发接口，方便其他委办局基于 CIM 平台的数据和功能，根据自身的业务特点定制开发基于 CIM 的 CIM+应用，如智慧交通、智慧水务、车联网等智慧城市应用生态。

（4）平台优势　首先，该平台作为一套自主研发的、面向 CIM 应用的产品，具备高实用性、高可扩展性和创新优势，它深度面向 BIM 领域，突破 BIM 关键技术，支持多种 BIM 数据类型，充分利用 BIM 参数化、结构化的特征，推进 BIM 更广泛的市场应用。其次，平台结合了深度学习、机器学习等新手段、新方法，多维识别的三维场景，有利于挖掘数据潜能，平台还支持多源异构数据的融合。再次，平台结合城市设计、BIM 分析模拟等专业知识，实现更精准、更智能的应用，也实现了从全球到局部、从地面到地下、从三维地形到三维建筑、从室外到室内、从静态目标到动态目标、从单系统应用到多系统综合集成应用。此外，AgCIM 平台还具备模型计算与案例推理、视频流数据读取与自动识别、影像数据地物（地表物体）的提取、感知设备数据监测与自动预警，以及快速定制开发的能力。

6.4.3　CIM 与城市未来

在数字化转型的大潮中，一种观点认为，数字化社会发展的轨迹是从数字孪生到数字原生，再到数实相生（虚实相生）；另一种观点认为城市的数字化经历从数字城市，到智慧城市，到新型智慧城市，再到数字孪生城市（图6-32）。那么，BIM、CIM与数字孪生有何关联？意义又是什么呢？数字孪生的理想与概念到底是起点还是终点？大家的认识有很大不同。

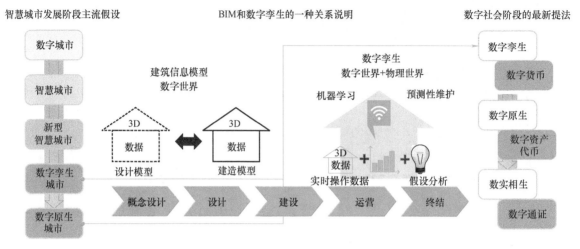

图6-32　数字化转型大潮

实际上，在数字化DICT（或者CIDT，按照人们的习惯定义，CT表示通信技术，IT表示信息技术，DT表示数字技术）与垂直领域运营技术（OT）/领域技术（DT）交会融合中，一个原本属于OT/DT领域的概念与技术——BIM，正和数字技术在最前沿以前所未有的速度碰撞、交织、融合，呈现出日益具有普遍性的意义与光芒。

1. 智慧城市背景下的CIM数据中心的建设

大数据中心作为各个行业信息系统运行的物理载体，已成为经济社会运行不可或缺的关键基础设施，在智慧城市建设中扮演至关重要的角色。

（1）大数据中心迎来新基建时代　近年来，大数据让人们对世界事物的发展变化产生了新的认知。在信息量大到一定程度后，配合上前所未有的强大算力及机器学习算法，使从前根据低信息量推理出来的逻辑及思想模型出现破溃。引申到城市发展领域，大数据概念的出现和应用，从本质上推动了智慧城市的技术更迭和理念创新。可以说，大数据是每个人的大数据，是每个企业的大数据，更是整个国家的大数据。

2016年10月我国提出以推行电子政务、建设新型智慧城市等为抓手，以数据集中和共享为途径，建设全国一体化的国家大数据中心。2019年11月，《中共中央　国务院关于构建更加完善的要素市场化配置体制机制的意见》审议通过，数据作为一种新型生产要素被写入该意见，通过加快数据要素市场培育，充分发挥数据要素对其他要素效率的倍增作用，使大数据成为推动经济高质量发展的新动能。越来越多的企业利用互联网、物联网、工业互联网、电商平台的结构化或非结构化数据资源来提取有价值的信息，数据呈现暴发式增长，而海量数据的处理与分析要求构建大数据中心。

2020年3月，中共中央政治局常务委员会指出，加快5G网络、数据中心等新型基础设施建设进度。这是近年来，在中共中央政治局常务委员会上，数据中心首次被列入加快建设的条目，数据中心作为"新型基础设施"的一员，获得了业界的高度关注。

2021年3月，新基建作为一个专门章节被写入《中华人民共和国国民经济和社会发展第十四个五年规划和2035年远景目标纲要》，该文件提出加快构建全国一体化大数据中心体系，强化算力、统筹智能调度，建设若干国家枢纽节点和大数据中心集群，建设E级和10E级超级计算中心。

可以预见，在今后较长时期内，大数据中心将是我国新基建的重要任务和重点领域。

（2）CIM大数据中心与新型智慧城市　数据处理技术时代，大数据正有力推动国家治理体系和治理能力现代化，日益成为社会管理的驱动力，尤其是在新型智慧城市背景下，大数据中心在经济发展与城市转型进程中发挥着先导支撑作用，成为创新社会管理、促进经济社会发展、推动产业转型、丰富城市内涵、改善民生福祉的重要工具。

1）关于智慧城市。通过大数据、云计算、人工智能等手段推进城市治理现代化，大城市也可以变得更"聪明"。从信息化到智能化再到智慧化，是建设智慧城市的必由之路，前景广阔。因此，我国智慧城市的建设方案根据其特征和发展阶段可以概括为3个不同的版本：

智慧城市1.0，即信息城市，是指利用各种信息技术或创新理念，集成城市的组成系统和服务，以提升资源运用的效率，优化城市管理和服务，以及改善市民生活质量。

智慧城市2.0，即智能城市，是指在智慧城市1.0基础上，打破城市条块管理的"管理墙"界限，破解城市管理机制体制障碍，实现城市智慧技术、智慧产业、智慧服务、智慧管理、智慧人文、智慧生活等协调发展，最终实现政府满意、公众满意和城市可持续发展。

智慧城市3.0，即新型智慧城市，它的核心理念是以智慧城市经济为重点，抓好两个结合：即产业的智慧化和智慧的产业化相结合；城市的智慧化和智慧的城市经济化相结合。这个核心理念归结到一点上，就是要打造一种全新的经济业态，即所谓的"智慧城市经济"，简称"智慧经济"。

智慧经济是信息经济及互联网经济的高端化，是指以互联网和信息技术为核心，以物联网为基础设施，以软件加分享为特征，以信息技术产品和服务的智慧应用为目标，以人工智能经济、虚拟现实经济、物联网经济为主体的新经济形态。在新的历史时期，智慧经济的特色由三大部分组成：一是人工智能经济，二是虚拟现实经济，三是物联网经济。

2）CIM大数据中心。2017年11月，中国工程院潘云鹤院士发表"世界的三元化和新一代人工智能"主旨演讲，在演讲中提到，一般来说，世界空间分为人类社会空间（H）和物理空间（P）。近年来，随着信息力量的迅速壮大，信息空间（C）正成为世界空间的新一极，我们称之为从PH发展到CPH（图6-33）。大数据时代的本质就是世界从二元走向三元，空间变化带来了认知的新计算、新通道、新门类。在这一演变进程中，城市CIM以及大数据中心的构建就成为智慧城市3.0建设的重要手段。

CIM是以城市信息数据为基数，建立起三维城市空间模型和城市信息的有机综合体。从范围上讲，CIM是大场景的GIS数据、小场景的BIM数据与物联网的有机结合。它具有以下特点：城市细胞数据库、可计算、定义城市和建筑的空间数据、所有城市应用数据库可以与CIM相关联、城市可视化、可感知、开放性、安全性。

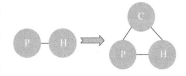

图6-33　从二元世界（PH）
发展到三元世界（CPH）

从构成上讲，CIM就是以BIM为基础，叠加以城市经济类、社会类、生态类三大类基础设施为主体的系统模型。城市基础设施是城市正常运行和健康发展的物质基础。根据杭州市的实践，城市基础设施由三大类构成：一是包括市政工程、交通设施、公共事业等在内的经济类基础设施；二是包括文化教育、体育运动、医疗保健等在内的社会类基础设施；三是包括城市湿地公园、森林公园、绿化带等在内的生态类基础设施。因此，狭义的CIM是智慧城市最重要的基础设施，广义的CIM就等同于智慧城市。

CIM大数据中心的建设目标是要打造全市统一高效、安全可靠、按需服务的市级大数据中心，包括数据汇集、数据融合、数据服务和数据开放等功能，实现城市感知数据、政府数据、社会数据的全面汇聚与融合，有效支撑整个城市的大数据应用，实现城市规建管全生命周期的"数字共

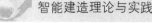

享、管理联动、全民共创",真正达成以数据为驱动的城市数字化运行机制。

3)建设内容。CIM 数据中心的建设内容应包含:

首先,应建设城市级 CIM 基础平台。构建城市三维全息 CIM 平台,与现实城市同步规划、同步设计、同步建设、同步交付为原则,以建立城市三维全息集成共享应用场景,实现全态势感知、智慧化协同管控为目标,创新数字城市"规、建、管、养、用、维"的新型框架体系、流程体系和标准体系,打造新型智慧城市的软件基础设施。其次,应统一城市 CIM 数据标准规范。编制面向城市规划、建设和管理等多领域的数据分类分级、采集建库、更新与共享应用的技术标准,形成覆盖城市时空基础数据、城市历史、现状与未来多维多尺度信息模型数据、城市感知数据等的CIM 管理数据标准。最后,应建立大数据应用服务平台。建设城市大数据应用服务平台,为城市各部门开展基于大数据的社会治理和公共服务创新应用提供支撑。

综上所述,CIM 大数据中心的主要数据来源应包括工程项目 BIM 类数据,城市政府相关管理部门的数据,城市经济、社会、生态类基础设施数据,智慧城市、大数据、物联网、人工智能等领域国际标准及规范、国家标准及规范、行业标准及规范等。为推进 CIM 数据中心建设,需要完善城市大数据决策支撑平台,通过数据挖掘分析提供辅助决策支持,此外还应大力推动政府数据开放,通过制定政府数据开放管理规定,使得企业能够基于政府开放数据为市民提供增值服务,从而促进治理多元化,形成社会共治的治理新模式。

(3)CIM 大数据中心的建设趋势

1)在碳中和政策影响下,推进建设节能型绿色数据中心。国家发布了《关于加快构建全国一体化大数据中心协同创新体系的指导意见》等政策,提出了强化数据中心能源配套机制,推进绿色数据中心建设,加快数据中心节能和绿色改造。北上广深为首的核心一线城市纷纷推出节能减排政策,对 IDC 的 PUE 能耗水平进行严格控制,在能耗总量限制基础上大力推进绿色数据中心建设,同时对核心土地指标进行管制。

2)注重 CIM 与城市基础设施社区化的结合。当前,我国的城市发展已经站在新的历史起点上,要根据新发展阶段的新要求,坚持问题导向,推动高质量发展,创造高品质生活,实现高水平治理。

在智慧城市背景下,CIM 大数据中心在城市基础设施社区化进程中势必大有可为。首先,从整个 CIM 行业来看,当前不管是理论研究还是项目实践领域,CIM 的发展都遇到了发展瓶颈,这也给许多城市"弯道超车"提供了良好的机遇;其次,CIM 与城市基础设施社区化的结合,能够实现对城市基础设施全生命周期数据的管理、查询、统计、分析、量算、标注、输出和实时更新等功能,实现对城市运行全面的管理、巡检、监测、应急指挥等功能,同时,通过应用服务平台和决策支撑平台对城市数据的可视化模型测算,实现"社区"范围内的三生融合,从而确保城市基础设施实现经济效益、社会效益、生态效益的最大化,确保城市基础设施建设少负债乃至不负债;另外,CIM 与城市基础设施社区化的结合,能够为"推进物联网进家庭"提供途径和落地载体,形成可持续的商业模式,打造智慧城市领域的系统供应商,从而助力城市打造竞争优势、构筑产业优势,实现又好又快的发展。

2. CIM 与数字孪生城市

住房和城乡建设部于 2020 年 9 月印发了《城市信息模型(CIM)基础平台技术导则》,总结了广州、南京等城市试点经验,提出 CIM 基础平台建设在平台构成、功能、数据、运维等方面的技术要求。其中,定义 CIM 基础平台是在城市基础地理信息的基础上,建立建筑物、基础设施等三维数字模型,表达和管理城市三维空间的基础平台,是城市规划、建设、管理、运行工作的基础性操作平台,是智慧城市的基础性、关键性和实体性信息基础设施。

CIM+应用如图 6-34 所示。从图中可以看出,未来 CIM 基础平台将成为智慧城市的规划、建设、运营的基础数据底座，也是实现数字孪生城市的重要载体。

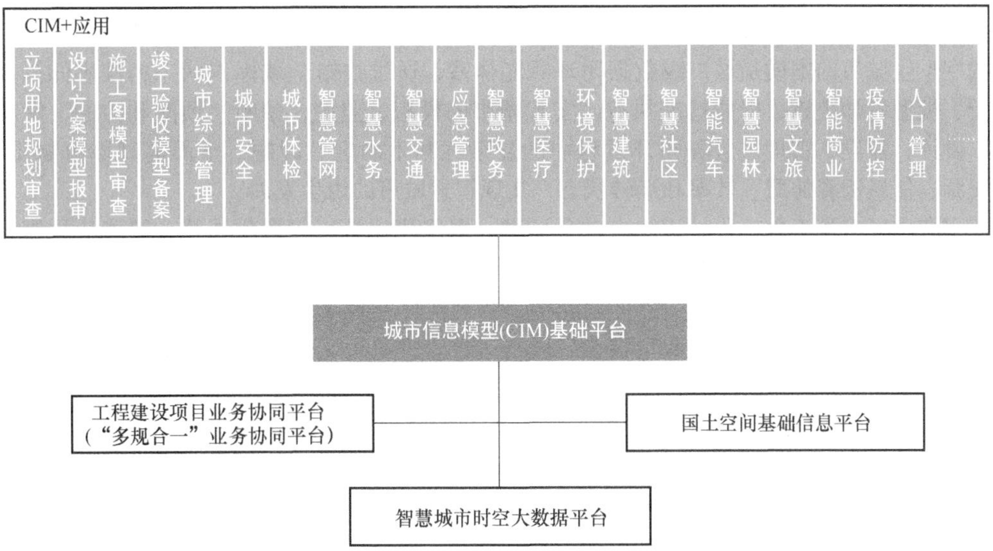

图 6-34　CIM+应用

国内部分发达地区的政府部门更是积极推进基于 CIM 的数字孪生城市建设。2020 年 3 月，重庆市在《关于统筹推进城市基础设施物联网建设的指导意见》中提出，“加快建立重庆市城市信息模型（City Information Modeling，CIM）管理平台，整合各专业城市基础设施物联网数据，并提供共享服务，为城市建设管理决策提供支撑。”

在 2021 年 1 月公布的《深圳市人民政府关于加快智慧城市和数字政府建设的若干意见》中就明确提出了探索“数字孪生城市”。依托地理信息系统、建筑信息模型、城市信息模型等数字化手段，开展全域高精度三维城市建模，加强国土空间等数据治理，构建可视化城市空间数字平台，链接智慧泛在的城市神经网络，提升城市可感知、可判断、快速反应的能力。

广州市已率先于 2021 年 7 月发布了全国首个城市信息模型（CIM）基础平台——广州 CIM 平台。该平台将落地 6 大类应用，包括 CIM+工改、CIM+智慧工地、CIM+城市更新、CIM+智慧园区、CIM+智慧社区、“穗智管”城市运行管理中枢，从数字孪生城市的角度实现智慧城市的新跨越。

越来越多的智慧城市将从原来的点、线、面的发展逐步跨越到三维、四维的立体化、全景式、跨时空的数字孪生城市，而脱胎于传统建筑领域的 CIM 技术将发挥重要的作用㊀。

以物联网、大数据、人工智能等新技术为代表的数字浪潮席卷全球，物理世界和与之对应的数字世界正形成两大体系平行发展、相互作用。数字世界为了服务物理世界而存在，物理世界因为数字世界变得高效、有序，数字孪生技术应运而生，从制造业逐步延伸拓展至城市空间，深刻影响着城市规划、建设与发展。

数字孪生城市是在城市累积数据从量变到质变，在感知建模、人工智能等信息技术取得重大突破的背景下，建设新型智慧城市的一条新兴技术路径，是城市智能化、运营可持续化的先进模式，也是一个吸引高端智力资源共同参与，从局部应用到全局优化，持续迭代更新的城市级创新平台。

㊀ 引自 https://mp. weixin. qq. com/s/JR0Tr7uP2kSATJsF9SpDQw。

（1）数字孪生城市内涵与特征

1）数字孪生城市的内涵。数字孪生城市是支撑新型智慧城市建设的复杂综合技术体系，是物理维度上的实体城市和信息维度上的虚拟城市同生共存、虚实交融的城市未来发展形态。

数字孪生城市的本质是城市级数据闭环赋能体系，通过数据全域标识状态精准感知。数据实时分析、模型科学决策、智能精准执行，实现城市的模拟、监控、诊断、预测和控制，解决城市规划、设计、建设、管理、服务闭环过程中的复杂性和不确定性问题，全面提高城市物质资源、智力资源、信息资源的配置效率和运转状态，实现智慧城市的内生发展。

数字孪生城市基于数字化标识、自动化感知、网络化连接、普惠化计算、智能化控制、平台化服务的信息技术体系和城市信息空间模型，在数字空间再造一个与物理城市对应的数字城市，全息模拟、动态监控、实时诊断、精准预测城市物理实体在现实环境中的状态，推动城市全要素数字化和虚拟化、全状态实时化和可视化、城市运行管理协同化和智能化，实现物理城市与数字城市协同交互、平行运转。

2）与新型智慧城市的关系。新型智慧城市建设以提升城市治理和服务水平为目标，以为人民服务为核心，以推动新一代信息技术与城市治理和公共服务深度融合为途径，包括无处不在的惠民服务、透明高效的在线政府、精细精准的城市治理、融合创新的数字经济、自主可控的安全体系等五大核心要素，分级分类、标杆引领、标准统筹、改革创新、安全护航，注重城乡一体，打破信息藩篱。

数字孪生因感知控制技术而起，因综合技术集成创新而兴。数字孪生城市一方面准确反映物理实体城市状态，另一方面精准把控、智能优化现实城市，将极大改变城市面貌，重塑城市基础设施，形成虚实结合、孪生互动的城市发展新形态。

3）数字孪生城市的特征。数字孪生城市有四大特点：精准映射、虚实交互、软件定义、智能干预[一]。

① 精准映射。数字孪生城市通过天空、地面、地下、河道等各层面的传感器布设，实现对城市道路、桥梁、井盖、灯盖、建筑等基础设施的全面数字化建模，以及对城市运行状态的充分感知、动态监测，形成虚拟城市在信息维度上对实体城市的精准信息表达和映射。

② 虚实交互。未来数字孪生城市中，在城市实体空间可观察各类痕迹，在城市虚拟空间可搜索各类信息，城市规划、建设以及民众的各类活动，不仅在实体空间，而且在虚拟空间得到极大扩充，虚实融合、虚实协同将定义城市未来发展新模式。

③ 软件定义。数字孪生城市针对物理城市建立相对应的虚拟模型，并以软件的方式模拟城市人、事、物在真实环境下的行为，通过云端和边缘计算软性指引和操控城市的交通信号控制、电热能源调度、重大项目周期管理、基础设施选址建设。

④ 智能干预。通过在"数字孪生城市"上规划设计、模拟仿真等，将城市可能产生的不良影响、矛盾冲突、潜在危险进行智能预警，并提供合理可行的对策建议，以未来视角智能干预城市原有发展轨迹和运行，进而指引和优化实体城市的规划、管理、改善市民服务供给，赋予城市生活新面貌。

4）数字孪生城市的价值。

① 核心价值。数字孪生城市的核心价值在于通过建立基于高度集成的数据闭环赋能新体系，生成城市全域数字虚拟映像空间，并利用数字化仿真，虚拟化交互，积木式组装拼接，形成软件定义城市、数据驱动决策、虚实充分融合交织的数字孪生城市体，使得城市运行、管理、服务由实入虚，可以在虚拟空间建模、仿真、演化、操控，同时由虚入实，改变、促进物理空间中城市

　　㊀ 引自 https://www.infoobs.com/article/20200916/42053.html。

资源要素的优化配置，开辟新型智慧城市的建设和治理新模式。

② 建设方面。在建设方面，对于未建设的城区，与物理城市同步规划建设数字城市，规划阶段即开始建模，建设阶段不断导入数据，运营阶段则依托数字城市模型和全量数据管理物理城市；对于已建成并运行多年的城市，通过后天物联网设施的全面部署和对城市进行数字建模，同样可以构建数字孪生城市。

③ 治理方面。数字城市与物理城市两个主体虚实互动，孪生并行，以虚控实。通过物联感知和泛在网络实现由实入虚，再通过科学决策和智能控制由虚入实，实现对物理城市的最优管理。优化后的物理城市再通过物联感知和泛在网络实现由实入虚，数字城市仿真决策后再次由虚入实，这样在虚拟世界仿真，在现实世界执行，虚实迭代，持续优化，逐步形成深度学习自我优化的内生发展模式，大大提升城市的治理能力和水平。此外，在数字孪生模式下，通过数字空间的信息关联，可增进现实世界的实体交互，实现情景交融式服务，真正做到信息随心至、万物触手及。数字孪生城市总体架构如图 6-35 所示。

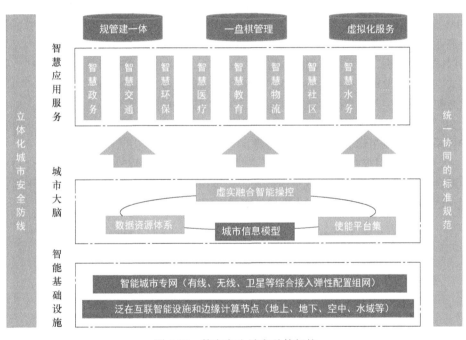

图 6-35 数字孪生城市总体架构

（2）数字孪生城市的核心——高精度 CIM 数字孪生城市可一定程度上对城市的人事物进行前瞻性预判，进而通过智能交互，实现城市内各类主体的适应性变化和城市的最优化运作。其核心是高精度、多耦合的城市信息模型，通过加载其上的全量全域数据，在城市系统内汇集交融，产生新的涌现，实现对城市规律的识别，为改善和优化城市系统提供有效的指引。

1）城市初始建模的方法。城市初始建模可以分为三部分，第一部分为空中城市 3D 模型：通过无人机倾斜摄影、摄影 3D 建模方法以及图像识别技术等，可对城市外轮廓快速建模，采集空中城市数据，可提供厘米级别分辨率和逼真的建筑表面纹理。第二部分为地面高精度 3D 建模：通过车辆定点扫描、图像拍摄以及激光扫描技术等采集地面数据，可提供高精度近地面 3D 数据，直接支持城市导航、自动驾驶等应用。第三部分为室内 3D 建模：对于无建筑信息模型数据的城市建筑，可利用专用室内 3D 模型数据采集设备及配套软件，通过激光、图像等手段捕获室内数据，可以完成建筑内部高精度、逆向建模；对于拥有建筑信息模型数据的城市数据，可利用建筑信息模型数据进行室内数字化建模。

2）城市信息模型的构成。城市信息模型主要由三维地理信息模型、建筑信息模型以及智能感知数据（或物联网）三部分构成。其中，三维地理信息模型实现了城市宏观大场景的数字化模型表达和空间分析；建筑信息模型实现对城市细胞级建筑物的物理设施、功能信息的精准表达；智能感知数据则反映城市即时运行动态情况，与城市 3D GIS/BIM 空间数据相叠加，将静态的数字城市升级为可感知、动态在线的数字城市。

（3）模型与数据协同运行 城市模型可以实现三维展示、渲染、虚拟漫游功能，而城市信息（数据）可以用来进行数据分析和数据发布，二者结合形成城市信息模型（CIM），实现多源异构城市信息模型数据汇聚和 CIM 数据发布服务。

6.4.4 CIM 平台应用

1. 厦门"多规合一"CIM 平台与 BIM 报建系统

2020 年 8 月，住建部等 9 部委发布《关于加快新型建筑工业化发展的若干意见》，重点强调试点推进 BIM 报建审批、施工图 BIM 审图，推进与 CIM 平台融通联动，提高信息化监管能力，提升建筑业全产业链资源配置效率[⊖]。

厦门以试点为契机，在全国率先推行建设工程规划许可阶段"BIM 报建自主审查"，开创审批提速新模式，并充分发挥"多规合一"业务协同平台基础优势，初步构建"多规合一"CIM 平台，形成探索与初步成果，并将全面建设 CIM 平台，为全市提供服务。

（1）以"四个一"为原则，强化试点工作保障 厦门抓住 BIM 和 CIM 试点契机，制定"四个一"工作体系，为试点工作增质增效提供保障。

1）一个平台。厦门市在原有"多规合一"平台的基础上开展"多规合一"平台与城市三维仿真平台融合，实现建设项目 BIM 成果的接入，初步构建了厦门"多规合一"CIM 平台，开发城市运营管理运用，支撑厦门城市精细化管理的实践工作（图 6-36）。

图 6-36 厦门市"多规合一"CIM 平台倾斜摄影

2）一套数据。厦门"多规合一"CIM 平台涵盖了多部门、多专业、多维度的数据，包括近 400 个空间二维数据图层、2 万 km 地下三维管线数据、集美区和鼓浪屿倾斜摄影数据、17 个建筑信息模型数据。实现全市 300 多个部门数据共享共通，形成了一套层次清晰、有机融合的城市智慧数据库。

3）一个团队。厦门 BIM 和 CIM 试点工作由市多规办牵头，发改委、财政局、建设局、资源规

⊖ 引自 http://www.360doc.com/content/20/0919/11/32583070_936535253.shtml。

划局、市政园林局、交通局、行政审批管理局等大力配合，并充分以市场为主导，依托厦门 BIM 联盟推进试点工作。同时强化技术团队建设，由厦门市规划数字技术研究中心等专业团队提供试点工作技术保障。

4）一套制度。厦门市为扎实推进试点工作，于 2019 年和 2020 年相继出台《厦门市工程建设项目启用 BIM 成果报建实施方案（试行）》《厦门市推进 BIM 应用和 CIM 平台建设 2020—2021 年工作方案》，明确 BIM 报建的试点片区范围和项目类型。同时，对 CIM 平台工作开展任务进行逐一分解，保证工作落到实处。

为形成统一的数据标准、系统结构，规范报建流程与管理，厦门市出台了《厦门市建设工程 BIM 模型规划报建交付标准》《厦门市建设局关于建设工程 BIM 文件归档报送要求的通知》（厦建城建〔2018〕25 号），保障试点工作有条不紊地开展。

（2）以"三全"为突破点，探索 BIM 报建新模式　厦门市积极推进 BIM 试点工作，提出以"三全"为突破点，即"报建全服务、数据全公开、审查全自动"，探索审批新模式。

1）报建全服务。厦门市以 BIM 报建试点为契机，在 5 个试点片区（图 6-37）率先开展工规证 BIM 报建工作，制定了《厦门市工程建设项目启用 BIM 成果报建实施方案（试行）》，规范了工规证 BIM 报建办事指南，形成了"培训-窗口-领证-抽查"一套完整 BIM 报建服务体系，保障 BIM 报建工作顺利开展。

图 6-37　厦门市 BIM 报建 5 个试点片区示意图

2）数据全公开。厦门市依托 BIM 和 CIM 试点，首创 XIM 公开数据格式，支持规划、建筑、市政项目 BIM 数据交付成果公开转换，统一了 BIM 报建数据标准，并可将数据同步至 CIM 平台。同时数据格式为自主研发，不依赖任何国外软件和平台，保障了数据信息安全。

3）审查全自动。厦门市打破传统审批模式，推行 BIM "自检+承诺制"模式，打造工程规划许可阶段告知承诺制模式再升级。依托厦门市 BIM 规划报建审查审批系统，报建人员对设计方案是否符合规划条件进行一键审查。自主审查各项指标通过后，一键形成审查报告，报建人员只需将报建材料提交至窗口，就可实现窗口"秒办"工规证，大大提升了审批效率。

（3）以"四个创新"为驱动力，构建 CIM 平台应用体系　厦门市"多规合一"CIM 平台的智慧化应用从政府部门实际应用需求出发，探索各类应用模块，并逐步走向社会化。经过不断建设与运行探索，在数据、制度、审批与城市运行管理四个方面实现了创新。

1）数据管理创新。"多规合一"CIM 平台将数据资源结构重建，完善全域数字化数据结构与目录，实现大数据的科学管理。平台依托数据资源，将数据进行空间量化，辅助城市各部门事权分级的空间管控底线，详细分析城市规划实施成效。

2）制度管理创新。依托"多规合一"CIM平台建立规划实施体系，创新项目策划生成机制，实现从"以项目引导规划"到"以规划引导建设"的发展方式转变。依托平台科学实施经营性用地计划管理，采取措施控制城市土地供应总量、供地时序以及总体布局，创新用地管理机制。

3）审批管理创新。依托平台建立审批管理所有数据信息与空间分布一张图，以二维、三维、四维（BIM数据）形式直观展示，促进审批管理现代化与智慧化。推行BIM报建自主审查模式，在厦门5个试点片区创新BIM报建审批新方式，实现与CIM平台的实时关联融合，为下一步推行建设项目全生命周期BIM报建打下坚实基础。

4）城市运行管理创新。通过平台的三维直观展示和对比分析等功能，助力城市风貌保护、支撑建筑方案评审、辅助批后监管，提升城市精细化管理水平。依托CIM平台开发城市设计、消防预警、市场监督及城区态势等城市智慧运行管理功能模块，走出智慧城市运行管理的厦门模式。

2. "虚拟重庆"——重庆市城市信息模型（CIM）平台

2021年7月19日，重庆市规划和自然资源局发布了重庆市城市信息模型（CIM）平台暨创新应用场景（图6-38），平台通过动态汇聚重庆全域建筑、道路、轨道等多类信息模型，构筑起线上动态的"虚拟城市"，为重庆城市的"规建管运"提供全生命周期服务⊖。

图6-38 重庆市城市信息模型（CIM）平台暨创新应用场景现场展示

（1）"虚拟城市"每栋楼每扇窗都有唯一身份编码 2019年，重庆首次制作完成全域实景三维模型，最高分辨率达到了0.03m。

重庆市城市信息模型（CIM）平台构建了城市立体时空底座，建成覆盖全市域8.24万km²的数字高程模型、地形三维模型、实景三维模型、2.5维地理信息数据，以及覆盖部分城区的建筑、轨道、隧道、桥梁、地下空间等专题三维模型；以时空底座为支撑，可接入资源调查、规划管控、工程建设、物联感知和公共专题等数据，形成包罗城市地上、地下，室内、室外，过去、现在、未来，涵盖自然资源、规划、建设、地质、建筑、市政、公共服务和城市运行等多领域的城市数据资源体系。

城市信息模型平台就好比是一座"虚拟重庆"，在平台上，城市—区县—街道—地块—楼栋—楼层—房间—构件等城市形态、部件、构件信息以及运行状态信息，包括墙壁、门窗、桌椅，甚至每条管道和电线的空间位置和相互关系，都有了唯一身份编码。通过记录这些编码在不同阶段、不同时态下的场景和发展变化状态，就能实现城市全生命周期信息化和规划审批管理全流程数字化，监测与展示城市空间成长建设的全过程。

（2）既能"虚实融合"又能仿真推演城市未来 重庆市城市信息模型（CIM）平台具有虚实融合、精准映射、仿真推演三大核心能力，为智慧城市建设提供关键性的基础平台，推动相关部门间的数据共享和业务协同，为城市建设、交通管理、能源管理、环境维护等相关管理部门提供业务支撑。

1）虚实融合。通过新型测绘技术，对城市进行全空间、全要素数字化建模，将现实世界的空间关系精准地"上传"到数字世界，也可利用语音、手势、图像交互技术，将现实世界的交互带入虚拟空间。例如，可以将主播实时互动形象送入到虚拟空间中任意场景，与虚拟空间进行互动。

2）精准映射。在平台中，每一栋建筑、道路、树木都有唯一身份编码，通过空间定位和感知映射，实现对城市风貌、建筑格局、实时交通、社会活动等不同场景的真实呈现和动态监测。例如，实时感知洪崖洞游客数量和分布、嘉陵江的水位涨落、千厮门大桥轨道穿桥，以及桥梁安全状况等，城市运行状态变得实时可察。

3）仿真推演。以空间为纽带，通过数据建模、态势拟合、定量计算、模拟推演，构建一个可被计算机理解、分析、计算的虚拟实验室，为规划、建设、应急处置等事件提供量化、直观的推演、回溯与预测。例如，根据实时监测的降水信息，结合城市地形、下垫面、排水、建筑空间等信息，推演洪水水位，分析淹没影响。

（3）"CIM+"开放应用生态将让城市更"智能" 目前，该平台可以为全市各委办局、行业部门提供时空底座、开放接口、创新场景三大服务，努力形成"CIM+"开放应用生态，打造智慧社区、智慧园区、智慧楼宇、智慧水务、智慧管廊、排水防涝、交通仿真等丰富的智慧应用。

重庆市首个"智能城市空间（CIM+）创新中心"在重庆科学城落户，通过运维CIM平台，来支撑科学城的规划建设。目前，该平台对高新区直管园135km²未建设区域的规划进行整体推演，对路网和用地进行整体竖向优化。在市政道路、地下管线、轨道交通、建筑、隧道等方面，形成了时间上的过去、现在、未来三个不同维度的建设数据全融合，完成了科学城全域1198km²时空数据汇聚，建立了数据驱动科学城产业、创新、空间布局协同发展的新模式。此外，重庆市城市信息模型（CIM）平台在服务社会治理新场景方面，智慧警务、智慧社区、智慧楼宇方面也有了应用案例。例如，在渝中区石油路街道，通过"互联网+"打造街道对外宣传的窗口和服务商家居民的平台，让社区居民足不出户享受到智慧生活服务等。

重庆市城市信息模型（CIM）平台将与全市域立体自然资源和空间地理数据库、国土空间信息平台等联合，打造纵向到底、横向到边、内外联通的"数字国土空间"，助力全市数据要素市场建设，推动全市数字经济发展。

3. 广州CIM平台——全国首个城市信息模型（CIM）基础平台

2021年7月28日，全国首个城市信息模型（CIM）基础平台——广州CIM平台正式发布，它包括6大应用体系[⊖]。

（1）广州智慧城市建设提速 广州市CIM平台对设计、施工、竣工产生了深远影响。根据BIM相关标准作为引领，可以打造联动工程建设改革与智慧城市建设的统一场景与平台，基于GIS、政务信息、物联网数据、三维模型、建筑信息模型等多源数据的汇聚互通，形成多方应用的智慧数据资产。

广州CIM平台的核心应用具有三维模型与信息全集成、可视化分析、模拟仿真、AI辅助审查、多视频接入的无缝衔接与三维场景融合、物联网设备接入、建筑信息模型轻量化格式高效转接等

⊖ 引自 https://www.sohu.com/a/480014767_120152148。

多项功能，有利于大幅提升智慧城市和建设工程多方主体的精细化管理水平。

广州市致力于探索发展新基建与新城建新思路，未来将进一步推动 BIM、CIM 等新技术与新城建项目落地应用，为城市发展注入新动能，激发数字新基建发展热情，培育孵化智慧生态产业，推动广州市经济高质量发展，实现"老城市新活力"。

为保障 CIM 平台基础数据的准确性、可靠性，广州市大力推动 BIM 正向设计发展，按照示范引导、以点带面的工作思路，启动了 BIM 正向设计示范工程评选工作，以促进行业的 BIM 正向设计能力提升。首批评选出 7 家单位的 14 个项目为 BIM 正向设计示范工程。广州市住房城乡建设局后续将开展第二批 BIM 正向设计示范工程评选工作。

（2）广州 CIM 平台六大应用场景

1）CIM+工改。广州 CIM 基础平台可辅助工程建设项目审批实现四个关键阶段的二维和三维数字化报审。规划审查阶段，开发智能审批工具，实现了计算机辅助合规性审查，实现容积率、建筑密度等 12 项规划指标自动提取和计算机辅助生成"规划条件"，减少了人为计核误差和人工复核时间。

2）CIM+智慧工地。广州 CIM 基础平台可实现对全市 2000 多个工地的智慧化管理。可以查看工地的各类详细信息，如在质量安全方面实现对深基坑、起重机械设备的可视化实时监测查看，对关键位置进行定点巡检等方式的巡检。

3）CIM+城市更新。广州 CIM 基础平台可实现广州市 183 条城中村改造项目的管理。可自动估算项目现状人口、单位、房屋、建筑面积等指标数据；实现了项目改造进度督办、资产投资情况监控；实现了项目现状和规划模型双屏比对，展示改造前后的效果、改造进程、周边配套设施和规划方案。

4）CIM+智慧园区。广州 CIM 基础平台构建涵盖地上与地下、室内与室外三维空间全要素数据试点示范区域，实现了企业、经济和审批等数据与三维单体模型的挂接，可运用工程建设项目审批、入驻企业的经营收入和纳税等相关信息开展集成应用探索。

5）CIM+智慧社区。广州 CIM 基础平台创建基于 CIM 平台的智慧社区应用示范，加快推进信息技术、数字技术及产品在社区的应用，为社区群众提供娱乐、教育、医护等多种便捷服务，打通服务群众的"最后一公里"，满足政府服务、社区物业管理和居民生活需要。

6）"穗智管"城市运行管理中枢。CIM 基础平台为"穗智管"城市建设、生态环境、智慧水务等主题建设提供数据底座，推动政务服务和城市管理更加科学化、精细化、智能化，通过"一网统管、全城统管"，建设感知智能、认知智能、决策智能的城市发展新内核。

4. 雄安新区 CIM 平台

（1）规建管全生命周期推动数字孪生　雄安新区规划建设 BIM 平台遵循雄安新区总规划中的数字孪生城市建设原则，坚持数字城市与现实城市同步规划、同步建设，适度超前布局智能基础设施，推动全域智能化应用服务实时可控，建立健全大数据资产管理体系，打造具有深度学习能力、全球领先的数字城市。

首先，加强智能基础设施建设，建立起智能城市的"四梁八柱"，基于市政与道路基础设施搭建数字化的感知与监测体系；其次，建构全域智能环境设施，提供随时随地的人机互动界面，便于人们实时进入数字空间，最大限度地跨越空间距离的限制，进行更为便捷而实时的交流；最后是建设数据资产管理系统，推动城市全生命周期的数据在管理与交易之中进行流通，从而进一步转化为城市资产，推动数字孪生城市的建设与运营。

以空间映射为核心，贯穿城市现状、总体规划、详细规划、工程项目设计、施工以及竣工等六个阶段，形成与雄安新区"现实城市"生长规律相契合的"数字空间"循环迭代、自我成长的记录模式。根据雄安新区的全周期、全时空、全要素、全过程的管理要求，尊重每个阶段 BIM 的自生长规律，通过 6 个 BIM 循环迭代和每个 BIM 阶段的管理流程自转，实现项目的有效审核和管控。这构成了以"时间"为轴线的集成创新。

雄安新区规划建设 BIM 平台还有 3 个方面的创新。①全时空的数据融合，以"算法"为动力推动多源异构数据的融通，构成 BIM 平台的综合性数据底板，实现城市状态表达创新；②全要素的规则贯通，以"空间"为坐标梳理各条业务流线的交织情况，识别出 6 个阶段依次循环或往复交织的规则逻辑，建构跨越不同行业、不同管理部门、不同社会主体的规则连通机制，构成 BIM 平台的规则库，实现城市管理方法创新；③全过程的治理开放，以"共享"为理念，服务于多维度的创新创意，推动数据、模型、业务模块的公开性，激发市场主体意识，探索平台本身的可持续发展，实现城市信息共享创新⊖。

（2）时空操作系统支撑多应用场景落地　雄安新区 CIM 的总体框架可类比为底座、土壤、森林、果实等不同层次功能模块。雄安新区 BIM 管理平台的软硬件环境以及制度配套设施，构成了平台的基础底座，形成了规划建设 BIM 管理平台的支撑保障能力。土壤指前述 6 个阶段中各种数据的汇聚，包括现状测绘数据、规划设计数据、管理流程数据、社会经济环境数据等。这些数据由 3 种不同的标准进行治理，从而形成了与现实空间同步规划、同步建设、同步运行的数字城市。一是身份标准，根据统一空间单元体系与统一空间编码体系，将数据在不同的空间管理单元中进行汇聚，形成现实空间管理逻辑——映射的数据集；二是语言标准，根据城市规建管中公共治理的需求，搭建数据交换标准，解决不同软件生产的数据格式不互通的问题，同时建立成果上报标准，解决不同单位提交的规划设计成果不一致的问题；三是计算标准，建立起 6 个阶段以及不同专业之间指标规则传导的标准，并关注全局与局部联动的计算规则，如具体某个地块的人口变化之后导致更大范围内的交通出行、公共服务设施供给等变化。

在数字城市的森林之中，将构建起一系列的通用数据库、模型库、引擎支撑、服务组件等。最终支撑各种应用，形成森林的果实，包括空间规划审批系统、工程建设项目审批系统、IOC 管理系统、信息资源交易系统等，服务于数字决策、数据建设、数据运营、数字安全。业务架构有 8 大核心功能，贯穿城市运维、规划、建设全过程，包含定期体检、智慧运维、规划编制审批、规划成果管理、规划一张图、土地资产评估交易、智慧工地管理、不动产确权登记等应用服务，从而使平台以动态的方式支撑"一张蓝图绘到底"和城市精细化运行。CIM 平台逻辑架构如图 6-39 所示。

（3）顶层设计保障多体系跨行业协同　针对规划、建设、管理全生命周期，雄安新区 CIM 以指标体系为抓手，建立起从城市、组团、单元、地块、建筑、构件等层层传递与互动的交互机制。在区域或城市层面上设定的战略性指标，如绿色、智慧、韧性（当灾害发生时，城市承受冲击、快速应对、恢复、保持城市功能正常运行的能力）、宜居等，在专项管控单元之中进行分解细化，包括生态、功能、交通、市政、海绵、地下空间、形态、社区等单元，根据各自的专业属性，各自范围不一，大到几十平方公里，小到十几公顷；这些指标进而传导到以行政管理为主的控规单元，分解到控规地块，大体在 $1\sim5hm^2$，建立指标、边界、形态联动管控的体系，再分解到建筑、设施、绿地园林等层面上，再细分到诸如墙体、梁柱、材料等构件上，这些也是物联感知器件挂载的地方。对于拉条成网的市政管线与道路，进一步传导到线性控制单元，落实到线性工程以及相对应的部件之上。规划和建设阶段层层传递，确保战略目标能最终落实到建设实施之中。

⊖ 引自 https：//mp. weixin. qq. com/s？ _biz＝MjM5MDk4MzYyMA＝＝&mid＝2649651654&idx＝1&sn＝02ffe0500f34e1ff-6456fbcbdec6704c&scene＝21#wechat_redirect。

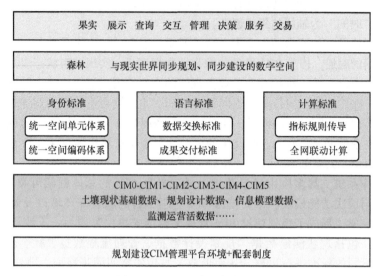

图 6-39　CIM 平台逻辑架构图

对于管理运营，相反则由微观的部件层级上采集的信息，汇聚到建筑设施、绿地园林、线性工程，再聚合到控规地块或线性空间对象上，再传递到控规单元、专项管理单元，直到组团和城市，从而辅助判断不同层级的城市管理和运行绩效。规划建设阶段与管理运行的两种传导过程构成了闭环，也实时进行交互影响，特别在控规单元和专项管理单元中进行地块层面的指标动态平衡，实现容积率、工作居住人口、公共服务设施布局的单元平衡，以满足城市的动态性与复杂性。平台也强调更为开放的多专业协同逻辑，在线提供包含地上、地表、地下的数字底板，形成三维规划设计条件以及相关的计算工具，推动不同专业在同一空间范围内的协同能达到最优，辅助各方发现各个专业在空间管控上潜在的矛盾点，最终形成可查询、可追溯、全透明的空间治理档案。

建立起一套总规、详规、专规（含城市设计）、建筑设计彼此联动的机制，从路网结构、市政支撑、公服覆盖、资源荷载、功能绩效等方面，以仿真模拟为支撑，建立空间形态参数化调整模式，从而为在线会商、在线招标、公共参与等提供有效的支撑工具，以满足规建管全生命周期之中形态与功能决策的战略性与可操作性之间的多元平衡。

5. 南京 CIM 平台

作为住房和城乡建设部"运用建筑信息模型系统进行工程建设项目审查审批和城市信息模型平台建设"试点城市之一，2019 年 8 月，南京市印发《运用建筑信息模型系统进行工程建设项目审查审批和城市信息模型平台建设试点工作方案的通知》，明确集成现有信息资源，探索建设城市信息模型（CIM）平台，并在之后出台的优化营商环境、美丽古都建设、数字经济发展、推进城市治理等系列重要文件中，进一步强调和细化了 CIM 试点建设与城市建设发展的互动联系，为 BIM 和 CIM 技术融合推进审批程序和管理方式变革、探索建设智慧城市基础性平台奠定了坚实基础⊖。

（1）加强顶层设计，夯实平台基础　总体设计指引建设方向。南京市创造性地提出了涵盖 CIM1、CIM2、CIM3 三个层级的 CIM 概念模型，并针对城市决策者、管理者和体验者，设计了"决策一键达、治理一网通、服务一端享"的服务体系，指引 CIM 工作分层次、分阶段科学落实。

⊖ 引自 http://www.chinajsb.cn/html/202102/09/17790.html。

　　标准制定统一技术框架。南京市探索创立城市级 BIM 和 CIM 标准体系，并在标准体系指导下，围绕工程建设项目 BIM 规划报建审批和 CIM 基础平台构建与服务，编制完成了《南京市工程建设项目 BIM 规划报建交付标准（试行）》《南京市工程建设项目 BIM 规划报建数据标准（试行）》《南京市工程建设项目建筑功能分类和编码标准（试行）》等一批 BIM 和 CIM 标准；同时，根据"同一城市、统一标准"要求，以"宁建模"（＊.NJM）自主格式为基础，推进南京市地方标准《工程建设信息模型数据格式规范》的编制。此外，作为国内提出单位之一，积极参与提出国际标准《用例收集与分析：智慧城市的城市信息模型》（IEC SRD 63273），稳步推进全球第一个 CIM 国际标准的编制工作。

　　数据采集夯实平台基础。在遵循《三维地理信息模型数据库规范》（CH/T 9017—2012）的基础上，南京市开展了数据入库和平台集成，实现了南京市主城区 $190km^2$ 精模覆盖；同时，制作更新了全市 $6587km^2$ 简模数据，实现简模全域范围覆盖；此外，还完成了部分区域三维倾斜摄影数据采集建库工作。通过数据采集工作进一步补充和完善数据体系，巩固 CIM 平台数据基础。

　　多源汇聚形成数据底座。南京市制定了 CIM 数据资源目录，通过数据治理、数据建库和服务接入等多种方式，汇聚集成了地理信息数据、规划管控数据、管理审批数据、工程建设项目数据、社会经济数据、城市管理和监测等数据共计 385 个图层，基本构建起了涵盖二维与三维一体、地上与地表地下一体、室外与室内一体、历史、现状与规划一体的各类信息丰富的 CIM 底图。

　　（2）丰富平台能力，初显智慧成效　城市信息模型是智慧城市的重要空间基础设施，作为城市空间精细化、智能化管理的重要手段，CIM 平台对于助推规划和自然资源管理改革创新、推动智慧城市建设发展均具有重要现实意义。

　　南京市开展了 CIM 基础平台功能研发，构建了基础操作、应用展示、分析模拟等模块，提供了场景操作、多角度视图、属性查看、日照模拟、剖切分析、模型消隐、坡度计算、视频融合等多种功能，实现了各类数据和功能服务汇集与供给，支持多源、异构海量数据和服务的统一管理和跨平台调用，为智慧城市提供了基础空间操作平台。

　　基于 CIM 基础平台，南京市还开展了 CIM+"多规合一"和 CIM+"一体化政务服务"的建设，推动"多规合一"空间信息管理平台和一体化政务服务系统的图形端改造，实现"多规合一""立起来"的目标。尝试 CIM+不动产管理示范，完成了三维不动产权籍表达模型建模方法研究，探索制定了城乡一体化房地不动产权籍表达标准、转换方法、建模工具、工艺流程，完成试点区域部分建筑的三维单体建模和房屋产权建模工作，并构建了二维与三维一体化展示原型系统。此外，还开展了 CIM+城市设计、CIM+历史文化名城保护等一批面向具体业务领域的应用初步探索，研究大数据、视频融合、建筑物分层分户等城市运行管理应用，为智慧楼宇、建筑管理、平安城市等城市治理应用提供基础支撑。

　　未来，南京市将在现有 CIM 平台工作基础上，进一步完善 CIM 基础平台能力，推动 CIM+智慧应用，与新型智慧城市、新城建相关工作紧密结合，全面提升南京城市科学化、精细化、智能化治理水平。

思　考　题

1. 智慧城市的定义是什么？你是如何理解智慧城市的？
2. 结合实际情况，谈谈为什么要发展智慧城市。
3. 查找资料，介绍一下你所了解的国内外智慧城市的典型案例。
4. 为什么要对智慧城市进行顶层框架设计？

5. 顶层框架的设计原则是什么？

6. 智慧城市顶层设计框架的三大层次是什么？请对每一层的建设意义进行具体的阐述。

7. 智慧城市的发展有哪些核心要素？

8. 智能建造如何建设智慧城市的八大领域？

9. 你还能想到智能建造在智慧城市领域中其他的应用吗？

10. 什么是 CIM？它有哪些特征？

11. CIM 与 BIM 的关系是什么？

12. 简述 CIM 在建筑全生命周期中的应用。

参 考 文 献

[1] 丁烈云. 智能建造推动建筑产业变革 [N]. 中国建设报, 2019-06-07 (8).

[2] 肖绪文. 智能建造务求实效 [N]. 中国建设报, 2021-04-05 (4).

[3] 钱七虎. 工程建设领域要向智慧建造迈进 [J]. 建筑, 2020 (18)：17-18.

[4] 毛志兵. 智慧建造决定建筑业的未来 [J]. 建筑, 2019 (16)：22-24.

[5] 李久林. 智慧建造关键技术与工程应用 [M]. 北京：中国建筑工业出版社, 2017.

[6] 王要武, 吴宁迪. 智慧建设及其支持体系研究 [J]. 土木工程学报, 2012, 45 (S2)：241-244.

[7] 马智亮. 走向高度智慧建造 [J]. 施工技术, 2019, 48 (12)：1-3.

[8] 樊启祥, 林鹏, 魏鹏程, 等. 智能建造闭环控制理论 [J]. 清华大学学报 (自然科学版), 2021, 61 (7)：660-670.

[9] 郭红领. 智能建造之思考 [N]. 中国建设报, 2020-10-13 (8).

[10] 刘占省, 孙佳佳, 杜修力, 等. 智慧建造内涵与发展趋势及关键应用研究 [J]. 施工技术, 2019, 48 (24)：1-7.

[11] DEWIT A. Komatsu's Smart Construction and Japan's Robot Revolution [J]. The Asia-Pacific Journal, 2015, 13 (5)：2.

[12] 毛超, 彭窑胭. 智能建造的理论框架与核心逻辑构建 [J]. 工程管理学报, 2020, 34 (5)：1-6.

[13] 房霆宸, 龚剑. 数字化施工到智能化施工的研究与探索 [J]. 建筑施工, 2021, 43 (12)：2594-2595.

[14] 张昊, 马羚, 田士川, 等. 智能施工平台关键作业场景、要素及发展路径 [J]. 清华大学学报 (自然科学版), 2022, 62 (2)：215-220.

[15] 姚继锋, 张哲, 贺建海. 基于大数据技术的建筑智慧运维思考及实践 [J]. 智能建筑, 2018 (12)：69-73.

[16] 包俊. 论智能建造时代建筑智能化人才建设 [J]. 中国房地产, 2021 (18)：48-49.

[17] 方海兴. 试论 BIM 技术在建筑工程设计管理中的应用效果 [J]. 城市建筑, 2021, 18 (6)：148-150.

[18] 乔良. 新形势下建筑设计阶段 BIM 技术应用研究 [J]. 中华建设, 2021 (12)：118-119.

[19] 郭晨. BIM 建筑设计的特点及应用探讨 [J]. 居舍, 2021 (10)：86-87.

[20] 舒鹏. 关于 BIM 建筑结构设计过程的研究与实现 [J]. 四川水泥, 2021 (8)：143-144.

[21] 孙夏. 基于参数化 BIM 建筑设计的特点及其应用 [J]. 智能建筑与智慧城市, 2019 (6)：51-52.

[22] 郭旭. BIM 建筑结构设计过程的研究与实现 [J]. 住宅与房地产, 2018 (31)：67.

[23] 何小琴. BIM 技术在工程施工中成本管理的应用 [J]. 砖瓦, 2021 (5)：72-73.

[24] 胡小玲, 农日东, 李捷. BIM 技术在建筑项目成本管理中的应用分析 [J]. 四川水泥, 2022 (2)：98-100.

[25] 叶喜喜. BIM 技术的工程项目造价管理分析 [J]. 中国建筑金属结构, 2022 (1)：142-143.

[26] 王慧聪. BIM 技术在工程造价管理中的应用效益研究 [J]. 散装水泥, 2022 (1)：54-55.

[27] 王栩杰, 王玥. BIM 在房地产项目成本管理中的应用 [J]. 住宅与房地产, 2020 (36)：13-14.

[28] 孙恒, 吕哲琦. 基于 BIM 的项目全生命周期成本管理研究 [J]. 智能建筑与智慧城市, 2021 (10)：37-38.

[29] 谈荣. BIM 技术在工程项目全寿命周期成本管理中的应用 [J]. 城市建筑, 2019, 16 (20)：170-171.

[30] 王文瑞. 建筑工程成本管理中 BIM 技术应用的反思探索 [J]. 现代物业 (中旬刊), 2020 (5)：100-101.

[31] 何若辰. BIM 技术在工程造价中的应用 [J]. 新型工业化, 2021, 11 (12)：202-204.

[32] 林森. BIM 技术在项目进度管理中的应用研究 [J]. 居舍, 2022 (1)：130-132.

[33] 黄耀庆, 陈燕, 陈禹, 等. 全过程 BIM 应用实施进度管理原理及方法研究 [J]. 建筑施工, 2021, 43 (10)：2205-2208.

[34] 彭慧纯, 沈嵘枫. BIM 技术在我国工程项目进度管理中的进展 [J]. 安徽建筑, 2021, 28 (9)：

160-162.

[35] 叶飞, 李正焜, 梁巧真. 基于 BIM 的可视化工程进度管理优化 [J]. 太原学院学报（自然科学版）, 2020, 38 (3): 51-56.

[36] 李杨, 张丹宇. 基于 BIM 技术的项目工程进度管理 [J]. 四川建材, 2018, 44 (5): 208-209.

[37] 李晨阳. 对建筑项目工程管理中进度管理的探索 [J]. 居业, 2015 (4): 93-94.

[38] 张国真, 梁江滨. BIM 技术在建设和运维阶段的拓展服务研究 [J]. 广东土木与建筑, 2021, 28 (10): 14-16.

[39] 赵新宇. BIM 技术在智能建筑运维管理中的标准化应用 [J]. 品牌与标准化, 2022 (2): 120-122.

[40] 王小翔. 关于 BIM 运维管理技术的探讨 [J]. 福建建设科技, 2016 (1): 69-73.

[41] 颜泽林, 高明, 段陈. 基于 BIM 技术的建筑施工安全运维管理策略分析 [J]. 中国住宅设施, 2021 (10): 91-92.

[42] 郝亚琳, 徐广. 基于 BIM 的大型工程项目信息管理研究 [J]. 科技信息, 2012 (35): 551-552.

[43] 史正元, 陈绍伟, 黄昌龙, 等. 基于 BIM 技术的建筑工程项目信息管理研究 [J]. 智能建筑与智慧城市, 2021 (8): 73-74.

[44] 罗娥樱, 张丽巧. 建筑工程项目信息管理中 BIM 技术的有效运用 [J]. 四川建材, 2021, 47 (11): 178-179.

[45] 张光磊, 纪文彬, 曾志明, 等. BIM 技术在工程项目应用中的成果交付研究: 以合正方州润园项目为例 [J]. 项目管理技术, 2022, 20 (3): 106-110.

[46] 王孟钧, 钱应苗, 袁瑞佳, 等. 国际 BIM 研究演进路径、热点及前沿可视化分析 [J]. 铁道学报, 2019, 41 (6): 9-15.

[47] 苏艳刚. 探究装配式建筑工程施工中 BIM 技术的运用 [J]. 赤峰学院学报（自然科学版）, 2022, 38 (2): 28-31.

[48] 林欢洁. BIM 技术在建筑工程施工中的应用 [J]. 四川水泥, 2021 (12): 78-79.

[49] 马国丰, 宋雪. 基于 BIM 的办公建筑智能化运维管理设计研究 [J]. 科技管理研究, 2019, 39 (24): 170-178.

[50] 项兴彬, 余芳强, 张铭. 建筑运维阶段的 BIM 应用综述 [J]. 中国建设信息化, 2020 (9): 76-78.

[51] 刘占省, 赵雪锋, 王琦, 等. BIM 基本理论 [M]. 北京: 机械工业出版社, 2019.

[52] 李庆达, 张啸驰, 王弼栋, 等. 数据安全环境下的 BIM 技术应用研究 [J]. 施工技术, 2021, 50 (21): 72-74.

[53] 尤志嘉, 郑莲琼, 冯凌俊. 智能建造系统基础理论与体系结构 [J]. 土木工程与管理学报, 2021, 38 (2) 105-111.

[54] 胡跃军, 罗坤, 乔鸣宇. 基于 BIM 的智能建造技术探索 [J]. 中国建设信息化, 2019 (16): 52-53.

[55] 陈冠东, 芦继忠, 陈权, 等. BIM 技术在建筑工程电子验收与资料移交过程中的应用 [J]. 企业科技与发展, 2018 (3): 143-144.

[56] 宋雅璇, 刘榕, 陈侃. "BIM+" 技术在综合管廊运维管理阶段应用研究 [J]. 工程管理学报, 2019, 33 (3): 81-86.

[57] 冯志伟. 神经网络、深度学习与自然语言处理 [J]. 上海师范大学学报（哲学社会科学版）, 2021, 50 (2): 110-122.

[58] 竺宝宝, 张娜. 基于深度学习的自然语言处理 [J]. 无线互联科技, 2017 (10): 25-26.

[59] 宋一凡. 自然语言处理的发展历史与现状 [J]. 中国高新科技, 2019 (3): 64-66.

[60] 魏焱, 杜斌, 邓旭阳, 等. 基于自然语言处理技术的电力文本挖掘与分类 [J]. 自动化技术与应用, 2021, 40 (10): 60-63.

[61] 蒋萍. 基于深度学习方面自然语言处理技术（NLP）的研究 [J]. 数字通信世界, 2021 (1): 31-33.

[62] 罗枭. 基于深度学习的自然语言处理研究综述 [J]. 智能计算机与应用, 2020, 10 (4): 133-137.

[63] 王晶, 武昌. 智能决策支持系统框架研究 [J]. 信息记录材料, 2021, 22 (1): 183-184.

[64] 杜彦敏. 无线传感器网络（WSN）安全综述 [J]. 软件, 2015, 36 (3): 127-131.

[65] 吴文平, 潘正高, 张晓梅. 无线传感器网络 WSN 的路由安全技术的分析与研究 [J]. 贵阳学院学报（自然科学版）, 2018, 13 (1): 17-19.

[66] 孙琪, 王晓喃. 无线传感器网络构建与实现 [J]. 常熟理工学院学报, 2017, 31 (2): 61-67.

[67] 毕俊蕾, 闵林. 无线传感器网络路由协议研究 [J]. 郑州轻工业学院学报（自然科学版）, 2007 (6): 18-22.

[68] 原渊. 论无线传感器网络结构及特点 [J]. 电子技术与软件工程, 2013 (10): 21.

[69] 吴昆, 魏国珩. 无线传感器网络安全认证技术研究 [J]. 通信技术, 2019, 52 (6): 1461-1468.

[70] 潘晓贝, 员涛. 基于 WSN 的农田环境因子采集系统研究 [J]. 安徽电子信息职业技术学院学报, 2021, 20 (3): 13-18.

[71] 张英坤. 基于 WSN 的西安奥体中心体育场健康监测系统研究及应用 [D]. 西安: 西安建筑科技大学, 2020.

[72] 张晓亚. 大型公共建筑室内环境质量评价模型与管理信息系统研究 [D]. 西安: 西安建筑科技大学, 2013.

[73] 王云生, 于军琪, 杨柳. 大型公建能耗实时监测及节能管理系统研究 [J]. 建筑科学, 2009, 25 (8): 30-33.

[74] 郭红领, 于言滔, 刘文平, 等. BIM 和 RFID 在施工安全管理中的集成应用研究 [J]. 工程管理学报, 2014, 28 (4): 87-92.

[75] 梁玮, 裴明涛. 计算机视觉 [M]. 北京: 北京理工大学出版社, 2021.

[76] 郑宏达, 谢春生, 鲁立, 等. 人工智能视频分析: 智能终端的崛起 [M]. 杭州: 浙江工商大学出版社, 2017.

[77] ROBERTS L G. Machine perception of three-dimensional solids [D]. Cambridge: Massachusetts Institute of Technology, 1963.

[78] HINTON G E, OSINDERO S, TEH Y W. A fast learning algorithm for deep belief nets [J]. Neural Computation, 2006, 18 (7): 1527-1554.

[79] SEO J O, HAN S U, LEE S H, et al. Computer vision techniques for construction safety and health monitoring [J]. Advanced Engineering Informatics, 2015, 29 (2): 239-251.

[80] 冯国臣, 陈艳艳, 陈宁等. 基于机器视觉的安全帽自动识别技术研究 [J]. 机械设计与制造工程, 2015, 44 (10): 4.

[81] 高寒, 骆汉宾, 方伟立. 基于机器视觉的施工危险区域侵入行为识别方法 [J]. 土木工程与管理学报, 2019, 36 (1): 123-128.

[82] 何双利. RFID 技术在建筑智能化领域的相关应用 [J]. 数字通信世界, 2016 (7): 114, 122.

[83] 李晓峰. 智慧城市的建设实践: 大数据互联网下的行业切入与发展机会 [M]. 北京: 机械工业出版社, 2017.

[84] 陈嘉珍, 吴智慧. 信息通讯技术在智能家居系统构架中的应用 [J]. 家具, 2021, 42 (2): 14-17.

[85] 王晓东. 基于互联互通的智能家居系统设计 [J]. 日用电器, 2017 (S1): 56-59.

[86] 李聪. 地铁信号系统智能运维方案设计 [J]. 铁道通信信号, 2019, 55 (2): 86-90.

[87] 钟铨. 城轨列车智能运维技术体系框架研究 [J]. 现代城市轨道交通, 2020 (8): 93-98.

[88] 刘彪. 大型建设工程项目一体化管理云平台设计与开发 [D]. 北京: 华北电力大学（北京）2019.

[89] 何振勇, 耿望阳. 面向智慧建筑 IOT 和 BIM 的运维云研究 [J]. 智能建筑, 2016 (3): 17-19.

[90] 李启宇, 吴海清. 新时期智慧工地云平台的构架 [J]. 价值工程, 2020, 39 (18): 243-244.

[91] 刘宇辉, 周祖寿, 李杭. "集成" 还是 "融合": 论 IBMS 与物联网智慧云平台的选择 [J]. 智能建筑与智慧城市, 2021 (12): 25-29.

[92] 王红卫, 等. "互联网+" 工程建造平台模式 [M]. 北京: 科学出版社, 2018.

[93] 孙茜. Web2.0 的含义、特征与应用研究 [J]. 现代情报, 2006, 26 (2): 69-70.

[94] 邹莹. Web3.0：互联网新时代 [J]. 电脑与电信，2009（12）：7-9.

[95] 叶生贵. 融合应用"互联网+"助推建筑业数字化转型 [J]. 中国勘察设计，2020（9）：36-39.

[96] 王勇，刘刚. 建筑产业互联网赋能建筑业数字化转型升级 [J]. 住宅产业，2020（9）：27-30.

[97] 吴俊杰，刘冠男，王静远，等. 数据智能：趋势与挑战 [J]. 系统工程理论与实践，2020，40（8）：2116-2149.

[98] 邓朗妮，赖世锦，廖羚，等. 基于文献计量可视化的中外"建筑信息模型+大数据"研究现状对比 [J]. 科学技术与工程，2021，21（5）：1899-1907.

[99] 于洋. 大数据+BIM 工程造价管理探究 [M]. 长春：吉林教育出版社，2019.

[100] 顾德英，罗云林，马淑华. 计算机控制技术 [M]. 北京：北京邮电大学出版社，2012.

[101] 广西科学技术协会. 大开眼界：走进科技前沿 2019 [M]. 南宁：广西科学技术出版社，2019.

[102] 中国通信工业协会物联网应用分会，张学生，匡嘉智，等. 物联网+BIM：构建数字孪生的未来 [M]. 北京：电子工业出版社，2021.

[103] 梁卫国. 人工智能的发展历程及其对人类的影响 [J]. 当代电力文化，2020（11）：62-63.

[104] 黄拓. 人工智能技术在智能建筑中的应用 [J]. 长江信息通信，2022，35（1）：123-126.

[105] 葛树志. 智能机器人在建筑行业的创新实践 [J]. 软件和集成电路，2019（12）：48-49.

[106] 黄宽，王长涛，林淞. 智能机器人在建筑环境中的应用 [J]. 电子制作，2012（10）：97.

[107] 王海龙，李阳春，李欲晓. 元宇宙发展演变及安全风险研究 [J]. 网络与信息安全学报，2022，8（2）：132-138.

[108] 刘天云. 大型填筑工程 3D 打印技术与应用 [J]. 清华大学学报（自然科学版），2022，62（8）：1281-1291.

[109] 黎家昕，王金晶，吴连铭，等. 3D 打印技术在建筑行业的研究、应用现状与展望 [J]. 科技风，2022（11）：78-83.

[110] 杨勇. 3D 打印技术及应用趋势研究 [J]. 无线互联科技，2021，18（24）：90-91.

[111] 李小龙，王栋民. 建筑 3D 打印技术及材料的研究进展 [J]. 中国建材科技，2021，30（3）：29-35.

[112] 黄德胜. 无人机测绘技术在城市建筑工程测量中的应用 [J]. 江西建材，2022（1）：72-73.

[113] 朱凌，孙伟伦，周克勤. 无人机倾斜摄影进行建筑施工进展监测初探 [J]. 遥感信息，2021，36（4）：12-19.

[114] 余云灿. 虚拟现实技术在建筑工程施工中的应用 [J]. 建筑科学，2022，38（1）：159.

[115] 雷雨，刘璐，洪刚. 虚拟现实技术在建筑效果图中的运用 [J]. 住宅与房地产，2021（22）：97-99.

[116] 王方园. 增强现实技术在建筑设计仿真中的运用探讨 [J]. 居业，2019（10）：51；53.

[117] 罗丹. 增强现实技术在建造施工中的应用探索 [J]. 建筑技艺，2017（9）：87-89.

[118] 张志腾. VR 与 AR 技术在建筑可视化建模课堂中的应用研究 [J]. 信息与电脑（理论版），2021，33（24）：244-246.

[119] 张怡，苏李渊，史自卫，等. 国家速滑馆项目基于 BIM 的智慧建造实践 [J]. 城市住宅，2019，26（7）：12-16.

[120] 李久林，陈利敏，陈彬磊，等. 国家速滑馆智慧场馆建设和集成应用研究 [J]. 北京体育大学学报，2022，45（1）：13-24.

[121] 刘洁. 国家速滑馆智慧场馆设计探讨 [J]. 建筑电气，2022，41（2）：3-10.

[122] 沈健，唐建荣. 智慧城市：城市品质新思维 [M]. 北京：人民邮电出版社，2012.

[123] 王爱华，陈才. 智慧城市：构筑于信息高地上的城市智慧发展之道 [M]. 北京：电子工业出版社，2014.

[124] 陈晓红. 新技术融合下的智慧城市发展趋势与实践创新 [J]. 商学研究，2019，26（1）：5-17.

[125] 王辉，吴越，章建强，等. 智慧城市 [M]. 2 版. 北京：清华大学出版社，2012.

[126] 吕小彪，王乘，周均清. UrbanSim 城市仿真系统及其对我国数字城市建设的启示 [J]. 智能建筑与城市信息，2005（1）：46-49.

[127] 金江军，郭英楼. 智慧城市：大数据、互联网时代的城市治理 [M]. 北京：电子工业出版社，2016.

[128] 杨正洪. 智慧城市：大数据、物联网和云计算之应用 [M]. 北京：清华大学出版社，2014.

[129] 王爱华，陈才. 智慧城市：构筑于信息高地上的城市智慧发展之道 [M]. 北京：电子工业出版社，2014.

[130] 李一丹，王超. 以社会共建共享提升城市智慧化水平 [J]. 城市建设理论研究（电子版），2018（17）：176.

[131] 张建光. 智慧政务：数字政府发展的新生态 [M]. 北京：电子工业出版社，2019.

[132] 裘加林，田华，郑杰. 智慧医疗 [M]. 2版. 北京：清华大学出版社，2015.

[133] 顾小清，杜华，彭红超，等. 智慧教育的理论框架、实践路径、发展脉络及未来图景 [J]. 华东师范大学学报（教育科学版），2021，39（8）：20-32.

[134] 王喜富，陈肖然. 智慧社区：物联网时代的未来家园 [M]. 北京：电子工业出版社，2015.

[135] 储玉. 基于"互联网+智慧水利"的水利施工现场管理探讨 [J]. 智能城市，2020，6（16）：19-20.

[136] 季珏，汪科，王梓豪，等. 赋能智慧城市建设的城市信息模型（CIM）的内涵及关键技术探究 [J]. 城市发展研究，2021，28（3）：65-69.

[137] 孙园园. 从BIM到CIM：探索智慧城市建设新模式 [J]. 价值工程，2019，38（35）：30-31.